The Interpretation of Dreams

梦 的解析

[奥]
西格蒙德·弗洛伊德
著
Sigmund Freud
宁明兰／译

读懂梦境真相，破除心理魔咒

民主与建设出版社

图书在版编目（CIP）数据

梦的解析/（奥）西格蒙德·弗洛伊德著；宁明兰译.
—北京：民主与建设出版社，2017.5（2023.6重印）
ISBN 978－7－5139－1506－9

Ⅰ.①梦… Ⅱ.①西… ②宁… Ⅲ.①梦－精神分析
Ⅳ.①B845.1

中国版本图书馆CIP数据核字（2017）第082112号

梦的解析
MENG DE JIE XI

出 版 人 许久文
著　　者 ［奥］西格蒙德·弗洛伊德
译　　者 宁明兰
责任编辑 刘树民
封面设计 宋双成
出版发行 民主与建设出版社有限责任公司
电　　话 （010）59417747　59419778
社　　址 北京市海淀区西三环中路10号望海楼E座7层
邮　　编 100142
印　　刷 三河市天润建兴印务有限公司
版次印次 2017年6月第1版　2023年6月第2次印刷
开　　本 710mm×1000mm　1/16
印　　张 20
字　　数 360千字
书　　号 ISBN 978－7－5139－1506－9
定　　价 58.00元

注：如有印、装质量问题，请与出版社联系。

目　录

弗氏原序（第一版）

我尝试在本书中描述“梦的解析”。相信在这么做的时候，我并没有超越神经病理学的范围，因为心理学上的探讨显示，梦是许多病态心理现象的第一种，它如歇斯底里性恐惧、强迫性思想、妄想等现象，并且因为实际的理由，很为医生们所看重。由后遗症看来，梦并没有实际上的重要性；不过由它成为一种范例的理论价值来看，其重要性却相对地增加不少。不管是谁，如果他不能解释梦中影像的来源，那么他也极不可能会了解恐惧症、强迫症或是妄想，并且不能借此给病人带来任何治疗上的影响。

不过形成本论题的重要性的原因亦应为本著作无法完全负责的原因——这本书里常常有许多失落的线索，以致我的论述常常不得不中断；其数目不亚于梦的形成和那比较容易被了解的病态心理问题两者间所存在的许多相关点。关于这些问题，我不拟在此书中加以讨论，不过如果时间和精力允许，并且能够得到更多的资料，那么我以后将陆续地加以探讨。

造成发表本书困难的另一个原因是那些运用来说明“梦的解析”的材料的特殊性。在阅读本书时，大家自然会明白为什么那些刊载于文献上，或者来源不明的梦都能够加以利用。只有本人以及那些接受我心理治疗的病患的梦才有资格被选用。我放弃病人的梦不用，因为其梦形成的程序由于现存的神经质特征而有不必要的混杂。不过在发表自己的梦时，我又不可避免地要将许多私人的精神生活呈露在众人面前——超过我所愿意做的，或者可以说，超过任何科学家发表其论述时所要牵涉到的私人事情（当然在诗人就不一样）。这是我的痛苦，但却是必要的；与其完全地舍弃了提供对这心理学上发现的证据，我宁可选择后者。但自然的，我无法避免以省略或以替代品来取代我的一些草率行为。然而这么一来，它的价值就降低了不少。我只希望读者能设身处地站在我的困难立场上想一想，多多包涵；另外，如果有谁发现我的梦涉及他时，请允许我在梦中生活有这自由思想的权利。

弗洛伊德（1900 年）

第一章　一九○○年以前有关梦的科学研究

以下我将讨论有关应用心理技巧来解析梦的可能性，并由此显示所有梦均充满特别意义，而与梦者白天的精神活动有所联系，然后，我拟再就各梦所隐藏的奇异暧昧作一番演绎，以期由此看出梦的形成过程中所含之冲突或吻合之处。为了使梦的问题变得更容易了解，我对这方面的努力使我不得不对有关梦的各方说法作一通盘整理。

本书中我拟对早期以及当代有关梦的理论先作一概括的介绍，因为在以后的推论中，我将无法再有机会谈到这些。尽管梦的存在早已在几千年前即令人困惑研思，但科学方面的了解其实仍是非常有限。因此，所有有关这方面的论述，从来就没有人能引用一家说法涵盖一切现象。读者也许都自己有过不少奇异的经验或有关此类的丰富材料，但真正有关梦的本质或其根本的解释方法，相信也仍付之阙如。当然，受一般教育而非梦析专家者对这方面的知识，那是更加贫乏了。

史前时期原始人类有关梦的观念，均深深影响他们对宇宙和灵魂的看法，而这些有兴趣的问题由于篇幅所限，我只好推荐有心之人详读拉巴克、史宾塞、泰勒及其他作者之名作。在我们未能完成释梦工作以前，我们永远无法真正了解他们对这问题所作的玄思及推测将有多重要的贡献。

这种原始时代所遗留下来对梦的看法迄今仍深深影响一般守旧者对梦的评价，他们深信梦与超自然的存在有密切的关系，一切梦均来自他们所信仰的鬼神所发的启示。也因此，它必对梦者有特别的作用，也就是说梦是在预卜未来的。因此，梦内容的多彩多姿以及对梦者本身所遗留的特殊印象，使他们很难想象出一套有系统的划一的观念，而需要以其个别的价值与可靠性作各种不同的分化与聚合。因此，古代哲学家们对梦的评价也就完全取决于其个人对一般人文看法的差异。在亚里士多德的两部作品内容中曾提及梦，当时他们已认为梦是心理的问题，它并非得自神谕，而是一种精力过剩的产物。他所谓的“精力过剩”，意指梦并非超自然的显灵，而仍受制于人类精神力的法则，当然，这多少对某些人而言，也与神灵是有点关系的。梦是按梦者本身睡眠深度所产生的不同精神活动。亚里士多德曾提过一些梦中的特点。举例而言，他观察到梦能将轻微的睡中知觉道出强烈的感官刺激（“一个睡觉中的人在他感到肉体上某部分较暖和时，他可能梦见自己走入火堆中”），由此他推论梦很容易告诉医师病人最先不易察觉的病兆（在希波克拉底的名作内就曾提过梦与疾病的联系）。

由此，读者可以看出在亚里士多德以前的作者们并不以为梦是一种精神活动，而坚称神谕的存在。因此，自古以来这两种不同的说法就一直无法妥协，古人曾试图将梦分成两类，一种是真正有价值的梦，它能带给梦者警告或预卜，而另一种无价值、空洞的梦只是带来困惑或引入歧途。

科学问世以前对梦的观念，当然是由古人本身对宇宙整体的观念所酝酿而成的，他们惯于将其精神生活投射于一假想之外在现实。而且，他们所看的梦端视白天醒来后所残留的梦相，而这方面的记忆较之其他精神内容当然变得陌生且不寻常，仿佛是来自另外一个世界。但我们也千万不要以为这种视梦为超自然力的理论今日已不再存在。事实上，今日不只是那些深信怪力乱神的神话、小说者，仍执著于被这科学飓风横扫过所残存的鬼神之说，还有一些社会中的佼佼者，尽管他们在某些方面嫌弃过分的感情用事，但他们的宗教信仰却仍使他们深信神灵之力确实是这种无法解释的梦现象的原因。某些哲学派（如 Schelling）也深信古来相传的神力对梦的影响，而对某些思想家而言，梦的预卜力量也仍无法完全抹杀。尽管科学家们已清楚地意识到这类迷信的不可信，但所有这些纷纭不一的歧见之所以仍会存在，主要还是因为迄今心理学方面的解释仍不足以解决积存盈库的梦之材料。要想将有关梦的科学研究历史作一整理实在是一大难事，因为有些研究在某段时期确实十分有价值，但到目前为止却仍不能在一特定的方向有真正的进展。若能使此后的学者按已证实的成就而继续发展下去，每位学者总得对同一问题从头开始重新整理而仍无法突破这解不开的结。如果要我将这班学者按年列出他们各家的说法，我将很难对目前我们对此问题的看法作一清晰而中肯的交代，因此我宁可按其学说的内容分别讨论，而不以作者来分类，并且由手头上所整理到的资料举出各种不同的梦问题来介绍各种不同的解析。然而由于资料是如此分散而难见于各种不同的文献，我只好要求读者对我目前所作的整理不要作太多的挑剔，毕竟我已尽量努力避免漏掉任何基本上的事实或观点。①

第二版的问世，我未对这方面文献的整理有所增补是有其理由的。也许读者对此会有所不满，但我却决心如此。在第一版时，我耗尽心血地在开宗明义第一章里对以往的文献作整理，而我发觉这次如果在此再有所增补，将不见得能有多大助益，因为事实上，这两版相隔的九年之间，无论是文学上或实际论著上，对梦的研究并无任何新颖的卓见。自从我第一版的《梦的解析》问世以来，从来无人问津，那些所谓“梦的研究学者”更完全忽略了我的见解，而只是一味地表现出他们那种难以接受新观念的“食古不化”与“故步自封”，正如法国讽世小说家 AnatoleFrance（1844—1924）的“Les savants ne sont pas curieux”。如果在科学研讨上也有报复的权利的话，那么这回也该轮到我，可以名正言顺地忽略掉他们在我这书出版以后所发表的心得。在杂志上出现的有关这方面的少数研究也总是充满对我的错误看法与缺乏了解，因此我对那些针对这书所发的批评所作的辩驳是——他们最好再重读我的书，或者应该说他们才是应该好好读我的书的人。在一九一四年德文第四版问世时，也就是我（Brill 自称）的英文译本第一版问世一年后，弗氏又加了如下数语。

最近，这种情形显然已有改观，我这部《梦的解析》所作的贡献已不再受人忽视。但这种新情况使我更难作整理，《梦的解析》一书已引起一系列的新事端与问题，而作者也曾以各种不同的方式解释说明过，但在我未能架构出整套理论来反驳他们以前，我无法在本章添加任何新的补注。不过，将来若有任何卓越的文献出现的话，我一定会在以后的版本内附加上去的。②

●注释：

①本段是布利尔（有系统地将弗洛伊德精神分析理论介绍入美国者，当数布利尔为第一人）对这六万言的第一章所作的节译。由于本书第一章只是对本书所作概括介绍且所占篇幅太多，故此章采布利尔之节译英文本，只将有关以后读者对本书了解所需之大纲译出。毕竟正如本人所说：“大概通常读者没有人愿意花那么多精力与时间去了解古今所有人对梦的不同理论吧！”

②以上二段是弗洛伊德在日后德文增版中又做的增补。

第二章　梦的解析方法——一个梦例的分析

本书的开场白即已标出我在梦的观念所受传统看法之影响。我主要想让人们理解“梦是可以解释的”，而已经讨论过的那些对梦的解释所作的贡献，其实不过是我这份工作的附加物。在“梦是可以解释的”这前提之下，我立即发现我的看法完全不同于时下一般对梦的看法——事实上几乎所有梦的理论，仅除了休奈尔的以外，因为要“解释梦”即是要给予梦有个“意义”，用某些具有确实性的、有价值的内容来作“梦”的解释。但，就我们看得出的、梦的科学理论一点也帮不了梦的解释。因为，第一，根据这些理论，梦根本就不是一种心理活动，只是一种肉体的运作，透过符号以呈现于感官的成品。外行的意见一直是与此相反的。他们强调梦的动作是完全不合逻辑的。可是他们虽认为梦是不可理解的，是荒谬的，但却仍无法鼓足勇气否认梦是有意义的。由本能的推断，我们可以说，梦一定有某种意义，即使那是一种晦涩的“隐意”用以取代某种思想的过程。因此我们只要能正确地找出此“取代物”，即可正确地找出梦的“隐意”。

非科学界一直在努力地以两种完全不同的方法，试图对梦作一番解释。第一种方法是将整个梦作一整体来看，而尝试以另一内容来取代，此法其实就某些方面看来，是利用“相似”的原则，而且有时相当高明。这即是“符号性的释梦”。但这种方法在处理看来极不合理、极端荒谬的梦时，一定是非常吃鳖的。圣经上约瑟夫对法老的梦所提出的解释，便是一个例子。“先出现七只健硕的牛，继之有七只瘦弱的牛出现，他们把前七个健硕的牛吞噬掉”，就被解释为暗示着“埃及将有七个饥荒的年头，并且预言这七年会将以前丰收的七年所盈余的一律耗光”。大多数有想象力的文学作家们，所编造出来的梦多是应用此种“符号性的释梦”。因为他们就用我们一般人在梦里所发现的那份“相似”来把他们的想法表现出来①。

主张“梦是预言未来的观念”者，即利用“符号释梦法”来对梦作一番解释，由其内容、形式加以臆测未来。要想介绍如何使用“符号释梦法”，那当然是不太可能的。解释之正确与否仍只是一种主观的推测及直觉的反应，也因此，释梦才被认为只是属于一些天生异禀之佼佼者所具的专利[2]。

而另一种释梦方法，却完全放弃以上那种观念。这种方法可称之为“密码法”，因为这种方法是，视梦为一种密码，其中每一个符号均可按密码册一般，用另一已具有意义的内容一个个予以解释。举例而言，我梦到一封“信”和一个“丧体”等，于是我查了一下那“释梦天书”，于是我发现“信”是“懊悔”的代号，而“丧体”是“订婚”。然后，我再于这些风马牛不相及的各意义间寻求其中联系之经纬，编织出对将来所作之预示。在 Daldis 的 Artemidoros 所作的释梦作品里，我们也可找出类似这种“密码法”的方法[3]。但在释梦时，他不只注重梦的内容，连做梦者的人格、社会地位均列入考虑范围，因此同一个梦的内容，对一个富人、已婚的男人或演说家与穷人、独身者、贩夫走卒是完全不同意义的。此法的主要特点就在于视梦为一大堆片段的组合，而须就每片段个别处理。所谓纷乱的、矛盾的、怪诞离奇的梦，就只有用这方法来对付了[4]。

以上所介绍这两种常用的释梦方法的不可靠性当然是明显的。就科学的处理来看，“符号法”在应用上有限制，不能广泛适用于所有的梦。而“密码法”之可靠性又取决于每一件事物之“密码代号”是否可靠，而事实上密码的确实性又根本没有科学性的保证。因此，人们很容易同意一般哲学家与精神科医师的看法，而斥责这一套梦的解释为一种幻想[5]。

然而，我本身却持另一种看法。我曾经不止一次地被迫承认：“的确，古代冥顽执拗的通俗看法竟比目前科学见解更能接近真理”。因此，我必须坚持梦的确具有某种意义，而一个科学的释梦方法是有可能的。我之探求此种方法即循以下途径。

几年来，我一直尝试着找寻，对几种精神病态——如歇斯底里性恐惧症、强迫意念等的根本疗法。事实上，当我听到约瑟夫、布劳耳那段意义重大的报道——“视此种病态观念为一种症状，而尽其可能地在病人的以往精神生活中找出其根源，则症状即可消失，而病人可得复原”，再加上以往我们其他各种疗法的失败，以及这些精神病态所显示的神秘性，才使得我不顾重重困难，开始走上布劳耳所创的这条道路，而一直到我能在这条绝径上，拓展出一番新天地。将来我将在其他地方再另行详细补述我这套方法的技巧、形式及其所达成之成果。而就在这精神分析的探讨中，我接触到了“梦的解释”这一问题。在我对病人要求将他有关某种主题所曾发生过的意念、想法通通告诉我时，就牵涉到他们的梦，也因此使我联想到，梦应该可以将它利用来作为由某种病态意念追溯至昔日忆间的桥梁。而第二步就演变成，将梦本身当作一种症状，而利用梦的解释来追溯梦的病源而加以治疗。

为了这样做，病人方面需有某些心理准备。要再三地叮咛病人，注意自己心理上的感受，而尽量减少心理上习惯地对这些感受所曾引起的批判。为了能达到这目的，最好能使病人轻松地于榻上休息，闭上双眼[6]，而严格地遵守绝不容许任何心内所浮现出来的批判，来抹杀一丝一毫的感受，并且使他了解，精神分析之成功与否，将取决于他本身之能否将所有涌上心头的感受托盘说出，而不因为自己觉得那是不重要、毫不相干、甚或愚蠢的，而不说出。他必须对自己的各种意念保持绝对公平，毫无偏倚。因为一旦他的梦、强迫意念或其他病状，无法理想地被解决时，那就是因为他仍容许本身的批判阻滞了它的道白。

我曾注意到，在我的精神分析工作中，一个人在“反省”时的心理状态与他自己观察自己的心理运作过程是完全不同的。“反省”通常较专心作“自我观察”，所需的精神活动较大。当一个人在反省时，往往愁眉深锁、神色凝重，而当他作自我观察时，却往往仍保持那份悠闲。这两种情形，均须个人集中注意力[7]，然而一个正在反省的人，却须利用他的批判来拒斥某些一旦浮现到意识境界就使他感到不虞的意念，以阻止它继续在其心理中进行，而其他有些观念，甚至在未达到意识境界，仍未为他本身所察觉前即已杜绝。但是，“自我观察”却只有一个工作——抑制本身的批判力。而如果他能成功地做到这点，那将有无数的意念想法，能丝毫不漏地浮现到意识里。而借着这些，本不为自我观察者所觉察的资料，我们就可能对这些精神病态意念作一解释，同样，梦的形成也可由此作一合理的解释。可以看出来的，这样产生的精神状态，就精神能量（流动注意力）的分布而言，颇似人们入睡前的状态。催眠状态在入睡前，由于某种批判能力的松懈，使得不希望的意念涌上心头，而影响了我们意念的变化。由于这种松懈，我们均习惯地称之为“疲乏”，而这涌现的不希望的意念，往往变化为视觉或听觉上的幻象[8]。但在对梦或病态意念进行分析时，这些变化为幻象活动的均被故意地或熟练地废弃，而将这些精神能量（或只是部分地）予以保留，用来专注于追溯这浮现到意识的不希望的意念，究竟来自何种意念。（在入睡前，这种意念已转为幻象；而在自我观察中，则仍以“意念”存在。因此不希望的意念可由此而蜕变成某种希望的意念。）

然而大多数人均发现要对“自由浮现的意念”采取这种态度，仍有相当困难，这种“批判”的扬弃，实在很难做到。不合希望的意念，往往很自然地会引起强大的阻力，而使这意念无法浮现到意识层。然而，如果参照我们伟大的诗人席勒所说的话，我们就会发现文学的基本创作也正需此种类似的功夫。在他与哥尔纳的通信中（感谢 OttoRank 的整理，才有这份信件的发现），席勒对一位抱怨着自己缺乏创作力的朋友作如下回答："就我看来，你之所以会有这种抱怨，完全归咎于你的理智加在你的想象力之上的限制，这儿我将提出一份观察，并举一譬喻来说明。如果理智对那已经涌入大门的意念，仍要作太严格的检查，那便扼杀了心灵创作的一面。也许就单一个意念而言，它可能毫无意义，甚至极端荒唐，但跟随着而来的几个意念，却可能是很有价值的，也许，虽然几个意念都是一样的荒谬，但合在一起却成了一个甚具意义的联系。理智其实并无法批判所有意念，除非它能先把所有涌现心头的意念一一保留，然后再统筹作一比较批判。就我看来，一个充满创作力的心灵，是能把理智由大门的警卫哨撤回来，好让所有意念自由地、毫无限制地涌入，而后再就整体作一检查。你的那份可贵的批判力（或者你自己要称他作什么），就因为无法容忍所有创造者的心灵的那股短暂的纷乱，而扼杀了灵感的泉涌。这份容忍功夫的深浅，也就是一位有思想的艺术家与一般梦者的分野。因此，你之所以发现毫无灵感，实在都是因为你对自己的意念批判得太早、太严格。"（一七八八年十二月一日的信）

其实，席勒所谓的将大门口的警卫哨撤回来所做到的非批判的自我观察，绝不是困难的。

大多数我的病人，多能在我第一次的指导后即能做到，而要我自己把闪过我心头的所有念头一一记下，我可以很轻易地完全做到。这种批判活动，所耗的精神能量日减，自我观察的能量便能日增，当然，这情形取决于人与物之间所耗注意力的多少。

由这方法应用的第一步骤告诉我们，一个人无法对整个梦作为集中注意的对象，只能够就每小部分逐一检释。如果我对一个毫无经验的病人发问："这个梦究竟与你有甚关联?"十之八九，他根本无法看出什么眉目。首先，我必须替他把梦作一套剖析，然后再使他就各片段，逐一告诉我在这一片段里面究竟隐藏着哪些有关的意念。在这最重要的步骤里，我所采用的释梦方法与通俗的、以前的、野史记载的那种"符号释梦法"不太一样，而与前述的第二种方法"密码法"较为相近。与这相同的，我也是用片段、片面地而非就整体来研讨，同样，我也视梦为一大堆心理元素的堆砌物⑨。

在我对"心理症"的精神分析所作的作品中，曾提出不下一千个梦的解释，但我在此介绍释梦的理论和技巧时，并不拟利用这些材料，因为一般人可能认为由这病态的梦所作的解释并不适用于普通正常人的梦。而且我还另有一个理由，因为所有这些梦的主题，往往脱离不了这些引起其心理病态的病根。因此，这种梦每个都须有很长的附加说明，以及有关其心理症的性质及病源的研究报告，这些都将是极端不寻常，而与梦的本质将有很大的出入。相反，我的目的是，希望能找出一条路，借着梦的解释来解决患“心理症”病人心理上更棘手的问题。然而，我手头上所收集的梦，大半是此类“心理症”病人的梦。如果要我舍弃这些材料不用，那我就只剩下一些健康的朋友偶尔于闲谈中提及的梦或一些我在“梦生活”的演讲所已经举过的例子而已。然而，很不幸，这些梦我又都无法作真正的分析，以寻求其真实的意义，因为我的方法比起通常的“密码法”较难些：密码法只要将内容对照那已确立的《密码代号簿》；而我，相反地，认为同样的一个梦对不同的人、不同的关联将有不同的意义。所以，最后我只有用我自己的梦——一种为几近正常的人所做的梦，而其内容的解析较丰富，而且方便，并可与每日生活本能寻出一较清楚之关系。当然，在此我曾遭遇到究竟自我分析的真实性可靠到什么程度的问题，而且这种分析有不确定性，也几乎是无可否认的。但就我自己的判断，自我观察总是较观察别人来得真切些，同时这样做可顺便看出究竟用自我分析的方法，可完成多少“释梦”的功夫。当然，在我自身内在方面，仍有很多需要克服的困难，每个人总是对暴露出自己精神生活中的细节有相当的不情愿，同时也担心旁人对它的误解所生的影响。然而，一个人必须能超越这些顾虑。德尔贝夫曾说过：“每一个心理学家必须有勇气承认自己的弱点，如果那样做他认为会对困难的问题有所助益的话。”而且我相信，读者们能由于这心理问题的解析所带来的兴趣，而原谅我的轻率。

因此，我拟在这里举出一个我自己的梦，来说明我的释梦方法。每一个这种梦均须有一套“前言”，所以我想请读者先生们，先要能把我的兴趣暂时当作自己的兴趣，集中精神于我身上，甚至包括我生活上的一些烦琐细节。因为这种转移将是探究梦的隐意所必须具有的兴趣。

在一八九五年夏天，我曾以“精神分析”治疗一位与我家素有交情的女病人，由于不时担心着万一失败将会影响我与她家人的友谊，而使我倍感棘手。但很遗憾的，她在我手中的治疗经过并不太顺利，我只能使她不再有“歇斯底里焦虑”，但她生理上的种种症状并未能好转。那时我尚未确知“歇斯底里症”治疗的标准，因此我以为有更好的办法，所以就提出了一个更彻底但不见得能使患者接受的“办法”，结果在患者的不同意下我们中断了治疗。有一天我的同事奥图医生拜访了这患者——伊玛的乡居，回来后与我谈起。于是我问起她的近况，所得的回答是："看来似乎好一些，但仍不见有多大起色。"那种语气听来就有如指责我的不对，并且我猜想，一定是那些最初就不赞成伊玛找我的治疗的亲戚们，又向奥图说了我一些坏话。但这种不如意的事，当时我并不十分介意，同时也未再向他人提起。只是当晚一气之下，就振笔疾书，把伊玛的整个医疗经过详抄一遍，寄给我的一位同事——M 医师（当时他算得上我们这一门的权威），想让他看看，究竟我的医疗是否真有使人非议之处，而就在当晚（或者是隔天清晨）我做了如下一个梦，这是我当天一醒来马上写下的[10]。一八九五年七月二十三日—二十四日之梦

有一个大厅里宾客云集，伊玛就在人丛中，我走近她，劈头第一句话就是责问她为什么迄今仍未接受我的"办法"。我说："如果你仍感痛苦的话，那可不能再怪我，那是你自己的错！"她回答道："你可知道我最近喉咙、肚子、胃都痛得要命！"这时我才发现她变得那般苍白、浮肿，我不禁开始为自己以前可能疏忽了某些问题而担心。于是把她带到窗口，借着灯光检查她的喉咙。正如一般常有假牙的淑女们一样，她也免不了有点不情愿地张开嘴巴，其实我以为她是不需要这种检查的……结果在右边喉头有一块大白斑，而其他地方也多有广泛的灰小白斑排成卷花般的小带，看来很像鼻子内的"鼻甲骨"一般。于是我很快地叫 M 医师来再做一次检查，证明与我所见一样。……M 医师今天看来不同于往常，苍白、微跛，而且脸上胡子刮得一干二净……现在我的朋友奥图也站在伊玛旁边，另一个医生里奥波德在听诊她的胸部（衣服并未解开），并说道："在左下方胸部有浊音。"又发现在她左肩皮肤有渗透性病灶（虽隔着衣服），我仍可摸出这伤口。M 医师说："这毫无疑问地是由细菌感染所致，那没什么问题，只要拉拉肚子，就可以把毒排出来。"……而我们都十分清楚这是怎么搞出来，大概不久以前，奥图由于伊玛当时身体不舒服而给她打了一针 Propyl……Propyls……Propionic acid……Trimethylamin（那构造式我可清楚地看到呈现在我眼前）……其实，人们是很少这般轻率地使用这种药的，而且很可能当时针筒也是不够干净的……

这个梦似乎有许多地方占尽人家的便宜，很明显地与当天白天所发生的事息息相关。由我的"前言"，读者大概也可看出一点苗头，由奥图听到伊玛的消息，写治疗经过寄给 m 医师——这些事一直到睡觉时仍盘踞我心中，而产生了这么一个怪梦。其实连我本人，也不能完全明了里头的内容。我实在想不通，伊玛为什么会有那样奇怪的症状，Propionicacid 的注射，M 医师的安慰之词……都叫我丈二和尚摸不着头脑。尤其，后来一切的进展是那么的快，一下子就掠过去，更叫我无从捉摸，

以下我打算分作几段，逐段分析。

分　析

一、“在大厅里——有很多宾客，正受着我们的招待”：那年的夏天，我们正住在 Bellevue—是 Kahlenbery[11] 附近山中的独屋，这座房子本是建来作[5] 避暑的别墅，所以都是些高大宽敞的房间。这梦是在我妻生日前一天所做，记得做梦的前一天，我妻曾与我谈及生日当天宴会的安排，并开出一列邀请的名单——而伊玛是当中之一。因此，在梦中，我就有宛如当天生日宴会的一幕出现。

二、我责怪伊玛为何未接受我的办法，我说：“如果你仍感痛苦，那可不能再怪我，那完全是你自己的错!”：在醒时我都有可能说出这种话，而且可能事实上我也已经说过也不一定。当时我以为（日后我已证明那是错误的）我的工作只是对患者揭示他们症状下面所隐藏的真正毛病所在而已，至于他们接受成功所系的解决的办法与否，则我无能为力。所以在梦中，我告诉伊玛那些话，无非是要表示她今日之久病不愈，实非本人“治疗”之不力……而很可能地这个梦主要目的，就在这一小段。

三、伊玛抱怨说：“喉痛、胃痛、腹痛可把我闷死了。”胃痛是她最初找我时就已有的症状，但当时并不太严重，最多不过胃里不舒服想吐而已；至于腹痛、喉痛可就从没听说过，为何在梦中，我会替她造出这些症状，迄今我仍不明白。

四、“她看来苍白、浮肿”：实际上伊玛一直是脸色红润，所以我怀疑大概在梦中她被另一人所“取代”了。

五、“我开始为自己可能以前疏忽了某些问题而担心”：读者们都知道，一个精神医生常常有一种警惕，就是他往往会把其他医生们诊断为器官性毛病的症状，统统当作“歇斯底里症”来医治。可能就是这种警惕心使我产生了这一段。而且，另一种可能，就是果真伊玛的症状是由器官性毛病引起的话，那就当然不是我用心理治疗所能治好的，而我就大可不必以此当作失败而耿耿于怀。因此也许可能潜意识里，我反倒希望以前“歇斯底里症”的诊断是个错误。

六、“我带她到窗口以便看清她的喉咙，最初她稍稍‘抗拒’，有如带着假牙的女人怕开口，我以为其实她是不需要这种检查的”：实际上我从未检查过伊玛的口腔。这梦中的情景，使我想到以前有个富婆来找我看病，她外表显得那般漂亮年轻，但一要她张开嘴巴，她就尽量要掩饰她的假牙……“其实她需要这种检查”，这句话似乎是对伊玛的恭维，但对这句话我另一种解释……由于伊玛站在窗口的一幕，使我回想到另一经验：伊玛有一位很好的朋友，有一天我去拜访她时，她正好就像梦中伊玛一般站在窗口让她的医生——M 医师（就是梦中的那位）为她检查。结果在喉头发现有白喉的伪膜……M 医师、白喉般的膜、窗口都一一在梦中呈现。现在我才发现到，这几个月来，我就一直怀疑着她也有“歇斯底里症”，而其实我之有此种的想法，只不过是因为她常有“歇斯底里症”（就像梦中的伊玛一样）。因此梦中我就把她俩作了置换。如今我才记起我一直期待着伊玛的这位朋友，迟早会找上我来医她的病。但事实上，我又自知绝不可能；因为她一直是那种保守的女人，可能梦中特别提出的“拒绝”就意味着这一点。另一个对“她不需要……”的解释，可能就是指着这位朋友，因为她迄今一直能不需要外来的帮忙而好好地活着。最后剩下苍白、浮肿、假牙无法在伊玛和她这位朋友身上发现到。假牙可能来自那富婆；而另外我又想到另一人物——X 夫人，她不是我的病人，而且我也真不敢领教这家伙，因为她一向就与我过不去，一点也不柔顺。她脸色苍白，而且有一次身体不好，全身浮肿……就这样子，我同时用了几个女人来取代了伊玛，而她们与伊玛的共同点只是她们都同样拒绝了我的医疗。我之所以在梦中用她们取代伊玛，可能是我比较关心她这位朋友，或是我嫌伊玛太笨，以致未能接受我的办法，而其他的女人可能较聪明、较能接受[12]。

七、“我在她喉头发现一大块白斑，并有小白斑排成像皱缩的‘鼻甲骨’一般”：白斑使我联想到伊玛的那位朋友的白喉；但同时又使我回想起两年前我的大女儿所遭遇的不幸，以及那一段时期的诸般不如意。那皱缩的“鼻甲骨”使我想起自己的健康问题，当时我常服用“可卡因”来治疗鼻部的肿痛，而几天前，我听说一个病人因用了“可卡因”，而使鼻黏膜引起了大块的“坏死”。记得一八八五年我正极力推荐“可卡因”的医疗价值时[13]，曾遭来一连串的反对，而且有个挚友因大量滥用“可卡因”，而加速了他的死亡。

八、“我很快地叫 M 医师来再作一次检查”：这只是反映出 M 医师同我们这几人的关系，但很快地却意味着是一个特别的检查，这使我想起一个很糟的行医经验：当 Sulphonal 仍广泛地被使用，而看不出什么特别的副作用时，有一次病人就因我开了这种药给她，而产生严重的副作用，使我不得不马上求助于前辈们。啊！我现在才发现到，这位女病人的名字与我死去的大女儿完全一样，看来这真是命运的报应，同是一个玛迪拉，我害了她，结果就害了自己的骨肉，以眼还眼，以牙还牙。由此看来，潜意识里，我似乎常以自己的缺乏行医道德而自责。

九、“M 医师脸色苍白、微跛、并且胡子刮得一干二净”：M 医师实际上就是个脸色常常苍白而令人担心的家伙；但刮胡子、跛行却又使我想到这又是另外一个人——我那位在国外的兄长，他经常是胡子刮得最干净的人，而日前来信说，最近因大腿骨的关节炎而行动不便。但为什么这两人会在梦中合成一人呢？想来想去，唯有一个共同点——都对我所提出的意见提出异议，而使我与他们的关系极端恶化。

十、“奥图站在伊玛旁边，而里奥波德为她作叩诊，且注意到她的左下胸部都有阴浊音”：里奥波德也是一内科医生，是奥图的亲戚，由于两人干的是同一行当，所以一直都互不相让，当我仍在儿童精神科主持神经科门诊时，他俩都在我手下帮过忙，而两人迥然不同性格曾给我颇深的印象。奥图是敏捷、快速，而里奥波德却是沉稳、仔细而彻底。在这梦里，我无疑地在赞赏里奥波德的细心。这种比较就有如上述的伊玛她那位朋友一般，只是反映出我个人情感上的好恶。现在我才看出在梦中我思路的运行：由我对她有所歉疚的玛迪拉→我的大女儿→儿科医学→里奥波德与奥图的对照。关于梦中的“浊音”使我联想到有一回在门诊，当我与奥图看过一个病人后，正讨论不出名堂时，里奥波德再作了一次检查，发现到这个可作重要线索的“浊音”。我还另有一种想法：要是伊玛就是那病人多好，因为那病人后来已确证为“结核病”，不会像伊玛的这般难断的疑病。

十一、“在左肩皮肤上有渗透性的病灶”：我一下子就想到这正是我的风湿痛的部位，每当我夜半醒来，这毛病就要发作。再下一段“虽说隔着衣服，我仍可摸出这伤口”可能就指着我自己摸到自己的身体，又“渗透性病灶”这句话很少用来指皮肤上的毛病，多半都是用来指肺部，如左上后部有一“渗透性病灶”等的说法，所以又一次我们可以看出，我内心是多么希望伊玛患的是那种极易诊断的“结核病”。

十二、“虽说穿着衣服”：这只是一个插句，在儿童诊所里我们一向是要他们脱光衣服作检查的，但一般女性多半是办不到的。记得有一个名医就是专门不叫病人脱衣，而能“看穿”她们的病，所以最受女病人的欢迎……这个插句，我实在看不出什么名堂。

十三、“M 医师说：‘这是病菌感染，但没关系，只要拉拉肚子，把毒素排出就可以了！’”：这乍看是多么荒谬可笑，但要仔细追究，倒也大有文章。梦中我看出这病人有白喉，而白喉多半是有局部感染，再引起全身毛病，里奥波德曾查出伊玛胸部有一“浊音”，是否为——“转移性病灶”。但就我所知，白喉是不全在肺发生“浊音”的，难道会是“脓血症”吗？“这没什么问题……”完全是一种安慰之词，梦中 m 医师说这是病菌感染——一种器官上的毛病，所以我想可能又是我要减轻我的责任——毕竟是因为她患的是器官性毛病，怪不得我这百试不爽的心理治疗会失败。要是她真的是“歇斯底里症”，那才不会……而很可能当我的梦发展这儿时，我的意识已开始自责：“只为了自己能辩解到不必为她负责任，就不择手段，让伊玛变成感染上‘结核病’重症，是多么残酷不仁!”于是以后的梦又转向另一方向，尽往乐观的方向发展，才有这般“这没什么问题”的说法，但为什么这种安慰之词，却用这般荒谬不智的说法呢?

老一代的庸医，还有人相信白喉的毒素，可要由肠管自己排出，所以可能在这梦中，我就有意识笑 M 医师为这种糊涂大夫。但我又想起一件回忆：几个月前，有一个病人因消化不良找上门来，当时我一眼就看出这是“歇斯底里症”。但别的医生都诊断为“贫血、营养不良”。由于我不愿意在他身上试用“心理疗法”，所以我就劝他到海外游历以松弛一下他那长久郁积的不安。不料几天前，他由埃及寄了一封信给我，说他在那儿又发作一次，结果当地的医生诊断为“痢疾”。我实在是很怀疑，这明明是“歇斯底里症”，怎么会是“痢疾”，大概是当地医生的误诊吧！但我又忍不住开始自责：“为什么使一个有病的人，放任他到那种可能感染上‘痢疾’的地方去玩？还有白喉与痢疾两个字念起来是不是也十分相近呢[14]?”而这种情形的取代，在梦中是不乏例子的。

在梦中我使这些话由 M 医师口中说出，可能有意在开他玩笑，因为他曾告诉我一件相类似的事：有一个同事请他去会诊一个快断气的女病人。M 医师由于发现到，她尿中出现大量的蛋白质，而表示不太乐观，但那同事却不当一回事地说：“这没什么问题……”因此我可能在梦中，就有意识笑这位看不出“歇斯底里症”的医生。我经常在想：“M 医师可曾想过伊玛的那位朋友，不是‘结核病’而是‘歇斯底里症’?

会不会是他看不出而误诊成‘结核病’呢?”

但我在梦中这般刻薄地讥讽他，究竟又有什么动机呢？想来只有一个目的——报复。因为 M 医师与伊玛都反对我，因此在梦中，我以伊玛说她是活该，而把一种最荒谬、最可笑的话由 M 医师口中道出。

十四、“我很清楚地确知那感染是怎么来的”。这句话似乎很不合理，因为在里奥波德发现“浊音”“渗透”以前，我根本没想到这会是细菌感染。

十五、“不久以前，当她不舒服时，奥图曾给她打了一针”：奥图到乡间拜访伊玛时，是因为乡间旅舍有急症，请他去打针而顺道找伊玛的：所以“打针”可能是由此而联想的。

又“打针”使我想到，我有一位挚友因为注射大量“可卡因”而中毒死亡，而当时我是主张，在戒掉吗啡中毒时，可以使用“可卡因”。想不到，他竟一下子就打了那么大量而送命，这件事曾使我久久不得释怀。

十六、“打的药是 Propyl……Propyls……Propionicacid ……”：这劳什子药，到底是什么，我自己也从没见过。在做梦的前一天，奥图送我一瓶标着 Ananas（伊玛的姓很近这个音）的酒，由于强烈的机油味道使我作呕，所以我想把它丢掉。我妻说不如送给佣人们喝，结果我就大骂她：“佣人也是人，我可不准你用这毒死他们!”也许“Amyl”与“Propyl”音很近吧!

十七、“Trimethylamin”：在梦中，我还可以清晰地看到构造式用粗体字标出来，但 Trimethylamin 对我又有什么特别意义呢？记得以前我曾与一位无所不谈老友聚会时[15]，他告诉我，他最近对于“性”的化学研究的结果，并提到他发现 Trimethy－lamin 为一种性激素代谢的中间产物，因此，Trimethylamin 在我梦中可能代替了“性”，而在我眼中，“性”正是一个精神病学上的大问题。我的病人伊玛是一个寡妇，如果我硬要自圆其说的话，她的毛病可能就是由“性”的不能满足而产生。当然这种说法必不会被那些追求她的人们所接受，但这样的分析，似乎也颇能与梦里情节相吻合。

我还是想不出 Trimethylamin 为什么那么清楚地出现在我梦中；它一定是个比喻，而且很可能不是“性”的代称而已，但我想不出有任何更好的解释。又提到性问题，使我记起了影响我很大的一位医学前辈，他一生专攻鼻炎或鼻窦炎，并曾发表一篇“鼻甲骨与女性生殖器官的关系”的论文，而在梦中我曾提到鼻甲骨，所以这更使我确定了：在潜意识里我认为伊玛的病与性是有一点关系的[16]。

十八、“通常这种针，我们是不轻率就打的”：这完全是在指责奥图的不对。记得当天奥图告诉我伊玛的事时，我心里头就这么骂他：“你怎么这般不明是非轻率地听信伊玛家人一面之词”，但这“轻率”的打针又使我联想到，我那用过量“可卡因”而死的朋友，以及可怜的玛迪拉……很明显地，一方面我是借着这梦在推卸我的责任，而对不利于我的人一一报复，而另一方面我却始终摆脱不开良心的自谴。

十九、“很可能连针筒也不干净”：这又是指责奥图的，但这来源可又不同，我有一位老病人已经八十二岁，两年来一直靠我每天给她两针吗啡来维持[17]。但最近迁到乡间以后，找了别的大夫替她打针，结果发生静脉炎。这消息使我感到非常得意，因为这表示我行医的良心与谨慎，使我两年来从没出过问题。“这一定是针筒不干净”，同时又使我想起，我妻在怀孕快生玛迪拉时，曾因打针而发生“血栓症”。由以上看来，我曾在梦中，把伊玛和我已死的爱女玛迪拉又合成了一人。

以上我完成了这个梦的分析[18]。在分析的过程中，我曾尽了最大努力去避免接受那种由“梦内容”及其背后所隐藏的“梦的想法”的比较所暗示出的各种意念，而把真正梦的意义呈现出来。由整个梦，我发掘出一贯彻前后的意向，那也就是我所以做了这个梦的动机。这梦达成了我几个愿望，而这些都是由前一个晚上奥图告诉我的话，以及我想记录下整个临床病历所引起。整个梦的结果，就在于表示伊玛之所以今日仍活受罪，并不是我的错，而应该归咎于奥图的。由于奥图告诉我，伊玛并未痊愈，而恼了我，我就用这梦来嫁祸于他。这梦得以利用其他一些原因（事实上，这些原因也搪塞了不少解释）来使我自己解除了对伊玛的歉疚。这梦呈现了一些我心里所希望存在的状况。所以我可以这么说“梦的内容是在于愿望的达成，其动机在于某种愿望”。

这个梦乍看似乎大体情景并无甚特别，但就愿望达成的观点来仔细推敲，则每一细节均有意义的。我之所以在梦中这般报复奥图，并不只是由于他那么轻率地就为伊玛的未痊愈而怪我，可能还因为他曾送那机油臭味的酒，所以我在梦中，把这两回事浓缩在一起，成了“Propyl 的注射”。然而我仍心有不甘，于是我再拿他与较优秀的同事做比较，以继续我的报复工作。甚至我很想当他面说：“我喜欢他，远甚于你。”但是，奥图并不是我的愤怒所指向的唯一对象。同时我也对我那不听话的病人，深感不满，把她用另一个更聪明、更柔顺的人物来取代。还有，我也不放过 M 医师，因此，我用一种很荒唐的胡扯，来表达出我对他的看法——他的态度几乎是一个大蠢材（说了些“会发生痢疾等的鬼话”）事实上，看来似乎我很想用他转换为一个更好相处的朋友（那告诉我 Trimethylamin 的朋友），就像我将伊玛转换成她朋友，奥图转换成里奥波德。整个梦看来，我有如想说出：“使我脱离这三个可厌家伙吧！让我自己选三个人来取代吧！如此我才可逃避那我应得的这些谴责！”在梦中，这些不合情理的谴责，均经过复杂的变化后才呈现出来。伊玛的病痛，只是由于她的拒绝接受我的医疗，过不在我。而且如果那些病痛，系由器官性毛病引起，那么当然不能用我的心理治疗见效。伊玛的受苦，完全是由于她的守寡而引起的，而这我也爱莫能助，伊玛的病，是由奥图轻率的打针引起的——一种我所未曾用过的不适当的针药。伊玛的抱怨完全是由不洁的针筒所引起，就像我从未引起那老妇人的静脉炎一般。我当然很清楚这些为了我自己无罪的所有解释是前后不一致的，甚至有些互相矛盾，但这整个意图（这梦除此而外，毫无他图）使我很快地想起一个寓言——借用邻家的茶壶，而弄坏了，以致被人控诉的故事，第一步，他说他还的时候，是毫无损坏，行不通时；他的第二招，便说最初他借的时候，茶壶已有了破洞，最后，再行不通，他干脆说他根本没借过。一种很复杂的防卫机转就这样进行着。只要这三条路，有一个行得通，他便无罪了。

还有其他一些在梦中的小节，似乎与我要证明伊玛的事概不负责的主题，扯不上什么关系。我女儿的病，那与我女儿同名的女病人的病、“可卡因”的害处、那到埃及旅行的病人之病情、对我太太、我哥哥、M 医师的健康之关怀、我自己的健康问题、我那患有化脓性鼻炎的已故朋友……但如果我再就这些纷乱的片段中，摘出其中共同的意义，那无非是“对我自己与别人的健康情形的关怀——即我的职业上的良心”。我现在依稀记得，那晚奥图告诉我伊玛的情形时，我曾有一种说不出的不愉快，而终于我在这梦的其他部分里把这感觉宣泄出来。那时的感受就有如奥图对我说：“你并未相当重视你的医疗道义，你没有良心，你并未实践你的承诺。”因此，我就在梦中，竭尽所能地证明，我是太过度地有良心，我是如此关心我的亲戚、朋友和病人。很奇怪的，在梦里存在着一些痛苦的回忆，反而更证实了奥图的谴责，而不赞助我的自我告白。这些内容看来是不偏袒的，但在梦中的这些较广阔的奠基，与其较狭隘的主题“证明我对伊玛的病是无辜”之间的联系，却是无可置疑的。

我不敢奢望我已经把这梦的意义完全解析出来，我也不敢说我的解释是毫不瑕疵的。

我仍可再花更多时间来讨论它，来找出更多的解释，来探讨各种可能性，我甚至能找出再深入的心路历程该是如何如何，然而这些牵涉到一个人，自己的每一个梦所遭遇到的一些不愿意再分析下去的部分，那些怪我未能分析得淋漓尽致的人，应可以自己做实验，作得更直爽、更坦白些。就现在而言，我相当满意于这一个刚刚分析所得的发现——如果遵循上述这种梦的分析方法，我们将发现梦是具有意义的，而且绝不是一般作者对梦所说的：“梦只是脑细胞不完整的活动产品。”相反地，一旦释梦的工作能完全做到，可以发现梦是代表着一种愿望的达成。[19]

●注释：

①一九〇九年附注：偶然的机会里，我看到了威廉·强生所作的《格拉维拉》里，夹有许多作者编出的梦。但那看来简直像真的人所梦到的一般，我曾去信问过这位作者，而他坚称他事前完全对我的理论讳莫如深，由这看来，我的研究与作者的不谋而合，更使我深信我的“释梦”是确有意义的。

②一九一四年附注：亚里士多德曾在 DedivinationeperSommumTrans（1953）内提到善于释梦者，必须能于各种梦相中把握住共同点，因为梦相就如水中幻影一般，只要稍一碰动，影像立即歪曲变形，而唯有能于歪曲变形中看出内含之意义者，方为成功之释梦家。

③一九一四年附注：ArtemidorosofDaldis 约出生于公元第二世纪初期，他留下甚多有关释梦的整套精细的论著，而为希腊罗马时代所沿用。TheodorGomb pez（1866）亦曾指出，释梦应当着重于观察与经验，而斥责当时忽略此一原则而作的释梦为荒谬无稽。而 Gompez 本身所持的释梦首要的法则便是“联想的原则”，主张一个梦象必会使释梦者心内引起甚多联想，而由此推敲出梦中含义。然而对不同的释梦者，其联想的差异将有天壤之别，根本不可能得出一致的看法。我在本书所述之释梦，则完全不同于他们前人的方法。我的释梦工作，主要靠梦者本身的联想，看某个特别梦象能使梦者联想到什么事，而逐渐抽丝剥茧地探究出来。然而，最近一位传教士 Tfinkdji 神父一九一三年报告说，东方的释梦者也是利用梦者的联想，他曾提到美索不达米亚的阿拉伯人“这里的释梦者，必须先对梦者问了一大堆有关梦者当时情境的问题，才肯作出正确的释梦”，也就是说，释梦者绝不肯让梦者的一丝一毫的隐迹逃过他们的注意范围。这些问句内，往往包括许多梦者与亲人的关系，甚至“你昨晚是否在入晚做梦前，曾与你太太性交呢?”

④一九〇九年附注：DrAlfredRobitsek 曾向我指出，东方的释梦大部分偏重于读音的联想以及字与字之间的相似。这一旦透过不同文字的翻译，势必失去其中关键。出名的考古学家 HugoWinckler 曾对古代东方民族所用的双关语、遁词作一番研究，而留传下最有名的例子，便是靠一种字与字之间的相似所作的释梦。当马其顿的亚历山大大帝包围特洛城而久攻不下时，他曾做了一个怪梦，梦见一只半人半兽的森林之神 Satyr 在他的盾牌上跳舞，而当时 Aristander 正好随侍在他身旁，于是 Aristander 将这梦作了如下的分析：Satyr 可分成两个希腊字，而得到一个意思 ThineisTyros（特洛城是属于你的!）Ferenczi（一九一〇），也深感到梦与语音有密切的关系，而作了如下的评语——“每一种口音都有一种自己的梦语。”因此，要想翻译外国语的释梦书，可以说是难乎其难，然而 Dr. A. A. Brill 以及后继几人，居然能将此书译成英文，实属意外。

⑤当我完成此原稿以后，才偶然地翻阅到 Stumpf（1899）所作的报道，他也与我同样认为梦必有其特别意义，而且一定可以想办法加以解释。然而，他却只能以比喻式的符号法则来探究梦意，以致所得结果无法博得一般同意。

⑥译者："闭眼"的重要性，不久就已不再被强调，弗氏在一九〇四年的精神分析技巧里，也特别提到，分析者不必主动要求病人闭眼了。

⑦注意力的功能将于第七章再行探讨。

⑧一九一九年附注：Siberer（1909，1910，1912）曾对释梦做出一极重要的贡献；他直接观察到意志如何直接变为视觉影像的过程。

⑨有关释梦的技巧，以后会再提到，其他关于精神分析治疗术所利用的梦析问题，另有专著详论。

⑩一九一四年附注：这是我所提出详释的第一个梦。

⑪Kahlenberg是维也纳近郊的胜地。

⑫我以为梦的这部分，再探下去并无法将其中的隐含都揭发出来。如果我执著于这三个女人的比较，也许会使我更难开正题——这也就是说每个梦都难免还会留下一些谜，作为与人类所能了解的部分的临界点。

⑬这是所有德文版本的错印，其实弗氏首次发表"可卡因"的论文为一八八四年。在钟士的弗洛伊德第一卷第六章 有关于"可卡因"的详尽的报道，而所说好友概指马索。

⑭德文这两个字"Diphtherie"与"Dysenterie"更相近。

⑮这位老友即指弗利斯医师，柏林的耳鼻喉科医生兼生物学家，他就在弗氏出版此书前后对其学说甚有影响。

⑯这个梦的那部分分析，以后在第六章 第一节，会再探讨。这段分析弗氏曾在他早期所著科学心理的计划第一卷第二十一节，以说明移置的机转。

⑰弗氏这段时期的作品，曾多次提到这位老妇人。（日常生活的心理分析第七、八章 ，并且在他写给弗利斯一九〇一年七月八日的信中，也提起此老妇人的死讯。）

⑱虽然你们也看得出，我并未能将所有在分析过程中使我想起的事实，丝毫不漏地写出来。

⑲在弗氏一九〇〇年七月十二日写给弗利斯的信中，他曾提到他后来重游做这个梦的故地Bellvue，他写道："你可曾想到，将来也许有一天，在这房子里会摆上一大理石，上面刻着：在这房子里，在一八九五年七月二十四日，梦的秘密被弗洛伊德博士所揭穿！"

第三章　梦是愿望的达成

当一个人跋山涉水，披荆斩棘；终于爬上一个视界辽阔的空旷地，而再发现下去便是一路坦途时，他最好是停下来，好好地想一想，下一步如何走才好[①]。同样，我们现在在学习“释梦”的途中，此时也该如此。如今，我们正发现那乍现的曙光。梦，它不是空穴来风、不是毫无意义的、不是荒谬的，也不是一部分意识昏睡，而只有少部分乍睡少醒的产物。它完全是有意义的精神现象。实际上，是一种愿望的达成。它可以算是一种清醒状态精神活动的延续。它是由高度错综复杂的智慧活动所产生的。然而，当我们正为这些发现而得意时，一大堆的问题又呈现在眼前。果真梦是理论上所谓的愿望的达成，那么这种达成以如此特殊而不寻常的方式出现又作如何解释呢？在形成我们醒后所记得的梦象前，究竟我们的梦意识经过多少变形呢？这些变形又是如何发生呢？梦的材料又是从何而来呢？还有梦中的许许多多特点，譬如其中内容怎么会互相矛盾呢？梦能对我们的内在精神活动有所指导吗？能指正我们白天所持的观念吗？我以为，目前这一大堆问题最好暂且搁置一旁，而只专注一条途径。我们已发现梦是愿望的达成，下一步骤就在决定，这是否为所有梦的共同特征呢？或者那只是刚刚一个我们分析过的梦的特殊内容（有关伊玛打针的梦）。因为甚至我们已经得出“所有梦均有其意义与精神价值”的结论，我们仍需考虑“每一个梦的意义并非都相同”的可能性。我们所考虑过的第一个梦是愿望的达成，但很可能第二个梦是一种隐忧的发觉，而第三个梦却是一种自我检讨，而第四个梦只是回忆的唤醒。是不是除了愿望达成以外，还有别种梦呢？或难道只有这一种梦呢？

梦所代表的“愿望达成”往往是毫无掩饰、极为明显的，以致反而使人觉得奇怪，为什么梦会到最近才开始为人了解。有些梦，我经常可以以实验手法，随心所欲地引出来。譬如，如果我当天晚上吃了咸菜或其他很咸的食物，那么晚上我会渴得醒过来。但在这“醒过来”之前，往往先有一个同样内容的梦——我在喝水，我正喝着大碗的水，那滋味就有如干裂了的喉头，饮入了清凉彻骨的冰水一般地可口。然后我惊醒了，而发觉我确实想喝水。这个梦的原因就是我醒来后所感到的渴。由这种感觉引起喝水的愿望，而梦告诉了我它已使这愿望达成，因此它确有其功能，而其本质我不久即会提到。我平时睡眠极好，不易被身体的需求所扰醒；如果我能用这喝水的梦，来缓和我的渴，我就可以不用渴得醒过来。它就是如此一种“方便的梦”，梦就如此取代了动作。然而，很不幸地，饮水止渴的需求，却无法像我对M医师、奥图等报复的渴望一般，用梦就能满足，但其动机是一样的。不久前，我有一个与这稍微有点不同的梦，这次我在上床前，就已觉得口渴，而把我床头旁小几上的开水，整杯喝光，再去睡觉。但到了深夜，我又因口渴而不舒服，如果要再喝水，势必要起床，走到我太太床边的小几上拿茶杯不胜麻烦。因此，我就梦见我太太由一瓮子内取水给我喝。这瓮子是我以前从意大利西部古邦 Etrusia 所买回来收藏的骨灰坛。然而，那水喝起来是那么样的咸，（可能是内含骨灰吧！）以致我不得不惊醒过来。梦就是这般地善解人意。由于愿望的达成是梦唯一的目标，其内容很可能是完全自私的。事实上，贪图安适是很难与体贴别人不冲突的。梦见骨灰坛很可能又是一次愿望的达成，很遗憾我未能再拥有那坛，就像那放在我太太床侧的茶杯一样，我现拿不到了。而且，这坛子很适合我梦中的咸味，也因此才能促使我惊醒[②]。

在我年轻时，这种“方便的梦”经常发生。当时，我经常工作到深夜，因此早上起床对我而言，成了一件要命的差事。因此清晨时，我经常梦到我已起床在梳洗，而不再以未能起床而焦虑，也因此我能继续酣睡。一个与我同样贪睡的医院同事也有过同样的梦，而且他的梦显得更荒谬、更有趣。他租了一间离医院不远的房间，每天清晨在一定的时刻女房东就会叫他起床。有天早上，这家伙睡得正甜时，那房东又来敲门，“裴皮先生，起床吧！该上医院去了。”于是，他做了一个如下的梦：他正躺在医院某个病房的床上，有张病历表挂在他头上，上面写着“裴皮·M，医科学生，二十两岁”，于是一翻身，又睡着。事后，他坦白承认这梦的动机，无非是贪睡罢了[③]！

尚有一个例子：我的一个女性病人曾作过一次不成功的下颚手术，而受医师指示，一定每天要在病痛的颊侧作冷敷，然而，她一旦睡着了，就经常会把那冷敷的布料全部撕掉。有一天，她又在睡中把敷布拿掉，于是我说了她几句，想不到，她竟有以下的辩词：这次我实在是毫无办法，那完全是由夜间所做的梦引起的。梦中我置身于歌剧院的包厢内，全神贯注于演唱中。突然想到梅耶先生正躺在疗养院里受着下颚痛的折磨。我自语道："既然我自己并无痛感，我就不需要这些冷敷，也因此我丢弃了它。"这可怜的病人所做的梦，使我想起当我们置身于不愉快的处境时，往往口头上会说："好吧！那我就想些更愉快的事吧！"而这梦也正是这种"愉快的事"。至于被这病人所指为颚痛的梅耶先生，只是她自己所偶然想起的一位朋友而已。

在一些健康人的身上，我也很容易地收集了一些"愿望达成"的梦。一位深悉我的梦的理论的朋友，曾解释这些理论给他太太听。有一天他告诉我："我太太昨晚做梦说是她的月经又快来了，而这意思你大概很清楚吧！"当然，我很清楚当一个年轻太太梦见她月经快来时，其实是月经停了。我可以想象，她实在还很想再能自由一段日子，而不受生下子女后的负荷。另一位朋友写信告诉我，他太太最近曾梦见上衣沾满了乳汁，这其实也是怀孕的前兆。但这并非他们的头一胎，而是这年轻的妈妈，心里多么盼望，这即将诞生的第二胎比第一胎有更多的乳汁吃。

一位年轻女人由于终年在隔离病房内，照顾她那患传染病的小孩，而很久未能参加社交活动。她曾做了个梦，梦见她儿子康复，她与一大堆包括道岱特、鲍格特、普雷弗特以及其他作家在一起，这些人均对她十分友善亲切。在梦里，这些人的面貌完全与她所收藏的画像一样。普雷弗特，这人的容貌，她并不熟悉，但看来就像那好久以来第一个从外界进到这病房来做消毒工作的人。很明显地，这梦可以解释为："此后将不再是枯燥的看护工作而已，快乐的日子即将来临了！"

看来这些收集已足以显示出，梦无论是如何的复杂，大部分均可以解释为愿望的达成，而且甚至内容往往是毫不隐饰即可看出的。大部分，它们多是简短的梦，而与那些使释梦者需要特别花脑筋研究的复杂梦象，形成鲜明对比。然而，只要你肯对这些最简短的梦再作一番探讨，你会发现那实在是非常值得的。我以为，小孩子由于心灵活动较成人单纯，所以所做的梦多为单纯一点的。而且根据我的经验，就像我们研究低等动物的构造发育，以了解高等动物的构造一样，我们应该可以多多探讨儿童心理学，以了解成人的心理。然而，很遗憾地，迄今很少有识之士能利用小儿心理的研究达到这目的。

小孩子的梦，往往是很简单的愿望达成[④]，也因此比起成人的梦来得枯燥，然而它们虽产生不了什么大问题，但却提供了我们无价的证明——梦的本质是愿望的达成。我曾经由我自己的儿女收集了不少如此的梦。

在一八九六年夏季，我们举家到荷尔斯塔特远足时，我那八岁半的女儿以及五岁三个月的男孩各做了一个梦。我必须先说明的，那年夏天我们是住在靠近奥斯湖的小山上，在天气晴朗时，我们可以看到达赫山，如果再加上望远镜，更可清晰地看到在山上的西蒙尼小屋。而小孩们也不知怎的，天天就喜欢看这望远镜。在远足出发前，我向孩子们解释说，我们的目的地荷尔斯塔特就在达赫山的山脚下。而他们为此显得分外兴奋。由荷尔斯塔特再入耶斯千山谷时，小孩们更为那变幻的景色而欢悦。但五岁的男儿渐渐地开始不耐烦了，只要看到了一座山，他便问道："那就是达赫山吗?"而我的回答总是："不，那还是达赫山下的小丘。"就这样地问了几次，他缄默了，也不愿跟我们爬石阶上去参观瀑布了。当时，我想他也够累了。想不到，第二天早上，他神采飞扬地跑过来告诉我："昨晚我梦见我们走到了西蒙尼小屋。"我现在才明白，当初我说要去达赫山时，他就满心地以为他一定可以由荷尔斯塔特翻山越岭地走到他天天用望远镜所憧憬的西蒙尼小屋去。而一旦获知他只能以山脚下的瀑布为终点时，他是太失望了、太不满了。但梦却使他得到了补偿。当时，我曾试图再问此梦中的细节，他却只有一句："你只要再爬石阶上去六小时就可以到的。"而其他内容却是一片空白，无可奉告的贫乏。

在这次远足里，我那八岁半的女儿，也有一些可爱的愿望，靠着梦来满足。我们这次去荷尔斯塔特时，曾带着邻居一个十两岁的小男孩爱弥儿同行，这小孩子文质彬彬，颇有一个小绅士的派头，相当赢得小女的欢心。次晨，她告诉我："爹!我梦见爱弥儿是我们家庭的一员，他称呼你们'爸爸''妈妈'，而且与我们家男孩子一起睡在大卧铺内。不久，妈妈进来，把满手的用蓝色、绿色纸包的巧克力棒棒糖，丢到我们床底下。"我那小男儿，这家伙我显然未传给他丝毫释梦的道理，就像我曾提过的一般时下的作家一样，大骂他姐姐的梦是荒谬绝伦。而小女却为了她的梦中的某一部分，仍奋力抗辩。此时如果以心理症理论的观点，来看这一段她所力争的部分究竟是什么呢?她说："说爱弥儿是我家的一员，确实是荒谬，但关于巧克力棒棒糖却是有道理的。"而这后段实令我不解，还是后来妻才为我作了一番合理的解释。原来在由车站回家的途中，孩子们停在自动售货机前，吵着要买就像女儿梦见的那种用金属光泽纸包的巧克力棒棒糖。但妻认为，这一天已够让他们玩得开心遂愿了，不妨把这愿望留待梦中去满足吧!而这一段我未注意到的插曲，经由妻一说，小女梦中的一切，我就不难了解了。那天，我自己曾听到走在前头的那小绅士，在招呼着小女："走慢点，等'爸爸''妈妈'上来再赶路。"而小女在梦中就把这暂时的关系变成永久的入籍。而事实上小女的感情，也只是梦中的亲近而已，决非她弟弟所谴责她的永远与那小男孩做朋友的意思。但为什么把巧克力棒棒糖丢在床下，当然不问小孩子是无法了解其意义的。

我的朋友也曾告诉过我一个像我的儿子一样的梦，那是一个八岁的女孩所做的梦。她爸爸带了几个小孩一起徒步旅行到隆巴赫[5]，想由此再到洛雷尔小屋，然而因为时间太晚，半途折回，而答应孩子们下次再来。但在归途中，他们看到了往哈密欧的路标，小孩们又吵着要去哈密欧，但同样，她爸爸也只答应他们改天再带他们去。次晨，这小女孩却兴冲冲地告诉她爸爸："爹，我昨晚梦见你带着我在洛雷尔小屋，而且又到哈密欧。"因此，在梦中，她的不耐烦促成了她父亲的承诺的提早实现。

还有，我那女儿三岁三个月时，对奥斯湖的迷人风光所做的梦，也是同样的妙。这小家伙，我们第一次带她游湖时，也许是因为逛得太快就登岸，而不过瘾，她竟吵着不上岸，而大哭大闹。次晨，她告诉我："昨晚我梦见，在湖上徜徉。"但愿这梦中的游湖会使她更满足吧！

我的长男，八岁时，就已经做过实现幻想的梦。他在兴致勃勃地看完他姐姐送给他的希腊神话的当晚，就梦见与阿基利斯一起坐在达欧密地斯所驾的战车上驰骋疆场。

如果我们能把小儿的梦呓也算在梦的领域内的话，我就把底下这段当作我最早的收集材料。当我最小的女儿，只有十九个月大时，有一个早上，吐得很厉害，以致整天都不给她进食。而当晚，我就听到她口齿不清的梦呓："安娜·弗（洛）伊德，草莓……野（草）莓，（火）腿煎（蛋）卷、面包粥……"她这样子用她自己的名字一一引出她所要的东西，而这些菜均为她最喜欢吃的东西，而这些均为目前健康上所不容许的，而且护士也曾再三叮咛不准吃这些含有过多养分的食物。因此，她就在梦中发泄了她的不满[6]。

当我们说小孩因为没有性欲所以快乐时，我们可别忽略，小孩也有极多的失望，弃绝以及梦的刺激是由其他的生命冲动所引起的[7]。这儿有另一个例证。我的侄儿，当他二十二个月大时，在我生日那天，人家叫他向我祝福生日快乐并且送给我一小篮子的樱桃（当时樱桃产量极少，极为稀贵），他似乎不太情愿，口中一直重复地说："这里头放着樱桃"，而一直不愿将那小篮子脱手。然而，他仍懂得如何不使自己吃亏，其中妙法是这样的：他本来每天早上，均习惯地告诉她妈妈，他梦见他一度在街上羡慕的一个穿白色军袍的军官，又来找他，但在不情愿地给了我那篮樱桃以后的隔天，他醒来后高兴地宣称："那个军官把所有的樱桃都吃光了[8]。"

至于动物究竟做些什么梦，我可无从知道。但我却记得一个学生曾告诉我一个谚语："鹅梦见什么？"回答是，"玉蜀黍。"（著者注：费连奇曾记载过匈牙利谚语"猪梦见什么？""粟"）梦是愿望的达成的整套理论，也几乎概括于两句话中⑨。

现在我们仅仅利用很浅显的话，我们就已可以简单地看出梦里所隐藏的真意。诚然，格言智笺中对梦不乏讽刺轻蔑之语，正如科学家们"梦有如气泡一般"说法，但就口语来说，梦实在是非常美妙的"愿望的达成"。当我们一旦发现事实出乎意料而兴奋时，我们不是会情不自禁地叹道："就是在我最荒唐的梦中，我也不敢作如是想"⑩吗？

●注释：

①在一八九九年八月六日写给弗利斯信中，弗洛伊德曾对本书的开场白有如下的说法。本书是以一种漫步的手法写成。最初第一章使人看到各派权威的说法，此时令读者有如进入一片黑森林中，漆黑一片无从捉摸，然后"柳暗花明又一村"地，我用一个特别的梦，描述其细节，而渐渐导引读者到一高地，使他们能拓开视野，而问一声：下去你要再继续走哪一条路呢？

②魏特甘亦深懂此类口渴之梦，他曾写过："渴感较其他感觉更来得真切，它往往带来解渴的意念，在梦中口渴可有各种方法解决，而多半取材于新近之记忆。还有另外一个共同点：一旦解渴之后，马上跟着来便会发觉这想象中的解决办法并未能满意"，而魏甘特并未注意到这一种对梦刺激的反应是可适用于一切梦的。那些因为渴感而醒来，但却没有做这种梦的人，并不见得就能推翻我的实验。这只能说他们是比我更差的睡者。

③此梦出自弗洛伊德在一八九五年三月四日写给弗利斯信，可算是他以梦来说明愿望达成的最早记录。

④此系于一九一一年所补注，而 GesammelteSchriften（一九二五）提到："实验已显示出，改装过而需要再解析的梦，往往在四五岁的小孩已可看到，这也与我们有关梦改装所需条件的理论相符合。"

⑤在维也纳近郊。

⑥不久以后，这小女孩的祖母，也做了一个这类饕餮之梦，（这祖母与她的年龄之和，刚好为七十岁）她当时因肾脏不好，而被禁食一天。当晚，她再回到愉快的童年，她被请出外面吃饭，吃的都是一些最合口味的山珍海味。（这小女孩的梦在发生不久后，即已函告弗利斯。）

⑦一九一一年附注：由更进一层地对小孩心理的研究，婴孩期的性本能，的确在小孩之心理活动，有甚大的影响。而这方面却往往为人所忽略。其实，孩提时代的喜悦往往并非如成人所推想一般简单。参考弗氏“性学三论”。

⑧一九一一年附注：小孩日后会渐渐发展出较复杂、较难解的梦，相反地，成人有时却会有极简单、似婴孩期的梦。四五岁的小孩的梦，往往会有极丰富的材料，如我所发表的“一个五岁男孩恐惧症的分析”，以及杨格一九一〇年所发表的梦。一九一四年附注：有关小孩的梦分析，可参考下列诸人的作品：Hug—Hellb muth（一九一一至一九一三），Putamen（一九一二）VanRaalte（一九一二）Spielein（一九一三）Tausk（一九一三）。其他的报告尚有Bianchieri（一九一二）Busemann（一九〇九，一九一〇）Dolgia&Bianchieri（一九一二），以及特别强调“愿望的达成”的Wiggam（一九〇九）。一九一一年附注：另一方面，成人在某些不寻常的外界环境下，也会做出一些婴孩形态的梦OttoNordenskjold于一九〇四年，在南极洲度过冬季时，曾有下列记载：“所有我们探险队之队员都发觉，这段期间所做的梦，内容特别的新颖与丰富。每当清晨醒来，互相交换意见时，总会发觉我们这些远隔尘寰的家伙，都对过去的生活，寄予无限的憧憬与想象。我们中间一位队员，甚至梦见他又回到教室内，重操旧业地干起为学校刻印章的工作。但大多数的梦，多半是离不开吃与喝。有个家伙梦见他当晚连吃三宴，酒醉饭饱。另一个老烟鬼，却梦见满山烟叶，取之不尽。更有人梦到一只破冰船扬帆而入。还有人做得更妙的梦，梦见邮差先生，送来一大堆邮件，并且解释说，因为投递到错误的地址，才延误到现在。当然，还有一大堆更荒唐的梦，总是发现到一些不可能得到的事。但最主要的是，这些梦，看来都比较简单而缺少变化，由这些梦，我们可以清楚看出，我们是多么盼望着睡眠，因为只有在梦乡，才有那么多的愿望能够实现。”

一九一四年附注：Duprel曾在一八八五年写过：“当MungoPark在一次非洲航行途中，饥渴交加下，竟梦见了他家乡的甘泉丰田。同样的，BaronTrenck被关在Magdeberg的监牢，饥肠辘辘时，也曾梦见山珍海味。还有参加富兰克林第一次特遣队的GeorgeBack也在饿死边缘时，梦见每天均有丰衣足食的享受。”

⑨一九一四年附注：我决不以为我是第一个发现梦是由愿望产生的人（参照下一章 的开场白），其实这问题可远溯至埃及托勒密王一世时代赫洛菲洛斯医生。在一八六八年，毕宣序兹曾将梦分成三类：神明的托梦，由自己心灵自然引起的一种心象，以及一种由自己的心愿所蜕变而成的影像。一九一三年史特尔克也曾注意到在歇奈尔的收集中有愿望达成的例子。一八六一年歇奈尔写过：“梦者，因为那愿

望的感情分量，在心中非常明显，以致能使梦者利用想象力，一下子便达成了它的实现。”歇奈尔当时将这类梦列为“心情的梦”，而另外在他的分类里，还有两种梦，男女之间的“色情的梦”以及“坏脾气的梦”。毫无疑问地，歇奈尔在此已看出“愿望”在梦中的重要性了。

⑩有关小孩的梦，在弗氏一九一六至一九一七年的“导论”中第八次讲义内，更有详论。其他，在他一九〇一年的短论“论梦”的第三部分也有提到。

第四章　梦的改装

如果我现在就宣称所有的梦均为“愿望之达成”，我深信必招致最强烈的辩驳。批评我的人将会说：梦可以被解释为愿望的达成的说法，其实并非创举，在这以前如拉德斯托克、弗尔克特、普金吉、格利新格尔等均已有此说，但要说除了以愿望达成为内容以外，没有别种梦，那就未免以偏概全，而且是轻而易举即可推翻的谬论。相反地，充满不愉快内容的梦，却是屡见不鲜。悲观哲学家哈特曼是最反对这种“梦是愿望达成”的论调。在他的潜意识的哲学的第二部里（德文版第三三四页），他说：“……至于梦，可说是昼间活动中，除了理性上、艺术上较惬意的享受以外的所有烦恼，一并带入睡境所造成的产物。”其实，甚至其他一些不太悲观的观察者，也都认为梦里痛苦不祥的内容，均远较愿望达成的情形多见。有两位女士，乌依德与哈拉姆曾用她们自己的梦，以统计数字，表示出梦较多失望沮丧的内容。她们发现百分之五十八的梦是不如意的，而只有百分之二十八点六才是愉快的内容。除了那些带入我们梦境中的痛苦感情以外，尚有一些令人不能忍受，以致惊醒的“焦虑的梦”。也就是这种梦，使我们常发现，小孩睡觉时吓得大哭大叫地惊醒（参照德巴克）的梦魇（Pavornocturnus），然而要找出最明显的愿望达成的梦，也是在小孩才找得到。所以梦未必全是千篇一律的愿望达成吧。

由此看来，似乎“焦急不安的梦”的实例，即足以推翻以前所提种种的梦，而且甚至也可因此指斥愿望达成的说法为无稽之谈。

然而，要想对以上这种似乎振振有词的反调，予以辩驳，也并非难事。因为我们只要注意到，我们对梦的解释并非就其梦的表面内容作解释，我们是以探查梦里头所隐藏的思想内容而作的阐释。现在让我们来好好比较梦的显意与隐意吧！梦的显意，确实往往是痛苦不堪的，但有谁会花工夫，去找那隐藏在里头的更深一层的意义呢？如果没有下过这份工夫，那所持的两种反对论调，也就站不住脚了！因为我们那些痛苦恐怖的梦，如果经过精心分析的话，又有谁敢说，它不可能是蕴涵着愿望达成的意义在内呢？

在科学的研究中，往往一个难题解不开时，不妨再加上另一道难题，一并考虑，反而有时能找到意外的解决办法。就如同你把两个胡桃凑在一起敲碎，比一个个分别敲容易。因此，我们现在不只要解决这一个问题——“痛苦恐怖的梦，如何解释为愿望的达成？”，还要再合并考虑另一个我们以前所提出的问题：“为什么那些乍看之下，风马牛不相及的梦，需要经过层层抽丝剥茧地，才能看出也是愿望达成的意义呢？”，就拿伊玛打针的梦这件事来说，这绝不是一个痛苦的梦，而且一经过解析，可以充分看出，确实是愿望的达成，但为什么一定得经过这段解释过程呢？难道就不能直接看出它的意义吗？事实上，伊玛打针的梦，乍看之下，相信读者们甚至做梦者的我，未经分析以前，也看不出竟是梦者愿望的达成。如果我们把“梦是需要解释的”认为是一种梦的特征，而称之为“梦的改装现象”，那么次一个问题便是“梦的改装之来源是什么？”

对于梦这个问题，许多可能的发问均将被提出，譬如有人说睡觉时一个人是不能对自己的梦中想法有个真切的表达的。或说，梦的分析可能找出另一种解释。因此，我将在此再提出，我自己的第二个梦，当然也因此会把自己的一些私事鲁莽地提出，以便能做清楚的解释工作，然而我确信这是值得的。

前　言

在一八九七年春天，我获知有两位我们大学的教授，推荐我升为 Professorextraordinarius[①]，这消息的确使我非常惊喜，而且也对两位杰出人物对我的垂青，感到难以置信。但不久我马上竭力要自己冷静下来，不要太期待奇迹的出现。因为过去几年学校方面，已经好几次拒绝过这种推荐，而且很多比我资深的或同年的同事，也都已等了几年，毫无着落，而我自认并不见得比他们高明多少。于是，我决定还是宁可听任自己失望，决不乱存奢望。我自知自己并非有野心之辈，而且虽没有那种教授头衔，我仍可过得十分惬意。也许那葡萄是吊得太高了，使我难免有酸葡萄之讥吧！

有一个晚上，一位朋友 R 先生来找我。他的境遇一直是使我引为他山之石而自戒的，他很早就已被推荐为教授头衔（对病人而言，有了这头衔的人如神仙一般的神气），而他也比我较不死心，以致经常向上司追问何日晋升的可能性。这次他告诉我，他忍无可忍之下，坦白地逼问上司是否他之所以迟迟未能晋升与他本身的宗教派别有关。结果上司的回答是，目前碍于众议，他确实无法晋升，他说：“至少目前我已知道我自己的处境。”我这朋友所告诉我的这些，并非什么新消息，但至少他加深了我的自知之明，因为我与他是同样的教派。

在隔天早晨醒来时，我把当晚所做的梦记下来了。它包括两种想法与两个人物，而一个想法紧跟着便是一个人物，在梦中分两部分出现。但在此处，我只拟提出这梦的头一半，因为下一半与我这儿所要阐述的无多大关系。

第一，“我的朋友 R 先生”是“我对他有很深感情的叔叔”。

第二，“我很近地看着他的脸，有些变了形，似乎脸拉长了，黄色胡子长满腮边，看来甚具特色”。

接着有两个其他部分的梦，一个人物与一个想法，但我就此从略。

这怪梦的解释过程如下：

当天早上我回想这梦时，我不觉一笑置之，“嘿！多无聊的梦！”然而，我却始终无法释怀，而且整天萦绕脑中。终于到了晚上，我开始自责道：“当我自己在对病人做梦的解析时，如果他们告诉我他的梦太荒唐、太无聊、不值一提，我自己一定会怀疑其中必有隐情，而非探个水落石出不可。同样，以其人之道治其人之身。我所以认为不值得一提，正代表着心内有股怕被分析出来的阻力。嘿！可千万别让自己跑掉！”

于是我就开始动工了。

“R 先生是我叔叔”：这是什么意思？我仅有一个叔叔，名叫约瑟夫[②]。关于这位叔叔，说来也可怜，约三十多年前，一时为了多赚点钱，竟因此而触犯刑法，受到判刑。我父亲为了这件不幸，在几日之间，头发都变白了。他常常说约瑟夫叔叔并非一个坏人，只是一个被人利用的“大呆子”。那么，如果我梦见 R 先生是个大呆子，这种论调实在毫无道理，但，我确实在梦中看到那副相貌——长脸黄胡，而我叔叔就是一个长脸加上两腮长有迷人的黄胡子。至于 R 先生却是黑发黑胡的家伙，但当青春不再时，那黑发也会变灰，而黑胡子也一根根地由黑色而红棕而黄棕的，最后变成了灰色。R 先生目前的胡色，也正是连我看了也伤心的这副苍老颜色。在梦中，我仿佛见到 R 先生的脸，又见到叔叔的脸一般，就有如嘉尔顿的复合照相术——嘉尔顿擅长把几张酷似的面孔重复地感光于同一底片上。由此看来，毫无疑问地我心中以为 R 先生是个大呆子，就像我那叔叔一般。

至此，我仍为自己这份解释，看不出苗头。我想其中一定还有某种动机，使我毫不保留地想揭发 R 先生。然而，事实上很明显地，我叔叔是个犯人，但 R 先生可不是什么犯人。

喔！对了！他曾一次因为骑自行车撞伤了一个学徒而被罚款。难道我也把这事算在心头吗?

这种对比未免太荒谬了吧！这时，我又另外想起在几天前，我与另一位同事 N 先生的对话。

其实，谈话内容亦不外乎升迁的事。我与 N 先生在街上邂逅，他也是被提名晋升教职，而且他也听到我最近被推荐为副教授的消息。他当场恭喜我，但我却拒绝了他。我说："你可不能再这样揶揄我了，其实，你自己知道我只是受人提名而已，又有甚了不起。"于是，他稍带勉强地回答："你可不要这么说，我是自己有问题，才升不上去的。你难道不知道那女人控告我的事吗? 我可以告诉你，那宗案子其实完全是一种卑鄙的勒索，而我只是因努力使那被告免于被判刑而招来麻烦，很可能这件事深深地印在部长的记忆中。而你呢? 可完全清白的呀!"就这样子，我又由梦的解释与趋向中引出了一个罪犯人物，我的叔叔约瑟夫象征了我的两位均被提名晋升教职的同事——一个是"大呆子"，一个是"罪犯"。现在，我也才明白了这梦之所以需要解释的地方。果真教派的歧见确实是我朋友未能晋升的症结所在，那么，我的晋升也是无望了。但如果我能找出这两位同事之间，其他我所没有的相同缺点，那么我的晋升希望就不受影响。这就是我做梦的程序。梦使 R 先生成了大呆子，N 先生成了罪犯，而我却既非呆子，又非罪犯，于是我就大有希望问鼎晋升良机，而不必再担心 R 先生告诉我的那坏消息。

走笔至此，总觉意犹未尽，对这份解释的内容，也仍不太满意，尤其是自己为了晋升高职，竟在梦中如此委曲这两位我素来敬仰的同事，更是内疚不已。还好，由于我自己深知由梦中所分析出的内容，并不是真正事实的道理，多少也可缓和一下对自己的不满。事实上，我绝对不相信有人敢说 R 先生是个大呆子，我也决不相信 N 先生曾被牵涉在勒索事件内。当然，我也不相信伊玛真的因为奥图给她打的那 Propyl 针而病情转劣。总之，如前所示地，梦所表现的总是一厢情愿的实现，就愿望达成的内容看来，我这第二个梦，似乎比第一个梦来得较不离谱，而且事实上，也可找出些蛛丝马迹，勉强可以解释这些可能是事实的毁谤，而发现这梦也确不是空穴来风呢。因为，当时我的朋友 R 先生正受着他同系里的某教授的反对，而我另一位朋友 N 先生，也曾私下坦白告诉过我，一些他的不可告人之事。然而，我仍欲重申我的看法，这个梦仍须再更深入地解析下去。

现在我想起来这梦还有一些刚才解梦时，未注意到的部分。当我在梦中发现R先生就是我叔叔时，我心中对他有种深厚的感情。但到底这份感情，事实上是对谁呢？当然，对我那约瑟夫叔叔，我可从无如此深厚的感情，而R先生虽是我长年之交的好友，但要是我当面对他道出我梦中对他所具有的那份深厚感情，无疑地，他一定会深感肉麻的。果真我这份感情是对他的话，就我理智的分析，纯粹是糅合了他的才能、人格再掺杂入我对叔叔所产生的一种矛盾的感情的夸大，而这份夸大却是朝着相反方向走的。现在，我终于有所发现，这份难以解释的感情，并不属于梦的隐意，或内含的念头，而刚刚相反地，它却是与梦的内容相反的，而在梦的分析过程中，巧妙地逃过了我的注意力，很可能地，这也许就是它的主要功能。我仍记得，当初我要作这梦的分析前，曾是如何的不情愿，我一直地拖延时间，而一味地嗤之以鼻。如今，由我自己多年精神分析的经验，我深知这种“拖延”、“嗤之以鼻”更表示出其中必有文章。事实上，这份感情对梦内容而言，并无任何关联，但它至少代表了，我内心对这梦内容所产生的实在感受。如果小女不喜欢吃那苹果，她常连尝一口都不肯地，就说那苹果苦得要死。如果我的病人采取如此行动，我也马上可以揣测到他必有所潜抑。同理，我的梦也是如此。我之所以迟迟不愿意去解释这梦，也不外是我对其中某些内容具有反感。而今，经过如此抽丝剥茧地探讨，我才知道我所反对的是把挚友R先生当作大呆子，而我在梦中对R先生那段不寻常的感情，其实并不是梦内容中真正的感情，而只是代表我内心对这释梦工作不情愿的强烈程度。如果当初，我的梦就在最先关头，便被这份感情所困惑，而获悉刚刚与现在相反的解释时，那么我梦中的那份感情便实现了它的目的。换句话说，在梦中，这感情是有目的的，希望能使我们对梦作了改装。我梦中对R先生是恶意中伤的，而使我不会使相反的一面——一种的确是存在的温厚友谊浮现到梦的意识来。

以上所发现的道理，是可以推广到各方面均成立的。就像第三章 我们所提出的梦，有些是非常显而易见的愿望达成。而一旦愿望之达成，有所“伪装”或“难以认出”必表示梦者本身对此愿望有所顾忌，而因此使这愿望只得以另一种改装的形式表达之。我将在实际的社交生活中，找出一些与此内心活动相类似的实例。在社交生活里，我们不是有很多虚伪客套吗？就两个人在一起工作而言，如果其中一个具有某种特权，那么另一位必定对他这份特权处处有所顾忌，于是他只好对他自己的内心想作的行为有所改装。换句话说，他就须戴上一副假面具。其实，每天我们待人所应用的礼节，说穿了也不过是这种虚伪。如果为了读者们，我要对我的梦作忠实的解释的话，那我势必要陷入这种自己撕破假面具的尴尬场面。甚至连诗人们也抱怨过这种虚伪的必要性，“对你所能知道最好的事，你都不可坦白告诉小孩们。”[3]政论作家也同样对那些执政者有所顾忌，而把许多令人不愉快的事实予以掩盖。如果他敢坦率地道出，那么政府无疑地必会予以制裁——口头上已发表的，事后必被整肃警告，而出版于书面的，也必被禁印封锁。因此作者们为了检查者的顾虑，他就不得不对其论调，作些伪装，不是完全只字不提地明哲保身，便是旁敲侧击地将那些曾被反对的论调予以狡猾的改装。譬如，他会以两个“中国”满清贪官污吏的劣迹，来暗讽其国内有问题的官员。往往检查标准，越是严格，作家们就越有更聪明的方法，来暗示读者真正的内涵。

这检查制度，使作家所作的改装，就完全与我们梦里所作的改装相类似。那么，现在，我们须假设每个人在其心灵内，均有两种心理步骤“或谓倾向、系统”[4]，第一个是在梦中表现出愿望的内容，而第二个却扮演着检查者的角色，而形成了梦的“改装”。但是究竟这第二个心理步骤的权威性，是靠着哪些特点，来做它的检查工作呢？如果我们想到那些梦的隐意均是经过分析才能为我们所意识到，而醒来后，就已意识到的仅是梦的显意时，我们当可推出一个合理的假设：“凡能为我们所意识到的，必得经过第二个心理步骤所认可；可那些第一个心理步骤的材料，一旦无法通过第二关，则无从为意识所接受，而必须任由第二关加以各种变形到它满意的地步，才得以进入意识的境界。”由此，我们可以获知所谓意识的基本性质——意识是一种特殊的心理行为，它是由感官将其他来源的材料，经过一番加工而成的产品。而对心理病态而言，我们决不能对“意识”这一重要问题予以忽略，因此我拟在以后再另行作更详细的探讨。

由于我用以上所述那两种心理步骤与“意识”的关系来说明我对 R 先生虽具有深厚感情，而在梦中却加以如许轻蔑的现象，我发觉在政界官场里，我也可以找出一些类似的现象。就一个国家的统治者而言，他那扩张私人权力的欲望往往与人民意见是相左的，而此时他往往就会有一种很令人难以理解的做法，他会故意对那人民极不喜欢的官员加以器重，给予一些不应该得到的特权，以多少发泄出他对人民意见的藐视。同样，我这控制意识境界的第二心理步骤，也因为第一个心理步骤的愿望，曾对 R 先生有很深厚的感情，而把那隐藏着的冲动“把他贬斥为一个大呆子”就此发泄掉[5]。

也许我们现在会怀疑说，借着梦的分析，我们可以打开哲学所一直无法解决的人类心理机转。但是，目前我并不拟循此途径去发展，我们还是先回过头来把“梦的改装”先阐释清楚。主要问题是梦中不愉快的内容，究竟如何解释成愿望的达成。我们现在已看出，所呈现的不愉快内容不外就是愿望达成的一种变相的改装。套一句我们以上提过的假设，我们也可以说，梦之所以需要改装为不愉快内容，其实就是因为其中某些内容，为第二心理步骤所不许，而同时这部分正是第一心理步骤所希冀的愿望。每一个出自第一心理步骤的梦，均为愿望之达成，而第二心理步骤却加以破坏减裁，而毫无增润[⑥]。如果我们只考虑到第二心理步骤对梦的关系而已，那么我们将永远对梦无法作一确实的认识，而本书作者发现的一些梦的问题，也将无法解决。

每一个梦，要想证明出其中之秘密意义确乎在于愿望之达成，的确是需要一番努力的分析工作。因此，我将故意选些痛苦内容的梦，而尝试对它作一番分析。其中有些是“歇斯底里症”的患者所做的梦，因此也就须附带一些长篇的“前言”，而且有些部分，也须牵涉到患者心理过程的分析。这些，无可避免地，将是令读者更加困惑的。

当我治疗心理症的病人时，往往他的梦就成了我们讨论的主要内容。我必须随时借着他本身的帮忙，对他所做的梦中各种细节，加以一番解释，而由此了解他的病情。此时我就常遭遇到比我同事们对我的批评更苛刻的反驳。几乎所有病人均不赞成我这“梦的愿望达成”的说法。以下就有些梦的内容被引出来驳斥我的论调。

“你总是说，梦是愿望的达成，”一位相当聪慧的女病人告诉我，“但我现在却可以提出一个完全相反的梦，梦中我的愿望完全无法达成，这倒看你如何自圆其说？那梦是这样的，‘我梦见我想准备晚餐，但手头上只有熏鲑而已。我想出去采购，又偏巧是礼拜天下午，一切商店均关门休业。再想打电话给餐馆，偏偏电话又断了线。因此我最后只好死了这条做晚餐的心’。”

我回答她，当然啦，虽然你这梦乍看似乎非常合理地完全与我的理论相反——根本是愿望的不能达成。但是，梦的真正意义总是需要经过分析的，绝不是表面意义所能代表的。于是我问她：“到底为什么事，引起你做这梦呢？你也知道日有所思，才会夜有所梦啊？”

分　析

这病人的丈夫，是一个忠厚而能干的肉贩，在前一天曾告诉她，他自己实在胖得太快了，有必要去接受减肥治疗。今后他将早起、运动、节食，而且最重要的是，他再也不参加任何晚宴的邀请。她就取笑他。曾有一次她丈夫，在他们常去的饭馆里，认识了一位画家。

那画家曾执意要求为他画张人像，因为那画家说，他一生从没有看过像他这般生动的面孔。

但被她丈夫当场坦率地拒绝，他认为与其画他的脸，不如去找个漂亮的女孩子的背影，更合这画家的口味[7]。她深爱她丈夫，也因此痛快地取笑了他一番。她曾要求他以后再也不要给她"鱼子酱"。这句话什么意思呢？

他的高贵又焉能存在呢？

事实上，她一直憧憬着每天早餐均能有三明治加鱼子酱，但就因为俭朴的习性，使她不愿这样做。同时她也深知，只要她开口要求，她丈夫是一定会马上买给她吃的，然而，相反地，她却要求他，不要给她鱼子酱，以便她还可以再以这事来揶揄他。

（就我看来，这段解释仍十分牵强。不够满意的解释往往背后仍隐藏着一段未坦诚地告白。我想起来伯恩亥姆所作过催眠的那病人，在他对病人作"催眠后的指示"时，他问及他们的动机时，他们的回答并非如我们所想象的"我并不知道我为什么这般做"。出乎意外地，他们均会编造出一个看得出有毛病的理由来。这与我所提这女病人的鱼子酱故事是有点类似的。我们可以明了她也是在清醒状态下，不自主地编造了一个不能达成的愿望。她的梦也同样显示了愿望的不能达成。但，她为什么需要不能达成的愿望呢？）

至此所得资料，仍不足以对梦作一番真正的解释。于是我再逼问她。经过一段沉默，终于克服了阻力。她才想起，前一天她曾去拜访一位她先生经常称赞得使她多少有些妒意的女友。还好，她发觉那女友长得瘦长多了，而她丈夫却是最喜欢丰满身段的女人。再追问下去，她又说了，那女友曾告诉她，她恨不得能长胖些，并且问她："你几时能再邀我吃饭呢？你永远做得那么好的菜！"

到此，我们总算对这梦可作一番合理的解释了！我终于能够告诉病人：其实在你那女友要你请客时，你就已心里有数："哼！我才不请你去我家吃好菜，果真使你长胖了，再使我先生动非分之想，我宁可晚餐都不煮呢！"而你所做的梦，就说你做不了晚餐，因而满足了使你那女友长不丰满的目的。你丈夫所提出的减肥妙方不是说最重要的就是不参加人家的晚宴吗？于是在你的心中，你就有了这么一个念头"到人家家里吃饭才会长胖"。现在，似乎一切都解释通了吧！且慢！还有个"熏鲑"这劳什子东西，可有什么意义吧？"你在梦中，为什么会想到熏鲑这道菜呢？""熏鲑是我那女友最喜欢的一道菜。"刚巧，我也认识她这位女友，而我深知这妇人节俭到舍不得吃熏鲑的程度就有如我这病人爱吃又不忍花钱吃鱼子酱的情形，完全一样。

这个梦，再加上一些附带的种种细节，使我觉得有必要再作另一种更适当的解释。这两种解释方法，决不互相冲突，反而更能由此得窥梦意之全貌，并且也可由此看出一般心理病态形成的过程所具有的暧昧性。我们已经听过这女病人曾梦到自己愿望的否定，（想吃鱼子酱的愿望）而她的那位曾表示过希望胖的女朋友，要是在我们这病人的梦中是永远长不胖的话，那我想我们一定一点也不惊奇的。然而，事实上她只有梦到她自己吃鱼子酱的梦无法达成。因此，我们不妨把这梦作一新的解释——梦中她之不能遂愿，其实并非指她自己，而是在梦中以自己代替了那朋友的角色。用句心理学的话，就是说她把自己“仿同”成她那朋友一般。

我想，她的确是如此仿同了那朋友，而成了自己的不能遂愿。然而，这种歇斯底里症的“仿同作用”究竟有甚意义呢？要说明这问题可要再进一步地探讨了。“仿同作用”是产生歇斯底里症状极重要的一个动机，病人借此作用，不仅能把自己本身的经验用某种症状表现出来，甚至也可以从别人的一大堆其他经验而表现出各种奇奇怪怪乍看无法解释的症状。

他们有时就像真能扮演人生百态的各角色。也许有人以为这不过是所谓的“歇斯底里的模仿”——“歇斯底里的病人有能力可以模仿一些发生在别人身上但却使他们印象十分深刻的症状，而且经由这种模仿可以得到所需的同情。”然而，这只不过说明了歇斯底里模仿的心理过程，所循的途径而已。而途径本身与循此途径所需的“精神行动”却是两回事。“行动”本身比我们一般所想象的歇斯底里模仿实在复杂多了，它其实就相当于潜意识的最后产物。举个实例来说吧！如果医生与一群精神病人同住一段时间。那么有一天，他也许就会发觉某个病人会突然发生类似另一女病人所发作过的肌肉抽搐。这时，这位医生也许见怪不怪地说：“因为这些人看过这女病人的发作状态，而模仿了她。”这就是所谓的“心理感染”。然而，心理感染有时却是用以下那种方式发生的；通常，病人们彼此间的了解较医生对他们个别的了解反而更多，一旦医生访视了某位病人以后，他们便会对他问东问西，予以更大的关切。如果今天有一位病人发作了，马上他们都知道那是由于刚接到的一封信，触发了他的相思病或其他心病，于是马上激起了他们的同情心。而且虽然未进入他们自己的意识界，但他们心中却形成了一个结论：“如果这种原因会导致这种症状，那么同样有这种问题的我，可能也会有这种症状发生吧！”如果这个结论进入了意识界，那么他只是会天天担心害怕那相同症状的降临，但一旦它只是深藏于潜意识里，那就会不知不觉中产生了真正他们所害怕的症状。所以“仿同作用”并非单纯的模仿，而是一种基于同病相怜的同化作用再加上某些滞留于潜意识的相同状况发作时所产生结果。

在歇斯底里症，“仿同作用”是特别常用于有关性的方面。这种病的女患者往往将自己仿同成与她自己有过性关系的男人，不然就是仿同那些曾与她的丈夫或情夫有过暧昧关系的女人。我们在爱情中所用的话“永结同心”、“形影不离”也正说明了这种仿同的倾向。在歇斯底里的幻想里或梦境里，往往一个人只要想到性关系，而并不一定事实上发生，就可以很自然地产生仿同作用。我们所举的这女病人，她只是循着其歇斯底里的思路，由她对她朋友的嫉妒（对这解释，她是一直拒绝承认的）便把自己在梦中取代了她朋友的身份，而仿同她来编造出一个症状（愿望的否定）。我们可以进一步阐释如下：在梦中，她取代了那位朋友，是由于她那朋友抢走了她丈夫的欢心，而她自己内心非常企盼能争回她丈夫对她的珍重⑧。

还有另一位我的女病人，一位非常聪明伶俐的妇人，也做了一个与我的理论完全冲突的梦。但这也按着我那“一个愿望的未能达成，其实象征着另一愿望的达成”的原则，很简单地解决了她的不服。事情是这样的，有一天，我告诉这病人，梦是愿望的达成。而隔天，她就告诉我，她梦见她与她婆婆一道去避暑。而我早就知道，她非常不喜欢与她婆婆住在一起打发这夏天。而且，我也听说，她很高兴地已经在离她婆婆要去避暑的地方相当远处租到了房子。因此这个梦，看来又与我的理论正适得其反。难道这可以证明我的理论是错误的吗？

由这梦的推论所得的解释看来，我是完全错了。但，其实她最大的愿望，就是希冀我的一切都是错的，而这梦也就正满足了她这种希望。她之所以希冀我有错误，事实上是一件严重的问题。因为，在她接受我心理分析治疗期间，由她所供给的资料中，我曾分析出她生命的某段时间内，曾有某些事情的发生，与她目前的病情大有关系。而这一点，她却因完全记不起来而否认。但不久以后，经过一番追问，我们终于找出了我的断言确实是对的，也因此她心理就不自觉地希望有一天能证明我的话是错的。于是她就将此愿望，转变成梦中与她婆婆一道下乡避暑的根本不可能发生的荒诞怪事。

现在，我再随便举个小例子，不用分析，单凭一点假设，也可看出一点释梦的端倪。我有一位与我同窗八年的律师朋友，曾有一次在小聚会里，听我对他们介绍关于梦是愿望达成的理论。回家后，他竟做了一个怪梦：“他的所有讼案，全部败诉，”于是他就跟我抱怨了一番。当时，我只好推说：“风水轮流转，一个人毕竟不可能永远胜诉吧！”但我私底下却在想：“八年同学期间，我一直名列前茅，而这家伙成绩，始终平平，因此会不会他内心总有个想法，希望有一天我也会表现得不过尔尔呢?”

还有一个女病人告诉过我一个更悲惨的梦，来反驳我的理论。这病人是个年轻少女，以下便是她的独白：“你总记得我姐姐现在只有一个男儿查理吧，她那长男奥图在我尚与他们同住在一起时，即告夭折。我当时最疼爱奥图，而且他也几乎都是由我带大的。当然，我也很喜欢查理，但他总不及奥图那么惹人爱。昨晚，我竟做了一个怪梦：我梦见查理僵硬地躺在小棺木内，两手交叉平放着，周围插满了蜡烛。总之，那样子就像当年奥图死时的情景。现在，请你告诉我，究竟这梦是什么意思呢？你了解我的，难道我真的那般狠心地希冀我姐姐连那最后的一个宝贝儿子都死去吗？或者说这梦只是表示出我宁可查理代替我那宝贝的奥图去死呢?”

我保证她，她所做的第二个解释是一定不成立的。经过一番思考以后，我终于能够给她一个满意的解释。当然，主要还是因为我对她过去的一切都有很深的了解。

这女病人是幼失怙恃的孤儿，从小即由较年长甚多的大姐养大。在那常来她家拜访的亲友中，她邂逅了一位使她一见倾心的人物。有一段时间他们几乎已到了谈论婚嫁的阶段。然而，这段美满良缘却因她大姐无理的反对而告吹。经过这段破裂，那男的就尽量避免到她家来，而她自已在奥图（这她曾把那破碎的爱情转移到他身上的小孩子）不幸夭折后，她也伤心地离家远行，另谋独立。然而，她却始终无法忘怀这使她一度倾心的男友。但她的自尊心，使她不愿主动去找他，而她又无法将这份爱情转移给其他对她求婚的人。她这爱人是一个文学教授，不管他在哪儿有个学术演讲，她必是永远在场的听众，而且她从不放过任何一个可以偷偷望他一眼的机会。我记得在做这梦的前一天，她曾告诉我，这教授明天将有一个发表会，而她也一定要赶去给他捧场。也就在这发表会的前一个晚上，她做了以上那个梦，而她告诉我梦见的日子也就是发表会的这 ·天。因此我能很清楚地看出了这梦的真谛。于是，我追问她究竟在奥图死后，有什么特别事件发生呢？她马上回答道：“当然，我记得最清楚了，教授在阔别这么久后，也突然赶回吊丧，而使我在奥图的小棺木旁，再度与他重逢。”而这就正是我早就心里有数的。于是我有了如下的解释：“如果现在另一个男孩子又死了，那种同样的情形，将必会再重演。你将回去与你姐姐厮守终日，而教授也一定会来吊丧，如此你就能够再一样地与他重逢。这梦只不过是表示了强烈的想再见他一面的愿望——一个你一直在内心挣扎，不得安宁的愿望，我知道你已买了今天发表会的门票，你的梦是一种焦躁的梦，对那差几小时就可达到的愿望都等不及的表现。”

为了把她的愿望，予以更周全的伪装，她在梦中还故意选用了最悲哀的气氛——丧事，以掩饰那与此完全相反的爱情之狂热。然而，事实上，在她最疼爱的奥图死亡的时刻，她仍无法抑制自己对这久别的情郎所具有的寸断柔情。

此外，我又分析过一个内容大略相似的梦，但解析出来的结果，竟是与上一个病人完全相反的意义。这是一个富于急智、天性乐观的中年妇人，在她作“自由联想”时，其联想之丰富迅捷也着实使我相当佩服。她梦中仿佛看到她那十五岁的女儿，僵死地躺在“箱中”。

虽然她自己也考虑到关于“箱子”这东西，可能隐含有某种意思在内⑨，她仍坚决地以此梦来驳斥我所主张的“梦是愿望的达成”。经过一段的分析以后，她想起这前一个晚上，她曾与一大堆朋友，提到英文字 Box 这个字，可以翻译成一大堆德文的不同意义的字，如箱子、包厢、橱柜、掌掴等。由梦中的其他内容看来，很可能事实上在她心里曾把英文字“Box”与德文的盒子（Büchse）拉上了关系。而且她也深知在德国的猥亵谑语中，往往 Büchse 这个字是指着女性生殖器的。这样看来，我们也许就可大胆地加上解剖学眼光来看，她的“小孩死在箱子里”实在意味着“小孩死在子宫里”。至此，她不再否认这样一说倒是合了愿望的达成。就像一般年轻女子，大多不愿太早就有了身孕，而为子女劳累。她也承认当初她怀孕时，曾希冀胎儿会死于腹中。甚至在一次与她丈夫激烈的口角后，她曾自己用力痛击其肚皮，希望能促成流产。因此，“孩子的死”确实算得上是一种愿望，只是经过了这么多年，生下的孩子也已十五岁了，今昔迥异，也难怪她一时想不出这道理来。

以上所举的两个梦（内容均为亲友的死亡）均可列于“典型的梦”之内。而且以下我要再举一新例子，以重申我的主张“不管梦的内容乍看是如何的不幸，其结果均仍为愿望的达成”。这个梦，本来也是用来反驳我那理论的。但这并不是一个病人所提供的梦，而是来自一位我的法学界的朋友。他告诉我：“我梦见我挽着一个妇人的手，在我家门口附近散步。

这时有一辆门关着的马车，停在街旁，突地闪出一个人，走到我面前，出示他刑警的身份，而要我同他一道去警局。当时，我只是求他给我一些时间处理一些事务，再跟他走……”

这法学家问我：“难道你会说我心里盼望着被警员拘捕吗?”我只好承认，“这当然不可能，但你可搞清楚他们是以什么罪名，来拘拿你呢?”——“我相信是杀婴罪，”——“杀婴罪？但你也知道，这只是母亲才能对刚生下来的小孩下手的啊?”——他尴尬地回答道：

“但事实上就是如此。”⑩于是，我再问他：“在哪种状况下，你做这个梦呢？在那前一晚上，发生了些什么？”——“我可不太愿意再说下去了，这实在不足为外人道也。”——“如果你不说，那我想这梦是永远解不开的！”——“好吧！我就告诉你吧！那天晚上我并不在家睡觉。我是与一个深爱的女人一起睡觉的。而且，隔天一早醒来时，我们又发生了一次关系，而后我又睡着了。也就在那时，才做了前述的那个梦。”——“这女人结婚了吗？”——“是的！”——“你并不希望她怀孕吧？”——“不！这样会使我们双方都身败名裂的！”——“那么你们从不曾作正常的性交吧？”——“我每次均注意在射精前就出来。”——“那么我是不是可以这样推想，那天晚上你俩都十分小心翼翼地做那些事。但清晨再作的那次你可没有十分确实做到避孕的把握吧？”——“嗯！似乎是这样的！”——“那么，我仍然说这梦也是愿望的达成。由这个梦，你可以告诉自己，你并未生下孩子或是你已把它杀死了。我可以很容易地指出某些有关联的地方。你大概还记得，几天前我们曾一起讨论过结婚的烦恼，而发现一个最大的矛盾就是性交时作任何避孕的办法都可以，而一旦卵子受精成了胎儿以后，再作任何补救办法，却都构成刑法上的罪行。那时我们也曾讨论道，这都是由中古世纪那种‘胎儿已具有灵魂的观念，才导致今日这种谋杀罪名’的成立。”

当然，你也知道雷恼曾有一首诗，就把杀婴与避孕讽咏成同一罪行，——“咦！很奇怪地，当天早上我曾想到过雷恼这首诗呢！”——“好！现在，我要再告诉你梦中另一个附带的愿望达成，你不是说你梦见挽着一位女人的手走在你家门口吗？因此你心里实在是希望能正大光明地带她回到你家去，而不必像事实上那般偷鸡摸狗地在她家偷情。事实上，这梦的本质——愿望的达成，虽用如许不愉快的形式来伪装，我们仍可能再找出不止一种的解释，在我对焦虑心理症的病因所作的报道中，我曾提到‘中断性交’是一种构成神经质恐惧的因素之一。由此看来，你经过多次的这种性交，心中已充满不愉快的阴影，而由此构成了你所做的梦，甚至还利用不愉快的心境来掩饰你愿望的达成。同时，你所提到的‘杀婴罪’也尚待探讨。为什么这种只有女人才作的罪行，会发生在你身上呢？”——“我将坦白告诉你，几年前我曾有过类似的问题，我与一个少女发生关系，而使她受孕。为了名誉攸关，她悄悄地自己去堕胎，其实，堕胎前我真的是完全不知情的。但事后我却很长一段时间不时在担心着，万一东窗事发之时，何以自处？”——“我能了解你的心境的，你这回忆也说明了另一理由，使你会因为一次‘中断性交’的作不好，而引起如此大的恐惧不安。”

一位年轻的医生，由于听了我关于以上那梦的分析他颇为同意，而对自己昨晚的梦，以这种分析手法作了一番解释给我听。他说他在做梦的前一天填报了他的收入数目。由于此时他收入甚微，所以他就据实地填报。但他却梦见他朋友告诉他税务委员们对于他的收入申报数字表示怀疑，以为他以多报少，以便逃税，因此将罚以重金。其实这梦只是伪装了他的一大愿望——希望成为收入丰盈的名医。这同时又使我想起在某个故事中的一位陷入爱河而不能自拔的小姐，当人家劝她决不要嫁坏脾气的家伙，不然婚后她是会挨揍的。她却毅然回答："我但愿他肯揍我！"她对婚姻的愿望强烈到使她在婚前即已考虑到这些不幸，而且甚至还把它当为愿望呢！

如果我将这一类似"愿望的否认"或"隐忧的浮现"为内容的这种乍看之下与我理论完全相反的梦，统称为"反愿望之梦"的话，我在这些梦中可以归纳出两个原则。其中之一为我们日常清醒或梦境中均常发生的，但我们暂且留待以后再提。我们现在先说第一个原则，那就是他们的梦均具有希冀"我是错了"的动机。每一个病人在治疗期间发生"阻抗"时，均有此种梦的内容。事实上，我有充分的经验，每次只要我向病人说"梦不外是愿望的达成"，即可引发他们这类"反愿望之梦"[11]。事实上，我甚至相信，现在在读我这本书的读者们，也可能就有这种与我理论不符的梦。最后我想再举一个我治疗病人中所得的一个梦，以重申这原则的真谛。一个年轻女子，虽然她的亲戚以及他们所请教的专家们，均反对她继续接受我的治疗，她却仍执意要来我诊所就医。她做了如下一个梦："她家人不准她再来我这儿看病，于是她提醒我说，你曾答应我，如果情形需要的话，你要免费医我。而我回答：我决不在乎钱的问题。"以这个梦来做"愿望的达成"的证明，并不是一件容易的事，但这一类的梦，往往可借由其中另含的次要问题的解决，来发掘主要问题的症结，她为什么在梦中使我说出那种话？当然，事实上我从不曾说过那种话，而是一个对她深具影响力的哥哥，曾对我作如此的批评。因此，这梦的目的是要说她哥哥的话是对的，而她并不只想在梦中证实她哥哥的话，她甚至把它当作生命之目的，也成了她生病的动机。

一个乍看似乎用我的理论特别难以解释的梦，是一位叫史特尔克医生的梦以及他自己所作的解释。他梦见"我发现我左手食指头有初期梅毒感染"。

有人也许会以为这梦内容，除了不合愿望达成的原则以外，看来十分合理并不需再作任何解释。但，如果你肯花费一点心血去探讨的话，你会发觉初期感染这个名词非常近似拉丁文的"初恋的爱人"，而以史特尔克自己的话来说："这勾起了我自己过去情场的失意，而这梦根本是带着强烈感情的愿望达成。"

现在让我们再来讨论另一个"反愿望之梦"所具的原则。其实这个动机也是很明显的。许多人的性体质中，多多少少均有由“侵犯性”、“虐待性”转变而成相反的“被虐待的成分”。如果他们能不以加之于肉体的痛苦，来满足其快感，而却能以谦逊、慈爱的牺牲态度来表现的话，我们即可称之为“理想的被虐待症”。很明显地，这一类人可能做的梦均是“反愿望之梦”。然而，这对他们而言，却正是一种由衷的期盼。因为唯有这样才能满足他们被虐待的倾向。这儿还有个梦：一个年轻男人，早年时曾十分折磨他哥哥（其实他对这哥哥一直有种几近同性恋的喜好）。但长大后，他顿悟前非，而完全改变他的态度后，他做了这样的梦。其中包括三部分：

第一，他被他哥哥所欺负；

第二，两个男人正同性爱地互相爱抚；

第三，他的哥哥将他名下所拥有的事业，未经他的同意，即变卖掉。而由这最后一个梦他很痛苦地醒过来。然而这其实是一个被虐待者愿望满足的梦。这可以如下解释的：如果我哥哥果真那样对我不好，罔顾我的利益地变卖我的财物，那就可以减轻我自己过去所做对不起他的种种罪恶感。

我希望上述这些例证，可以足够证明——在未有任何更新的反对理由提出以前——一个内容痛苦不堪的梦，其实是可以解析它仍然是愿望的达成（我并不认为我们已完全解决了这问题，以后的篇幅里，我将会再讨论到）。我们也不要以为在解析时发现到的，总“刚好”是一些令人平时不愿想或做的事。其实这些不愉快的感觉，就像我们平时对不愿干或不愿意提起的事，所发生的反感一样，是我们在想解开梦之谜底时，所必须克服的阻力。但我们提到梦中的反感，并不意味着梦里就没有愿望的存在。每一个人，其实也都有一些不愿讲出来的愿望，甚至有些连对自己也都想否认，然而，我觉得我们大可以合理地将所有梦的不愉快性质与梦的改装放在一起考虑，而获得如此的结论：这些梦均被改装过的，因为梦中之愿望，平时招致严重之压抑，所以愿望之达成均被改装到乍看之下无法看出的地步。因此，我们也可以说，梦之改装其实就是一种审查制度（Censorship）的作业。由所有梦中不愉快的内容分析结果，我拟出以下这个公式：“梦是一种（受抑制的）愿望（经过改装而）达成。”[12]最后我想需要再提到与这以痛苦为内容的梦稍近的“焦虑之梦”。如果把这类梦，也算在愿望达成之列，相信对一般未受过梦析训练的人，更不容易接受。

但在此我可以简单谈谈焦虑之梦。事实上，这种梦并非梦的解析的另一对象，它只不过是以梦本身来表示出一般焦虑的内容而已。我们梦中所感受的焦虑就是梦内容所明白地表示的那些念头而已。如果我们想对这种梦再作解析，那就会发觉梦所表示的焦虑就如恐惧症所生的焦虑一样，它只是由某种念头的存在而引起焦虑。举例而言，从窗口掉下去是有可能，因此一个人走近窗口时应当小心些。但我们就不懂为什么对这类恐惧症病人而言，靠近窗口竟会带给他们那么大的焦虑远超过事实上所需的小心，同样对这种恐惧症的解释，也可适用于焦虑之梦。这两者一样地，焦虑均附着于来自另一来源的某种意念上。

由于梦中之焦虑与心理症焦虑有密切关系，既提到了前者，使我不得不在此对后者作一番讨论。在一八九五年，我曾写了一篇有关焦虑心理症之短文，主张“心理症焦虑”均起源于性生活，而且多为其原欲由正常的对象转移而无所发泄。这论点的正确性，经过几年来的例证，均屡试不爽。而由此，我们可以得出这种结论：“焦虑之梦”的内容多与性有关，也就是这种内容中所附的“性欲”转化而产生“焦虑”。以后我将再利用机会找几个心理症病人的梦作分析，来印证这个结论。而且最后当我要完成梦之理论时，我将会重新再对这焦虑之梦，作一番探讨而指出它们也完全符合愿望达成的理论。

●注释：

①约等于副教授。以下暂译为副教授。在奥国境内，这种任派均由教育部指定。有关这件推荐的事实，可于弗氏一八九七年二月八日给弗利斯的信中找到，而这梦也在三月十五日的信内提到。以下所提提名荐升的内幕，当然是指着当时在维也纳猖獗的反犹太人风气。（译者按：弗洛伊德为犹太人）

②连我自己事后也百思不解，为什么在我克服了对分析所具的阻力以后，我的记忆力竟怪到对自己说，我只有一个叔叔，而梦中的叔叔就是他。事实上，当我完全清醒时，我很清楚我一共有五个叔叔，只是我比较喜欢其中一位而已。

③此段系歌德《浮士德》中第四幕墨菲斯佗弗雷斯的道白，弗氏在本书第六章第七节曾再度引用，他对此段非常欣赏，亦曾于一八九八年二月九日给弗利斯的信中提到，并且在一九三〇年弗氏领取“歌德奖”时所作的演讲中，又提到这句话。

④译注：Strachey 版本译为心理力量 Psychicalforces。

⑤这种伪善的梦，在我与别人，均非少见。记得我正为某件科学问题而操心的那几夜，我都一直梦见与一位绝交多年的朋友，重修旧好。经过多次的努力，我终于探究出这梦的真正意义。那其实是用来鼓励我自己忘掉那尚残留心内的疙瘩，而

使自己能对那件事情不再介意，但在梦中，我却虚伪地扮演了相反的角色。我曾记载过“虚伪的伊底帕斯梦”，而在那里面，我们也可看出梦思中的“敌视”、“死亡愿望”，均被表现出来的“温柔”、“善心”所取代。

⑥以后我们再提到刚好相反的情形——梦表示第二心理步骤，所企求的愿望。

⑦试比较“坐着给画家绘像”与歌德 Totalitüt 中之诗句：当他失去了背面，他的高贵又焉能存在呢？

⑧我自己深感把这段歇斯底里症的病情列在篇幅内讨论，殊为不当。因为这儿只是片段的陈述，无法作一整个的个案报告，但我仍衷心希望这能帮助各位了解梦与心理症病人的密切关系。

⑨就像梦到熏鲑、晚餐的情形一样。

⑩梦往往被陈述时均不能完全，而只有借着分析，才能点点滴滴地找出一些线索来，而这些线索往往成了“破案”的关键。参照第七章 梦的遗忘。

⑪这几年来，许多听过我的讲学的人，也都纷纷写信告诉我，他们在治疗病人时，也有这种类似的经验。

⑫就我所知，不少当代的诗人，并未听过我的“精神分析”、“释梦”，但却由他们本身的经验里，归纳出同样的真谛：“以伪装的面目、身份表示出受压抑的希望”（如 Spitteler 所作“我最早的生活经验”一文）。在此，我并拟再抄一段兰克有关这方面的结论“就婴期‘性资料’的说法来看，梦往往是代表达成的心愿，而且多半是性欲的愿望以改装过的、象征的形式出现”。我从不曾提过我完全同意兰克这句话。其实这句话，就我看来是完全对的。但我却发现因为这种话，而使精神分析备受攻击，以为我们的主张竟是“所有梦，均含有‘性’的成分”。果真一个人对兰克这种话会曲解成这种独断意思，那么那人也着实太欠修养了，他们也未免太急于攻击别人了。就在几页前，我曾提过不少小孩的梦（到乡间远足、有一餐饭没吃等），其他我也提过口渴、想小便，单纯的方便或舒服的梦。甚至兰克本人也并未用独断的口气说出那句话，他是说“而且多半是性欲的愿望”，何况这结论也可以由大部分成人的梦，加以证实呢！然而，最主要问题是我们精神分析学者所用的“性的”一词，并非与一般人所意会的意义完全雷同，而反对我们的人永远不会推究，我所说的梦，是否真的全部由我们所说的“原欲的机动”所促成。

第五章 梦的材料与来源

前 言

由于分析了伊玛打针的梦以来，我们了解到梦是一种愿望的达成；而紧接着我们便一直把兴趣集中于这论调的讨论与证明上，以期能找出梦的一般通性；而也因此我们在解析过程中，多少忽略了其他一些特殊问题。现在，既然我们已在这条路上找到了终点，且让我们回过头来，另寻一新径，试图对梦作更深一层的探究。可能此后我们将少提到“愿望的达成”，但将来我仍会再综合起来作一结论的。

现在我们已知道，循着解析的手法，我们可以由梦之“显意”看出更具意义的梦之“隐意”。然而在“显意”中所显示的哑谜、矛盾常常不能满足我们释梦的工作，因此对于每个梦作更详尽的个别探究，确实是非常需要的。

以前的学者对梦与醒觉状态的关系，以及梦的材料与来源所发表过的意见，此地不拟详述。但我们在此要特别提出三个常被提到，但从不曾清楚阐释过的主张：

第一，梦总是以最近几天印象较深的事为内容（Robert，Strümpel，Hildebrandt，WeedHallam 均主张此说）。

第二，梦选择材料的原则完全迥异于醒觉状态的原则，而专门找一些不重要的次要的被轻视的小事。

第三，梦完全受儿时最初印象所左右，而往往把那段日子的细节，那些在醒觉时绝对记不起来的小事重翻旧账地搬出来[1]。

当然，他们对这些有关梦材料的选择，所作的种种看法，均是以梦之“显意”为准的。

一、梦中的最近印象以及无甚关系的印象

以我个人的经验而言，梦内容的来源到底是什么？我一定马上回答“几乎在每一个我自己的梦中均发现到其来源就在做梦的前一天的经验”。事实上，不只我一人如此，大部分的人也均有此感。基于这个事实，我往往在解析梦时，先问清做梦的前一天内发生什么事，而尝试在这里找出一些端倪。就大部分个案而言，这的确是一条捷径，就上章我曾分析过的两个梦（伊玛的打针与长着黄胡子的叔父）来看，的确一问起前一天的事，整个疑梦就水落石出了。但为了更进一步证明它是多真实的方法，我将把自己的“梦记本”抄几段以飨读者。以下我拟提出一些与梦内容之来源问题有关的几个梦：

第一，我去拜访一家很不愿接见我的朋友……但同时却使一个女人枯等着我。

来源：当晚有位女亲戚曾与我谈到她宁可等到她所需要的汇款到手，直到……

第二，我写了一本有关某种植物的学术专论。

来源：当天早上我在书商那儿看到一本有关樱草属植物的学术专论。

第三，我看到一对母女在街上走，那女儿是一个病人。

来源：在当天晚上，一位在接受我治疗的女病人，曾对我诉苦，说她妈妈反对她继续来此接受治疗。

第四，在 S&R 书局，我订购一份每月索价二十佛罗林（一种英国银币，值二先令）的期刊。

来源：当天我太太提醒我，每周该给她的二十佛罗林还没给她。

第五，我收到社会民主委员会的信，并且称呼我为会员。

来源：我同时收到筹划选举的自由委员会，以及博爱社的主席的来函，而事实上，我的确是后者的一个会员。

第六，一个男人，就像伯克林一般，由海里沿峭壁如履平地地走上来。

来源：妖岛上的德利佛斯以及其他一些在美国的亲戚所传述的消息等。

现在，紧接着我们就有一个问题，到底梦果真只是当天的刺激所引起的吗？或者是在最近的一段期间所得的印象均可影响梦的产生呢？这当然不是一个最重要的问题，但我却愿意在此先对这当天所发生的事，对梦所影响的重要程度作一探讨。每次只要我发觉我的梦的来源是两三天前的印象，我就再细心去研判它，而我就发

现到这虽是两三天前发生的事，但我在做梦前一天曾想到这件事。那也就是说，那“印象的重现”曾出现在“发生事情的时刻”与“做梦的时刻”之间，而且，我能够指出许多最近所发生的事，因为勾起了我旧日的回忆，以致重现于梦中。但，另一方面，我仍无法接受史瓦伯拉所谓的“生物意义上的规则时差”。他以为在引起产生梦印象的白天经验与梦中的复现，其时间差不会超过十八小时。

目前，我只能说，我深信每个梦的刺激来源，均来自“他入睡以前的经验”。

艾里斯，他对这问题也很有兴趣，而且曾费尽心血地想找出经验刺激至梦中复现之间的时差，但也仍无法得到结论。他曾叙述一个自己的梦：他梦见他在西班牙，他想去一个叫 Da - raus 或 Varaus，或 Zaraus 的地方。但醒来后，他发觉他根本记不起有过这种地名，同时也无法联想出什么来。但几个月后，他发现到在由 SanSebastian 到 Bilbao 的铁路途中，的确有一个站叫做 Zaraus，而这个旅行是他做这梦前八个月去的。

因此最近发生的印象（做梦当天则为特例），事实上与很久很久以前所发生过的印象，对梦内容所具的影响是一样的。

只要是那些早期的印象与做梦当天的某种刺激（最近的印象）能有所连带关系的话，那么梦的内容是可以涵盖一生各种时间所发生过的印象。

但究竟为什么梦会那般器重最近的印象呢？如果我们再拿以上曾举过的一个梦，来作更详尽的分析，也许可以获得某种假设。关于植物学专论的梦如下。

“我写了一本关于某种植物的专论，这本书就放在我面前。我翻阅到书中一页折皱的彩色图片，有一片已脱水的植物标本，就像植物标本收藏簿里的一样，附夹在这一册里头。”

分　析

当天早上，我曾在某书商的玻璃橱窗内，看到一本标题为“樱草属”的书，这显然是一本有关这类植物的专论。

樱草花是我太太最喜爱的花，她最喜欢我回家时顺手买几朵给她。而我最感遗憾的便是，我很少记得带这花回来给她。由这送花的事，我联想另一件最近我才对一些朋友们提起的故事。我曾用此故事，来说明我的理论——“我们经常由于潜意识的要求，而遗忘掉某些事情；其实，我们可由这遗忘的事实，追溯出此人内心不自觉的用意。”我所说的那故事是这样的：有位年轻太太，每年她生日时，她先生总会送给她一束鲜花，而有一年，她先生竟把她的生日忘了。结果那天他太太一看他空着手回到家，竟伤心地啜泣起来。这位先生当时有如丈二金刚摸不着头脑，等到他太太说出，“今天是我的生日”时，他才恍然大悟，自打脑袋地大叫“天啊！对不起！对不起！我竟完全忘掉了！”而马上回过头想出去买花。但她已伤心不已，并且坚称她丈夫对她生日的遗忘，分明是已不再像往日那般爱她的铁证。而这位L女士两天前曾来过我家找我太太，并且要她转告我，她现在身体已完全康复（她几年以前，曾接受过我的治疗）。

其他还有一些补充的事实：我确实曾经写过一篇关于植物学的专论，我所谈的是古柯植物的研究报告，而这篇报告引起了喀勒的兴趣，以导致发现到其中所含可卡因的麻醉作用。

当时，我曾预示古柯所含的类碱将来可能用在麻醉一途上，只可惜自己却未能继续研究下去。而做梦醒来的那天早上（那天早上太忙，我未能抽出时间对这梦作解析，而直到那天晚上，才开始分析），我在一种所谓白日梦的状态下，曾想到可卡因的问题，并且梦见我因为患了青光眼，而到柏林一位记不起什么名字的朋友家中，请一位外科医师来给我开刀。这外科医生，他不知道我的身份，于是尽在吹嘘自从有了可卡因问世以来，开刀变得如何如何方便，而我自己也不愿说出，关于这药物的发现自己曾是一名功臣。因为在梦幻里，我还考虑到一个医生要向他的同业索取诊疗费是多么尴尬的事。因此，如果他不认识我，那我就可以不必欠什么人情地付账给这柏林的眼科专家。但等到我清醒过来回味这白日梦时，我发觉这里头的确隐含着某种回忆。在喀勒发现“可卡因”不久以后，我父亲因为青光眼而接受我的一位朋友眼科专家柯尼斯坦的手术。当时喀勒亲身来负责可卡因麻醉，而在开刀房里，他曾说了一句话：“嘿！今天可把咱们这三位与发现可卡因工作有关的家伙都聚在一堂啦！”

现在我的思潮又跳到最近一次使我想起可卡因的场合。就在这几天前，我收到一份叫Festschrift的刊物，这是由一些学生们，为了表示感谢他们的老师们，以及实验室的指导先生们的教导而凑资印发的。刊物中在每位教授的名位下，均列出他们的重大著作及发现，而我一眼就注意到他们将可卡因之发现归功于喀勒之名下，现在我才恍然大悟，这个梦是与前一个晚上的经验有关。那天晚上，我送柯尼斯坦医师回家，归途中两人谈到某一话题（每当提起这话题，我就会感到无比兴奋）甚为投机。结果到了门廊，我俩仍站在那儿讨论不休。刚巧格尔特聂教授夫妇正要盛装外出，我曾礼貌地对他太太的花容玉貌予以称赞几句，而我现在才想起，这位教授就是我刚提到的那份刊物的编者之一，而很可能就是因这次邂逅而引起我那些联想。其他，还有我所提过的L夫人生日那天的失望，而我与柯尼斯坦的谈话内容可能也多少有关。

我现在想再对梦中另一成分作一解释。“一片已脱水的植物标本”夹在那本学术专论的书里，并且看来就像是一本“标本收藏簿”一般，而标本收藏簿（Herbarium）这字，使我联想Gym－nasium（德国高等学校）这个字。于是我想起有一次我们高等学校的校长召集了高年级学生，要大家一起编一本高校的植物标本采集簿，以免只是死读书而不知实物与书本的配合。校长所指派给我的分量很少，只有几页有关十字花科的而已，使我觉得他似乎认为我是一个帮不了什么忙家伙。其实我对植物学一向就不太喜欢，记得入学考试时，在口试那一关，他曾考我有关标本的名字，而我就是栽在这种十字花科的题目。要不是靠着笔试拉回一些分数，我可真要考不上呢！十字花科其实就指着菊科，而我事实上最喜欢的花——向日葵便是属于菊科。我太太，她可比我更体贴，到市场买菜时，经常都替我买些这种我最喜欢的花回来。

“那本专论就摆在我面前”，这段又引起我另一联想。昨天我的一位在柏林的朋友曾来信说：“我一直憧憬着你想写的有关‘梦的分析’的书能早日问世，仿佛间好像你已大功告成，而那本大作就摆在我面前让我逐页翻阅着。”喔！其实我自己更是多么希望这本书真的写完了，而能呈现在我面前呢！

“那折皱的彩色图片”。当我仍是一位医科学生时，我一股傻劲地只想多读一些学术专论。虽说当时经济并不宽裕，但我仍订阅了一大堆医学期刊，而里头所含的彩色图片，给予我深深地喜好。同时我也一直以我这种治学之精神而自傲。而当我开始自己写书，而必须为自己的内容作插图时，我记得就曾有一张画画得太糟，以致曾受到一位善意的同事的揶揄。

由这我不知怎的又联想到我童年的一段经验。我父亲，曾有一次不经心地递给我与妹妹一本内含彩色图片的书（一本叙述波斯旅游的书），而看着我们把它一页页地撕毁。这由教育的观点来看，实在大有问题，当时我只有五岁，而妹妹还小我两岁，但我们两个小孩子无知地把书一页页地撕毁（就像向日葵片片地凋落）的影像，却历久弥新地常存于我的脑海里。后来我上了学以后，我开始对收藏书本发生疯狂的兴趣（这点有些类似我因为喜欢阅读学术专论的嗜好导致梦里那种有关十字花科与向日葵之类的内容一般）。其疯狂程度真可用“书呆子”一词以喻之。从那以后，我经常注意到我之所以如此疯狂可能与我童年这段印象有关。

换句话说，我认为是这段儿时的印象，导致我日后收藏书籍的嗜好。当然，我也因此充分意识到我们早年的热情往往是自找麻烦的。因为当我十七岁时，我就因此欠了书商一笔几乎付不起的书资，而当时我父亲又不太赞成，只因为多看书是一种好嗜好就纵容我这般挥霍。但提到这段年轻时的经验，又使我联想到这正是我做梦的当天晚上与柯尼斯坦相谈甚欢时，他所提到的我的大缺点——我这个人常常过分地沉醉于自己的嗜好里头。

由于再讨论下去，有些与这梦之解析无甚关系，我们的分析工作就到此告一段落，不再细谈。我只拟在此指出我们演绎的过程由“山穷水尽”而至“柳暗花明”。其实，我与柯尼斯坦所谈的在此我只提出某一部分而已，而经过这些对话的再细细品味，才使我对这梦的意义完全豁然开朗。所有我思路的进行就如以下所列的：由我私人的喜好、而至我妻的喜好、可卡因、接受医界同僚的治疗引起的尴尬，我对学术专论的喜好，以及我对某些问题的忽视，就如植物学而言——所有这些再接上我当晚与柯尼斯坦的一些对话。就这样地，我们又再度证明出，梦是如此为自我本身的理想与利益想尽办法（就如以前所分析过的伊玛的打针一样）。如果我们再就梦的论题继续推演下去，并且就这两个梦之间作一参照，我们可以发现尚有一个问题需待讨论。一个与梦者本身乍看似乎风马牛不相及的故事，往往一变就产生了确切的意义。现在这梦显示了这样的意义：“我的确曾经发表过甚多（有关可卡因）的有价值的研究报告”，就像以前我曾表示的“自许”：“我毕竟是一个工作勤奋、做事彻底的好学生”，而这两句话不外乎一个意思——“我确实值得如此自许”。由于我提出这梦，主要是要讨论梦如何由前一天的活动所引起的关系，所以以下不再对这梦作进一步解析。本来我以为梦的显意只与一种白天的印象有明显关系，但当我完成了以上的解析以后，我才发现到在同一天的另一个经验，也很明显地可以看出是这梦的第二个来源。而梦中所出现的第一个印象，其实往往反而无甚关系而为较次要的遭遇。“我在书店看到一本书”这开头确实曾使我愣了一阵，而那内容丝毫引不起我任何兴趣。而第二个经验却具有重大之心理价值，“我与挚友，一位眼科医师热心地讨论了个把钟头，而这话题均使我俩很有感触，尤其使我勾起了一些久藏心中的回忆。而且，这对话又因某位朋友的介入而中断”。现在，且让我们仔细比较这两天白天所发生的事有甚关联，还有，它们与当晚所做这梦的关系是如何呢？

在梦的“显意”里，我发觉到，它只不过提及较无关系的昼间印象。因此我可以如此地重申：梦的内容多半是常用那较无关大局的经验，而相反地，一经过梦的解析以后，我们才能发现到焦点所集中的事实上是最重要、最合理的核心经验。如果我的释梦确实是以梦的隐意按着正确的方法作出研判，那么，我可以说，我无意间又获得一大发现。我现在知道那些以为“梦只是白天生活的琐碎经验的重现”的谬论是站不住脚的，而我也不得不驳斥那些以为“昼间清醒时期的精神生活并不延续于梦中”的学说。还有，以为“梦是我们精神能量对芝麻小事的浪费”也是不堪一击的邪说。刚好相反地，其实在昼间最引起我们注意的完全掌握住我们当晚的梦思。而我们在梦中对这些事的用心，完全是在供应我们白天思考的资料。

至于为什么我梦见的是一些较无关紧要的印象，而对那些真正使我非常激动到足以“日有所思，夜有所梦”的印象，却反倒隐藏不见。我想最好的解释方法，就是再利用“梦之改装”的现象中，所提过的心理力量中的“审查制度”来作一番阐释。那本有关樱草属的学术专论的记忆，使我想到与我朋友的谈话，就有如我那病人的朋友在梦中无法吃到晚餐，代表着熏鲑的暗示一样。如今，唯一的问题是：在“这本学术专论”与“眼科医生朋友的对话”，这两种乍看毫无关系的两个经验印象间，究竟是用什么关系牵连在一起？就“吃不成的晚餐”的梦而言，那两印象间之关系倒还看得出来。我那病人的朋友最喜欢的熏鲑，多少可由她那朋友的人格在她心中所产生的反应，而有蛛丝马迹可寻。然而，在我们这新例子里头，却是两个完全漠不相关的印象。第一眼看过去，除了说“那都是同一天发生的经验”以外，实在找不出丝毫共同点。那本专论我是在早上看到的，而与朋友的对话是在当天晚上。

而由分析所得的答案是这样的：“这两个印象的关系是在于两者所含之‘意念内容’，而不是在印象上的表面叙述中”。在我分析的过程中，我曾经特别强调地挑出那些连接的关键——某些其他外加的影响，借着 L 夫人的花被遗忘，才使有关十字花科的学术专论与我太太最喜爱菊花一事拉上关系。但我不相信，仅仅这些鸡毛小事即够引发一个梦。就像我们在莎士比亚的《哈姆雷特》中所说的：“主啊！要告诉我们这些，并不一定要那些鬼魂由坟墓内跳出来！”且让我们再自己看下去吧！在更仔细地分析下，我发现那个打断我与柯尼斯坦的话题的，是一位名叫格尔特聂的教授，而格尔特聂的德文，意即“园丁”，又我当时曾称赞他太太的“花容玉貌”。的确，我现在又想起那天在我们的对话中，曾以一位叫弗罗拉（罗马神话之花神）的女病人为主要话题，这很明显地由这些关键将讳莫如深的植物学与同一天另外发生的、真正较有意义的兴奋印象连接起来，其他尚须提到有些关系的成立，如可卡因的一段就很贴切地把柯尼斯坦医师，与我的植物学方面的学术论作纠合在一起，也因此而使这两个“意念的内容”熔于一炉。所以，我们可以说，第一个经验其实是用来引导出第二个经验的。

如果有人批评我这种解释为凭一己之意的武断臆测，或根本是人为编织出来的话，我是早就有心理准备的。如果“格尔特聂”教授与“花容玉貌”的太太不出现的话，或如果我们所讨论的那女病人叫安娜，而并非弗罗拉的话……但，答案仍是不难找到的。如果这些念头的关系并不存在的话，其他方面也许还是可以有所发现的。其实这类关系，并不难找的，就像我们平时常用来自娱的诙谐问话或双关语之类。人类智慧的幅度毕竟是不可限量的。再进一步说：如果在同一天内的两个印象中，无法找出一个足够用得上的关系时，那么这梦很可能是循着另一途径形成的。也许在白天时另一些一样无关紧要的印象涌上心头，而当时被遗忘掉，但其中之一却在梦中代替了“学术专论”这印象，而经由这取代物才找出与朋友对话的关联。由于在这梦中，我们选不出比“学术专论”这印象更适合来作分析的关键，所以很可能它是最适合此目的了。当然，我们不必像雷辛（德国大文学家）笔下的“狡猾的小汉斯”一般地大惊小怪地发现：“原来只有世界上的富人才是有很多钱的!”

然而，按照我以上的说法，那些无足轻重的经验，如何在梦中取代了对心理上更具重要性的经验，毕竟仍难被一般人所接受。因此我会在以后各章再多找机会探讨，以期能使这理论更为合理。但就我个人而言，由于无数的梦的解析所得的经验，使我不得不深信，这种分析方法所得的结果，确实是有其价值的。在这一步挨着一步的解析过程，我们可以发现梦的形成是曾产生了“置换”现象——用心理学的话来说，就是一个具有较弱潜能的意念必须由那最初具有较强潜能的意念里，慢慢吸取能量，而到某一强度才能脱颖而出，浮现到意识界来。这种转移现象其实在我们日常的动作行为中是屡见不鲜的。譬如一个孤独的老处女会几近疯狂地喜爱某种动物，一个单身汉会变成一个热心的收集狂，一个老兵会为一小块有色的布条——他的旗帜而洒热血，陷于爱情中的男女会因为握手稍久一点，而感到无比的兴奋。莎士比亚笔下的 Othello 只因掉了手帕而大发雷霆……这些都是足以使我们置信的心理转移的实例。但，果真我们同样用这种基本原则，来决定自己的意念能在意识界浮现或抑压——这也就是说，所有我们想到的事，无非都得经过这种不自觉的过程而产生的话，我想我们多少总会有种“果真如此，未免我们人的思考过程是太不可思议，太不正常了”，而且如果我们在醒觉状态下意识到这种心理过程，相信我们一定会认为这是想法的错误。但，以后慢慢地我们再经过一些讨论，我们就会发觉梦中所作的转移现象之心理运作过程，其实一点也不会是不正常的程序，只是比一般较原始的正常性质稍有不同而已。

因此，我们可以看出梦之所以用这类芝麻小事作为内容，其实无非就是一种“梦之改装”的表现经过“转移作用”。而且，我们也应当可以想到梦之所以被改装是由两种前述的心理步骤之间的检查制度所造成的。所以，可以预期到，经过梦之解析，我们不难由此看出，这梦的真正具有意义的来源，究竟来自白天的哪些经验，而由此种记忆再将重点如何转移到某些看来无甚关系的记忆上。然而，这观念与罗勃特的理论刚好完全相反，而我深信，他的理论其实对我们可以说毫无价值可言。罗勃特所要解释的事实根本就不存在。它的假设完全是因为无法由梦的“显意”中看出内容之真正的意义所引起的误解。对罗勃特的辩驳，我尚有以下几句话：果真如他所言，“梦的主要目的在于利用特别的精神活动，将白天记忆中的残渣，在梦中一一予以‘驱除掉’”，那么我们的睡眠将不可避免地成了一件严重的工作，而且甚至将比我们清醒时的思考更加令人心烦。因为我们白天十几个小时，所留给我们琐碎的感受之多，毫无疑问地就是你整个晚上都花在“驱除”它们也不够用的。而且更不可能的是，他竟以为要忘掉那么多残渣式的印象，竟能丝毫不消耗我们的精神能量。

还有，在我们要贬斥罗勃特的理论时，我们仍有些不得不再探讨的地方。我们迄今仍未解释过为什么当天的，或甚至前一天的无甚关系的感受，竟会常常构成梦的内容。这种感受往往与在潜意识里的梦之真正来源，未能从一开头就找得出关系来。就以上我们所作的探讨，我们可以看得出梦是一步一步地朝着有意地转移方向在蜕变。所以要打开这种“最近但无甚关系的感受”与其“真正来源”，必须有待某种关键的发现。这也就是说，这所谓无甚关系的感受仍必须具有某种适合的特点。否则，那就要像真的梦中运思那般地漂浮不定，难以捉摸了。

也许用以下的经验可以给我们一点解释：如果一天里发生了两件或两件以上值得引发我们的梦的经验时，梦就会把两件经验合成一个完整经验：它永远遵循着这种“强制规则”，而把它们综合为一个整体。举一个实例：有一个夏天的下午，我在火车车厢内邂逅了两位朋友，但他们彼此间并不认识。一位是很得人望的同事，另一位则是我常常去给他们看病的名门子女。我给他们双方作了介绍，但在旅途中，他们却始终只是个别与我攀谈而无法打成一片。因此我只好与这一位说这个，与另一个谈那个，十分吃力。记得当时，我曾与我那位同事提及请他替某位新进人物多加推荐，而那位同事回答说，他是深信这年轻人的能力的，只是，这位新人的那副长相实在很难得人器重。而我曾附和他说：“也就是因为这点，我才会认为他需要你的推荐。”过了不久，我又与另一位聊起来了，我问及他叔母（一位我的病人的母亲）的健康近况，据说当时她正极端虚弱而病危。就在这旅程的晚上，我做了如下的一个梦：我梦见那位我所希望能获得青睐的年轻人，正跻身于一间时髦的客厅内，在与一大堆有头有脸的大人物们处在一块。而后，我才知道那时正举行着我的另一个旅途伙伴的叔母的追悼仪式（在我梦中，这老妇人已死去，而我承认，我一直就与这老妇人关系搞不好）。如此地，我就将白天的两个经验感受在梦中综合而构成一个单纯的状况。

有鉴于无数次相同的经验，我将合理地提出一件原则——梦的形式是受着一种强制规则，将所有足以引起梦的刺激来源综合成一个单一的整体（在我以前，如德拉格、德尔伯夫等，也均提及过，梦有种倾向，常把每种有兴趣的印象，浓缩成一个事件）。在下一章 里（关于梦之功能），我们将讨论到这种综合为一的强制规则，实在就是一种“原本精神步骤的凝缩作用”之一部分。

现在我们要再考虑另一问题。究竟由解析所发现的这些引起梦的刺激来源，是否一定都是最近（而且非常有意义的）事件；或者只要是一种对做梦者心理上说来，是件非常有意义的一连串思潮，而可以不拘时限，只要曾想到这事，便足以构成梦的形成。由无数次的解析经验，我所得的结论是：梦的刺激来源，完全是种主观心灵的运作，借着当天的精神活动将往昔的刺激变成像是最近发生一般的新鲜。

而现在也许该是我们将梦的来源，所运作的各种不同状况，作一系统化整理的时候了！

梦的来源包括以下几个。

甲：一种最近发生而且在精神上具有重大意义的事件，而直接表现于梦中。如有关伊玛打针的梦，以及把我的朋友当作我叔叔的梦。

乙：几个最近发生而且具有意义的事实，于梦中凝合成一个整体。如把那年轻医生与老妇人的丧事追悼会合在一起的梦。

丙：一个或数个最近而具有意义的事情，在梦中以一个同时发生的无足轻重的印象来表现。如有关植物专论的梦。

丁：一个对做梦者本身甚具意义的经验（经过回忆及一连串的思潮），而经常在梦中以另一最近发生但无甚关系的印象作为梦的内容。（在所有我分析过的病人里，以这一类的梦最多。）

由梦的解析，我们可以看出梦中某一成分，往往就是最近某种印象的重复出现。而这成分很可能是与真正引起梦的刺激（一种重要的，或甚至并不太重要的）属于同一个意念范畴内。也可能是来自于一无甚关系的印象较近的意念，而借着或多或少的联想可以由此再找出与真正引起梦之刺激的关系。因此梦的内容所以变幻万端，其实就在于这种情形的选择——“到底要不要经过‘置换过程’，而由此我们注意到，既然有这种‘选择性’的存在，梦本身当然会有各种不同程度的内容，就如医学上解释各种意识状态的变化幅度时，以为这是脑细胞的部分清醒至全部清醒的演变过程。”

因此，当我们再对梦之来源作一探讨时，我们会发现有时一种在心理上具有重大意义，但却不是最近的印象（只是一连串的回忆），在梦的形成中会被另一种最近所发生，但在心理上无关痛痒的芝麻小事所取代，只要它能符合以下两种条件：

第一，梦的内容仍保持其与最近的经验之关系。

第二，引起梦的刺激本身必仍在心理上具有重大意义。而在上述的四种梦来源中，唯有（甲）类能以同样一个印象来满足这两个条件。现在，我们再来看看，如果我们认为这些相似的，无甚重要的印象，只要是最近发生的，大可利用来作梦的材料，而一旦这印象拖过一天，（或甚至几天）的话，它们就再不能用来作为梦的内容，那我们就等于是认为印象的“新鲜性”在梦的形成中占有与该记忆所附的感情分量几乎相等的地位。其实，这“最近与否”的重要性，还是有待更多的探讨的。(详见第七章 ，转移关系)

附带地，我们尚须考虑到一种可能性——在晚上，我们是否曾不自觉地将我们的意念与记忆的资料，予以重大的改变。果真如此，那么俗话所说“在你做重大决定前，还是先睡个大觉再说吧!”就真是太有道理了。但讨论至此，我们实在已由“梦之心理研讨，转移到常会因而提到的睡眠之心理研讨”了。

现在我们的结论仍面临一个难题的考验——如果一些无甚重要性的印象之所以能进入梦中，均需至少要与“最近”发生一点关系的话，那么，梦中有时出现的某些我们早期的生活印象，在该印象发生才不久时（也就是说，仍未失去其“新鲜性”时），如果是对心理上毫无特别印象时，为什么不会就在当时可以遗忘掉，就像史特林姆贝尔所说，既不新鲜又不是心理上非常有意义的事?

关于这种诘难，我想我们可以由对“心理症”病人的精神分析所得结果，来做一满意的答复。解释是这样的：在早期发生的心理重大意义的印象，在当时不久即以转移、重新排列的手法，用一些无甚关系（对梦境或思考而言）的印象来取代，并且以此固定于记忆中。因此，这些出现于梦中，看来无关紧要的早期印象，其实在心理上均具有甚大意义的。否则果真它是毫无关系的早期经验，它绝不可能于梦中重现的。

由以上的这些说明，我想读者们都会与我一致地同意“所有梦均不会是空穴来风的”，因此，也没有所谓的“单纯坦率的梦”的存在。关于这点，除了对小孩的梦与某些对夜间感官受刺激引起的简单的梦以外，我可以绝对地，毫无保留地相信这结论的正确性。除了刚刚我所举的这些例子外，不管是明显到一眼即看得出具有重大心理意义的梦，或者是需要经过整套的解析，除去那些改装的成分，才解析得出其中真义的梦，最后都是合乎这结论的。梦是决不会毫无意义的，我们也绝不会容许琐碎小事来打扰我们的睡眠的[②]。一个看来单纯而坦率的梦，只要你肯花时间精力去分析它，结果一定是一点也不单纯的。如果用句较露骨的话来说：梦均表示出“兽性的一面”。由于这种说法必招诘难，而我自己也想找机会对梦的形成中，所具的改装作更详细的说明，我打算以下再拿几个我所收集的所谓单纯无辜的梦来作分析：

一位聪慧高雅的少妇，在其生活中表现得十分保守，就如一般所说那种“秀外慧中型”的标准主妇，曾做了如下一个梦：“我梦见我到达市场时太晚了，肉卖光了，菜也买不到”，当然，这是一个很单纯无邪的梦吧！但，我相信这并不就是梦的真正意义，于是我要她详述梦中的细节：她与她的厨师一道上市场，而由厨师拿着菜篮子，当她向肉贩说出要买的某种东西时，他回答说，“现在那种东西再也买不到了”。而拿另一种东西向她推销说，“这也很不错的！”但她拒绝了，于是再走到一女菜贩那儿，那女人劝她买一种特别的蔬菜，黑色的成束地绑着的，但这少妇回答说，“我不知道那是什么东西，我还是不要买好！”

这梦与当天的昼间经验之关系是够清楚的。她当天的确是太迟才到市场，以致买不到任何东西。“肉铺子早已关门”，这经验深入其印象中，而构成梦中的这番叙述。但且慢！在这叙述中，丝毫不曾提到这肉贩的衣着是否有点不近常理呢！做梦者一直就未形容过他的服装色样，也许这是她故意避免的吧！且让我们好好地推敲这梦到底蕴涵着什么意义！

在梦中，往往有些内容是以言谈的方式来表现的——就像是梦见某人说什么，或是听到什么，而并不一定只是想到什么，而且这种说、听的内容之清晰有时甚至也可以找出到底与日常清醒状态下所发生的哪一种情形有关。但当然，这些一经解析起来，只可用作一种尚待整理，或经过变化，而与原来真正内容略有出入的资料而已[③]。在我们这次的解析中，就用这种言谈的内容作出发点吧！那肉贩子的话“现在那种东西‘再也买不到了’”到底从哪个地方来呢？那是我曾说过的话呀！在几天前，我曾劝她说：“那些儿时太早的记忆，你可能‘再也想不起来的’。但，事实上它会在解析中找出已‘转移’至梦里头的。”因此，梦中的肉贩子其实是象征着我，而她之拒绝购买另一种代用品，也不过是她内心无法接受“以前的想法感觉会转移至目前的情形”的说法。“我不知道那是什么东西，我还是不买得好！”这句话又是从何而来呢？为了解析的方便，我们将这句话拆成两半：“我不知道那是什么东西”，这句话是她当天与她那厨师为某件事发生争执时所说的气话，并且她当时还接着说了一句“你做事可要做得像样点！”在这儿，我们可以看出又一个“置换作用”的发生，在那两句对厨师所说的话中，她将真正有意义的一句话压抑下来，而用另一句较无意义的话来代替。而这句抑压下去的句子“你做事可要做得像样点”却才真正合得上梦中所剩的一些内容。对某些人不合理的要求，我们往往会有一句俗话：他忘了关他的肉铺子。至此我们差不多已经看出这解析后的端倪来，然后我们再用那卖菜女人的对话来印证一下。一种绑成一束一束而卖的蔬菜（后来她又补充说明是长形的），又是黑色的，这种又像芦笋又像黑萝卜的梦中怪菜到底是什么东西呢？我想我也不必再去详释这些代表着什么（想想，漫画中的“小黑，救救你自己吧！”④）。但就我而言，这“肉铺子”早已关门的梦所解析出来的故事，似乎与我们最初所猜测的与性有关的主题息息相关。由于在此我们并不拟探讨这梦的整个意义，所以还是就此结束。但至少到这儿，我们可以说，这梦尚有很多意义，而且绝不是那般坦率无邪的⑤。

这个梦是上例的病人所做的另一个梦，就某方面看来，甚至可说是与上一个梦配成一对的梦。她丈夫问她：“我们那钢琴是否也该请人来调音了?”她回答说：“那大可不必如此，那琴锤本身迟早也快不灵了。”同样，这又是一个当天白天所发生的事的重现。那天，她丈夫的确问过她这样的话，而她也的确如此回答过。但这梦的意义是什么呢？她自己说她认为那钢琴是一个“令人作呕的”老木“盒子”，专门产生一些最难听的音调来，那是她在结婚前，他先生就已“拥有”的东西⑥……但真正的关键句子，则在于：“那大可不必如此”，这句话是来自昨天她的一位女朋友来访时的对话，她这朋友进门时，曾被要求脱下大衣，但她拒绝了，她说“谢谢，但我马上就要走了，那大可不必如此。”到这儿又使我联想到昨天她在接受我的精神分析时，她曾突然间抓紧她的大衣，因为她注意到她有一个纽扣未曾扣好。那意思好像是说：“请你不要由此窥看吧！那大可不必的。”“盒子”象征着胸部，而这梦的解析使我发现到她打从开始发育的年龄以来，就一直对自己的身材十分不满。而如果我们再把“令人作呕的”与“难听的音调”这件事也考虑在一起，我们便会发现到在梦里女性身体所常注意到的两件小事——身材、声调，其实无非是某种更主要的问题的代替品和对照。

在这里我将暂时中断前述那少妇的梦，而穿插另一个年轻男人的梦作一解析。“他梦见他又把他的冬季大衣穿上，那实在是一件恐怖的事”。这种梦表面上看来，是一种很明显地天气骤然变冷的反应，但再仔细观察一下，你就会发觉梦中前后两段，并不能找出合理的因果关系，为什么在冷天气穿大衣会是一件恐怖的事呢？在接受精神分析时，他本人第一个就联想到，昨天有一个妇人，毫不含蓄地告诉他，她那最后一个小孩完全是由于当时她先生所戴的保险套于性交时裂开而产生的成果。现在，他自己再以这件对他而言相当深刻的印象，演绎出以下的推论：薄的保险套可能有危险（会裂开而使对方受孕），但厚的又不好。而保险套是一种“套上去的东西”⑦，而按字面上的直译，英文的 Pullover 即德文中的 UEberzieher，而德文这个字通常的意思为“轻便的大衣”。而对一个未婚的男人而言，由女人亲口露骨地讲出这些男女性交的事，也未尝不是“一件恐怖的事”，很不幸地，看来这个梦又不是那般无邪的吧？

现在且让我们再回到我们那少妇的另一个无邪的梦吧！

“她将一根蜡烛置于烛台上，但蜡烛断了，而无法撑直。在学校的一个女孩子骂她动作笨拙，但她回答说，这并不是她的错。”

这个也一样是真的发生过的事，前一天她曾真的把一根蜡烛置于烛台上，但却没有像梦中所说那样断掉。这梦曾使用了一个明显的象征。蜡烛是一个能使女性性器兴奋的物品，它断了，不能撑直，这在男人方面而言，就指着“性无能”了。（“这并不是她的错”）但这位受过良好的教养，对那些猥亵的事完全陌生的高尚少妇，会有可能知道蜡烛这方面的用法吗？但她终于说出来她曾如何偶然地听到过这种事的。当她以前有一猥亵的歌：“瑞典的皇后，躲在那‘紧闭的窗帘’内，拿着阿波罗的蜡烛……”

她当时并没听清楚最后那句话的意义，因此她曾要她丈夫解释那是什么意思。于是这些内容便遁入梦中，而且用另一种无邪的回忆所掩饰，当她以前在宿舍时，曾因“关窗帘”关不好而被人笑她动作笨拙。而手淫的意义与性无能的关联又是经常为人所提及的。于是梦的无邪内容一经解析，又再也不成其为无邪了吧！

就这样子对梦的真实境遇作一结论，未免太早，所以此处我拟再提同一个病人的另一个表面上看来更无邪的梦：“我梦见我正在作某件我白天的确做过的事，那就是我把一个衣箱装满了书本，以致无法关上它。我这梦完全与事实一致。”在这儿，梦者再三强调这梦与真实之间的吻合。所有这一类梦者本身对梦的评判，虽说是属于醒觉后的想法，但经过以后的推证，我们可以知道连这一类的，都其实是属于梦的隐意之内。我们已经知道，梦的确是叙述了白天所发生的事，但这梦如用英文⑧来作解析的话，可要绕一大弯，而仍不易得到结论。我们只能够说这梦的重点在于小箱子（参照第四章，梦见箱内装一死去的小孩）装得太满，而再也装不下别样东西。

还好，这梦并未蕴涵任何邪恶成分在内。

在以上这一大堆“无邪的”梦中，性因素被作为检查制度的焦点是十分明显的。但这是一个非常重要的题目，以后我们会再详细讨论。

二、孩提时期经验形成梦的来源

由事实的引证，以及其他一般关于这方面的报告（除了罗勃特以外），我们可以发掘出梦的第三特点——那些在醒觉状态下所不复记忆的儿时经验可以重现于梦境中。由于从梦中醒来后，并无法把梦的每一个成分完全记清，所以，要想决定这些儿时经验的梦究竟发生的频率如何，实在不可能。而我们所要证明的儿时经验，必须能以客观的方法着手，因此事实上要找出这般实例也不容易。茅里所举的实例，大概是最鲜明的一个了，他记载道，有一个人决定要回他那已离开二十年的家乡，就在出发的当晚，他梦见他处身于一个完全陌生的地点，正与一个陌生人交谈着。等到他一回到家乡，才发现梦中那奇奇怪怪的景色，就正是他那老家附近的景色，而那梦中的陌生人也是真有其人的——是一位他父亲生前的好友，目前仍卜居于当地。这个梦，当然，明显地证实了这是他自己儿时曾见过的这些家乡人物的重现。同时，这梦更可以解释出他是如何的迫不及待地心悬故园，正如那已买了发表会门票的少女，以及那父亲已承诺带他去哈密欧旅行的小孩所做的梦一样。当然，这些促成儿时印象重现于梦境的动机，不经过分析是无从发掘的。

我有一位同事，曾听过我的这些演讲后，向我夸称，他的梦很少有经过“改装”的。他告诉我，他曾梦见过，那位曾在他家做事做到他十一岁的女佣与他以前的家庭老师同床睡觉。甚至连地点也清晰地呈现于梦境中。由于他很感兴趣，于是他把这梦告诉了他哥哥，想不到他哥哥笑着对他说，确有其事，当时他哥哥是六岁，很清楚地记得这对男女确有苟且关系。那时每当家里大人不在时，他俩便把他哥哥用啤酒灌醉，使他迷迷糊糊，而他这小家伙，虽说就睡在这女佣的房里，但他们认为年仅三岁，决不懂事，于是就在这房里干起来。

还有些梦，虽不经梦的解析，但可充分确定它的来源，即一种所谓“经年复现的梦”——小孩时就做过的梦，在成年期仍一再地出现于梦境中。虽然我本身并没有做过这一类的梦，但我却可以举一些实例。一个三十多岁的医生，他告诉我，他从小到现在就常做梦看到一只黄色的狮子，而那形象他甚至可以清楚地描绘出来。但后来有一天他终于发现到了“实物”——一个已被他遗忘的瓷器作的狮子，他母亲告诉他，这是他儿时最喜欢的玩具，但自己却一点也记不起来这东西的存在。

现在让我们将注意力由梦的“显意”转移到由解析以后才发现得出的梦的“隐意”，我们会很惊奇地发现，有些就其内容看不出什么苗头的梦，一经解析，居然会发现其来源也是由儿时记忆所引起的。我再引用一个那位曾梦见“黄狮子”的同事所做的另一个梦。有一次在他读完南森有关他北极探险的报告后，他梦见他在浮冰上用电疗法在为这位患有“坐骨神经痛”的探险家治病！经过解析后，他才记起有件儿时的经验，而如果没有这件经验的加入，这梦的荒谬性将永远无法解释。那大约是他三四岁的时候，他坐着倾听家人畅谈探险的逸事，由于当时他仍然无法分清 reisen（德文。意为“旅行”游历），与 reissen（德文。意为腹痛、撕裂般的痛），以致他曾问他父亲，探险是否为一种疾病呢？而招来兄姐的嘲弄，也可能因此而促成他“遗忘掉”这件令他觉得羞辱的经验。

我们仍有一个类似的情形，那就是当我在解析那有关十字花科植物的梦时，我也曾联想到一件我儿时的回忆——当我五岁时，父亲给我一本有图片的书，让我一片片地撕碎。讨论到这儿，可能仍有人会怀疑这种回忆会真的出现于梦中吗？会不会是由解析时勉强产生的联系呢？但我深信这解释的准确性，可以由这些丰富的、紧凑的联想来作一印证：“十字花科植物”——“最喜爱的花”——“最喜爱的菜”——“朝鲜蓟”⑨。而朝鲜蓟须要一片一片地剥下皮来。另一个字“植物标本收集簿”（herbarium）——“书虫”（bookworm，即“书呆子”之谓），他们是整天啃食书本为生的。我以后会告诉读者，梦的最终极意义泰半是与儿童时期的有关破坏性景象有密切关系的。其他，还有一系列的梦，由解析过程我们会发掘其引起梦的“愿望”（wish），以及其“愿望之达成”均来自于儿童时期，因此我们一定会惊奇地发现，在梦中“小孩时期所有的劲儿全部都活现了”。

我现在要再继续讨论以前提过的那证明出相当有意义的梦——“我的朋友 R 先生被看成为我的叔叔”。我们曾用它来充分证明出其目的在于达成某种“愿望”——能使我自己被选聘为教授。而且我们也曾看出，在梦中我对 R 先生的感觉与事实相反，还有我对这两位同事于梦中也予以不应当的轻视。由于这是我自己的梦，所以，我可以说，因为以前所作的解析结果，仍未能使自己相当满意，而拟继续作更进一步的解析。我深知，我梦中虽然对这两位有如此苛刻的批评，但事实上，相反地我却对他们估计甚高。而我自己觉得，我对那教授头衔的企求的热心程度，并不足以达到使我会在梦与醒觉状态下产生如此差距的感觉歧异。果真那份钻研求进之心是那般强烈的话，那我倒认为是一种不正常的野心，而说实在的，我本身可丝毫不以能实现此种企求为乐。当然，我无法确知别人对我是如何一种看法，也许我是个野心勃勃的人吧！但果真我是够有野心的话，那我想我也不会以区区一个所谓“大教授”之职位即能满足的，可能老早我就已改途旁骛了。

那么，我梦中所具的那份野心又从何而来呢？在这儿，我想起了一件我儿时常听到的逸事——在我出生那天，一位老农妇曾向我妈妈（我是她的头一胎孩子）预言：“你给这世界带来一个伟大人物”。其实，这预言也无甚了不起，天下哪个母亲不是高高兴兴、殷殷切切地望子成龙呢？而三姑六婆们又有哪个不会应时地说几句使人锦上添花的话呢！还有一些老太婆，由于自己饱经沧桑、心灰意冷，于是所有希望憧憬均贯注于未来的新血，我想那送给母亲这预言的那位老太婆，大概也不外乎一种恭维之辞而已吧？难道这俗不可耐的几句话会变成了我企求功名利禄的来源吗？且慢！我现在又想起另一个以后孩提时代的印象，也许那更可能说明我这份“野心”的来源吧！在布拉特的一个晚上，双亲带着我像往常一样地去某间饭馆吃饭，(当时我大约十一两岁)，我们在那儿看到一个潦倒的诗人，一桌一桌地向人索钱，只要你给他一些小钱；他就能照你给他的题目即席献出一首诗。于是，爸爸叫我去请他来表演一下。但在爸还未出题目给他以前，这个人就先自动地为我念出几句韵文，而且断言，如果他的预感不错的话，我将来必是一个至少部长级以上的大人物。迄今，我仍清晰地记得当晚我这“杰出的部长”是多么得意，最近我父亲带回了一些他的大学同学中杰出人物的肖像，挂在客厅以增加门第光彩。而这些杰出人物中也有犹太人在内。因此每个犹太学校的学生在他们书包内，总要放个部长式的公文夹子以自期许。很可能，是因为这个印象，使我初入大学时，拟专攻“法律哲学”(这决定是到最后一刻才临时改变的)。毕竟一个念医学的人，永无登上部长宝座的一天吧！现在，我们再回头看看这个梦，我才了解我对目前这种不如意的日子与往日“杰出部长”的美景之天渊之别，就是缺乏了这份“年轻人的野心”。至于对我这两位值得尊敬的，学问渊博的同事，只不过因为他俩都是犹太人，我就那样刻薄地一个冠以“大呆子”，另一个冠以“罪犯”之名，这态度就有如我是个大权在握，赏罚由我的“部长”了。对了，在这儿我又发现到：很可能因为部长大人拒绝给予我大教授之头衔，于是在梦中，我就以此荒谬的作法扮演他的角色。

在另一个梦里，我也注意到，虽然引发出这梦的导火线，是最近的某种愿望，但那其实只是儿时某种记忆的加强而已。我将在以下举出一些“我很想去罗马”的这愿望所产生的梦以做参考。由于每年到我有空可以旅行的季节时，都因为健康关系而不能去罗马[10]，因此多年来我一直唯有以“梦游罗马”来聊解心中的热盼。于是有一次我梦见我在火车车厢内，由车窗外望，看到罗马的泰伯河以及圣安基罗桥。不久火车就开动了，而我也清醒过来，我根本未曾进过这城市内，而梦中那幅罗马景色不过是前一天我在某病人的客厅内所注意到一座出名的雕刻画作品。在另一个梦里，某人把我带上一座小丘上，而对我遥指那在云雾中半隐半现的罗马城。记得我当时曾因为距离这么远而景物会看得那么清晰而觉得惊奇。这梦的内容由于太多，所以此处不一一提它。但就此，我们已可看出要“看到那心仪久矣的远方之城”的动机是如何的明显。事实上，那我在云雾中看到的其实是吕贝克城，而那座小丘也不过是格莱先山。在第三个梦里，我终于置身于罗马城内了。但很失望地，我发现那不过是通常一般都市的景色而已：“城里有一条流着污水的小河，在河岸的一边是一大堆黑石头，而另一边是一片草原，还有一些大白花点缀得长在上面。我碰到了促克尔先生[11]，而我决定要向他问路，以便在这城市内走一圈”。这很明显地，我根本无法在梦中看到这我事实上根本未曾到过的城市。如果我将所看到的景色，个别地予以分析，那我可以说，那梦中的白花，是我在我所熟悉的拉维那那儿所看到的，而这城市曾有一度差点取代了罗马，成为意大利的首部。在拉维那四周的沼泽地带，这种美丽的水百合，就长在那一摊摊的污水中。就像我自己家乡的奥斯湖所长的水仙花一般，我们往往因为它长于水中，而等于看得到却摘不到，因此，梦中，我就看到这些白花是长在大草原上。至于“靠在水边的黑石头”一下子便使我想出那是在卡尔斯矿泉疗养地的铁布尔谷，而这又使我联想起，我想向促克尔先生问路的那些情形，在这混乱交织的梦内容里，我可以看得出里头含蕴了两个我们犹太人常在写信、谈话中喜欢提到的轶事（虽然，偶然其中颇含一种令人心酸的成分）。第一个轶事是有关体力的，它描述一个穷苦多病的犹太人，一心想去卡尔斯矿泉治病，于是没买票就混进了开往那地方的快车，结果被验票员所发现，而沿途受尽索票时的奚落与虐待。后来，他终于在这悲惨的旅途中的某个车站，碰到一位朋友。他问这个人“你要到哪里去呢？”这可怜的家伙有气无力地回答：“到卡尔斯矿泉——如果我的‘体力’尚撑得下去的话。”而另外一个我联想到的犹太人的轶事是这样的：“有一个不懂法语的犹太人，初到巴黎，向人问前往 Rue Richelieu 的路……”事实上，巴黎也是我几年来一直想去的地方，而当我第一步踏入巴黎时，心中之满足、喜悦迄今犹历久弥新，也由于这种畅游大都市的喜悦，使我对旅行更具有浓厚的兴趣。还有，关于“问路”一回事，这完全是在指着罗马而言，因为俗语常说“条条大路通罗马。”所以“路”与“罗马”显然有明显的联系可寻。接着，我们看那名字叫“促克尔”（糖）的与我们常送体力衰弱的病人去疗养的“卡尔斯矿泉”，使我联想到一种与“糖”有关的“体质衰弱病”——“糖尿病”（译即“糖病”）。而做这梦当时，正是我与住在柏林的朋友于复活节在布拉格会面以后不久，而当时会面所交谈的内容也多少可以找出一些与“糖”及“糖尿病”有关的话题。

第四个梦，就紧接着上述我与某朋友的约会不久所作的，又把我带回罗马城内……很奇怪的是，在这街上竟有那么多用德文写的公告。就在这前一天，我写信给这位朋友时，曾推测说，布拉格这地方可能对一个德国的旅游者而言，不会太舒适吧！于是，在梦中，我便把约好在布拉格相见的场合转换成相遇于罗马，而同时也实现另一个我从学生时代就具有的愿望——希望在布拉格德文会更为人所重用。事实上，由于我出生是在住有很多斯拉夫民族的莫拉维亚的一个村子里，所以在我童年的最初几年，我应该已学会了几句捷克语的。还记得，十七岁那年，我在偶然的机会听到人家哼着捷克的童歌，于是，很自然地，我以后均能顺畅地哼出来（只是对它所唱的内容却一窍不通）。因此，在这梦里头，实在有不少是出自我童年期的种种印象。

在我最近的一次意大利旅途中，我经过特拉西梅奴斯湖时，我终于看到了泰伯河，但按照日程，只得过其门而不入，只差罗马五十英里即折往他处，而这份憾意更加深了我儿时以来对这“永恒之都”之憧憬。当我计划次年作一旅行，由此地经过罗马去那不勒斯时，我突然想起一句以前曾读过的德国古典文选[12]：“在我决定去罗马时，我感到无比的焦躁，而徘徊于这两着棋间——去当个温凯尔曼（1717～1768 德国考古学家及艺术史家）的助理呢，还是作个像伟大的汉尼拔将军那种独当一面的角色。”我自己似乎是步着汉尼拔的后尘，我也注定到不了罗马（他在人们预料他会到罗马时，他却折往甘巴尼亚）。在这一点与我相似的汉尼拔，一直是我中学时代的偶像，就像同年纪的那些男同学们，我们对“朋涅克”（拉丁文即“腓尼基”）战役都同情迦太基人，而敌视罗马。再加上，当我意识到自己身为犹太人，常受班上德国同学的歧视，一种遭受到“反闪族人”的感受，更使我在心中对这位闪族的英雄人物加深倾慕。在我年轻人的脑海里，汉尼拔与罗马的战斗正象征着犹太教与天主教组织之间冥顽不休的冲突，而此后不断遭受的一些反闪族人运动所发生的感情创伤，使我这童年的印象根深蒂固。因此，对罗马的憧憬其实是象征着胸中一大堆热切殷深的盼望——就像那些腓尼基将领们，曾为了促成汉尼拔终其一生的愿望——进军罗马城，宁可知其不可而为地跟随他出生入死。

而现在，我第一次发现到有一件我年轻的经验，迄今竟仍深深地在我的感情或梦境中表现出其影响力。当时我大约十至十两岁，父亲开始每天带着我散步，并且与我谈些他对世事的看法。他当时曾告诉我一件事，以强调我现在日子可比他那时代好受多了。他说：“当我年轻时，有一个周末我穿着整齐，戴上毛皮帽，在我家乡的街道上散步时，迎面来了一个基督教徒，毫无理由地就把我那新帽子打入街心的泥浆中，并骂我‘犹太鬼子，让开路来。’——我忍不住问我父亲：“那你怎么对付他?”想不到他只是冷静地回答道：“我走到街心，去把那帽子捡起来。”这个当时牵着我的小手的昂然六尺之躯的大男人，我心目中的英雄人物的父亲，竟是如此地令我失望。而与汉尼拔的英雄父亲布拉卡斯[13]把年纪尚小的汉尼拔带到祖坛上，要他宣誓终生以罗马人为敌的那份气概一比，这种强烈的对照更使我加深了对汉尼拔的景仰，而甚至处处幻想着自己就是汉尼拔一般。

我想我还能对自己这份向往迦太基将领的狂热再远溯到更小的时候发生的事，而以上所提的不过是加深这般印象，将之转以新的形式表现出来而已。在我童年时，当我学会了看书以后，第一本看的书就是提尔斯所著的《执政与帝国》。我清楚地记得看完那本书之后，我曾把那帝国的大将军的名字，写在一个小标签上贴在我那木做的玩偶兵士身上。打从那时起，玛色那（Massema 一位犹太将领），就已经是我最景仰的人物了[14]。而很巧的，我的生日又正好与这位犹太英雄同一天，刚刚差了一百年，也因此而更使我以此自期（拿破仑本身就曾因同样越过阿尔卑斯山，而以汉尼拔自许）。也许这种军人崇拜的心理更可远溯到我三岁时，由于自己本身体质较弱，而对一位比我长一岁的小男孩，所产生忽敌忽友的心理而激发的一种心理反应。

梦的分析工作越深入，我们就越会相信在梦的隐意里头，儿时的经验的确构成甚多梦的来源。

我们已经说过，梦很少能把记忆以一种毫不改变，毫不简缩的方式复现在梦的内容里。然而，倒有过几个这种近乎完全真实的记忆之翻版的记载，而我在此，也可以又附加一个儿时记忆所产生的梦。我的一个病人有一次告诉了我一个只经过一点点“改装”的梦，而连他自己也都一下子就看出那梦实在是一种正确的回忆。这份记忆在醒觉状态下并未完全消逝，只是已经有点模糊而已。但在分析过程中，他就已完全清楚地追忆出其中每一细节，他记得那是他十两岁那年，他去探望一位住院的同学，那时候那同学躺在床上，翻身时不慎把他的性器露出裤子外。而我这病人当时不知怎的，一看到那同学的性器，竟不由自主地也把自己的性器由裤裆掏出来，结果招致其他同学惊奇鄙视的眼光，而他自己也变得非常尴尬，而拼命想把它忘掉。想不到在二十三年后，竟在梦中把这情景又复现了，不过内容还是稍稍改变了一下，在梦中，他不再是主动的角色，而成了被动的角色，同时那位生病的同学也以另一位目前的朋友所取代。

当然一般而言，在梦的“显意”时，童年的景象多半只有雪泥鸿爪可寻，而必须经过耐心的解析才能辨认得出。这一类梦的举证，事实上也很难使人十分信服，因为这种童年经验之确实存在性是根本无法找到鉴证物的。而且如果这是发生在更早年的话，那我们的记忆，根本无法辨认出来。因此要获得“童年时期的经验在梦中复现”的结论是需要利用一大堆因素的收集，再加上精神分析工作成果，才可予以证实的。但一旦用在梦的解析时，我们往往把某一个童年期的经验，个别地从全部经验中摘出，以致使人觉得不太同意，尤其是，我有时未能真正作精神分析时所得的资料全部附载上去。但，我还是认为再多举下列几个例子是有其必要的。

例一 我有一位女病人，在她所有梦中均呈现着一种特征——“匆匆忙忙”，总是赶着时间要搭火车啦，要送行啦……有一次“她梦见想去拜访一位女朋友，她妈妈劝她骑车子去，不需要走路的，但她却不断地大叫而疾跑。”这些资料的分析，可以导出一童年嬉戏的记忆，特别是一种“绕口令”的游戏，所有这些小孩间的天恶意的玩笑，也由分析中看出它们有时是取代了另一些儿时的经验。

例二 另一位病人做了如下一个梦：“她置身于一间有各种各样机器的大房子里，使她有一种恍如置身一间骨科复健中心的感觉。她听到我告诉她说，我时间有限，无法个别接见她，而要她与另外五个病人一同接受治疗。但她拒绝了，而且不愿意躺在床上，或任何其他东西上面。她坚持地独自站在一个角落，而等待着我会对她说：‘刚刚说的话并不是真的’。但，这同时，其他那五位却嘲弄她太笨了，也在这同一时刻，她又仿佛感到有人叫她画许多的方格子。”这梦的最先一部分，其实是意指“治疗”以及对我的“转移关系”，而第二部分则涉及小孩时的一段情景，然后两部分以“床”衔接起来。“骨科复健中心”是来自于我对她说过的一句话。记得，当时我曾比喻说对她的精神治疗所需的时间以及性质，就有如骨科毛病一般，须要有耐心，经得起漫长的治疗。在治疗开始时，我曾对她说：“目前我只能给你一点时间，但慢慢地，我会每天有一整个小时为你治疗。”而这些话就撩起了她那种易受感伤的特质——这种特质正是小孩子注定要变成歇斯底里症的条件。他们对爱的需求是永远无法满足的。我这病人在六个兄弟姊妹中位居老幺（因此，“与另外五个病人……”），虽说父亲最疼爱这老幺，但她心里不时仍觉得爸爸花在她身上的时间与爱护仍嫌不够。而她等待着我说“刚刚说的话不是真的”可由以下解释，“有一位裁缝的小学徒送来她所定做的衣服，而她当场付钱托他带给老板。以后她问她丈夫，不知道这小孩子会不会把钱在半路上搞丢了，而到时她是否还得再付一次。”她丈夫“嘲弄”地回答：“嗯！那是要再赔一次的。”（就像梦中“嘲弄”），于是她焦急地一问再问地，期待她丈夫说一声“刚刚说的话不是真的”。因此梦中的隐意可由以下建构起来：“如果我肯花两倍时间治疗她，那她是否必须付两倍治疗费呢?”——一种吝啬的或丑恶的想法（小孩时期的不洁，在梦中往往以贪钱所取代，而“丑恶的”这个字正可构成这两种之间的联想），果真梦中所提“期待我说出那不是真的”，其实是迂回地暗指出“肮脏”这个字的话，那么“站在一个角落”以及“不愿躺在床上”，均可用另一件童年期的经验来解释——“她曾因尿床，而被罚站在一个角落里，并受爸爸的厉声斥责，同时兄弟姊妹们也都在旁边嘲笑着她……”等，至于那小方格，是来自她那小侄子，他曾画出九个方格，而在这上面作出一个算术的难题——每个方格要填上一个数字，而使每个方格加起来均等于十五。

例三 这是一个男人的梦：“他看见在两个男孩子扭打在一起，由周围所散放的工具看来，他们大概是箍桶匠的儿子。一个孩子终于被摔倒了，这较弱的家伙戴着蓝石子作的耳环，他抓起了一根竿子，爬起来就想追上去打那对手，但这对手拔腿便跑，躲在那站在篱笆旁边看来像是他母亲的女人背后，那女人其实是一位散工（即所谓按日计酬的工人）的太太，最初她背向着做梦的这个人，后来转过头来，用一种可怕的表情瞪着他，而使这做梦者吓得赶快跑开，但他还记得那女人的下眼皮呈赤红色的由两眼突出来。”

这梦采用了相当多他当天所遇到的一些琐碎小事作材料。当天他的确曾看见两个小孩在街上打架，而有一个被摔倒。但当他跑过去想劝架时，两个小家伙都马上跑掉。（箍桶匠的孩子）——这句用语一直到他在后来另一个梦的分析过程中，引用了一句谚语时才看出端倪的。那句谚语是说：“打破桶底问到底”[15]。“戴着蓝石子作的耳环”，据梦者自己说，这多半是娼妓的打扮。这使人联想到有一句，常可听到的关于两个小男孩的打油诗：

"……另一个男孩子名叫玛丽"。这也就说，其实，那被摔到的是个女孩子。"那女人站在篱笆旁边"：当天在那两个小鬼跑掉以后，他曾到多瑙河河畔散步，由于当时左右无人，于是他就在篱笆旁边小便，但刚解完才不久，迎面就碰到一个雍容华贵的老妇人，对着他愉快地打招呼，并且给了他一张她自己的名片。

于是，在梦中，那女人就像他在那篱笆边小便一般地变成她站在篱笆旁边，而由于这样变成涉及"女人小便"的问题，才解释得通以下几点："可怕的表情"，"赤红色的肉突出来"（女人蹲下去小便时，性器所呈的样子），而这梦就这般奇怪地把儿时两件记忆混在一起：小时候，他曾有一次摔倒一个女孩子，以及他曾看过一个女孩子蹲着小便。而这两次都使他有机会偷窥女孩子的性器。还有梦者自己坦承，当年也曾因为对这方面太好奇而遭受父亲的严责。

例四 在以下这位老妇人的梦里，我们可以找出曾掺和了多少儿时记忆，以及一些荒谬的幻想。"她匆匆忙忙地赶出去购物，结果在格拉本她突然地像整个身体都瘫痪了一般，双膝落地站不起来，旁边围着一大堆人，特别是一些开车子的家伙们，但他们个个只是袖手旁观，就没有一个人肯扶她一把。她试了好几回想站起来，但都归于徒然。后来她大概是站起来了，因为她又梦见被载入一辆出租汽车驶回家去，一个很大很重的篮子（样子看来像是市场卖物用的篓子）在她进入车内以后由窗口'被丢进去'。"

首先得说明这老妇人做小孩子时，很容易受惊，以致她的梦一直都是令她胆战心惊的故事居多。关于以上那梦的头一部分很明显地来自骑马摔下来的情景。在她年轻时，她曾常常骑马，而在更早童年时，她很可能常扮玩"骑马"的游戏。由这"摔下来"的意念又使她想起在她童年时她家那老门房的十七岁大的男孩，曾有一次在外面发癫痫，而被路人用街车送回家来。当然，她并没有目睹发作的情景，但这种由癫痫而昏迷地摔下来的念头，却充斥于她的想象中，甚至日后形成了她自己的歇斯底里症的发作。当一女性做梦梦到摔下来，多半是有"性"的意味在里头的——"她变成了一个堕落的女人"，而再由梦的内容作一番审查，更可看出内容确有其意。因为是她梦见在格拉本那地方摔下去的，而格拉本街正是维也纳最出名的风化区。至于"市场卖物用的篓子"更有另一番解释：德文 Korb 除"篓子"或菜篮之意以外，另一个意义为冷落、拒绝之意。而这使她回想起早年她曾对向她求婚的男孩子，予以多次的冷落。这与梦中另一段"他们只是袖手旁观"十分吻合，而她本人也解释为"受人鄙视"的意思。还有，那"市场卖物用的篓子"可能尚有一种意义，在她的幻想中，她曾显示出她受人鄙视，而嫁错了一个穷光蛋，以致沦落到在市场卖物。

最后，“市场的菜篮子”也可解释为仆人的象征。这又使她联想到一件儿时的经验——她家的女厨子由于偷东西被发现，而被解职，当时她曾“双膝落地”地哀求人们的原谅（这时梦者为十两岁）。接着，她又联想到另一个回忆，有个打扫房间的女佣因与家里的车夫有暧昧关系而被辞职，但后来这车夫娶了她做太太。由这回忆，使我们在梦中有关“开车的家伙们”有点线索可寻（车夫在梦中与事实正好相反，并不曾对堕落的女人施予援手），还有关于那“丢篓子”的一段也尚待解释。特别是，为什么它是被“由窗口丢进去的”？这可以使我们想到铁路运货工人的运货方式，还有也令人联想到这地方的特有民俗“越窗偷情”[16]。其他尚有与“窗”有关的记忆：有一年在避暑胜地，有个男人曾把蓝色的李花丢入这女人的房内。还有她妹妹曾因有个白痴在窗口徘徊窥看而惊慌。那么，现在由这么多的回想里，又引出另一个回忆，在她十岁时，有位男仆因被发现与她的保姆做爱（他们这种关系，连她小孩子都看得出来），而双双被迫收拾行装，扫地出门（而在梦中，我们所用字眼为“被丢进去”）。还有，我们在维也纳，常对佣人们的行李用句轻蔑的话“七李子”来代替，“收拾好你那些七李子，滚你的蛋！”

我所收集的这些梦，无疑地均来自一大堆心理疾病患者，而解析结果均可溯自其童年时代之印象，并且甚至是记忆朦胧的或完全记不起来的最初三年的经验。但由于这些均取材自心理症病人，特别是歇斯底里症的病人，而使得梦中出现的儿时情景，可以受到心理症的气质所影响而走样，所以若要由此即推广到所有梦解析的结论，恐怕仍难使一般人信服。而就我自己的梦所作的解析而言，当然我想我并没有严重的症状，我却发现在梦的隐意里，竟也意外地找出我童年的某段情景，并且整个梦即可用这单一的童年经验所推演出来。以前我曾举过这种例子，但我仍拟提出一些不同关联的梦。也许如果我不再多举几个自己的梦，来证明其来源有些出自最近的经验，有些出自早就忘掉的童年经验的话，要把本章作一结束未免言之过早吧！

第一个梦

旅途归来，又饿又累，躺在床上马上呼呼入睡，但这辘辘饥肠的难受就引出了如下的一个梦：“我跑到厨房里去，想找些香肠吃。那儿站着三个女人，其中之一为女主人，她手上正在卷着某种东西，看来很像是汤团之类的。她要我再等一会，等她做好了菜再叫我。（这句话在梦中听得并不太清楚。）于是我觉得不耐烦，很不高兴地走开了。我想穿上大衣，但第一件穿上去时，发现那太长了，于是我又脱下来，这时我很惊奇地发现这套大衣上，居然铺有一层贵重的毛皮。接着我又拿起另一套绣有土耳其式图案的外套，这时来了一个脸长长的、蓄有短胡子的陌生人，叫我不能拿走那外套，他说那是他的，我告诉他说这外套上均绣有土耳其式的图案，但他回答说：'土耳其的（图案、布条……）又干你屁事？'但不久我们又变得彼此非常友善起来。"

在这梦的解析时，我很意外地，竟想起一本大概我一生第一次读过的小说，或应该说是第一本我由第一册的最后部分读起的小说，当时我是十三岁。那本小说的书名、作者我都记不起来了，但，那结局竟仍清晰地记在脑海里。那书中英雄最后发疯了，而一直狂呼着三个给他同时带来一生最大的幸福与灾祸的女人的名字。我记得其中一位女人叫贝拉姬，我仍搞不清楚为什么在分析这梦时我会想到这小说。由于提到三个女人，使我联想到罗马神话的三位巴尔希女神，她们执掌着人类的命运。而我知道，梦中三个女人中之一，即那女主人，是已经生了小孩子的妈妈，就我自己而言，母亲是第一个带给我生命以及营养的人。而爱与饥饿唯有在母亲的乳房里，才能找到最好的解放。我且顺便提一段趣闻："有个年轻的男人，曾告诉我，他本身非常欣赏女人的美，而他最遗憾的是，他的乳妈那般漂亮，但他当时却因太小，而未能利用哺乳的大好机会，占点便宜。"（在心理症的病人，为了探求追溯其形成的因素，我有个习惯，总是先利用他的某个趣闻逸事而加以追问下去。）由以上一推演，变成了巴尔希女神中有一位双掌相摩地像是在做汤团。一位命运女神做这种事，太怪了，似乎还须再加探讨一番。这可以用我儿时另一经验来作某种解释。当我六岁时，被妈妈上了第一课，她告诉我，我们人是来自大自然中的尘埃，所以最后也必消逝为尘埃。这听来使我非常不舒服，而表示不相信这一套说法。于是妈妈双掌用力地相摩（就像梦中那女人一般，只差妈妈两手间并没有生面团在里头），而把磨落下来的黑色的皮屑（直译当为"表皮层之鳞屑"）指给我看，这就证明了我们是由尘埃所变成的！记得当时目睹这种现场表演的事实时，心中感到无比的惊奇，而后来我似乎也就勉强地接受她的这种说法——"我们人类均难逃一死的"[17]。在我童年时，的确常常在肚子饿的时候，就跑到厨房去先偷吃，而每次总被坐在灶旁的妈妈斥骂，而叫我一定要等到饭菜做好了，才开始用餐。因此梦中我到厨房所碰到的女人们，确是暗指着那三位命运女神巴尔希了。现在再来看看"汤团"这个字有什么意思，至少它使我联想到大学时代教我们“组织学”的一位老师，他曾控告一位名叫克诺洛（德文有“汤团”之意）剽窃他的作品，而“剽窃”意即将不属于自己的东西拥为己有。

这又使我能解释出梦的另一部分，我被人当作是经常在人多手杂的剧院讲堂下手的“偷大衣的贼”，我所以会写出“剽窃”这个字出来，完全是一种无意的动作。而现在我却开始看出，也许这就是梦的隐意之一，而可作为梦的其他显意部分的桥梁，联想的过程是这样的：

贝拉姬——剽窃——扳鳃亚纲（鲨即此中之一[18]）——鱼鳔——就这样子由一本旧小说引出克诺洛事件和大衣（德文 UEberzieher 有几个意思：大衣、套头毛线衣、性交所用保险套），因此很明显地这又牵涉到性方面的问题。诚然，这是一套相当牵强、无理的联想，但要不是经过“梦的运作”的工夫，我在清醒状态下是决不会作如是想法的。虽然，我并无法找出任何迫使我作这种联想的冲动，但我还想一提的是，有一个我很喜欢的名字——布律克，那使我想起我曾在一所名叫布律克的学校里上课的那段快乐时光——无所为而为的纯趣味的追求，“每天孕育于智慧的宝藏内而不复有他求”，而这正与当我做梦时“折磨”我的欲望成一强烈的对比。最后，又使我回忆起另一位令人怀念的老师，他的名字叫弗莱雪，这名字发音听来就像是可以食用的“肉”，紧接我的思路更涌出一大堆景色：包括有表皮层皮屑的一副感伤的场面，（母亲——女主人）、发疯（那本小说），由拉丁药典（“厨房”）可找到的一种使饥饿的感觉麻痹的药——可卡因……

就这样子下去，我可以将此复杂之思路继续推演下去，而可以将梦中各部分一一予以阐释。但由于私人关系，使我不得不在此稍有所保留。因此我将在这纷杂思绪中只执其一端，而由此直探这梦思的谜底。那在梦中长脸短胡的，阻止我穿第二件大衣的人，长相很像是我太太常向他购买土耳其布料的斯巴拉多的商人。他的名字叫宝宝比[19]，一个很怪的名字，幽默大师史特丹汉姆曾开他的玩笑说：“他道出了自己的名字以后，握手时脸都羞红了！”其他，我发现了与以上贝拉姬、克诺洛、布律克、弗莱雪等一般地由名字发音近似而生的种种联想，差不多没有人不承认我们孩提时代都喜欢利用别人的名字来作恶作剧。也许我因为过分惯于利用这种联想，以致招来了报应，因为我的名字就经常被人拿来作开玩笑的对象[20]。歌德也曾经注意到每个人对自己的名字是多么敏感，他认为那种敏感可能甚至比得上皮肤的触觉。而赫尔德就曾以歌德名字的发音作题材，写了一段打油诗：

“你是来自神仙们（Güttern）？来自野蛮人（Gothen，或译歌德人）？或是来自泥巴中（Kote）？

——你徒具神明的影像，最后也必归于尘埃。”[21]

……我自知所以把话题扯开到这里来，只不过是想说明一下名字的误用确有其意义而已。且让我们在此转回刚刚的话题吧！在斯巴拉多购物的事，使我想起另一次在卡塔罗购物的情形，那次我因为太过小心，而失去了作一批大好交易的机会（“失去了一次抚摸奶妈的乳房的机会”见以上所提那青年人）。由饥饿而引起的这个梦里头，确能导出一种想法——我们不要轻易让东西失掉，能捞到手的就尽量拿，甚至就是犯了点错也要这样做。我们均不可轻易放过任何机会，生命是短暂的，死亡是不可避免的，因为这可能有“性”的意味在内，而且“欲望”又不愿意考虑是否有作错的可能。这种“及时行乐”的看法，确有理由需要逃避自己内心的检查制度，而遁托于梦境中。因此当梦者所忆及的时光为梦者本身之“精神滋养”够充实的时候，他便能将一切反对念头表现于梦中，而不使丝毫恼人的“性”方面的惩罚呈现于梦中。

第二个梦

这个梦需要更长的“前言”：为了打发几天的假日，我选择了奥斯湖作度假目的地，于是当天我到西站去搭车，由于到得早一点，刚好碰到开往伊希尔的火车。这时，我看到了都恩伯爵，他又要前往伊希尔朝见皇上吧！虽是倾盆大雨，他却视若无睹，慢条斯理地由区间车的入口昂然直入，而对向他索票的检票员（他大概不认得这位伯爵大人）完全不屑一顾。

不久，往伊希尔的车子开走了，站务员要我离开月台到候车室等车，经我费了一番口舌，才总算被允许继续停留在月台上。此时极端无聊，于是我就利用这机会，冷眼旁观人们如何贿赂站务员以获得座位，此时，我心中真想抱怨出来——我希望我也能享有那份特权。另一方面，我又嘴里哼着一首歌儿，后来，我才注意到这是《费加洛婚礼》[22]中之一段由费加洛所唱之咏叹调：

如果我的主人想跳舞，想跳舞，那么就让他遂其所好吧！我愿在旁为他伴奏。

这整个晚上我一直心浮气躁，甚至急躁到想找个人吵一吵的程度。我乱开那些侍者、车夫的玩笑（但愿这些并没伤到他们的感情），而现在一些带有革命意味的、反叛的思想突然涌上心头，就像那些我在法兰西剧院所看到的包玛歇借费加洛之口所说的那些话，一些出生为大人物所发的狂言，如阿玛维巴伯爵想到用其君主之权，以获得苏珊娜……以及我们那些恶作剧的记者们对都恩伯爵的名字所开的玩笑。他们称他“不做事的伯爵”。其实我并不羡慕他，因为目前他很可能正战战兢兢地站在国王面前听训，而在这儿正满脑子筹划如何度假的我，才真是个“不做事的伯爵”呢！这时，走进了一位绅士，我认得出这家伙是政府医务检查的代表，并且由于他的能力、表现赢得一个“政府的枕畔人”的绰号。这家伙蛮不讲理地坚持以他的政界地位，一定得给他弄个一等房间，于是只好让给他这房间的一半。最气人的是，有个管车人竟向另一个伙伴说：“喂！那住另半边的那人，我们把他摆在哪里好呢?”这种喧宾夺主的无理作风，简直太受不了。我是付了整个一等房间的钱呀！后来，我总算有了一个整间的，但却不是套房，一旦晚上尿急，可没有厕所在房间内的。我与那管车人争了一顿，也毫无所获，于是怏怏地讽刺他，以后还是在这房间地板上弄个洞，好让旅客尿急时方便些，入睡以后，就在这清晨两点三刻时，我竟因尿急，而由梦中惊醒过来。以下便是这梦的内容：

“一大堆人，一个学生集会……某个伯爵（名叫都恩或塔飞）正在演讲，有人问及他对德国人的看法，他以轻蔑的姿态，不着边际地回答道：‘他们喜欢的花，就是那种款冬。’接着他又将一片撕下的叶子，其实是一片已干皱的枯叶，装在纽扣洞内。我跳起来，我跳起来[23]，但我马上为自己的这种突发动作而吃惊。接着，以下较模糊地，仿佛那场地是在一通道里，出口处挤满了人潮，而我必须马上逃跑。我跑入了一间装设高雅的套房内，很明显地是一个部长级之流的高级住宅，里头的家具尽是一种介于棕色与紫色之间的颜色。最后我跑到一条走廊，那儿坐着一个胖胖年老的看门女人，我想避免与她说话，以防被人摒于门外，但她却似乎认为我的身份已足够通行无阻似的，因为她竟问我，需不需要有人掌灯带路。我以手势，或用说话，对她表示，那大可不必，而且要她就坐原位不动，我似乎就这样很狡猾地摆脱了追踪，现在我开始走下阶梯，而后又是一道狭窄陡峭的小路。”

接着，又是更模糊的一段：“我的第二个工作似乎是要马上逃离这城市，就像我刚刚所述的需要急速离开那房子一样。我坐在一辆单马马车内，我告诉车夫，火速送我到火车站去，而当他埋怨说我可要把他累坏时，我回答道：‘到了火车内，我就不会再要你赶车了。’这听起来，似乎他已为我赶车赶了一大段普通只有火车才跑得了的长路了。火车站上人山人海，而我拿不定主意究竟去列喀姆或嗤奈姆，但我后来一想，很可能官方会派人在那儿窥伺，于是我决定了去格拉次或这一类的地方……现在我置身于一火车厢内，仿佛是电车内吧！而在我的纽扣洞内插着一个硬硬的棕紫色的很惹人注目的辫带似的东西。”到这儿，这景象又中断了。

“接着我又再度置身于火车内，但这次，我是与一位老绅士在一道的。其他一些仍旧想不起来的部分，我正推想着，并且我知道推想出来的确实已发生了，‘因为推想到与经验到，这往往是同一回事’。他装成瞎子似的，至少有一眼是瞎了，而我拿着一男用的玻璃便壶（这是我们在这城市里所刚买的）招呼他小便。看来，我成了一个照顾这瞎子的看护了。

此时，如果站务员看到我们这景象，一定会注意到的。同时，这老头子的姿态，及其排尿器官，均栩栩如生地使我触摸到。然后我因尿急而由梦中惊醒过来。”

这整个梦似乎是一种幻想，使梦者重回一八四八年的革命时期。这可能是由一八九八年的革命周年庆祝会带给我这份记忆的重现。还有以前我到华休远足时，曾顺道去伊玛尔村玩了一趟，而那儿据说就是当年革命时期学生领袖费休夫避难的地方[24]。而费休夫式的这类人物似乎也在这梦的“显意”中出现过不少次数，因此这乡村小游也可能是促成此梦的伏笔。终由这村落的联想，使我想起我那住在英国的哥哥的房子，而由此再联想到我弟弟，常以但尼生[25]的那首标题为“五十年前”的诗，来揶揄他太太，而他的孩子们每次总会矫正他的老毛病——因为那首诗名应该是“十五年前”，但，这份幻想与由看到都恩伯爵所引起的想法之间的联系，却宛如意大利式教堂的正面一般，与其后面的建筑物找不到丝毫衔接处。但在这正面里，它却还充满着一大堆的缺口，以及一些可穿透入内的迂回暗道。这梦的第一部分，包括有好几种景象，在此我拟逐步解开来一一阐释。梦中伯爵的那份狂态，几乎等于是我十五岁那年我在学校所遭遇到的那一份景象——我们的老师非常傲慢自大，不受人欢迎，致使我们在忍无可忍之下，酝酿着“叛变”，而担任领导的主谋人物是一位常以英王亨利八世自许的同学。当时那种情形，对我就有如要发动一次政变似的，而当时有关多瑙河对奥国的重要性的讨论也似乎是一种公开的叛变。我们这些叛变的伙伴中，有一位贵族出身的同学，被叫做“长颈鹿”的（由于他的高度所得的绰号），有一次被暴君似的德文教授申斥时，他站得就像梦中那伯爵一般姿态，关于“喜欢的花”以及那“纽扣洞内所插的某种东西”等等无疑是暗指着某种花，使我想起那天我曾送兰花给一位朋友，同时我又送了一朵捷立哥（巴勒斯坦的一座古城的玫瑰……），而使我由此追忆出一部莎士比亚的历史剧本所揭发的红白蔷薇的内战。这段追忆正好由刚刚提到的“亨利八世”[26]衔接下去。再下来，我们可以由红白蔷薇而联想到红白康乃馨这种花[27]，而在维也纳，白色康乃馨已成了反闪族人的标记，而红色康乃馨则象征“社会民主党”人士。在这段联想中隐含着以前我在风光旖旎的萨克森旅途中所遭遇的一次反闪族人运动的不愉快追忆。这梦的第一段使我追溯到另一个情景——那是我早年的学生时代，我参加了一个德国学生聚会，讨论哲学对一般科学的关系。初生之犊不畏虎，我以完全的物质主义的观点，拥护一种十分偏激的看法。因此使得一位博学睿智的老学长忍无可忍，站了起来，把我彻头彻尾地痛斥一顿。我记得他是一位很能领导人们、组织团体的青年，同时，他有一个绰号，好像是一种动物的名字。后来，他又说到他本身，过去就曾有一段时间非常偏激过，但后来才迷途知返地彻悟过来。“我跳起来”（就像梦中一样），变得十分冲动，无礼地反驳他，既然他自己也曾有过一段如此经历，那我可对他今日作如是言并不感到“惊奇”（在这梦里，我自己对自己的德国国家主义竟抱有如许感情感到“惊奇”）。会场马上引起了一阵骚动，几乎所有同学均要我收回刚才听说的话，但我仍坚持立场。还好，这位受辱的学长相当明理，并不接受他们的意见来向我挑战，而把这争端就此结束了。

这梦所剩的一些情景的来源则更难找些。那伯爵轻蔑地提及“款冬”这植物究竟有甚意义？因此我必须再对自己的联想串列加以一番审核。由款冬而 lettuce（一种类似莴苣之一种青菜），而 Salathund（看到别人有得吃而嫉妒的狗），于是，我发掘出不少晦涩含糊的描述词，其中颇有文章：譬如长颈鹿这个字 Gir—affe，而 Affe 德文为猿猴之意，故由此推出猴，更而猪、牝猪、狗，由此顺推可能推出笨驴，而正好可用来加在我们那位教授头上，以发泄我心中对他的轻蔑。更进一层地，我将款冬——我怀疑这是否正确——译为蒲公英，这意念是我由左拉的小说《阳春》（*Germinal*）中，所提起的“有些小孩子，带着掺有蒲公英的沙拉一起去”。狗，法文叫 chien，听起来有点像另一种较大功能的动词 chier（大便），而法文 pisser（小便）代表着较小功能的动词。接着我们就要找出第三种分属不同物理状态（固、液、气三态）的，平时社交场合不便说出口的东西。因为在上述那本《阳春》里，还提到将来的革命等，其中有一段很特殊的内容，与排泄气体的产生有关系，这就是我们俗语说的“屁”[28]。而我现在不能不详细检讨一下，“屁”这字为何经过这么大的绕弯子而产生出来，最初提到“花”，而接着是西班牙的歌谣，小伊莎贝拉，由此再联想到斐迪南、伊莎贝拉，再由亨利八世，引到西班牙征英之“无敌舰队”全军覆没后，英国为庆贺此历史上之大胜利，曾在一奖牌上刻上一段句子“Flavitet-dissipati sunt”，因为西班牙舰队是被一场海上暴风雨所打垮的[29]。我对这段铭刻的名言深感兴趣，甚至我曾想过，一旦我对歇斯底里症的观念与治疗的研究确有成果发表时，我一定用这句话作为“治疗”一篇的篇头呢！

关于这梦的第二幕，由于无法完全通过我自己意识中的“审查”，故未能作较详细的解析。在梦中，我似乎取代了某位革命时代的杰出人物，这人曾与一只鹰有段传奇的事迹，并且听说他患有肛门“失禁”的毛病……虽然这些史迹大部分都是一位“宫廷枢密官”说给我听的，但我仍觉这些事，不能通过我的“检查”。梦中那套房，使我想起，那就像是我看过的这位大人物的私用驿车内的装潢布置一般。但同时“房间”在梦，往往是象征“女性”的[30]。那梦中的看门女人，其实是一位我以前曾在她家受她好意招待，谈吐风趣的老女人。而在梦中却丝毫不带感激地给予她这种角色。关于灯的事，使我回想起格利巴泽（1791～1892 年，奥国戏剧家及诗人）曾因此种类似的经验，而促成了他日后写出名剧《希洛与黎安德》[31]。（海浪，情海波涛——“无敌舰队”与暴风雨）

由于我最初选释此梦的目的在于谈及儿时回忆，故在此我不拟再详细探讨这梦的另两部分，而只举其中部分，说明它们如何使我回忆起两桩童年经验。读者们可能会认为那是因为有关性的资料，所以需要被抑制下来，但你们也不可能不以此解释而满足。事实上，有很多事我们对自己并不必隐饰，但却仍深感“不足为外人道也”，而在此，我们并不拟追究，促成我避开这些探讨的理由，我们是要找出，那些使梦的真正内容不能呈现出来的“内在检查”的“动机”。对这点，我愿坦然承认，这些梦中有三部分显示出我清醒时一直抑制住的“过分夸张”、“荒谬自大”，这些情绪居然在梦中分别地，甚至在梦的显意中呈现出来（看来我可真成了一个狡猾人物），而且在梦未成形的当晚，也使我一直心浮气躁。各种各类的浮夸，譬如我提及格拉次这地方，我们会想起有钱人惯用的这种口气“格拉次，要多少钱”。读者们如果还记得大匠拉伯雷的名著 GragntuaandPantagruel 中的人物[32]，那么我这梦的头部分可能就涉及这种吹嘘狂态，而底下所列的，则属于我所述及之两个童年追忆：我以前曾为了旅行而买了一个新的“棕紫色”的行李箱，而这颜色于梦中出现好几次。

（棕紫色的硬布，披挂在一种所谓“少女捕器”（girl—catcher，中译名可能有误，尚请指正）的东西上——在部长办公室内的一种家具）。我们都知道，小孩们认为东西只要是新的，就能引人注意。现在我要告诉各位一件我童年的轶事，这是后来家人说给我听的，“我在两岁时，仍常常尿床，而当我因此受责时，我便会对父亲说：‘等我长大后，我要在 N 市（最近的一座大城）买给你一座新的大红色的床。’”因此在梦中，我们在城里所刚买到的，便是一种承诺的实践。（我们也许可以更深入地发现出男人便壶与女人的行李箱、盒子之间的联想。）而所有小孩时期的自大狂在这一句承诺中均表现无遗。梦中所述的小便有困难在小孩而言，究竟有何意义，我们已在前述的梦（本章开头部分）有所解释。由心理症病人的精神分析告诉我们，尿床与日后性格中野心的倾向很有关系。

这以后，在我七八岁时，另有一件我记得很清楚的小事情。“有一个晚上要睡觉时，我不顾爸妈的禁令，拗着父母让我睡在他们的卧室内，爸为了这样不听话骂了我一句‘这种男孩子将来一定没出息’！”而这句话当时必定严重地打击了我的自尊心，因为日后这情景在我梦中又出现过无数次，而每次必连带地呈现出我各种各类的成就与受人尊重的景象。就像是我想说：“爹！你看，我毕竟是有出息吧！”而这童年的景象也说明了梦中的最后出现的一个人物——为了报复，我将人物关系颠倒过来。那老人，明显地是指着我父亲，因为他的单眼瞎了，正象征着我那一只眼睛患有青光眼的老父[33]在梦中由我照顾他小便，就如我小时他照顾我一样。由“青光眼”之联想，我对可卡因的研究使他的青光眼开刀得以顺利完成，而这又是我实践了另一次的承诺。此外，在梦中，我又把他弄成了那副惨相：瞎了眼，必须我以“玻璃尿壶”服侍他小便，而心中却愉快地想着我那引以自傲的有关歇斯底里症的理论[34]。

如果我的这两个孩提时代与排尿有关的情景，根据我的说法，可以找出与我的冀望求名之心有联系可寻的话，那么与奥斯湖的车厢上刚好没有厕所的这件事更加深了我这种说法。

因为没有厕所，我必须在旅途中忍着尿，而使我真的在清晨因尿急而惊醒。我想，一定有很多人以为我尿急的感觉就是这梦的真正刺激来源。但，我却有相反的看法。“梦里的念头为因，而尿急反而是果”，因为，我平时很少晚上起来小便，尤其是这种三更半夜的时刻，更不可能发生。并且我就是在各种比这更舒适的旅途中也从不曾有过尿急而惊醒的经验。其实，这个论点纵然未能寻出解释，也仍丝毫不会减弱我以上论断的可靠性。

还有，由于梦的解析所得的经验，使我注意到一件事实——梦的解析，虽然能够从梦的来源与愿望的刺激，经由思路的运行，追溯至“孩提时代”，以找出清楚的关联，使人觉得解释十分完全，但我仍得自问，这一因素是否构成梦的基本条件。果真这想法是可以成立的话，那我就可以概括地说：“每一个梦，其梦的显意均与最近的经验有关，而其隐意均与很早以前的经验有关”；在歇斯底里症的病人，我的确发现到那些早年的经验在他们的想法中居然栩栩如生地持续至今。但，我仍然很难确实地证明此一假说。在另外一章（第七章）里我将再就“梦的形成”中，对

“早年经验”所扮演的角色分量作一探讨。

以上，我们提出了梦的记忆所具的三个特点。第一，“梦内容多半以不重要的事为显意”，这已由“梦的改装”的探讨作了满意的解释。以及另外两个特点：“梦内容多选用最近的以及孩提时代的资料”——但我们仍很难由梦的动机推演出这两个特点。现在让我们权且先记住，这两个特点仍尚待更进一步的解释与检验。而等到讨论有关睡觉时的心理状态，或研究心灵的结构时，再从长细谈。以后我们就会发现经由梦的解析，就像由一个“检验孔”可以窥看出整个心灵结构的内部。

但在这儿，我拟再强调由最后这几个梦所分析得出的另一结果——“梦‘往往’（often）看出来有好几个意思”，并不只是上述那些例子所显示的好几个愿望的达成，而且“很可能是一个愿望的达成隐蔽了另一愿望的达成，需要经过最后层次分析，才能找出那最早时期的某种愿望的达成。”最后，我想也许有人会问我，在这句子开头所用的“往往”（often）是否可以更正确改为“恒常的”（constantly[37]）。

三、梦的肉体方面的来源

如果我们想引发受一般教育的门外汉对梦的问题发生兴趣，那么我们不妨问问他们，究竟他们自己以为梦的来源是什么。关于这问题，一般而言，他们多以为自己的意见是对的，他们多半马上联想到“消化障碍”（“梦由胃脏内引起”）、“睡姿”、“睡中发生琐碎的小事”等均足以影响梦的形成。他们甚至认为，除了这些肉体上的因素以外，梦就再也找不出其他方面的来源。

本书开宗明义第一章[38]里，我们已经详尽地讨论过一些对有关肉体上的刺激对梦的形成所发生的影响，所以此地我们只需再回忆一下那些探讨的结果。我们已知道肉体上的刺激又可分三种：由外物引起之客观上存在的感官刺激、仅能主观觉察到的感官内在的兴奋状态，以及由内脏发出的肉体上的刺激。而且，我们也注意到，这些有关梦的研究，也因为梦的“精神来源”，究竟是与“肉体来源”共同运作或是根本不存在，而意见分歧不一，就这有关肉体来源的可靠性而言，我们对这由外物引起的，客观上存在的感官刺激——不管是睡中偶然发生的刺激，或是与睡眠状态时之身体内部状态所共同发生的刺激，它们的意义以及其证明，均有人用实验的方法予以证实。而仅能主观觉察到的感官刺激，则可由梦中复现之乍睡乍醒之感官影像观其一斑。至于由内脏发生之肉体上的刺激，虽不能确定地证明出其影响，但大致上可由众所皆知的消化、泌尿以及性器官的兴奋状态，对梦的内容所生的影响，而多少看出端倪。

“神经刺激”和“肉体上的刺激”就这样地被认为是梦的“解剖学上的来源”，而有很多学者，乃以为此即梦之唯一来源。

然而，我们却发现了好几个疑问，而足以使这种肉体刺激的理论站不住脚。

尽管提倡这种理论的学者们是如何的有自信，尤其是对偶然的，外界的神经刺激方面，他们可能不难在梦的内容里找出这种来源，但是，他们也不得不承认一件事实——梦中所发现的这些丰富的意念，内容并无法单单以外界刺激完全解释得通。就这方面，卡尔金小姐曾在六个礼拜中，对她自己的梦，以及另一实验者的梦与外界感官所受之刺激所作的实验看出，她们两人的梦与外界刺激之关系分别只达百分之十三点二，和百分之六点七而已。在她们所收集的所有梦中，只有两个梦可以与器官之感觉扯上关系。这个统计数字更使我们早先由自己的经验，所导致对这说法的怀疑更为加深。

常常有人干脆就将梦分为两类，一种是上述的神经刺激引发的梦，以及另外的因素引起的梦。如斯匹达，就曾分类为“神经刺激梦”以及“联想梦”。但，这也仍解决不了问题。唯有能找出梦的肉体来源与梦内容之意念之间的关联，才算是真正解决这悬案。

除了上述“外来刺激之来源并不多见”的证明以外，尚有第二个质疑：“许多梦如果用这种梦来源，解释并未能完全行得通。”兹举两例：第一，为何梦中那外来刺激的真实性质往往不易看出，而多以别物取代。第二，为何心灵对这错误感受到的刺激所生的反应竟是如此地不定而多变化呢。我们已知道，史特林姆贝尔对这质疑所作的答复，他以为心灵在睡眠时往往与外界隔离，而无法对外界感官刺激予以正确的解释，以致被迫对这来自各方的朦胧的刺激建构一番幻象。在他那本《梦的性质及其来源》第108页，他有如下说法：

“在睡眠时，由外界或内在的神经刺激，在心灵上引发出一种感觉，或一种情意综合，或任何一种精神过程，而这种感觉在心灵里唤起了属于醒觉状态时所经验到的某些记忆、影响”，这也就指着是那些以前的各种感受——可能是毫不经过润色的，或有精神价值附着于上的。就这样子，经由神经刺激，引致心灵收集出一些或多或少的影像记忆。而使我们人有如在醒觉状态下一般，心灵能“解释”这些睡中由神经刺激所生的印象。而这种解释的结果即所谓的“神经刺激梦”——“一种梦，其成分是由神经刺激在心灵上产生精神效果，而按着‘复现的原则’使某种心灵上的影像重现出来。

在主要观点上与这理论相同的，就是冯特的主张，他以为梦的观念，绝大部分来自于感官的刺激，尤其是全身性的刺激，因而引发多半是不真实的幻象——只利用小部分的真实记忆，而扩展成幻觉的程度。以这种理论来说明梦内容与梦刺激之关系，史特林姆贝尔曾作一种譬喻：“就像一个不懂音乐的人，用他的十根指头在琴键上乱弹一般。”这意思就是说，梦并不是一种由精神动机引发出来的精神现象，它是一种生理刺激导出的后果，只是由于受到这刺激后，心灵无法以他种方式表现其反应，而不得不以精神上的症状来表现而已。基于同样的假设，梅涅特曾对 obsessiveidea 的解释作了那有名的譬喻：“在数码转盘上，每个数字均高高地以凸字表现出来。”

（Strachey 注：此段文章并无法在梅涅特的著作内找到出处）。

虽然这理论似乎广为人们所接受，而且说起来也颇动听，但我们仍不难看出它的毛病。每一个在睡中引起心灵产生幻象的肉体刺激，常常可引发无数种不同的梦的内容[39]。但史特林姆贝尔与冯特均无法指出“外界刺激”与心灵用来“解释”它的“梦内容”之间的关系。也因此无法解释得通这种“刺激经常使心灵产生出的如斯奇特的梦”[40]，其他的反对意见多半是针对这理论的基本假设——“在睡眠中，心灵是无法正确地感受外界刺激的真正性质。”老一辈的生理学家布尔达赫曾告诉我们，在梦中心灵仍能相当正确地解释那些由感官所得到的印象，并且正确地予以反应。他并且指出，某些对个人较重要的感觉往往在睡中并不会与其他一些刺激一同受到忽视。相反地，它们常常自然地脱颖而出，引起睡者的特别重视，一个人在睡觉时，听到人家叫自己的姓名往往马上惊醒，但对其他的音响却往往仍照睡不误。当然，这是基于一个大前提——在睡中，心灵仍能分别各种不同的感觉的。因此布尔达赫以为，并不是心灵不能解释睡眠状态中的感官刺激。而是它对这些刺激并不发生足够兴趣所致。在一八三〇年利普士又把布尔达赫这一套搬出来，以攻击主张肉体刺激这一派的看法。在这些论争里头，心灵这东西就有如一段趣闻中的睡者一般。人家问他：“你在睡觉吗?”他回答：“不是。”而再问他：“那么你借我十个佛罗林[41]吧?”他却有了借口：“喔！我已睡着了！”

有关肉体刺激形成梦的理论仍有许多不适切之处。由观察的结果，纵然就是在我们一开始做梦时，那肉体刺激马上介入的话，我们也仍无法确定外界刺激必定会导致梦的形成。譬如说，当我在睡觉时，我感受到触摸或压力的刺激，那么我仍有一大堆的反应供我选择。我可能根本不理它，而直到醒来时，才发觉我的腿没盖上被子，或是我因为侧卧而压着一条手臂。事实上，在精神病态的研究中，我发现有一大堆的例子，均是各种相当兴奋的感觉或运动方面的刺激，但却在梦中引不起丝毫反应。或者，我可能在睡中一直感受到这份刺激的存在，就像通常睡中所感受到的痛感一样，但在梦中却未把这痛感加在内容里头。第三，我可能因为这刺激而惊醒，以便驱散或避开这份刺激。最后第四种反应：我可能由这神经刺激而引起梦的产生；其他尚有各种各类与梦的产生同样可能发生的反应。因此，如果说除了肉体上的来源以外找不出其他引起梦的动机，那实在是欺人之谈。

有鉴于上述的肉体来源的说法有诸多漏洞，其他的学者——如歇尔奈尔以及跟随他的哲学家伏克尔特——乃致力于更精细地探究那些由肉体刺激引起的具有各种彩色影像的梦，以决定其精神活动之性质，由此他们将梦当作一个心理学上的问题加以研讨，并且以为梦纯粹是一种精神活动的表现。歇尔奈尔不仅将梦的形成以其诗般的文笔加以精彩的阐论，并且深信他自己已找出了心灵应付所受到的刺激的原则。按歇尔奈尔的说法，梦是一种无拘无束的幻象，它刚由白天所受到的桎梏中解放出来的，而尝试用象征的手法将感到这刺激的器官的特性表现出来。因此，我们可以作出一种释梦的书，一种解析梦的导引，而利用这些，我们可以将肉体的感觉、器官的状况，以及刺激的状态由梦的影像中找出意义来。"因此猫的影像就象征着极坏的脾气，而雪白、光滑的白面包就象征着赤裸的人体。在梦中的幻象，整个人体就用一间房子来代替，而内脏各器官即分别以房子中各部分所代替。在牙痛引起的梦中，一个圆形拱顶的大厅象征着嘴巴，而一座往下走的阶梯象征由咽喉下至食道。在头痛引起的梦中，一座天花板覆满蟾蜍颜色的蜘蛛，即象征着上半头部的问题。"

"对同一个器官，我们在梦中往往使用各种不同的象征：呼吸胀缩的肺脏以烈火烘烘的火炉代替，心脏以空盒子或篮子、膀胱以像圆形皮包的东西或只是空心的东西代替。而最特别有意思的是，在梦的结束时，受刺激的器官本身或其功能往往会毫无掩饰地真的由梦者的肉体上表现出来。因此，牙痛的梦往往是最后梦者由口中拔出大牙而告结束。"但，这种说法未免太过分神化了。因此使得歇尔奈尔的读者们对他的说法很难接受，甚至连一些我本身也认为颇有道理的，都因为所言太玄而鲜为一般人所相信。我们可以看出，他这方法其实等于古代应用象征理论的释梦的方法的复活，只是他用在释梦的，仅局限于人体的象征符号而已。由于缺乏科学上所能理解的方法，使得歇尔奈尔这理论的应用仍受到极大的限制，由此对梦所作的解释仍充满不定性，特别是一种刺激可以在梦内容内用好几种象征符号所取代的说法，更使人难以信服，甚至连他的门徒伏克尔特也无法确信房屋是象征人体的说法。还有另外一个反对的理由：根据他的看法，梦的活动根本是一种无用的，无目标的心灵活动，心灵本身只满足于绕着刺激构想一堆幻想，而根本就不曾想把这刺激消除掉。

歇尔奈尔这个肉体刺激的象征理论尚有一大致命伤的缺点，有某些肉体上的刺激是一直持续存在的，而这种刺激一般认为往往在睡眠中较清醒时更容易为心灵感受到其存在。因此我们就无法解释，为什么心灵并不竟夜长宵地一直在做梦，为什么并不每夜梦见所有的这些有关系的器官呢？如果对这种质疑，我们作出如下的遁词："要引起梦的活动，必须先由眼、耳、牙齿、肠等等器官先有特殊的兴奋状态。"那么我们又面临另一难题：如何证明增加的刺激是客观的呢？这只有在少数几个梦可以找出证明来，如果说梦见飞翔是象征着肺叶的胀缩，那么这种梦，正如史特林姆贝尔所说的，应该是常常被梦见的，不然就得证明出在做这梦时梦者的呼吸特别加快。当然，还有第三个更好的解释，那就是说，当时一定是由某种特殊的动机引导梦者的注意力倾注于那些平时经常存在的内脏感觉，但这将使我们的论证远超过歇尔奈尔的理论范畴。

歇尔奈尔与伏尔克特的理论，其价值在于唤起我们对某些有待解释的梦特征的注意，而促成了更新的发现，其实梦的确有他们所谓的肉体器官的象征现象——譬方说，梦中的水往往代表着想小便的冲动，而男性性器往往以直耸的硬物或木柱作象征等。还有由一些充满新鲜视觉，五光十色的梦中影像与其他晦暗不明的梦影比较，使我们也很难驳斥那种"由视觉刺激引起的梦"的说法。同样，对那些含有声音人语的梦，也无法否认的确是有幻觉形成的存在。一个像歇尔奈尔所说的梦，两排长得活泼可爱的孩子站在一座桥上对峙着，彼此打来打去的，直到最后梦者本身坐到桥上去，由他的下颏找出一根大牙才结束这怪梦。另外，伏尔克特的另一相似的梦，两排抽屉拉出拉入，最后也是以拔牙作结束。由于这两位作者记述出相当多的这类梦的形成，所以我们也不能把歇尔奈尔的理论看成一种昧于真理的臆测。因此，我们所必须做的工作便是如何对这种所谓的牙齿梦的假想象征作一不同的解释。

在我们对梦的肉体来源探讨中，迄今我一直未引述我们由梦的分析所得的论断。现在，由于利用一种以前研究梦的学者们所未曾用过的方法，我们能够证明梦具有精神活动的内在价值，由愿望来充当梦形成的动机，而以前一天的生活经验做梦内容中最明显的资料。而任何其他研究梦的理论，如果忽略了这种重要的研究方法——以致形成那种把梦看作由肉体刺激引起的无用的、费解的精神反应——都可以不必再多作批评即予否定。不然的话，那就等于说（事实上，这根本不可能的）有两种完全不同的梦，一种我们已详尽观察得到的结果的，而另一种却是那些只有早年的学者所研究的。为了消除这份矛盾，我们得尝试在我们梦的理论的范畴内，找出方法来解释那些所谓肉体来源引起的梦。

在这方面的工作，我们已经有了初步的成果，我们发觉梦的工作是基于一种前提，拟使同时感到的所有梦刺激综合成一整体性的产物（见本章开头部分）。我们已知道，如果当天遗留下来两个或两个以上的印象深刻的心灵感受，那么由这些感受所产生的愿望便会凝聚形成一个梦；同样，这些具有精神价值的感受又与当天另外一些无甚关系的生活经验（只要这些能使那几个重要的印象间建构出联系来）综合而成梦的资料。因此，梦其实是对睡眠时心灵所感受的一切所作的综合反应。就我们目前已分析的有关梦的资料看来，我们发现它是包含了心灵的剩余产物以及一些记忆的痕迹——这些记忆，虽然其真实性的本质并无法当场验明，但至少我们均充分地感受到其精神上的真实性（由于多半均与最近或孩提时代的资料确有关联）。有了这种观念，我们也较容易能预测得到究竟在睡中加入的新刺激与本来就存在的真实记忆将会合成如何的一种梦。当然，我们须强调的是，这些刺激对梦的形成确实重要，因为它毕竟是一种真实的肉体感受。而借着再与精神所具的其他事实综合，才完成了梦的资料。换一句话说，睡眠中的刺激必须与那些我们所熟悉的日间经验遗留下来的心灵剩余产物结合而成一种“愿望的达成”。然而，这种结合并非一成不变的，我们已经知道，对梦中所受的物理刺激，可以有好几种不同的行为反应。但一旦这种合成的产物形成以后，我们一定可以在这梦内容内看出各种肉体与精神的来源。

梦的本质决不因为肉体刺激加之于精神资料上而有所改变，无论它是以何种真实的资料为内容，均仍旧是代表着“愿望的达成”。

在此，我拟提出几种可能改变外界刺激对梦的意义的特点。我以为梦的形成须视梦者当时的生理状况而异，譬如当时外界刺激的强度、睡眠的深度（平时习惯性的，或当时偶发的），以及个人对睡中刺激的反应均有差异。可能，有人根本不受其扰而继续呼呼大睡，有人因此惊醒，更有人即将之纳入梦中的资料。由于有这种差异，因此，外界刺激对梦形成的影响也因人而异。就我自己而言，由于我向来睡得很好，很少为外界任何刺激所惊扰，所以由外界肉体刺激引起的兴奋很少能介入我的梦中，而大部分的梦均来自于精神上的动机。事实上，我记得自己只有一个梦是与一件客观的、痛苦的肉体刺激来源有关，而且我认为在这梦里，我们可以看出外界刺激如何的影响这梦的特点：

"我骑着一头灰色的马，最初看来，胆战心惊，小心翼翼地，似乎我是硬着头皮练习似的。然后我碰到一位同事甲先生，他也骑着一头装有粗劣饰带的马。他挺直地端坐于马鞍上，他提醒我某件事情（可能是告诉我，我的坐鞍很差）。现在我开始觉得骑在这头十分聪明的马身上，非常轻松自如；我越骑越舒服，也越觉熟练。"我所谓的马鞍是一种涂料，整个敷满马颈到马臀间的空隙。我正骑在两驾篷车之间，而正想摆脱掉他们。当我骑入市街有一段距离后，我转过头来，想下马休息。最初我打算停在一座面朝街心的小教堂，但我却在距离这一所甚近的另一所小教堂前下了马。旅馆也就在同一条街上，我大可以让马自个跑去那儿，但我宁可牵着它到那儿。不知怎的，我好像以为如果骑着马到旅馆面前再下马会太丢人。在旅馆面前，有个雇童在招呼，他拿着我的一份札记本，向我调侃其中内容，那上面写着一句"不想吃东西"（并且底下用双线加注），再下去又另有一句（较模糊的）"不想工作"，同时，我突地意识到我正身处一个陌生的城镇，在这儿我没有工作。

这梦相当明显地可以看出是来自于痛刺激的影响的。就在前一天，我因长了疗，而痛苦万分。后来竟在阴囊上方长成一个苹果大的疖疮，而使我每一举步均感穿心之痛。全身发热、倦怠、了无食欲，再加上当天繁重的工作，使我整个人崩溃下来。虽然这种情况并未使我完全不能行医，但由于这病痛的性质与发病部分，至少有一件事，是我一定无法做的，那就是"骑马"。而就因为"骑马"这活动使我构成了这个梦——一种对此刻病痛的最强力的否定方式。事实上，我根本不会骑术，我不曾做过骑马的梦。而一生我也只骑过一次马。还有，无鞍骑马，更是我所不喜的。但在梦中，我却骑着马，有如我根本在会阴处并未长什么毒疮似的。或者说，"我所以骑马，是因为我希望我并没长什么疮。"由梦的叙述我们可以猜测，我的马鞍其实是指着能使我无痛入睡的膏药敷料。也许，由于这般地舒适，使我最初的几小时睡得十分香甜。以后痛感又开始加剧地意识到，而使我几乎痛醒过来；于是梦就出现了，并且抚慰地哄我："继续睡吧，你不会痛醒的！你既然可以骑马，可见并没有长什么毒疮的，因为哪里有人长了毒疮，还能骑马呢?"而梦就如此成功地把痛感压制下去，而使我继续沉睡。

但梦并不只是用一个根本与事实不符的幼稚意念，来敷衍掉疖疮的痛楚而已（就像痛失爱儿的母亲或突告破产的商人所作的疯言疯语）。其实在梦中，它所否定的感觉与影像之细节尚与一些心灵中确实存在的记忆有所联系，而在梦中将这些资料一一予以利用，"我骑着一头'灰色的'马"——这马的颜色正与胡椒盐的颜色一样，而这正好使我想到，最近一次在村庄碰到我的同事甲先生时，他曾警告我，调味品加太多的食物吃了会生疖疮，而且一般人都以为疖疮的病因与“糖”大有关系。我的朋友甲先生自从他接替了我去治疗那位我曾花过一大番心血的女病人以来，他就在我面前“趾高气扬的”（直译当为：骑着高马），但这位女病人，事实上就像“周日骑士”的故事里头的马一样，她随其所欲地载着我跑，因此，梦中的“马”其实就是这女病人的象征（梦中说，它是“十分聪明的”）。我觉得“非常轻松自如”，其实就指着在我那同事甲先生取代了我以前我在她家照顾她时的感受。记得城里名医中有一位支持我的同事，最近曾就我对这女病人的处理，作如此褒勉：“我想你是相当称职的”（直译当为：我想你在那“马鞍”上是安全了）。而且身体正受着如许病痛的折磨，还要每日为病人作八到十小时的心理治疗，可真称得上是一件大功德，但我自己也深知，如果没有理想的健康状态，我是无法再将这繁重吃力的工作继续干下去的。而且梦中又充满着一大堆如果我的病继续发展下去的恶果（那札记，就像神经衰弱的病人拿给他们的医生看的：“不想工作，不想吃东西”）。再更进一步地探讨，我发觉这梦可以由骑马代表愿望的达成，更追溯到童年的一件回忆——我与那年纪长我一岁的侄子（现住于英国）在童年时的多次吵架。还有，这梦也采用了一些我去意大利旅行的片段材料：梦中那街道正是威洛纳与西恩那两城市的景象。再更深一层的解析引向性方面的梦意，我发现我梦中所用的这些风光明媚的城镇竟可能是这位未曾去过意大利的女病人所梦见的［去意大利，德文为gehenItalien（音近 genItalien） = Genitalien = genitals（性器）］同时我曾提到在甲先生以前是我到她“家”给她看病的，还有我那疖疮所长的位置，均隐约有“性”的意味在内。

在另外一个梦，我也同样成功地将打扰我睡眠的刺激去除掉。这次的骚扰是来自感官的刺激。其实，这偶发的刺激与梦内容的关系也是很偶然的机会下发现的，也因此才使我对此梦得以了解。“在一个仲夏的清晨，当时我住在提洛尔（在阿尔卑斯山中）的别墅里，醒来时我只记得梦见‘教皇死了’。”面对这短短的毫无影像的一个梦，我竟完全无从解析，唯一扯得上关系的是，在几天前我曾由报纸上看到有关他老人家身体微有小恙的报道。但这天早上我太太问了我一句话：“今天清晨你可听到教堂的钟声大作吗?”事实上，我完全没听到这钟声，但，却因这一句话而使我对梦中情景恍然大悟。由于这群虔诚信教的提洛尔人所敲出的钟声，促使我由睡眠的需要产生了如此的反应——为了报复他们的扰人清睡，我竟构成了这种梦内容，并且得以继续沉睡而不再为钟声所扰。

在以前几章里所提过的一些梦也都可以拿来作阐释“梦刺激”的例证。那“高觞畅饮”的梦便是一个好例子，其起源完全来自“肉体的刺激”，而由这感觉——“渴”引起的“愿望”即为此梦之唯一动机。其他种种仅肉体刺激即可产生梦的例子永不乏其数。一个病妇，梦见她摔掉两颊的冷敷器具，是一个对痛刺激所生的较不寻常的“愿望达成”的反应。这似乎使梦者暂时忘却了痛苦，而将其病痛归诸于他人身上。

我那三位巴尔希（命运女神）的梦很明显地是个饥饿的梦，而这对食物的需求更可远溯自儿时对母亲乳房的期待，但它却以这种无害的欲望来取代了某种不能公之于世的欲望。在那有关都恩伯爵的梦里，我们可以看出一种偶发的肉体需要经由何种程序而与一种精神生活中最猛烈、最强力潜抑的冲动发生关系，还有，伽尼尔所写的，拿破仑一世在定时炸弹的炸声惊醒他以前，那声音先使他产生了一个战争的梦。由此我们不难清晰地看出睡中精神活动对肉体感觉所生反应的真正目的。一位年轻的律师，由于全神贯注于某件破产讼案，在午睡时，竟梦见与一位由这件讼案才认识的莱西先生相会于胡希亚汀。而这地名 Hussiatyn（德文为“咳嗽”之意）更使他引入更深的冥想，不久他惊醒过来，才发觉他的枕畔人因气管炎而大声不断地在“咳嗽”。

现在，且让我们由拿破仑（这位出名的精于睡眠之道的传奇人物）的梦，再来比照以前所提过的那好睡的医科学生，他曾被女房东由懒睡中唤起，提醒他该是上医院的时候了。等到他蒙头再睡时，他就梦见他正躺在医院的床上，而最可能的解释是这样的：如果我已在医院了，那我就不必现在起床赶去医院了。这很明显地，是一种“方便的梦”，而睡者也自己坦承那确是他做这梦的动机。而由此，他也看出一般的梦所具的一种秘密——所有的梦，就某方面来说，均属于“方便的梦”。它们可以使梦者继续酣睡而不必惊醒。“梦是睡眠的维护者，而非扰乱者”。以后在另一章，我们拟再就醒觉状态的精神因素讨论这种观念。但就目前而言，我们已可用这观念解释一般外来的客观存在的刺激所引起的梦。不管是心灵果真能完全不理会外来刺激的强度和意义，而能继续呼呼大睡也罢，或者梦是用来否定掉那些外在刺激。或者第三种说法，睡眠中的心灵能感受刺激，它总是将一种合于睡眠理想状态的真实感觉，编织于梦中，以抵消其他骚扰睡眠的事实。上例的拿破仑就以“那只不过是在阿尔哥的枪声炮响的梦中回忆而已”而继续其酣睡[42]。

“睡眠的愿望”使意识的自我调整其本身的感受，再加上梦的检查作用以及以后将提到的“加工润色”，而使自我形成了梦，这种观念必须在梦形成的动机探讨中经常谨记在心——每一个成功的梦均是愿望的达成。至于，梦所必然附带的、不变的“睡眠愿望”与梦所附带达成的其他某些愿望，究竟有些什么关系，则待以后我们再详论。由“睡眠愿望”的说法，我们发现到这可以补缀史特林姆贝尔与冯特的理论之不足，并且它可以避免前述那些以外界刺激所作解释的荒谬与令人怀疑的程度。其实，睡中的心灵能够对外界刺激予以正确的感受，并投予主动的好恶，有时甚至会因此而惊醒。因此，这些正确的感受，只有能通过那至高无上的睡眠愿望的检查制度，才能于梦中现形出来。梦中情境所用的逻辑可用以下一例代表：“那是夜莺，而非云雀”，因为果真那是云雀，那么这美妙的夜就要告终了。然而能通过这种检查制度的，心灵可能有不下一种的对外界刺激所作的阐释，然后再选出其中与心灵中愿望冲动最相合的作为梦内容。因此，我们可以说梦中每一件内容均有肯定的存在，而无一令人怀疑之处。对梦所作错误的解析其实并非一种幻觉，而是——如果你愿意这样称呼它的话——一种遁词，就像梦的检查制度所取用的转移置换，我们日常的精神过程也免不了这种歪曲事实的毛病。

只要是外界的神经刺激和肉体内部的刺激其强度足够引起心灵的注意（如果它们只够引起梦，而不使人惊醒的程度），它们即可构成产生梦的出发点和梦资料的核心，而再由这两种心灵上的梦刺激所生的意念间，找出一种适当的愿望达成。事实上，我们可以发现许多的梦均可由其内容中找出肉体上的因素，甚至有些情形是，本来那愿望并不存在，但却因梦形成的需要而唤醒了它的存在。其实，梦说穿了无非是代表愿望的完成而已，它的工作即在于由某种感觉而找出能借此达成的某种愿望。甚至假如这些感觉资料是带有痛苦不愉的成分在内，它仍用以构成某种梦的形成。心灵能够巧妙自如地将某些会引起不愉快，或根本不矛盾冲突的资料，经由两种心理步骤（见第四章 ）以及存在于其间的检查制度，而变为完全合理的愿望达成。

在我们的精神生活领域里，我们都知道有许多是属于心灵“原本步骤”（或谓“原本系统”）的受潜抑的愿望，而其所以不能达成则完全来自于“续发步骤”（或谓“续发系统”）的压力。这两者之间我们并非以“时间性的存在”来划分——即这些愿望最初存在，而后来即被摧毁消失掉。“潜抑作用”的原则，为我们对心理症的研究所需具备的观念，它以为受潜抑的愿望并非就此消失，它只是由于某种重压而予以暂时性的抑制。在另外一个字“压抑作用”，由其字的 ub—presb sion，意即“压下去”，即可看出这类的意思[43]。而一旦这些受压制的愿望得以脱颖而出，于是，“续发系统”的压制力便告消失（这种压制是可以意识到的），此时乃在心理源表现出“不愉快”来。总之，我们的结论是：如果一种在睡眠时来自肉体上的不愉快的感觉发生时，梦活动可以将之利用来达成某种本来受压制的愿望。此时检查制度仍具有或多或少地存在。

这种说法对某些“焦虑的梦”可以解释得通，但另外某些梦却不太适用这种愿望理论，而需要其他不同的阐释。由于梦中的焦虑均免不了带有心理症的特点，所以来自性心理兴奋的梦，其焦虑均代表受潜抑的原欲，因此这种焦虑，就像整个的焦虑梦一样，具有心理症状的意义，而我们所面临的难题就在于究竟梦中愿望达成的趋势究竟到哪种程度才受到限制。然而，另外有些“焦虑梦”却是来自肉体因素的焦虑（譬如某些肺脏或心脏有病的患者，往往偶发呼吸困难的焦虑），那同样，它也可用来使某些强力压制的愿望在梦中予以实现，而得以疏导出那份焦虑，要想在这两种看来相矛盾的情形找出合理的说明，事实上也并不难。当这两种心理构成物，一种“情绪上的偏好”与一种“观念内容”具有密切关系时，只要其中之一确实存在，即可引发另一种之产生，甚至梦中亦复如此。那么，我们可以看出，来自肉体的焦虑引发了受压制的“观念内容”，而由此再加上性兴奋，使得焦虑得以宣泄出去。就某些情形而言，可说是“由肉体产生的情绪变化由精神予以阐释”。而相反地另外一种情形，却是“来源均由精神因素引起，但所受压抑的内容却明显地由肉体上将焦虑宣泄出来”。然而在这方面的探讨所面临的困难与梦的了解无甚关系，而这些困难之所以产生，乃由于我们的讨论范围已跨入了焦虑的演变与“潜抑”的问题。

无疑地，来自身体内部的主要梦刺激是包括了全身性的肉体知觉，它不仅能供给梦的内容，并且能使“梦思”在所有资料中挑选最适合其特性的部分作为梦内容的代表，而将其余部分予以删除。同时，这些由当天所遗留下来的全身性知觉以及所附的心理意象也都对梦有很大的意义。而且，一旦这些知觉所带来的是痛苦的反应，那它也可能遁入另一相反的形式表现出来。

如果睡眠时来自肉体的刺激并非具有十分强烈的程度，那么依我看来，它们对梦的形成所生的影响，充其量也只不过像那些白天所遗留下来不太重要的印象。我的意思也就是说，它们只能用来与某些“观念内容”相结合以形成梦。它们就像是一些便宜的现成货色，视需要而定随时可以取用，而并非十分重要的梦来源。我可作一种譬喻：当一个鉴赏家拿一块稀世宝石，请艺匠镶成艺术品时，那艺匠就必须视宝石的大小、色泽以及纹理来决定镶刻成什么样的作品。但一旦他所用的材料是俯拾皆是的大理石、砂石，那么艺匠就可以完全依照他本身的意念来决定其成品。

就我看来，只有以这种譬喻才能说明何以那些几乎每夜都发生的较平凡的肉体刺激并未常常构成千篇一律的梦[44]。

也许，如想好好说明我上述的意思，最好还是再举一个释梦的例子。有一天，我曾对梦中常有的一种“被禁制的感觉”[45]，发生兴趣，而思索竟日，结果当天晚上我做了如下一梦：“我衣冠十分不整地，由楼下用一种近乎跳的方式，每次跨三阶地上楼梯，我因为自己的健步如飞而得意。突然我发现女佣人正从楼梯上向着我走下来，刹那间我感到十分尴尬羞愧，而想马上跑开，但我却发现到一种‘受禁制的感觉’，我竟在楼梯间上身不由己地动弹不得。”

分　析

这梦中情境是来自每日生活的真实情况。在维也纳我所住的房子，有二楼，楼下是我的诊所与书房，而楼上是我的起居室，两者唯有一个楼梯上下相通，每天工作到深夜，我才上楼休息。在做梦的当晚，我的确是衣冠不整地——已把领带、纽扣全部解开——蹒跚上楼，但在梦中却更过分地变得近乎衣不蔽体的程度。通常，我上楼总是两三阶一大步地跑上去。还有，由梦里也可看出愿望的达成——由于我能如此步履轻快，表示我心脏功能还十分不错，同时，这种跑上楼的自在正与后半段的动弹不得的困境又正是一大对比，我在梦中动作的完全自由轻快，使我不禁想起，我有如在梦中飞驰一般。

但梦中我上楼去的那房子并非我家，最初我并无法认出那地方，而后来有个女人告诉了我这是什么地方。这女人是我每天出诊两次去给她打针的一位老友人的女佣。而这梦中的地点的确就是我每天都要走两回的那老女人家的阶梯。

这些“阶梯”与这“女佣”怎会跑入我的梦中呢？为了自己衣冠不整而羞惭，无疑是带有“性”的成分在内，但那女佣人比我年纪大，而且一点也不吸引人。这些疑问使我想起以下的插曲：当我每次早上去她家看病时，总是习惯地在上楼时要清清喉咙，而把痰吐在阶梯上。由于这两楼连一个痰盂也没有，所以我私自以为楼梯如想保持干净，问题并不在我，而是她应该买个痰盂供人使用。但那管家婆是一个吝啬而具有洁癖的老女人，却有另一种不同的看法。她每天到那时候总是站在楼梯口，注意我是否又随便吐痰，而一旦正好被她发现，势必又有一阵窝囊气好受。甚至后来她看到我，也不再作礼貌上的招呼。就在做梦的当天早上，我又由那女佣的恶言更加强了我对她的反感。当我看完病走出前门时，那女佣竟盯着我说："大夫！你最好擦擦皮鞋再进来吧！我们的红地毯又被你搞脏了。"而这些事件大概可以解释为什么"阶梯"与"女佣"会出现于我的梦中了。

至于"跳阶上楼"与"吐痰于阶梯上"是有密切关系的。咽喉炎与心脏的毛病可能是吸烟的恶习所致的惩罚，再加上连我自己的女管家也嫌我不够清洁，因此我在两家均不得人缘，而这在梦中更混合而成一件事。

其他有关此梦的解析须待我能指出"衣冠不整"的"典型的梦"的来源以后再作详谈。同时由刚才所叙述的梦可以看出，梦中的"受禁制的感觉"往往是在梦境需要再接上另一事件时发生的。至于在我睡觉当时的运动系统状况并无法解释这梦的内容，因为就在刚刚不久前，我才发现我又习惯地跳着上楼，就像梦中情景完全一样。

四、典型的梦

一般而言，如果别人不供给我们一些他的梦中所隐含的意念想法的话，我们就无从对他的梦作一合理的解释，也因此而使得我们的释梦方法大受限制[46]。但与这一种特具个人色彩，鲜为外人所能了解的梦相对照的，另有一些例子，却几乎是每个人都有过的同样内容、同样意义的梦。由于这种"典型的梦"，不论梦者是谁，它几乎都来自同样的来源，所以这类梦的研究特别适合我们对梦的来源所作的探讨，也因此我拟在这章专文讨论它。

为何有这种困难，以及我们如何补救技巧上的困难，则留待下一章 再讨论。读者们将来自会了解我为何在本章只能处理几类"典型的梦"，而将其他的讨论延至下一章 。

尴尬——赤身裸体的梦

梦见在陌生人面前赤身裸体或穿得很少，有时也可能并不引起梦者的尴尬羞惭。但我们目前所认为较有探讨价值的是那些使梦者因此而尴尬，而想逃避，但却发觉无法改变这窘态的梦。唯具有这些因素的赤身裸体的梦，才属于本章所谓"典型的梦”，否则其内容的核心可能又包含其他各种关系，或因人而异的特征。这种梦的要点就是“梦者因梦而感痛苦羞惭，并且急于以运动的方式遮掩其窘态，但却无能为力。”

我相信大部分的读者都曾经有过这一类的梦吧！

暴露的程度与样子大多相当模糊，可能梦者会说：“当时穿着内衣。”但其实这并非十分清楚。大多数情形下，梦者对袒裼裸裎的叙述均以一种较模糊的方式表示，“我穿着内衣或衬裙”，而通常，所叙述的这种衣服单薄的程度并不足以引起梦中那么深的羞惭。一个军人，通常梦见自己不按军规着装，便代替了这种“裸体”的程度，“我走在街上，忘了佩带，军官向着我走来……”或是“我没戴领章”，或是“我穿着一条老百姓的裤子”等。

在梦中被人看见而不好意思的对象大多是一种陌生面孔，而无一定的特点，并且在“典型的梦”里，梦者多半不会因自己所羞惭尴尬的这件事而受外人的呵责。相反地，那些外人都呈现漠不关心的样子，或者，就像我所注意过的一个梦中，那人是一副僵硬不苟的表情，而这更值得我们好好回味其中蕴义。

“梦者的尴尬”与“外人的漠不关心”正构成了梦中的矛盾。以梦者本身的感觉，其实外人多少应该会惊讶地投以一眼，或讥笑他几句，甚或驳斥他，关于这种矛盾的解释，我认为可能外人憎恶的表情，由于梦中“愿望达成”的作祟而予以取代，但梦者本身的尴尬却可能因某些理由而保留下来。对于这类只部分内容被“愿望达成”所改装的梦，我们仍未能完全了解。基于这种类似的题材，安徒生写出了那有名的童话《皇帝的新衣》，而最近又由福尔达以诗人的手笔写出类似的护符。在安徒生童话里，有两个骗子为皇帝编织一种号称只能被天神和诚实的人所看到的新衣。于是皇帝就信以为真地穿上这件自己都看不见的衣服，而由于这纯属虚构的衣服变成了人心的试金石，于是人们也都害怕得只好装作并没发现到皇上的赤身露体。

然而，这就是我们梦中的真实写照。我们可以如此地假设：这看来无法理解的梦内容却可由这不着衣服的情境而导致记忆中的某种境遇，只不过是这境遇已失去了其原有的意义而用作另一其他的用途。我们可以看出，这种由“续发精神系统”在意识状态下如何将梦内容予以“曲解”，并且由这一因素决定了所产生的梦的最后形式。还有，就是在“强迫观念”、恐惧症的形成过程，这种“曲解”（当然，这是指在同样心理的人格而言）也扮了一大角色。甚至，我们还可能指出这释梦的材料取自何处。“梦”就有如那骗子，“梦者”本身就是那国王，而有问题的“事实”

就因道德的驱使（“希望被别人认为他是诚实的”）而被出卖，这也就是梦中的“隐意”——被禁制的愿望，受潜抑的牺牲品。由我对“心理治疗”病人所作的梦的分析，使我发现梦者童年时的记忆在梦中的确占有一席之地，只有在童年时，我们才会有那种穿戴很少的置身于亲戚、陌生的保姆、佣人和客人之前，而丝毫不感羞惭的经验。在有些年长些的孩子们，我们发现，他们被脱下衣服时，非但没有不好意思，反而感到兴奋地大笑、跳来跳去、拍打自己的身体，而母亲，或在场的其他人总要呵责几句：“嘿！你还不害臊——不要再这样了！”小孩总是有种展示他们自己于人前的愿望，我们随便走过哪个村庄，总可以碰个二三岁的小孩子在你面前卷起他（她）的裙子或敞开的衣服，很可能他们还是以此向你致敬呢！我有一位病人，这个仍清楚地记得他八岁时，脱衣上床后，吵着要只套上衬衣就跑入他妹妹房间内跳舞，但却被佣人所禁止了。心理症病人童年时，曾在异性小孩面前暴露自己肉体的记忆确实具有相当重要的意义。患妄想病的病人，常在他脱衣时，有种被人窥视的妄想，这也可以直接归自于童年的这种经验，其他性变态的病人中，也有一部分由这种童年冲动的加强引起所谓的“暴露症”。

童年期的这段天真无邪的日子，在日后回忆起来，总令人兴起“当时有如身在天堂”之感，而天堂其实就是每个人童年一大堆幻想的实现。这也就是为什么人们在这天堂里总是赤身露体而不羞惭，而一旦达到了羞恶之心开始产生的时候，我们便被逐出这天堂的幻境，于是才有性生活与文化的发展。此后唯有每天晚上借着梦境我们才能重温这天堂的日子，我们曾推测最早的童年期（由不复记忆的日子开始至三岁为止）的印象，皆为各遂其欲的产物，因此这印象的复现即为愿望的达成。因此，赤身露体的梦即为“暴露梦”[47]。

“暴露梦”的核心人物，往往是“梦者目前的自己”，而非童年的影像。而且由于日后种种穿衣的情境以及梦中“检查制度”的作用，以致梦中往往并非全裸，而呈现“一种衣冠不整的样子”，然后再加上“一个使他引起羞惭的旁观者”。在我所收集的这类梦中，从不曾发现这梦中的旁观者，正好是童年暴露时的真实旁观者的复现。毕竟，梦境并不是单纯的一种追忆而已。很奇怪地，这些童年时“性”兴趣的对象也并不复现于梦，“歇斯底里症”以及“强迫性心理症”。而唯独“妄想症”仍保留这旁观者的影像，并且虽看不见“他”，但病人本身却荒唐地深信“他”冥冥中仍暗伺于左右。

在梦中这类旁观者多半为一些并不太注意梦者尴尬场面的“陌生人”所取代，这其实就是对梦者所欲暴露于其关系深切者的一种“反愿望（counter—wish）”。

“一些陌生人”有时在梦中还另有其他涵义。就“反愿望”而言，它总是代表一种秘密[48]。我们甚至可以看出，在妄想症所产生的“旧事复现”也合于这种“反面倾向”。而且梦中绝不会只是梦者单纯一人，他一定被人所窥伺，而这些人却是“一些陌生的、奇怪的、影像模糊的人”。

并且，“潜抑作用”也在这种“暴露梦”里插了一脚，由于那些为“审查制度”所不容许的暴露镜头均无法清楚地呈现于梦中，所以，我们可以看出梦所引起的不愉快感觉完全是由于“续发心理步骤”所产生的反应，而唯一避免这种不愉快的办法，就是尽量不要使那情景重演。

在以后的章节里，我们将再讨论“被禁制的感觉”。目前我们可以看出在梦中，它是代表“一种意愿的冲突”“一种否定”。根据我们潜意识的目标，暴露是一种“前进”，而根据“审查制度”的要求而言，它却是一种“结束”。

我们这种“典型的梦”与童话、其他小说以及诗歌的关系并非巧合或偶然的。有时诗人以其深入的自省、分析也可以发现到，他的作品可以追溯到本身梦境，而诗歌只是由梦所蜕变出来的产品。有位朋友曾介绍我看凯勒尔的作品《年轻的亨利》，其中有一段特别值得注意：“亲爱的李，我想你永远无法体会奥德赛斯[49]回到家园，赤着身子、满身泥泞地现身于瑙希伽及其玩伴之前时所感受的辛酸激动！你想知道那意思吗？且让我们仔细地玩味这件事吧！如果你曾离乡背井，远离亲友而迷途于异乡；如果你曾历尽沧桑；如果你曾饱经忧患，陷于困境、被人遗弃，那么可能有天晚上，你会梦见你回到家园了，你看到了那熟悉的最可爱、最美丽的景色；一大堆你所思念的、感激的人们跑出来迎接你，而突然间你发觉自己衣衫褴褛地、近乎赤裸地、并且全身泥泞，马上你会被一种无可名状的羞惭、恐惧所攫袭；你想找个东西盖住自己，找个地方躲起来，而终于冷汗浃背地惊醒过来。一个饱经忧患、颠沛于暴风雨中的人，只要是尚有人性的话，必会有这种梦的，而荷马就由这人性最深入的一面挖掘出这感人的题材。”

这所谓的人性中最深入的一面，这些引起读者们共鸣的诗篇，岂不就是由那些发生于童年时的精神生活的激动所演变成不复记忆的影像吗？童年的愿望，今日再也不被容许，于是受到潜抑后，乃趁隙借着这沦落天涯的断肠人的希望，而表现于梦中，也因此使得这实现于瑙希伽故事的梦，顺理成章地变为一种“焦虑的梦”。

至于我自己梦见慌张上梯，而后变成动弹不得于阶梯上，由于具有这些主要特征，所以也是一种“暴露梦”。这也可以再追溯至我童年期的某些经验，而也唯有了解了这些，才能使我们获知女佣人对我的态度（譬如说，她责怪我弄脏了地毯）

如何使她在我梦中扮演了那种角色，如今我差不多已可对这梦作合理的解释了。在精神分析里，一个人必须学习如何利用各种资料所具时间上的先后联系而得以解析，两个乍看毫无关联的意念一旦紧接着发生，那么它们就必须视为一件事来加以阐释。就像说我们念英文字时，一旦 a 与 b 合写在一起，我们就得将 ab 合念成一个音节，而释梦的手法也不外乎如此。阶梯的梦可由我有关阶梯所曾做过的一系列的梦中所熟悉的人物中找出某种解释（当然，这一系列的梦必须是属于类似内容的），而另有一系列的梦则是有关一位保姆的记忆，这是一位我从吃奶时到两岁半托养于她家的妇人，对这人我的记忆已是十分模糊，最近由母亲口中获知，这妇人长得又老又丑，但却十分聪明伶俐，而由我所做过有关她的一些梦看来，她似乎待我并不太和善，并且对我的不能养成清洁的习惯常常加以斥责。由于我那病人家里的女佣人也在这方面对我加以数说，于是，在我的梦中，便把她蜕变成这几乎已不复记忆的老女人。当然，这有一个假设，那就是虽然这位保姆待小孩子十分苛刻，但他对她仍是有兴趣的。

亲友之死的梦

另一系列称为“典型的梦”，其内容均为至亲的人之死，如父母，兄弟、姐妹或儿女的死亡。在这儿，我们必须将这种梦分成两类：一种是梦者并不为所动；而另一种却使梦者为此至亲之死，而深深地感伤，甚至于睡中淌泪啜泣。

上述的第一种梦，其实不算是“典型的梦”。因为这种梦一旦分析下去，必可发现其实内容是暗示着另一件表面上看不出来的某种愿望。这就像我们所提过的那梦见姐姐的孩子僵死于小棺木的例子（见第四章）。这梦并不表示梦者希冀其小甥之死，就像我们由分析获知的，那是隐藏着想要再见到久别的恋人的愿望——她自从很久以前另一外甥丧礼时见过这人一次以后，就不曾再见过面。而这愿望，才是梦的真正内容，因此这并不会使梦者因此而伤感。我们可以看出这梦所蕴含的感情并不属于这显梦的内容，而应该归于梦的隐意，只不过是这“情绪的内容”并未受到“改装”而直接呈现于“观念的内容”。

但另外一种的梦，却使梦者确实想象到亲友的死亡，而引起悲痛的情绪。这显示出，就像内容所指的，梦者确有希冀那位亲友死亡的愿望，然而，由于这种说法势必引起曾有过这类梦的读者们的杯葛，我将尽可能以最令人心服的理由来说明之。

我们曾经举过一个梦例以证明梦中所达成的愿望并不一定是目前的愿望，它们可能是过去的，已放弃的，或已受潜抑而深藏的愿望，而我们也决不能因它曾复现于梦中，即认为这愿望仍旧继续存在。然而，它们并非完全消逝，并非像我们一般人死了就完全归于虚无一般。它们倒有点像奥德赛中的那些魅影，一旦喝了人血又可还魂的。那梦见孩子死于盒子内的例子（见第四章）就包含了一个十五年前存在的愿望，而当时梦者也坦承其存在，而且——这也许是重要的梦理论的观念——有关梦者最早的童年回忆即来自这愿望的存在。当这梦者仍是一个小孩时（但确实是在几岁所发生的，她已不复记忆矣），她听人家说，她母亲在怀她这一胎时，曾发生过严重的情绪上的忧郁症，而曾拼命地盼望这孩子会胎死腹中。等到她长大了，自己有了身孕，她只不过是又依样卖葫芦地形成了如此的梦。任何人如果曾经梦见他父母、兄弟或姐妹死亡而悲恸，我并不认为这就证明他们“现在”仍旧希冀家人的死亡。而释梦的理论，事实上也不需要有这种证明，它只是申言，这种梦者必定在其一生的某一段时间甚或童年时，曾有过如此的希冀。但我想，这些说法，恐怕还难以平息各种反对的批评，很可能，他们根本反对这种想法的存在，他们以为不管是现在已消失的或仍存在的，这种荒谬的希望绝不可能发生过，因此，我只好利用手头上所收集的例证来勾画出已潜藏下来的童年期心理状态[50]。

最先且让我们考虑小孩子与其兄姐之间的关系，我实在搞不清楚，为什么我们总以为兄弟姐妹永远是相亲相爱的，因为，每个人事实上都曾有过对其兄姐的敌意，而且我们常能证明出这种疏远实来自童年期的心理，并且有些还持续迄今，甚至，那些对其弟妹照顾得无微不至的好人，事实上，童年期的敌意却依然在心中存在的。兄姐欺负弟妹，讥骂、抢他的玩具，而年纪小的只有满肚子怒气，却不敢作声，对年纪大的既羡又惧，而后来他最早争取自由的冲动或第一次对不公平的抗议，即针对这压迫他的兄姐而发。此时父母们却往往抱怨说，他（她）们的孩子一直不太和睦，而却找不出什么原因。其实，甚至是一个乖孩子我们也无法要求他的性格会达到我们所要求成人所应有的性格，小孩子都是绝对的自我为中心的，他急切地感到自己的需要，而拼命地想去满足它，特别是一旦有了竞争者出现时（可能是别的小孩，但多半是兄弟姐妹），他们更是全力以赴，还好我们并不因此而骂他们坏孩子，我们只是说他顽皮，毕竟，这种年纪他们是无法就自己的判断或法律的观点来对自己的错误行为负责的。但随着年龄的增加，在所谓“童年期”阶段，利他助人的冲动与道德的观念开始在小小心灵内逐步发展，套句梅涅特的话，一个“续发自我”渐渐出现，而压抑了“原本自我”。当然，道德观念的发展并非所有方面都同时进行，而且，童年时的“非道德时期”之长短也因人而异。我们一般对这种道德观念发展的失败惯于称之为“退化”，但事实上这只是一种发展的“迟滞”。虽然“原本自我”已因“续发自我”的出现而遁形，但在歇斯底里症发作时，我们仍可或多或少地看出这“原本自我”的痕迹，在“歇斯底里性格”与“顽童”之间，我们的确可以找到明显的相似处。相反地，强迫观念心理症，却是由于原本自我的呼之欲出，而引起“道德观念的过分发展”。

许多人，他们目前与其兄弟们十分和好，并且为其死亡而悲恸逾常，但却在梦中才发现他们早年所具潜意识的敌意，仍未完全陨灭。这特别是由三四岁以前的小孩子对其弟妹的态度，可以看出一些有趣的事实。父母亲往往告诉他，亲生的弟弟或妹妹是由鹳鸟由天上送来的，而小孩子在详细地端详这新来报到的小东西以后，往往表示了如下的意见与决定：

“我看，鹳鸟最好还是再把他带回去吧！”[51]

在此，我拟郑重其事地申言，我以为小孩子在新弟妹的降生后，均能衡量其带来的坏处。我有一个小病人，他现在已与比他小四岁的妹妹相处得很好，但当初他知道妈妈生了一个新妹妹时，他的反应是：“但，无论如何，我可不把我的红帽子给她！”而如果说小孩必须等到长得更大才会感到弟妹将使他少受不少宠爱的话，那他的敌意应该是那时才会产生的。我曾经看过一个还不到三岁的女孩，竟想把小婴孩在摇篮里勒死，而她所持的理由是，她认为这小家伙继续活着对她不利，小孩在这段时间多半均能强烈地，毫不掩饰地表现其嫉妒心理。还有，万一果真那新生的弟妹不久即告夭折，而使他再度挽回了以前全家对他的钟爱，那么，下次，如果鹳鸟再送来一个弟妹时，这小孩是否会极自然地又希冀它的夭折，以便能使他过得与以前第一个弟妹未出生前或他死后的那段集众宠于一身的幸福日子呢？当然，就正常状态下而言，小孩对其弟妹的这种态度，只是一种年龄不同导出的结果，而经过一段时间，小女孩们就会对新生无助的小弟妹产生母性的本能的。

一般而言，小孩子对其兄弟姐妹之仇视事实上比我们所看到的观察报道更普遍[52]。就我自己的儿女而言，由于他（她）们每一个岁数接得太近，使我无从作这种观察，为了补偿这点，我仔细地观察了我那小甥子，他那众宠加身的“专利”在十五个月后由于另一女性对手的降生而告终。虽然，最初他一直对这新妹妹表现得十分够风度，抚爱她、吻她，但还不到两岁，开始牙牙学语时，他就马上利用这新学的语言，表示了他的敌意，一旦别人谈及了他的妹妹，他便气愤地哭叫：“她太小了、太小了！”而再过几个月，当这妹妹由于发育良好已经长得够大而骂不了

“太小了”时，他又找出另一个“她并不值得如此受重视”的理由：“她一颗牙齿也没有”[53]。还有，我们家人也都注意到我另一个姐姐的长女，在她六岁时，花了半个钟头的时间，对每个姑姑、姨妈不停地说：“露西现在还不会了解这个吧？”露西是她的竞争者——比她小两岁半。

几乎所有人，我都可以问出他们均曾梦见过兄弟或姐妹的死，而找出所隐含的强烈的敌意，在女病人身上，除了一个例外以外，我全部得到过这种梦的经验，而这例外，只经过简单的解析，又可用来证实这种说法的正确。有一次，当我正坐着为某个女病人解释某件事情时，由于我突然想到可能她的症状与这有点关系，所以我问她是否有过这种梦的经验，想不到她居然给予否定的答复，但她说她只记得在四岁时她头一次做过如下的梦（当时她是全家最小的孩子），而以后这梦即反复地出现过好几次：“一大堆的小孩子，包括所有她的堂兄、堂姐们，正在草原上游戏，突然间他（她）们全都长了翅膀，飞上天去，而永远不再回来。”她本身并不了解这梦有甚意义，但我们却不难看出这梦是代表着所有兄姐的死亡，只是所用的是以一种较不受“检查制度”所影响的原始形式。同时我想大胆地再进一步分析：由于她小时是与发伯的孩子们住在一起，那么多孩子中曾有个孩子夭折，而以梦者当时还不到四岁的年纪，总有可能会提出一种疑问：“小孩子死了以后变成什么？”而其所得的回答大概不外是“他们会长出翅膀，变成小天使。”经过这种解释以后，那些梦中的兄姐们长了翅膀，像个小天使——这是最重要的一点——飞走了。然而我们这小天使的编造者却独自留下来了；所有都飞走了，只有她一人留下来。孩子们在草原上游戏，飞走了，这几乎是指着“蝴蝶”——由这看来似乎小孩子的意念联想也与古时候人们想象赛姬（Psyche[54]），与有翼的蝴蝶之间的联想一样。

也许有些读者现在已同意了小孩的确对其兄弟姐妹有敌意的存在，但他们却仍怀疑，难道小孩赤子之心竟会坏到想致其对手于死地吗？然而，持有这种看法的人，却忘了一件事实——小孩子对“死亡”的观念与我们成人的观念并不完全相同。他们脑海里根本没想过衰老病死的恐怖，坟场冷清的可怕，以及无极世界的阴森。所有成人对死的不能忍受，神话中所提出可怕的“后日”，在小孩心中丝毫不存在。死的恐怖对他们是陌生的，因此他们常会以这种听来可怕的话，向他的玩伴恐吓：“如果你再这样做，你就会像弗兰西斯一样死掉。”而这种话每每使做母亲的听了大感震惊，而不能原谅。甚至当一个八岁的孩子，在与母亲参观了自然历史博物馆以后，也还会对他母亲说：“妈，我实在太爱你了，如果你死了，我一定把你做成标本，摆在房间内，这样我就仍可以天天见到你！”小孩子对死的观念就是如此地与我们不一样[55]。

对小孩子而言，他们并未意念到死前痛苦的景象，因此“死”与“离开了”对他们只是同样的“不再打扰其他还活着的人们”。他们分不清这个人不在，是由于“距离”，或“关系疏远”，或是“死亡”[56]。如果，在小孩最早的年岁时，一个保姆被开除了，而过不了多久母亲死了，那么我们由分析往往可以发现，这两个经验在其记忆中即形成一个串联，其他尚有一个需要了解的事实是小孩往往并不会强烈地思念某位离开的人，而这常常使一些不了解的母亲大感伤心（譬如，当这些母亲经过几个礼拜远行回来后，听佣人们说：“小孩在你不在时，从不吵着找你”）。但其实，如果她果真一去不回地进入幽冥之境，那么她才会了解小孩只是最初看来似乎忘了她，但渐渐地他们便会开始记起死去的亡母而哀悼的。

因此，小孩子们只是由希冀消除另一小孩的存在，而将这愿望冠以死亡的形式表现出来，并且由死亡愿望的梦所引发的心理反应证明出，不管其内容有多大相同，梦中所代表的小孩的愿望与成人的愿望是相同的。

然而，如果我们对小孩梦见其兄弟之死解释为童稚的自我中心使他视兄弟为对手所致，那么，对于父母之死的梦又如何用这种说法来解释呢？父母爱我、育我，而竟以这种极自我中心的理由来作如此的愿望吗？

对这难题的解决，我们可以由某些线索着眼——大部分的“父母之死的梦”都是梦见与梦者同性的双亲之一的死亡，因此男人梦见父亲之死，女人梦见母亲之死，当然，我并非认为这永远是如此发生，但大部分情形均为如此，以致我们需要以具有一般意义的因素加以解释[58]。一般而言，童年时“性”的选择爱好引起了男儿视父亲、女儿视母亲有如情敌，而唯有除去他（她）、他（她）们才能遂其所欲。

在各位斥责这种说法为荒谬绝伦以前，我希望读者们再客观地想想父母与子女间事实上的关系如何，我们首先必须将我们传统行为标准或孝道所要求于我们的父子关系与日常真正所观察到的事实分别清楚，那就可以发现父母与子女间确实隐含着不少的敌意，只是很多情况下，这些产生的愿望并无法通过“检查制度”而已。且让我们先考虑父亲与男儿之间的关系，我以为由于奉行了“十诫”的禁令而多少使得我们对这方面事实的感受钝化了，或者我们不敢承认大部分的人性均忽略了“第五诫”的事实，在人类社会的最低以及最高阶层里，对父母的孝道往往较其他方面兴趣来得逊色，由古代流传下来的神话、民间小说等均使我们不难发现许多发人深省的有关父亲霸道专权、擅用其权的逸闻。克洛诺司吞噬其子，就像野猪吞噬小猪一样；宙斯（希腊神话之主神）将其父亲“阉割”而取代其位[59]；在古代家庭里，父亲越是残暴，他的儿子必越与其发生敌对现象，并且更巴不得其父早日归天，以便接掌其特权。甚至在我们中产阶级的家庭里，父亲也由于不让儿子作自由选择或反对他的志愿而酝酿了父子之间的敌意。医生往往可以看到一件可怕的事实：父亲死亡的哀恸有时并不足以掩饰儿子因此而获得自由之身的满足之感。一般而言，现代社会的父亲仍都对其由来已久的“父性权威”至死也不放手，以致诗人易卜生，曾在他的戏剧里，将这父子之间源远流长的冲突搬上舞台。至于母亲与女儿之间的冲突多半开始于女儿长大到想争取性自由而受到母亲干涉的时候，而母亲这一方面也多少由于眼见含苞待放的女儿已长得亭亭玉立，而难免有青春不再的伤痛。

所有这些均在一般人身上发生过，但对一些视孝道为天经地义、理所当然的人，其父母之死的梦，却仍无法解释得通。然而，我们仍可就以上所讨论的再继续探究这些童年早期的死亡愿望之来源。

就心理症的分析看来，更证实了我们以上的说法。因为分析的结果显示出小孩最原始的“性愿望”是发生在很早的年岁，女儿的最早感情对象是父亲，而男儿的对象是母亲，因此对男儿而言，父亲变成可恶的对手，同样，女儿对母亲也是如此。这种情形就有如上述对兄弟之间“对手”之敌视一般，因此在孩童心理，这种感情很快地形成“死亡愿望”，一般而言，在双亲方面，也很早就产生同样的“性”选择，很自然地，父亲溺爱女儿，而母亲袒护男儿（但就“性”的因素并无法歪曲其判断的范围内，他们仍是主张严厉训练子女的），小孩子们也注意到这种偏袒，而也能对欺负他的一方加以反对。小孩子认为成人“爱”他的话，并不只是能满足他某种特殊需要而已，他必须包括纵容他在各方面的意愿。一言以蔽之，小孩作如此的选择，一方面是由于其自身的“性本能”，同时也由来自双亲的刺激加强此种倾向。

虽然大部分这种孩提时期的倾向均被忽略掉，但在最早的童年仍有一些看得到的事实足资探讨。一个我所认识的八岁女童，当她妈妈离开餐桌时，她就利用这机会，俨然以母亲的当然代理人自居：“现在我是妈妈，卡尔，你要再多吃些蔬菜吗？听我的话，再多吃一些。”……。一个还不到四岁的乖巧伶俐的小女孩，更由以下她所讲的话清晰地道出这种儿童心理，她坦白地说：“现在妈妈可以走了，然后爸一定与我结婚，而我将成了他太太。”但，这决不意味着这小孩子并不爱她的妈妈。还有，如果在父亲远行时，男儿获准睡在母亲身侧，而一旦父亲回来后，他又被叫回去与他不喜欢的保姆睡觉时，他一定会有一种愿望“父亲永远不在家多好！”这样他就可永远占有亲爱的、美丽的妈妈，而父亲的死很明显地就是这愿望的达成。

因为小孩子由“经验”（譬如已故的祖父永远不再回来的例子）获知人死了就再也不回来的。

虽然由小孩子身上我们可以很快地找出与我们的解释相合之处，但在成人心理症的精神分析，却无法达成如此完全的效果。因此心理症病人的梦必须加上适当的前提“梦是愿望的达成”，才更能完满了解。有一天我发现一位妇人十分忧郁、啜泣着，她告诉我：“我再也不愿见我的亲戚们，他们会使我害怕。”接着，几乎主动地，她告诉我一个她四岁时所做的梦，这梦迄今她仍印象犹新，但，当然，她是无从领会其意义的。“一种狐狸，或山猫在屋顶上走来走去；接着，有些东西掉下来，又像是我自己掉下来，以后便是母亲被抬出房子外——死了”。而使得梦者因此大哭。我告诉她这梦是指着一种希望见到母亲死亡的童年愿望，而由于这个梦，使她认为她没有脸见其亲戚，于是她又给了我一些释梦的资料：当她还是小孩子时，街上的小男孩有一次叫她一个很难听的绰号“山猫眼仔”，还有当她三岁时，有一次从屋顶上掉了一块砖瓦敲破了母亲的头，使她因此大量出血。

我曾经有一个机会对一个年轻女病人的各种不同精神状态作过透彻的研究，在她最初发作时的狂暴惶惑状态下，她对其母亲的态度表现出一种从所未有的转变，只要母亲走近她，她便对母亲拳脚交加，辱骂厉斥，而同时却在对另一位长她很多岁的姐姐极其柔顺，后来她变得较沉静清醒，其实可以说是较无表情的状态，并且常常睡不好觉，也就是这时她开始接受我的治疗以及梦的分析。这时的梦泰半经过或多或少的掩饰，影射着她母亲的死亡，有时是梦见她参加一个老妇人的丧礼，有时是梦见她与姐姐坐在桌旁，身着丧服……均毫无疑问地可看出梦的意义。在渐渐康复后，她开始有了歇斯底里恐惧症，而最大的畏惧便是担心她妈妈会发生意外，不管她当时身在何处，只要一有了这种念头，她就得赶回家看看母亲是否仍活着。现在透过这个例子，再加上我其他方面的经验，可以发现相当有价值的收获。由此可以看出，心灵对同一个使它兴奋的意念可以产生好几种不同的反应，就像对同一作品可以有好几种文字的译文一样。在狂暴惶惑的状态时，我认为是当时“续发心理步骤”已完全为平时受抑压的“原本心理步骤”所扬弃，以致对母亲的潜意识的恨意占了上风，得以露骨地表现出来。后来，当病人变得较沉静清醒时，表示心灵的骚动已平息下来，而“检查制度”得以抬头，所以这时对母亲的敌意只有在梦境才能出现，而在梦中表现了母亲死亡的愿望。最后，当她更向正常之路迈进时，她产生了对母亲的过分的关切——一种“歇斯底里的逆反应”和“自卫现象”。而由这些观察所得，我们对一般歇斯底里症的少女何以常对其母亲有过分的依赖，也可以有清楚的解释。

在另一个例子里，我有机会对一个患有严重“强迫心理症”的青年人的潜意识精神生活作一深邃的研究，当时他严重到不敢走到街上去，因为他深恐自己会在街上看到人就想杀。他整天只是处心积虑地在想办法，为市镇上发生的任何可能牵涉到他的谋杀案，找出自己确实不在场的证据。当然，毋庸赘述地，此人的道德观念是与他所受的教育一般具有相当高的水准。由分析（并借此以治疗其病的）显示出，在这要命的“强迫观念”底下，却隐藏着他对其过分严厉的父亲有种谋杀的冲动，而这冲动确曾在他七岁那年，连自己都惊骇地表现出来。当然，这冲动是早在七岁以前就已酝酿着。当这年轻人三十一岁那年，他父亲因一种痛苦的疾病而去世，于是这种强迫观念便开始在心中作祟，而将对象转变为陌生人，形成了这一种恐惧症。任何一个曾希冀谋杀亲父的人子，怎有可能对其他毫无血亲的陌生人，反而不存杀害之心呢？于是他只好把自己深锁在房间里。

以我迄今相当广泛的经验看来，在所有后来变为心理症的病人，父母多半在其孩提时代的心理占有很主要的角色。对双亲中之一产生深爱而对另一方深恨形成了开始于童年的永久性的心理冲动，同时也很重要地形成了日后心理症的来源。但，我不相信心理症的病人与一般正常人在这方面能找出极明确的分野——这也就是说，我不相信这些病人本身能制造出一些绝对新奇不同于人的特点。较有可能的说法（这可由正常儿童的平日观察得到佐证）应该是：日后变成心理症的孩童在对父母的喜爱或敌视方面，将某些正常儿童心理较不显著、较不强烈的因素明显地表现出来。由古代传下来的一些逸闻野史也可多少看出这种道理，而唯有借着上述的孩提心理的假设，才能真正了解这些故事的深邃而普遍的意义。

我将提出的是有关俄狄浦斯王的逸闻，也就是索福克勒斯的悲剧俄狄浦斯王。俄狄浦斯是底比斯国王拉伊俄斯与王后伊俄卡斯达所生的儿子，由于神谕在他未出生即已预言他长大后会杀父，所以一生下来，即被抛弃于野外，但他却被邻国国王所收养，而成了该国王子，直到他后来因自己出身不明而去求神谕时，因为神谕告诉他，他命中注定杀父娶母而警告他远离家乡，他才决定离开这国度，但就在这离家的路上，他碰到了拉伊俄斯王，而由于一个突然的争吵，他将这身份未晓的父王打死了。他到了底比斯，在这儿他答出了挡路的斯芬克斯（希腊神话之人面狮身怪物）之谜，而被感激的国民拥戴为王，而同时娶了伊俄卡斯达为妻。在位期间中国泰民安，他并与他所不认识的生母生下了一男二女，直到最后底比斯发生了一场大瘟疫，而使得国民再度去求神谕，这时所得的回答是只要能将谋杀先王拉伊俄斯的凶手逐出国度即可停止这场浩劫，但凶手在何处呢？这好久以前的罪犯又从何找起呢？而这部悲剧主要就这样一步一步地，乍尔山穷水尽，乍尔柳暗花明地（就像精神分析的工作一样）慢慢引出最后的残酷真相——俄狄浦斯王就是杀死拉伊俄斯的凶手，并且更糟的是他本身竟是死者与其妻所生的儿子。为这本身糊里糊涂所干出来的滔天大祸而震骇的俄狄浦斯终于步入最悲惨的结局——自己弄瞎了眼，而离开其家乡之国，完全符合了神谕的预言。

俄狄浦斯王是一部命运的悲剧，以天神意志的无远弗届与人力对厄运当前只不过有如蜉蝣撼柱的强烈对照构成其悲剧性。而观众由此所深受感动的庶几是这人力的渺小，神力的可怕吧！近代作家也就因而纷纷地以他们自己构思的故事来表达这类似的冲突，以达到同样的悲剧效果。然而观众们却似乎对这些作品中无法扭转命运而牺牲的可怜角色，并不投以类似程度的感动。就这方面而言，近代的悲剧是失败了。

因此如果说俄狄浦斯王这部戏剧能使现代的观众或读者产生与当时希腊人同样的感动，那么唯一可能的解释是，这希腊悲剧的效果并不在于命运与人类意志的冲突，而特别在于这冲突的情节中所显示出的某种特质。在俄狄浦斯王里头，命运的震撼力必定是由于我们内在也有某种呼声的存在，而引起的共鸣，也因此而使我们批评女祖先等近代的命运悲剧作品为缺乏真实感。的确，在俄狄浦斯王的故事里，是可以找到我们的心声的，他的命运之所以会感动我们，是因为我们自己的命运也是同样的可怜，因为在我们尚未出生以前，神谕也就已将最毒的咒语加于我们一生了。很可能地，我们早就注定第一个性冲动的对象是自己的母亲，而第一个仇恨暴力的对象却是自己的父亲，同时我们的梦也使我们相信这种说话的。俄狄浦斯王杀父娶母就是一种愿望的达成——我们童年时期的愿望的达成。但我们较他更幸运的是，我们并未变成心理症，而能成功地将对母亲的性冲动逐次收回，并且渐渐忘掉对父亲的嫉妒心。我们就这样子，由儿童时期愿望达成的对象身上收回了这些原始愿望，而尽其所能地予以潜抑。一旦文学家由于人性的探究而发掘出俄狄浦斯的罪恶时，他使我们看到了内在的自我，而发觉尽管受到压抑，这些愿望仍旧存在于心底。且看这对照鲜明的道白：

"……看吧！这就是俄狄浦斯，他解开了宇宙的大谜，而带来权势，他的财产为所有国民所称羡，但，看吧！他却沉沦于如此可怕的厄运里！"而这段戒训却深深地感动了我们，因为自从孩提时代，我们的傲气便一直自许为如何聪明、如何有办法，就像俄狄浦斯一般，我们却看不到人类所与生俱来的欲望，以及自然所加赐于我们的负担，而一旦这些现实应验时，我们又多半不愿正视这童年的景象[60]。

在索福克勒斯这部悲剧里，的确可以找到这有关俄狄浦斯的故事是来自一些很早以前的梦资料，而其内容多半是由于孩童第一个性冲动引起孩童与双亲的关系受到痛苦的考验所致。伊俄卡斯达曾对当时尚未知晓其身份，时而为神谕而担心的俄狄浦斯安慰说，她以为有些人所常梦见的事，并不见得一定有甚意义，譬如说："有很多人常梦见他在梦中娶了自己的母亲为妻，但对这种梦能一笑置之的，却都能过得很好的。"梦见与自己的母亲性交的古今均不乏其例，但人们却因此而大感愤怒、惊讶而不能释然，由此，我们不难找出要了解这种悲剧以及父亲之死的梦，究竟关键在哪里。俄狄浦斯的故事，其实就是由这两种"典型的梦"所产生的幻想的反应，而也就像那种梦对成人一样，这种内容必须加上改装的感情，所以故事的内容又掺入恐怖与自我惩罚的结局，于是最后形成的情景是经过一种已无法辨认的另外加工润色，而用来符合神学的意旨[61]。当然，在这作品中，也与其他作品一般，对神力的万能与人类的责任心无法达成一种协调。

另外一个伟大的文学悲剧，莎士比亚的哈姆雷特也与俄狄浦斯王一样来自于同一根源。但由于这两个时代的差距——这段时间文明的进步，人类感情生活的潜抑，以致对此相同的材料作如此不同的处理。在俄狄浦斯王里头，儿童的愿望幻想均被显现出来并且可由梦境窥出底细；而在哈姆雷特里，这些均被潜抑着，而我们唯有像发现心理症病人的有关事实一样，透过这种过程中所受到的抑制效应才能看出它的存在。在更近代的戏剧里，英雄人物的性格多半掺入犹豫不决的色彩，已成了悲剧的决定性效果的不可或缺的因素。这剧本主要也就在于刻画哈姆雷特要完成这件加之于他身上的报复使命时，所呈现的犹豫痛苦，原剧并未提到这犹豫的原因或动机，而各种不同的解释也均无法令人满意。按照目前仍流行的看法，这是歌德首先提出的，哈姆雷特是代表人类中一种特别的类型——他们的生命热力多半为过分的智力活动所瘫痪。"用脑过度，体力日衰"。而另外一种观点以为莎翁在此陈示给我们的是，一种近乎所谓"神经衰弱"的病态，优柔寡断的性格。然而，就整个剧本的情节看来，哈姆雷特绝非用来表现一种如此无能的性格。由两个不同的场合，我们可以看到哈姆雷特的表现：一次是在盛怒下，他刺死了躲在挂毯后的窃听者；另一次是他故意地，甚至富有技巧地，毫不犹豫地杀死了两位谋害他的朝臣。那么，为什么他却对父王的鬼魂所吩咐的工作却犹豫不前呢？唯一的解释便是这件工作具有某种特殊的性质。哈姆雷特能够作所有事，但却对一位杀掉他父亲，并且篡其王位、夺其母后的人无能为力——那是因为这人所做出的正是他自己已经潜抑良久的童年欲望之实现。于是对仇人的恨意被良心的自谴不安所取代，因为良心告诉他，自己其实比这杀父娶母的凶手并好不了多少。在这儿，我是把故事中的英雄潜意识所含的意念提升到意识界来说明：如果任何人认为哈姆雷特是一个歇斯底里症的病人，那么我又得承认这是由我的解释所导出的不可避免的结果。在他与奥菲莉亚的对话所表现的性变态也与这种推论的结果相符合——在此后几年内，这种性变态一直不断地盘踞于莎翁心中，直到最后他才写出了雅典的提蒙。当然，我们也可以说，哈姆雷特的遭遇其实是影射莎翁自己的心理，而且由布兰德（George Brandes）对莎翁的研究报告指出，这剧本是在莎翁的父亲死后不久所写出的（一六〇一）。这可以说，当他仍然在哀挽父亲的感情得以复苏。还有，我们也知道，莎翁那早夭的儿子，就是取名叫作哈姆涅特（发音近似哈姆雷特）。就像哈姆雷特处理人子与父亲的关系，他另一同时期的作品马克贝兹是以“无子”为题材。就像所有心理症的症状以及梦的内容，均能经得起“过分的解释”，有时甚至是需要经过一段“过分的解释”才能看出真相，同样，我们对任何真正的文学作品，也必须由文学家心灵中不止一种的动机、冲动去了解它，并且需要承认，它可能有两种以上的不同解释。在此我只拟就这位富有创意的文学家心灵冲动中最深的一层来加以讨论[62]。

关于这种亲友之死的“典型的梦”，我在此拟以一般梦的理论再多说几句话，这些梦显示给我们一些极不寻常的状态，它将一些潜抑的愿望所构成的梦意，逃过“检查制度”，而丝毫不变地以原来面目显示出来，而这唯有某种特别状况下才有可能发生。以了两种因素有助于这种梦意的产生：第一，我们心中必定潜藏有某种愿望，而我们自己深信，这些愿望甚至在做梦也不会被发现，于是“梦的检查制度”便对这怪念头毫无戒备，就像所罗门法典，当年就没预料到有必要设有一条有关杀父之罪的刑罚一样。第二，在这特殊情形下，这种潜抑的、意想不到的愿望往往以某种对亲人生命关怀的形式，对当天昼间所遗留下来的感受发生让步的现象。但焦虑必定利用这相对应的愿望而如影随形地进入梦境。所以，在梦中这份愿望往往都能被白天所引起的对某人的关怀所掩饰。然而如果有人以为梦无非是夜以继日的心灵活动，而将这种亲友之死的梦另辟于一般梦的解说之外的话，那么这些解释也就更加简化，而一些尚留下来的难题就更不需要再加探究了。

试图再探索这种梦与“焦虑梦”之间的关系，是相当有意义的。在亲人之死的梦里，潜抑的愿望多能避过“检查制度”而不受其改装，但也因此不可避免地带来梦中所感受的痛苦情感。同样，“焦虑梦”也唯有“检查制度”全部或部分受到压制时才会发生，而另一方面，一旦由肉体来源引起了真实的焦虑感觉，则强大的

“检查制度”便将抬头。因此，很清楚地，我们可以看出心灵之如此运用其检查制度以“改装”梦内容的用意——唯有这样做，“才可以避免焦虑或任何形式的痛苦后果”。

在前面，我已提过儿童心理的自我主义，现在我要再强调这点，并且由于梦也保留了这份特征，所以我们不难由此看出其间的联系。所有梦均为绝对的自我中心，每个梦均可找到所爱的自我，甚至可能是以经过改装后的面目出现的。而梦中所达成的愿望都不外乎这个自我的愿望。表面看来“利他”的梦内容，其实都不过是“利己”的。以下我将举出几个看来悖逆这种说法的例子加以分析之：

第一个梦

“一个还不到四岁的男童告诉我以下的梦：‘他梦见一个很大的绘着花卉的盘子里，放着一大块烤肉，而突然间那些肉并不经过切碎，而一下子就被吃光了，但他却看不出是谁吃掉的[63]。’”

这小家伙梦中的饕餮之客究竟是谁呢？当天的经验必可供给我们一点线索吧！这小孩子几天以来，一直按医生的指示只喝牛奶，做梦当天，由于他太顽皮了，而被众人罚他不能吃晚餐。因为他早就已被限制少吃食物，所以他也不在意地接受这份惩罚，他知道自己今晚再吃不了东西，因此他就尽量避免去想肚子饿的事情，然而，在梦中虽经过了改装，但毫无疑问地，他自己就是梦中那个对丰盛菜肴有所期待的人（甚至是一大块未切开的肉），但由于他知道自己是不准吃这些东西的，于是他也不敢像通常饿了的孩子所做的梦一般[64]，坐在餐桌旁大吃一餐，因此梦中这吃掉烤肉的人就一直不敢露面。

第二个梦

“有天晚上我梦见在一个书摊上看到了一本我对这方面有兴趣的收集本（艺术作品、历史、成名艺术家等的专文收集）。这本新集的书名是‘著名的演说家’（或‘著名的演说’），而第一人物的名字是雷歇尔博士。”

分析时，我发觉，这个德国反对党的雷歇尔，一个出名的长篇大论的演说家，居然会在我梦中萦绕我心而甚感不解。原来事实是这样的：几天前我开始对几位新病人作心理治疗。

第三个梦

在另一个场合，我梦见“一位我所认识的大学教授对我说：‘我的儿子患了近视’，而接着是一些彼此简单的对话，而第三部分接着便出现了我与我的长子。”就这梦的隐意看来，父、子和某讲师只不过是用来影射我与我的长子。以后我会就其中另一特点，再详细讨论这个梦。

第四个梦

由以下这个梦，可以看出真正的自我中心的感情，如何隐藏于体贴关怀别人之后：

“我的朋友奥图看来像生病似的，脸色褐红，眼球突出。”

奥图是我的家庭医生，我对他深深感激，因为几年来都是他在照顾我家小孩的健康，他不仅在他们生病时给予及时的治疗，并且每次登门总是找尽借口地带些礼物给他们。而在做梦当天他曾来我家拜访，当时我太太注意到他看来十分疲累倦困。当晚我就梦见他如此状态，简直就是一个巴瑟洛氏病[65]的病人。如果你忽略了我所提过的释梦法则，那么你们一定解释这梦是代表着我十分关切友人的健康，以致将这份关切之情带入梦中。然而这种不仅与我那“梦是愿望的达成”的说法相违背，并且更不容于我这“梦只能以自我和冲动来作解释”的说法。然而，那你们如果那样解释我的梦的话，那么我又为什么要担心奥图会患上巴瑟洛氏病呢？另一方面，我自己的分析是利用了一件我六年前发生的事情加以解释。当时我们一些人，包括R教授在内，正坐在一辆车内，在黑夜中赶路，以便到还有几小时路程的某村庄歇夜。由于司机精神不好，竟把我们整个车翻下河岸，还好，大家均无受伤，但这下子却只得在邻近的小客栈过夜。当时我们的不幸事情曾引起了村人的同情，曾有一位男士，一看便知身患巴瑟洛氏病的（皮肤褐红，眼球突出，但喉部并无肿胀），前来招呼我们，并且问我们需要些什么。R教授以其一向坦率态度回答：“不要什么，借我一套‘睡衣’就好！”但这位慷慨的仁兄回答道：“抱歉之至，这我可没有。”而就此离开。

继续分析下去，我才想起巴瑟洛并不只是发现那病的医生的名字，并且也是一位出名的教师的名字（现在我已十分清醒，倒觉得这种事实是否可靠还成问题。）。

我的朋友奥图，我曾托他，万一我有个三长两短时，孩子的健康问题，尤其是青春期这段年纪（因此我提到“睡衣”），一律交付他全权负责，由于梦中我看到奥图身罹上述的那位慷慨赐助的村民的症状，我才恍然大悟梦中意义无非是：“如果我有不幸，奥图会对我孩子们就像那村民对我们一般地关怀、贴切。”这梦所含的自我意味，如今大概已经清楚地看得出吧[66]！

但这梦的愿望达成又在哪里呢？并不是我在对挚友奥图报复（他似乎经常在我梦中吃瘪），而是以下的情形：就像我将梦中的奥图比作那村民，我自己也就成了另一个人——R 教授，因为我有所求于奥图，就像 R 当时有求于那位村民一样，而这就是关键所在。因为 R 教授在学术圈内独持己见，有如我一样，以致他到晚年才获得了他早就应当有资格的教授头衔。于是再度地，我又发现了“我希望作一个教授”！那句“他到晚年才……”是一个愿望的达成，因为这意味着我还能活得很久，足够使我在儿女青春期仍能亲自照顾他们。

至于其他使梦者感到轻松惬意或陷入惊骇慌乱的“典型的梦”，我本身是没有这类经验的，但就我所作的精神分析我倒可以说一些心得。由所得的一些资料看来，这些梦也是一种童年影像的复现——那是说，梦可能包括一些童年时代最喜欢的某些包含急速运动在内的游戏。几乎所有作舅舅、叔叔的不是对着小孩伸开双臂地逗得他满堂飞跑，便是放他在自己膝下摇，然后再突然一伸腿，搞得小孩哇哇大叫，不然便是把小孩高高举起，再突然收手，出其不意地吓他几下。而在这种时刻，小孩总是高兴得大叫，并且不满足地还要再来一次（特别是如果这种游戏含有一点恐怖或眩晕的情形在内时）。日后他们在梦中又重复这种感觉，但却把扶持他们的手省略掉，所有小孩子都喜欢被荡来荡去或玩跷跷板一类的游戏，而一旦他们看了马戏团的运动表演以后，他们这些游戏的追忆便更加清楚了[67]。在某些男孩，歇斯底里症发作时，只不过是某种动作的不断熟练的重复，这些动作本身虽然并不带任何刺激，但往往却给当事者带来性感觉的兴奋[68]。简单地说：小孩时期兴奋的游戏都在飞上、掉下、摇晃的梦中得以复现，唯有肉欲的感觉现在变成了焦虑。然而，就像一般母亲所熟知的小孩兴奋的游戏往往最后以争吵、哭闹而结束。

因此，我有足够的理由反对那种以睡眠状态下，皮肉的感觉、肺脏的胀缩动作等来解释这种飞上、掉下的梦，我发觉这些感觉都可以由梦所带来的记忆予以复现，因此，它们毋宁说就是梦内容本身，而非仅仅为梦的来源。

然而，我并无法对这些“典型的梦”全部予以合理的解释。更精确地说，是因为我所具有的资料使我走入这进退维谷的困境，我所持的一般意见是这样的：当任何心理动机需要它们时，这些“典型的梦”所具有的皮肉或运动的感觉便复苏了，而用不上它们时，它们就被忽略掉。至于这与孩提经验的关系，则可由我对心理症的分析得到佐证。但我却无法说，这些感觉的记忆（虽然看来都是“典型的梦”，但却各有因人而异的记忆）究竟对梦者一生的遭遇另有哪些其他意义。但我衷心地希望能够有机会仔细地再分析几个好例子以补充这些不足之处。也许有些人怀疑，为什么这种飞上、掉下、拔牙的梦不计其数，而我却仍抱怨资料之缺乏，其实自从我开始注意“释梦”的工作以来，我自己竟从未有过这一类的梦，而且虽然我处理过许多心理症的梦，但并不是所有梦均能解释，还有许多梦都无法发掘其中最深层所隐藏的意向。某些形成心理症的因素，在心理症症状将消失时，会变得更加厉害，而使得最后的问题仍旧无法解释得通。

考试的梦

每一个在学校通过期末大考而顺利升级的人，总是抱怨他们常做一种噩梦，梦见自己考场失败，或者甚至他必须重修某一科目，而对已得到大学学位的人，这种“典型的梦”又为另一形式的梦所取代，他往往梦见自己未能获得博士学位，而另一方面，他在梦中却仍清楚地记得自己早开业多年，早已步入大学教席之列，或早已是律师界的资深人物，焉有未能得到学位之理，因此使梦者倍感不解。这就有如我们小孩子时，为自己的劣行而遭受处罚一样，这是由我们学生时代的这种苦难日子要命的考试所带来的记忆的复现，同样，心理症的“考试焦虑”也因这种幼稚的恐惧而加深。然而，一旦学生时代过去以后，再不是父母或教师来惩罚我们，以后的日子，乃为毫无通融的因果律所支配，但每当我们自觉某件事做错了，或疏忽了，或未尽本分时（一言以蔽之，即“当我们自觉有责任在身之感时”），我们便再梦见这些令自己曾经紧张的入学考试或博士学位的考试……

对“考试的梦”所作更一层研究，我拟举出一位同事在一次科学性的讨论会所发表的有关这方面的心得。照他的经验看来，他认为这种梦只发生在顺利通过考试的人，而对那些考场的失败者，这种梦是不会发生的。由种种事实的证明，使我深信“考试的焦虑梦”只发生于梦者隔天即将从事某种可能有风险，而必须负责任的“大事”。而梦中所追忆的必是一些过去梦者会花费甚大心血，而后由其结果看出，这只是杞人之忧的经验。这样的梦能使梦者充分意识到梦内容在醒觉状态下受了多大的误解，而梦中的抗议:“但,我早就已是一个博士了。”等均为事实对梦的一种安慰。因此,其用意不难用以下的话一语道破:“不要为明天担心吧!想想当年你要参加大考前的紧张吧!你还不是空自紧张一番,而事实上却毫无问题的拿到你的博士学位吗?”等。然而,梦中的焦虑却是来自于做梦当天所遗留下来的某些经验的。

就我自己以及他人有关这方面的梦,解析起来虽非百分之百,但大多有利于这种说法。

譬如说,我曾未能通过法医学的考试,但我却从不曾梦及此事,相反地,对于植物学、动物学、化学,我虽曾大伤脑筋,但却由于老师的宽厚而从未发生问题,而在梦中,我却常重温这些科目考试的风险。我也常梦见又参加历史考试,而这是我当年一直考得很不错的科目,但是我必须承认一件事实——这大多是由于当时的历史老师(在另外的一个梦里,他成了一个独眼的善人),从不曾漏看了一件事,那就是我在交回的考卷上,往往在较没有把握的题目上用指甲划叉,以暗示他对这问题不要太苛求。我有一位病人,他曾在大考时缺席,而后补考通过,但却在公务员国家考试失败了,以致迄今未能为政府录用,他告诉我,他常梦见前一种考试,但后一种考试却从不曾出现于梦中。

史特喀尔,是第一位解析“考试梦”的人,他指出这种梦,一概是影射着性经验与性成熟,而以我的经验而言,这种说法是屡试不爽的。

●注释:

①罗勃特以为梦是用来使人摆脱白天留下来的无用的记忆,但由于我们童年的芝麻小事屡见于梦中,所以这种说法再也站不住脚。因此,我们不得不承认梦往往未能适切地执行其工作。

②艾里斯曾对“梦的解析”这书作了一个善意的批评,在他那本《梦的世界》中,提到“由这点再往下的推论,那我们之中就很少人愿意苟同了”。但其实艾里斯先生并不曾作过任何梦的分析,因此他无法意会出只用梦的显意来作梦的解释是多么不合理的事。

③参照下一章“梦的工作”:在我以前,大概就只有德尔伯夫曾提起过梦中言谈方式的内容,而以“陈辞”比喻之。

④这似乎是在 FliegendeBlaEtte 或类似的滑稽书页内所常看到的一些漫画的回想。

⑤为了某些好奇的人们，我要坦白说出，由这梦曾引起隐含的某种偶发的绮想，而使我这方面产生一种性挑逗的行为，而那妇人方面发生了拒斥的现象。如果这种解释被读者认为荒谬绝伦的话，我想提醒读者们，曾有无数的歇斯底里症的妇女，均曾对医生们发出类似的非分之想，而且这种想法，往往甚至是毫无隐饰地表现出来或变成妄想，而不只是经过改装的梦而已。以上的所举的那梦是她第一次接受精神分析治疗时所供出来的梦，后来，我才知道就是由这梦，可以探查出她所经常地重复提及的早期某种心灵伤害，实为她所患心理症之病源，而以后，我也经常地注意到，许多患心理症的妇人，也都在其梦中不断复现早期性方面伤害的印象。

⑥解析以后，我们就可看作，其实刚好是相反的意义。

⑦译注：pullover，本意为套头的毛衣，但此处中文不宜以此译之。

⑧译注：译者系译自 Brill 及 Strachey 之英译本，惜乎无德文原版可稽考。而这两种英译本均以为该梦，只能以德文才能作合理达意的解释。

⑨artichohe 朝鲜蓟，块茎可食之一种向日葵。

⑩我早就发觉，只要我下得了决心，我就去得了罗马，但却因为迟疑延宕，而终不能成行，以致内心更心仪罗马不已。（由弗氏与弗利斯之通信，亦可发觉弗氏对罗马之行所寄予之热盼，而他一直到一九〇一年夏天才得遂所愿。）

⑪译注：德文意：糖先生。

⑫据我所知，语出利希特尔（1763～1825 年）。

⑬本书第一版时，我曾将此名字误写成“Hasdrubal”，一个惊人的错误，这点我曾在我那本“日常生活的心理分析”解释到这错误的发生。

⑭这位将军的犹太后裔，惜乎不可考。

⑮译注：英文译句意为“找出错误”来。

⑯一种近日已不习用的风俗，以前在德国森林一带，情人们求婚示爱时，男人须架上梯子爬过爱人的窗口，进入她闺房内做爱简直就是试婚的程度，而女孩子只要不是有过太多的这种求婚者，那她也绝不会因为曾接受“越窗偷情”而为人所不齿。

⑰由这些儿时情景而对这不可避免的命运所生的惊奇与失望，在这梦的更早些时候，就已出现过这种情绪的反应，而当时就使我回忆起这件儿时的经验。

⑱我并非完全随意地取出这个字，而是因为我曾在那位老师面前因不懂这个字，而感到一种羞辱。

⑲就如中文之“宝宝”，为德国人哄弄婴儿时所称之名。

⑳德文 Freud 意为“快乐”。

㉑此段前句来自赫尔德向歌德借书时，在便条上所题的一首打油诗，而后句则由弗洛伊德以自由联想的方式，由歌德作品《道利斯的伊菲珍妮》摘录出来，原文本来是伊菲珍妮在获悉特洛城包围战中，有那么多英雄丧失时，哀恸大呼“你们徒具神明的影像，最后也必归于尘埃”。

㉒译注：莫扎特所作之歌剧，剧本为法人包玛歇所作，该剧描述阿玛维巴伯爵在其家仆费加洛的婚礼前，想尽办法想染指他那位新娘——伯爵夫人的侍女苏珊娜的笑闹讽刺剧。

㉓在写这份梦的内容时，我竟重复地写了这一句话，显然这是一种无心的失误，但我仍保留下来，因为经过解析，也许会找出另有一种意义吧！

㉔这纯粹是一种错误，而非笔误，因为后来我才知道华休的伊玛尔村，并非当年费休夫所住的伊玛尔村，只不过是地名雷同而已。

㉕一八〇九至一八九二，英国诗人。

㉖译注：莎士比亚有一剧本以此为名。

㉗有两句童谣可暗示此种联想，一为德文：“蔷薇、郁金香、康乃馨，所有花儿终归凋谢”（Rosen，Tulpen，Nelken，alleBlumenwelken），另一为西班牙文的：“小伊莎贝拉！不要因为你的花儿凋谢而哭呀！”（Isabelita，nollores，gue semarchitanlasflores）又这段西班牙文曾现在费加洛那剧本内。

㉘其实不是在《阳春》里，而是来自左拉的另一部小说《土地》里——这错误是我在解析过程中才发现到的。在这儿我想请诸位注意一下 Huflattich（款冬）与 flatus 这字发音之相近。

㉙一位迂阔的传记作家，维特尔斯，曾指责我在上述的那句话中漏掉了耶和华之名。事实上在英国的奖牌上是含有这圣者之名，但却是用希伯来文写的，而且是写在那奖牌上所绘的云影背景中，所以要把它看成图的一部分或文句的一部分，其实均无关宏旨。

㉚德文 Frauenzimmer 一词为对“女性”带轻蔑之称谓，而 Frauen 本字即女性，Zimmer 为“房间”。

㉛译注：此原为希腊传说，Abydos 的青年黎安德每夜游渡 Hellepont 海峡到 Sestos 往晤其爱人希洛，在一风雨之夜，希洛之导引灯火被吹熄以致黎安德溺毙，其后希洛寻获其尸，乃投海殉情而死。

㉜译注：为乐天派之酒徒，粗率而好讥讽。

㉝另一种解释：他是单眼，就像那万神之父的欧丁——欧丁的“安慰”。而在童年景象中我曾“安慰”父亲：我会给你买个新的床。

㉞这儿仍有一些值得解析的：手拿着玻璃做的尿壶，使我联想到一个笑话：一个眼科医生为一个不识字的农夫配眼镜，让他试这个、试那个镜片，总无法使他能够读出字来。——（“农夫的捕器”——前一个梦所述及的“少女的捕器”）——左拉的《大地》一书中那农夫如何对待他那白痴父亲——在先父去世的前几天，他一直大小便失禁，而像小孩子一般地撒在床上，因此，悲剧式地补偿，使我在梦中成了他的看护，“在这儿，‘心里想到’与‘真正经验到’，就像是同一回事，”，这句使我想起巴尼查所作的一部富有革命意味的戏剧，他在这书里，把天父比喻成一个瘫痪的老头子，而受制于一位大天使，一种类似甘尼密[35]的人物，这位天使对天父有一种使命：要使天父的意愿，永远与事实如一，结果害得他反而因此永远不敢诅咒、立誓，因为他一诅咒，天使就会马上使它变成事实。——计划、思考其实是在反对我的父亲，就像梦中的“大叛逆”，“蔑视权威”均可溯自于对家父的不满，君王往往称为一国之父，可见父亲是最早最老的权威，而对一个小孩子而言，他是唯一的权威，而由此在人类的文明进展中演变而成社会的各种独裁（至目前，母权仍未能找出有类似父权之地位）。——在梦中我所想到的那句话“心里在想”与“真正经验到”，是同一回事，正可解释歇斯底里症的症状，而这也与男用尿壶又有连带关系——对一个维也纳人，我实在用不着解释 Gschnas 的原则——这就是利用一些无用的、琐碎的废物作出罕见名贵的东西——譬如说，我们那些艺术家们在欢宴上常作的把戏，以一些餐具，几束稻草，和长竿子拼凑成一组甲胄。而我发现歇斯底里症病人也有这种类似的行为，他们除了感受到真正发生在他们身上的刺激以外，他们常会由一些无关痛痒的真实经验里，不自觉地受到对他们最恐怖、最荒唐的事件。而他们的症状并不附着于那真实事件的记忆，却症结于这些本身的幻想上。这种解释使我克服了很多难题，并予我以甚大之愉悦。并且我可以用这来解释梦中的“男用尿壶”，因为最近一次的 Gschnas 晚上所展出的柳克里西亚[36]，服毒所用的高脚杯，其制造的原料据说竟是用通常医院所用的“男用玻璃尿器”。

㉟译注：天神宙斯带去为众神司酒的美少年。

㊱译注：罗马之烈妇，于公元前五一〇年为 TarquiniusSertus 所污而服毒自杀。

㊲梦的分层意义是梦析中最微妙，而且最成果辉煌的一大发现。如果忘了这个分层探讨的可能性，那么就对梦的本质无从把握住。然而迄今这方面所作的研究，除了峦克曾由排尿刺激作出一相当有条理的分层符号以外，并未有更完备的研究报告。

㊳译注：由于第一章 一般译本均认为太过冗长，故本书只译 Brill 之节录。

㊴我希望每个人均能详读那本伏尔特所作的各种梦实验（他收集成二册出版），他由此而证明以实验中的状况能解释每个梦内容的实在很少，而且断言以这方法来探究梦的问题并没有多少发展的余地。

㊵见利普士所著《精神生活的基本事实》。

㊶一种欧洲国家的币值。

㊷就我所知的这梦的两种来源并不完全与其内容相符。

㊸译注：RepressionSuppression 分别译为“潜抑作用”、“压抑作用”系按徐静医师所著心理自卫机转一书之译名，前者意指“不知不觉地抑制至潜意识中”，而后者指“有意识地抑制自己认为不该有的冲动与欲望。”

㊹峦克，曾研究过很多由器官的刺激（如排尿、遗精的梦）引起到令人由睡中惊醒的梦，他发现这是由睡眠与器官两方面需求的冲突而引起，并论及后者来对梦内容的影响。

㊺这种常见的梦境，可使梦者感到动弹不得，或无法作什么动作，这与“焦虑”有密切关系

㊻这种认为没有梦者的联想资料到手，就无法释梦的说法，其实也需有所保留。有一种情形，我们是可以不同这些联想而能释梦的：那就是，当梦者在梦中利用了“象征成分”。但这时，我们所用的方法，严格地说，应该叫作“释梦的辅助方法”。

由这些“典型的梦”，我们希望可以看出究竟我们释梦的方法能有多大用处，并且万一这方法有所不适，也可就此加以补救。通常这类梦的解析，我们不是无从获得那些用以了解普通梦的联想资料，便是所到手的资料混乱而不合用。

㊼费兰齐曾报道许多女人赤裸的梦，而很清楚地推溯出这来自童年期的暴露快感，但这些报道却与我们所谈的“典型的梦”略有出入。

㊽很明显地，梦见所有家人在场也具有同样意义。

㊾译注：伊达迦国王，曾参加特洛城包围战，回程中发生许多冒险事迹为荷马史诗奥德塞之主角。

㊿参看拙著一个五岁男童恐惧症的分析以及儿童性理论。

51在前一个注解，所提到的那畏惧症病童，汉斯，在三岁半时，他对那新生的小妹狂热地表示“然而我并不希望有个妹妹”，而十八个月后，他因心理症就医时，坦承当时他希望妈有天会在浴缸失手，而使小妹溺毙。然而，汉斯却是一个天性善良，很有感情的小孩，而且不久他就非常喜欢妹妹，并且刻意照顾她。

52自从这段文字写出来以后，在精神分析的文献中，我收集了一大堆有关小孩对其兄弟姐妹或双亲的敌视态度的报道。有一位作者，史毕特勒以其最真实、最生动的叙述写下他自己童年时最早感受到的一种典型的稚气态度："……还有，现在又来了新来的第二个阿道夫，一个自称是我弟弟的小怪物，但我就看不出他有甚用处，或者他们为什么故意骗我说他很像我，我本身已经自足了，多一位弟弟又于我有甚好处？他不仅无用，他甚至是个麻烦呢！当我缠着祖母抱我，他竟也要插一腿，当我坐在婴儿车内乱转时，他竟在我对面，而占了我一半地方，以致我们不得不常常互相踢到彼此的脚。"

53我以前所提过的那三岁半的小汉斯，也曾对他妹妹用同样这种批评。而且他以为是因为没有牙齿才不会讲话。

54译注：此为希腊神话中丘比特所深爱的美女，被视为灵魂之化身，在艺术界常被画为蝴蝶或有翼的人。

55我很惊奇地获知，有一个聪明的十岁男童，在他父亲暴毙不久后，他说："我知道父亲已经死了，但我就搞不懂，他为什么总不回来吃晚饭。"其他有关这方面资料，可参照 FrauDrvonHngHellmuth 所编的孩童心理。

56一个受过精神分析训练的父亲曾作如下的一个报道：他那四岁聪慧的小女儿，在这种状况下了解了"离开"与"死亡"的分别：小孩在餐桌上出乱子，而注意到那寄宿在她家的女侍者不耐烦地瞪着她。于是她告诉爸爸"约瑟芬应该让她死掉！"她爸爸和气地问："为什么一定要她死呢？使她离开我们不就够了吗？"小孩回答道："不！这样她还会再回来的！"就小孩时期明显的"自我恋"看来，任何拂逆其意的小事均为大逆不道，而就像德拉寇法典[57]一样，小孩们也认为所有的各种犯罪均唯有一种惩罚——"死"。

57译注：雅典立法者德拉寇所拟之严峻法典。

58这种情况往往以惩罚的形式加以"改装"——即利用道德反应，恐吓其可能丧失父母。

59至少有些神话是如此记载的，但按一般说法，"阉割"只有克洛诺司用来对付其父乌拉诺司而已。

60精神分析的研究从没引起过如此痛苦的矛盾——由"童年时所含乱伦的冲动深藏于潜意识里"的说法，而招来如此愤怒地反对以及如此有趣的变化。最近甚至有人，不顾所有过去的经验，而拟只用象征符号来代表乱伦的意义。费兰齐根据叔本华的信中一段文字，曾试图对俄狄浦斯的神话作一别出心裁的解释。但在这本书中，首次提到的俄狄浦斯情意综是对这方面作更深入的研究所得，并借此对人类社会的了解及宗教道德的进化获得意想不到的意义。详见《图腾与禁忌》一书。

㉑请比较前述的暴露症的梦资料。

㉒有关哈姆雷特分析研究的继续发展以钟士博士最为出色，他曾对这观念的各种批评加以精辟的辩驳（哈姆雷特及俄狄浦斯情意综的问题）。哈姆雷特的资料与神话的英雄之诞生的关系也由兰克加以阐释。至于有关马克白的分析，可参考我的其他著作精神分析工作中的几种特殊形态以“俄狄浦斯情意综”来解释哈姆雷特之秘密：动机的探讨。

㉓甚至梦中一些“巨大的”、“大量的”、“非凡的”、“夸张的”东西都是儿童的一大特色。小孩子一心只盼望长大，而想吃东西也与成人一样多。小孩是很难使他满足的，他无法了解“足够”这个字的意思，对他所喜爱的他永远贪求不厌，唯有经过训练，他才能渐渐学会谦虚、中庸。而我们都知道，心理症病人也多半同样倾向于过分，而失之中庸。

㉔参照第三章 所述小女安娜的梦。

㉕译注：即甲状腺功能亢进症。

㉖钟士博士在美国科学学会作有关梦的自我中心的演讲时，座中有位妇女曾反对他这种“非科学的推论”，她认为演讲者只能说这是这国人的梦有这种特色，但决无权推广为美国人也不外如此。就她自己而言，她敢肯定地说，她所有梦均以“利他”为目标，然而，为了不伤这位妇女的国家优越感，我必须再多作一些说明，以免人们误解了我这“梦均为自我中心”的论调。由于所有发生于“前意识”的念头，均可在梦中（显意或隐意）出现，所以利他助人的感情当然也有可能于梦中流露出来。同样的，对某人的怀念喜爱，如果的确存在于潜意识里，那么在梦中发生是大有可能的。因此我所提的那种说法的真正意思是说：在梦中潜意识刺激里头，我们往往可以发现一些醒觉状态下已经压制下去的自私的倾向。

㉗精神分析的研究使我们得到如此的结论：由小孩小运动表演的偏好以及歇斯底里发作时这些动作的重复出现，我们知道，除了感官上的愉快以外，必定仍有另一个因素存在（往往是潜意识地）：那就是在人类及动物所看到的性交的记忆影像。

㉘一位天性并不神经兮兮的年青同事，在这方面提供了我一件他的经验：“当我荡秋千荡到最高高度时，我的生殖器往往有种很奇怪的感觉，这对我而言虽然并不是一种快感，但我仍认为是一种肉欲的感觉。”我常听到病人告诉我他们第一次感到性器勃起并常有肉欲的感觉是在他们儿时爬行的时候。由精神分析可以确定地证明孩童期间的混战、扭打往往使他们第一次意识到性的感觉。

第六章　梦的运作

所有以前所作过的有关梦的解释都是以记忆中所保留的“梦内容”直接予以阐释。他们由梦内容寻求解释，有些甚至不经过解析，而直接由梦内容获取结论。然而，这方面我们却有一些不同的资料，在我们研究出来的结果与“梦内容”之间，我们发现了另一新的心理资料：梦的隐意沿袭自古所用“梦内容”［或称为“梦的显意”（manifestdream—content）］。因此我们所面临的将是一个崭新的工作，一种近似小说的工作——仔细检验“梦的隐意”与“梦的显意”之间的关系，并探讨后者如何由前者蜕变出来。

“梦的隐意”与“梦的显意”就有如以两种不同的预言表达同一种内容，或说得更清楚些，“梦的显意”就是以另一种表达的形式将“梦的隐意”传译给我们，而所采用的符号以及法则，我们唯有透过译作与原著的比较，才能了解，一旦我们做到了这点，那“梦的隐意”就再不是一个如此难以了解的秘密。“梦的显意”，就有如象形文字一般，其符号必须逐一地翻译成“梦的隐意”所采用的文字。因此，这些符号决非以其图形的形态即可解释，它必须按符号所代表的意义来作这项翻译的工作。譬如说，现在我面前呈现一个画谜，有一所房子，在屋顶上有只木舟，然后是一个大字母出现；再来便是一个无头的人在飞跑等。一眼看上去，我一定会斥责这简直是荒唐而毫无意义，一只木舟怎有可能摆在屋顶上，无头人怎么会跑，而且人哪有可能比房子还大，还有，如果整个画面是代表一幅景物，那么一个字母又代表什么呢？自然界的风景哪有这种景象？因此要想对这画谜作正确的解释，唯有抛弃这些对这部分或整个的反对批评，相反地，将这每一个影像均视为有意义，而绞尽脑汁地去找出每一个所代表或牵涉到的文字，而后再把这些文字凑合成一个句子，这时它们再也不是毫无意义了，而很可能地，成了一句漂亮动听寓意深长的格言。梦其实就是这么一种画谜，只是我们祖先却没把握住真正的释梦方法，而误把画谜当作一张艺术作品加以鉴赏，也因此，才会认为梦是毫无意义，一文不值的。

一、凝缩作用

在梦的“隐意”，与“显意”之间的比较，第一个引人注意的便是梦的工作包含一大堆的“凝缩作用”。就“梦的隐意”之冗长丰富而言，相形之下，“梦的内容”就显得贫乏简陋而粗略，如果梦的叙述需要半张纸的话，那么解析所得的“隐意”就需要六或八至十张的纸张才写得完。这差距的比例按各种不同的梦而异。但就我的经验看来，几乎多半是这样的比例。一般而言，我们多半低估了梦所受凝缩的程度，以为由一次解析所得的“隐意”即包含了这梦所有的意义，然而事实上继续对这梦分析下去，往往又发掘出更多深藏在梦里的意义。因此我们必须先要有个声明，“一个人永远无法确定地说他已将整个梦完完全全地解释出来”。尽管所作的解释已到毫无瑕疵、令人满意的地步，但他仍可能再由这同一个梦里又找出另一个意义出来。因此严格地说，凝缩的程度是无法定量的。由这梦的“隐意”与“显意”间的不成比例，而得出“在梦的形成时，必有相当多量的心理资料经过凝缩的手续”的结论恐怕会受到一些反对。因为我们经常有种感觉，“我昨天整个晚上做了一大堆的梦，但却忘了一大半”，因此有人会以为醒后所记得的部分只不过是整个梦里头的片段，而如果能把所做的梦全部内容追记出来，那就差不多可与“梦的隐意”等量齐观了。就某一程度而言，这种说法不无道理。梦只有在睡醒后马上记下来才有可能精确地把握住所有内容，否则随着时间必渐渐淡忘而不复记忆。然而，我们需要认清一件事实，自以为所梦的比所追记得出的资料还要丰富得多，其实是一种错觉，而这种错觉的来源以后会再详细解释。还有，梦工作所采用的“凝缩作用”并不因为“有可能遗忘掉一些内容”的说法而有所影响，因为我们可以由记忆所尚保留的梦的各部分分别找出所代表的一大堆的意义。果真梦的大部分内容均不复记忆，那么我们将很可能无法探究一些新的“隐意”，因为我们毕竟没有理由判断这些遗忘掉的梦所隐含的“梦思”一定与我们所仍保留下来的部分内容所解析出来的“隐意”完全一样。

就每一部分的“梦的显意”逐步分析时所产生的一大堆意念看来，许多读者一定禁不住心中有个怀疑，难道现在分析这梦时心灵所产生的每一种意念均可能构成

“梦的隐意”吗？

换句话说，我们岂不是先假定所有这些念头均在睡眠状态下活动着，并且均参与了梦的形成。有些梦形成时并没参与的新念头是不是很可能在解析梦意时才产生呢？对这反对意见，我只能给予一种条件性的回答。当然，这些分散的意念的组合是直到分析时，才第一次出现的。但我们可以看到的，这种组合只有在各种意念之间确实已经在“梦的隐意”里有某种联系时才会发生的。因此，可以说，唯有在能以另一种更基本的联系形式存在下，才有这种新组合的结果。由分析时，所产生的大部分意念看来，我们不得不承认它们早在梦的形成时已有所活动。因为如果我们由一连串的意念下手时，许多乍看之下，对梦的形成并无关联的意念，却会突然发觉它带给我们一个确实与梦的内容有关联的结果，而这正是梦的解析所不可或缺的关键，但它却只有由那一连串的意念追寻下来才能达到。读者此时不妨再翻阅前述的有关“植物学专论”的那个梦，即可发掘其中所含惊人程度的“凝缩作用”（虽然我并未能完完全全地解析出来）。

然而，人们在做梦以前的睡眠状态下的心理又是怎么一种样子呢？是不是所有“梦思”已并列地横陈于脑海里呢？或是一个个地互相竞逐于心灵呢？或是各种不同的意念，各由不同的制造中心，同时涌现到心头，而在此引起大聚会呢？我认为目前讨论梦形成的心理状态并用不上提出这种仍无法确证的观念。但，我们可别忘记我们所考虑的是“潜意识的思想”，这与我们自己沉思默想中的“意识思想”是有很大不同的。

然而，既然梦的形成确实是经过一番“凝缩作用”，那么，这过程又是如何进行呢？

现在，如果我们假定这一大堆的“梦思”只有极少数的意念能以一种“观念元素”表现于梦中，我们就可以推论说，“凝缩作用”是以“删略”的手法来对付“梦思”，“梦”并非“梦思”的忠实译者；它并未逐字逐句地翻译。反之，它只是东删西略的产品。我们不久就会发现，这种观念其实是不太正确的。但，目前，我们且以这为起点，而先自问：“如果‘梦思’中只有少数元素可以进入‘梦的内容’，那么究竟什么条件决定这些选择呢？”

为了解决这问题，我们且研究一下那些符合我们所追寻的条件的这种梦内容中的元素，而这方面最适合的资料是那些在形成时经过强烈的凝缩才产生的梦。以下我选用之前说过的“植物学专论”的梦。

植物学论证的梦

“我写了一本有关某科植物的专论，这部书正摆在我面前。我正翻阅着一张折皱的彩色图片。这书里夹有一片已脱水的植物标本，看来就像是一本植物标本收集簿。”

这梦的最显著成分即在于《植物学专论》。这是由当天的实际经验所得，当天我的确曾在一书店的橱窗看到一本有关“樱草属”的专论。但，在梦中并未提到这“属”，只有“专论”与“植物学”的关系遗留下来。这“植物学专论”马上使我想到我曾发表过的有关“可卡因”的研究，而由“可卡因”又引导我的思路走向一种叫做Festschrift的刊物，以及另一个人物“柯尼斯坦医师”——我的挚友，一位眼科专家，他对可卡因之临床应用于局部麻醉颇有功劳，还有，由柯尼斯坦医师又使我联想起，我曾与他在当天晚上谈过一阵子，而为别人所中断。当时所谈涉及外科、内科几位同事间的报酬问题。于是，我发觉这谈话的内容才是真正的“梦刺激”，而有关樱草属的“专论”虽是真实的事件，但却是无关宏旨的小插曲而已。现在我才看出来，“植物学专论”只是被用来作当天两件经验的共同工具，利用这无关宏旨的真实印象，而把这些甚具心理意义的经验以这种最迂回的联系将之合成一物。

然而，并非只有“植物学专论”的整个合成的意念才有意义。就是“植物学”、“专论”等各个字眼分开来逐个层层联想也可引入扑朔迷离的各种“梦思”。由“植物学”使我联想到一大堆人物：格尔特聂（德文“园丁”之意）教授及其“花容玉貌”的太太，一位名叫“弗罗拉”的女病人，以及另一位我告诉她有关“遗忘的花”的妇人。由格尔特聂这人，再度又使我联想到“实验室”以及与柯尼斯坦的谈话，以及这谈话中所涉及的两位女性。由那与花有关的女人，我又联想到两件事：我太太最喜爱的花，以及我匆匆一瞥所看到的那本专论的标题，更进一层地，我联想到在中学时代的小插曲，大学的考试，以及另一崭新的意念——有关我的嗜好（这曾由上述的对话中浮现出现），再利用由“遗忘的花”所联想到的“我最喜爱的花——向日葵”而予以联系起来。而且由“向日葵”，一则使我回想意大利之旅游，另一方面又使我忆及童年第一次触发我日后读书热的景象。因此，“植物学”就是这梦的关键核心，而成为各种思路的交会点。并且，我能证明出这些思路均可于当天的对话内容一一找出联系。现在，我们就恍如在思潮的工厂里，正从事着“纺织工的大作”：

“小织梭来回穿线，一次过去，便编织了千条线。”

在梦中的“专论”再度地涉及两件题材：一端是我研究工作的性质，而另一端却是我的嗜好的昂贵。

由这初步的研究看来，“植物学”与“专论”之所以被用作“梦的内容”，是因为它们能使人联想到最多数的“梦思”，它们代表着许多“梦思”的交会点，而就梦的意义而言，它们也就具备了最丰富的意义。这种解释可用另一种形式表达如下：“梦的内容”中每一个成分具有甚多的意义，它们代表着不止一种的“梦思”。

如果我们仔细检验梦中每一成分如何由“梦思”蜕变过来，那我们将可了解得更多。由那“彩色图片”引入另外新的题目——同事们对我的研究所作的批评，以及梦中所已涉及的我的嗜好问题，还有更远溯到我童年时曾经将彩色图片撕成碎片的记忆。“已脱水的植物标本”牵涉到我中学时收集植物标本的经验，而特别予以强调之。因此，我得以看出“梦内容”与“梦思”之间的关系，并不只是梦内容的各个成分代表好几种的“梦思”，同时每一个“梦思”又能以好几种不同的梦内容的成分代表，由梦中某一成分着手，经过联想的思路可以引出好几种“梦思”，反之，如果由某一种“梦思”着手，也可引出好几个梦中的成分。而在梦的形成过程中，并不是一个梦思，或一组的梦思，先以简缩的手法在“梦内容”中出现。然后另一个梦思，再以同样手法接续于后（就像按人口比例，每多少人选出一位代表的过程一般），事实上，整个“梦思”是同时受到某种加工润色，而在这整个过程中唯有那些具有最强烈最完整实力的分子才脱颖而出，因此这种过程反而较像“按名册选举”。无论是哪一种梦，一经过我解析，我总发觉我这“基本原则”屡试不爽，“由整个‘梦思’蜕变而形成各种‘梦内容’的成分，而这各种成分又各有多种的梦思附于其上”。

为了说明“梦思”与“梦内容”的关系，确有其必要再多举一个例子，以下所举的例子可以更清楚地看出两者相互交织的错综关系，这是一个患有“幽闭畏惧症”所做的梦，读者们不久就可以看出为何我如此欣赏这梦的结构，而称之为“非常聪明的梦活动的成品”。

一个“美丽的梦”

“梦者与很多朋友正在×街上驾着车子兜风，这街上有一间普通的客栈（但事实上并没有）。在这客栈里的一个房间内正上演着一出戏剧，最初他是个观众，但后来竟成了演员。最后大家都开始换衣服，准备回城里去。一部分人在楼下，一部分人在楼上换装，楼上的已经换好了装，但楼下的仍旧慢吞吞地，以致引起楼上的同伴不满。他的哥在楼上，他在楼下，他认为哥哥他们换装那般匆忙简直太没道理（这部分较模糊）。并且，他们在到达此地以前，早就已经决定好谁在楼上，谁在楼下。接着，他独自由山路走向城市，脚步十分沉重，举步艰辛竟至在原地动弹不得。一位老年绅士加入了他的行列，并且愤怒地谈论意大利国王。最后，快到山顶时，他的脚步开始变得轻松自如。”

举步困难的印象尤其清晰逼真，甚至醒后，他犹自分不清刚刚那经验是真实或梦境。

由梦的显意看来，倒是内容平平，但这次我要一反以往的常规，而以梦者所认为最清晰的部分开始着手解析。

梦中所感受到的最大困难——举步迟重并带气喘——是梦者在几年前生病时曾有过的症状，当时再加上一些其他的症状，被诊断为“肺结核”（可能系“歇斯底里的伪装”）。由我们对“暴露梦”所作的研究，已经了解了这种梦中运动受禁制的感觉，而现在，我们又可以看出这也可用来作为其他种类的代表。“梦内容”中有关爬山的部分，初则十分吃力，到了山顶化为轻松，使我联想到法国小说家都德的名作沙孚[①]这故事里，一位年轻人抱着他心爱的女郎上楼，最初佳人轻如鸿毛，但爬得越高，越觉得体重不堪负荷，这景象其实就是一种他们之间的关系进展的象征。而都德借此以戒斥年轻人切勿四处留情，空留满身风流债，到头来吃不完兜着走[②]。虽然我确知这病人最近曾与一女伶热恋，而终告破裂，但我仍不敢说，我这种解释确实正确。在沙孚的情形正与此梦“相反”，梦中的爬山是最初困难，而后来轻松，但小说中的“象征”却反而是最初轻松，后来却成了重负。我很惊讶地，病人竟告诉我这种解释正与他当天晚上所看的一部戏剧的结构十分吻合，那剧本叫做维也纳之巡礼，叙述一位最初颇受人尊崇的少女，如何沦落到卖笑生涯，而后来与一位高阶层男士发生关系，开始“向上爬”，但最后她的地位却更加低落，这剧本又使他联想另一个剧本《步步高升》，而这戏的广告画就以“一列阶梯”为代表。

再接下去的解析显示出，那位与他最近热恋过一阵子的女伶就住在×街上，而这街里并没有客栈。然而，当他在维也纳与这位女伶打发这夏天的大半时间时，他就下榻于这附近的一间小旅馆③。当他离开那旅馆时，他告诉车夫：“发现这儿没有一只臭虫，我很高兴！”（事实上，害怕臭虫又是他的另一畏惧症），而车夫回答道：“这地方怎么有人住得下呢？这根本算不上是一间旅馆，充其量不过一间‘小店’而已！”而“小店”这字眼又使他马上想起一句诗：“后来我就成了这么好的主人的宾客！”但这首乌兰德的诗中所歌颂的主人却是一株“苹果树”，第二段诗句又由思潮中涌现出来：（浮士德四一二八——一三五）。

浮士德（面对着年青的女巫）：
我曾有过一段美梦，
我看见了一株苹果树，
那儿高挂着两颗最漂亮的苹果，
她们诱使我不由自主地“爬上去”。
漂亮的苹果，
自从天堂里惊鸿一瞥，
你就朝夕心仪这苹果，
而我非常高兴地获知，
在我的花园里正长着这种苹果。

“苹果树”与“苹果”的意义，我想是殆无疑问的。那女伶丰满诱人的胸部，正是使我们这位梦者神魂颠倒的“苹果”。

由梦的内容看来，我们可以确信这梦是含有梦者小孩时期的某一种印象（梦者此时为三十岁）。果真这种说法正确的话，那么这必是指着梦者的奶妈而言。奶妈柔软的胸部事实上就等于小孩子最好安眠的“旅馆”。“奶妈”以及都德笔下的沙孚，其实就影射着他最近放弃的那位情妇。

这病人的哥哥也出现在“梦内容”，“他哥哥在‘楼上’，而他在‘楼下’。”而这与事实又相反的，因为就我所知，他哥哥目前穷困潦倒，而他反倒仍维持得很不错。在叙述这“梦内容”时，梦者曾对“他哥哥在楼上，而他在楼下”一节言词闪避不定。而这句话正是一种我们在奥地利所常用的口语，当一个人名利丧失殆尽时，我们会说“他被放到‘楼下’去了”，就像说他“垮下来了”一样。而现在我们该可以看出，在梦中某件事故意以“颠倒事实”的情形出现时，必有其特殊意义的，而这种“颠倒”正可解释“梦思”与“梦内容”之间的关系。要了解这种“颠倒”确有其途径可循，在这梦的末尾，很明显地“爬山”以及沙孚中的叙述又是“颠倒”的一例，而这种“颠倒”的意义可分析如下：在沙孚这本书里，那男人抱着那与他有性关系的女人上楼，那么，如果在“梦思”里，一切都颠倒的话，那该是一个女人抱着男人上楼，而这只有可能发生于童年时期——奶妈抱着胖娃娃上楼，因此，这梦的末尾部分成功地将奶妈与沙孚拉上了关系。

就像诗人提出沙孚这名字，总免不了引申到女性同性恋一般，梦中“人们在‘楼上’‘楼下’，在上面、下面忙着”也意指着梦者心中的“性”方面的幻想，而这些幻想，就与其他受潜抑的欲望一样，与梦者之心理症颇有关系，“梦的解析”并无法告诉我们，这些只是幻想，而非事实的记忆，它只能供给我们一套想法，而让我们自己再去玩味其中的真实价值。在这种情形下，真实与想象的乍看均具有同等价值（除了梦以外，其他重要的心理结构也有这种类似情形。）。就如我们早已获知的，“许多朋友”是象征着“一种秘密”。而梦中的“哥哥”，利用对童年时代景象的“追忆”加上“幻觉”，用来代表所有的“情敌”。然后再接着一件无甚关系的经验，“一个老年绅士愤怒地谈着意大利国王”意指着低阶层的人闯入了高级社会所发生的不合。这看来倒有点像都德笔下那年青男人所受的警告，而同样这也可用在吮乳的小孩身上④。

在上述的两个梦里，我在“梦思”内所一再复现的成分均用方体字或括弧以别于他字，使各位更易看出“梦内容”与“梦思”的多种关系。然而，因为这些梦的分析仍未能作得彻底，所以也许有必要再选一个梦来作整套的分析，以便看出梦内容中的多种意义。为了这目的，另选用前提过“伊玛打针”的梦，而由这例子，我们就可以看出“梦的形成”所用的“浓缩作用”往往利用了多种的方法。

“梦内容”中的主角是我的病人伊玛，在梦中她看来就如她平常的样子，所以，那无疑是代表她本人的。然而，当我在窗口给她检查时，她的态度却是我由另一位妇女身上所观察到的，而这女人，在“梦思”里，我宁可用来取代我这病人。由于伊玛在梦中有“白喉伪膜”，使我联想起长女得病时的焦急，因此她又代表着我的女儿，而由于我女儿名字的雷同，又使我联想起一位因毒致死的病人。在梦中，以后伊玛人格的续变（但梦中的伊玛的影像并不再变）代表着：她变成了一位我们在民众服务门诊所看的一位病童，在那儿我的朋友们为她们统计智能的差别。而这种变迁很明显是受了我的小女儿的影响，由于她常不愿意张开嘴巴，同样梦中的伊玛就变成了另一位我检查过的女人，而利用同样的联系，又引申到我太太身上。还有，由我在她喉头所发现的病变，也可以再引申出好几位其他的人。由伊玛而引起连串的联想所产生的这些人物，在梦中并不曾亲身出现。她们全都隐身于伊玛一人之后，因此伊玛成了一个“集合影像”，而不可避免地是有许多互相冲突矛盾的特点。在梦中伊玛代表了其他这些为梦中“凝缩作用”所抛弃的人物，但却仍把这些人物的特点多少保留下来，点点滴滴注入于梦中伊玛的形象内。

为了解释“梦的凝缩作用”，我以另一种方式创造了一种所谓“集锦人物”——将两个以上的真实人物的特点集中于一人身上。利用这种方法，我在梦中制造出 M 医生，他以“M 医生”为名，并且言行均同于平时的 M 医生。但他所生的病以及身体上的特征却与属于另一个人物——我的长兄。而苍白脸色，由于是他们两人的共同特点，所以较无特别意义。梦中的 R 医生同样，是 R 与我伯父的“集锦人物”，但这个“集锦人物”却是用另一不同方式所编造出来的。这次我并未将两个人物的记忆中的特征予以合并，相反地，我采用了嘉尔登制造家人肖像的方法——我将两个人物复叠在一起，而使两人的共同特征得以更趋明显，而彼此不同的特点反倒互相中和而变得模糊。这书中我伯父的“漂亮胡子”得以出现，就因为这是 R 与我伯父两人面相上的共同特点。至于，说到那胡子渐渐变灰色，则可以引申到我父亲与我自己。

“集体”或“集锦”人物的产生是“梦凝缩”的一大方法。

我们马上又可应用在另一种联系上。

“伊玛打针”的梦所提到的“痢疾”这个名词也有好几种解释，它可能是由“白喉”这个字音的相近所引起的，但另一方面，它可能是影射到我送她去东方旅行的那病人（她的“歇斯底里症”是个误诊）。

梦中所提到的 propyls 这个字也是一个非常有趣的“凝缩”产物。在“梦思”里其实是 amyls 这个字较有分量，很可能这是在梦形成时，两字之间发生了简单的“置换”。而事实上由以下的补充分析，可以看出这种置换完全是凝缩的结果：如果我对 propylen 这个德文字沉思一段时间，那么它的同音字 propy - laeum 一定会自然浮现出来的，而 propylaeum⑤并不只有在雅典才找得到，在慕尼黑也可以看到。而约在做这梦的一年前，我曾去慕尼黑探望一个病重的朋友，而这位朋友就是我曾与他提过 trimethylamin 这种药物的人，因此由梦中紧接着 propyl 跑出 trimethylamin，更可支持这种说法。

就像在其他的梦分析一样，我在这儿发现了一大堆对等意义的联想，而使我不得不承认在“梦思”中的 amyls 确实是在“梦内容”中被 propyls 这个字所取代。

一方面，这梦牵涉到有关我的朋友奥图的一些意念，他不了解我，他认为我有错，他送了我一瓶含有 amyls 怪味的酒，而另一方面，与前者成对比的，又有一些有关我那住在柏林的朋友威廉的意念，他真正了解我，他永远认为我是对的，而且他曾供给我一些很有价值的有关“性”过程的化学研究资料。

在有关奥图的意念中特别引起我注意的都是一些引起梦的近因，而 amyls 是属于较清楚的成分，以致在内容中占有一席之地。至于有关威廉的意念则泰半是由威廉与奥图两人之间的对比所激发，并且其中各成分均与奥图的意念有所呼应，在这整个梦里，我一直有种明显的趋向——摒弃那些令我不愉快的人物，而亲近其他能与我共同随心所欲地对付前者的人。因此属于奥图意念的 amyls 使我连想到属于威廉意念的 trimethy - lamin（两者同样是属于化学的领域），而这意念由于受到心理各方面的欢迎而得以于“梦内容”中脱颖而出。amyls 本来也可以未经改装地遁入梦内容中，但却由于这字眼所能涵盖的意念，可以由另一威廉意念的字眼所包括而失败。propyls 既与 amyls 这字看来相似，而且它又可以在威廉意念间以慕尼黑的 propylae - un 找到联系。因此两意念集团间乃以 propylspropylaeum 发生关联，而双方有如经过了妥协，而以这中间产物出现于梦内容中。于是就这样造成了一个具有多种意义的共同代号。也唯有透过这种多种意义的字眼才得以深窥“梦内容”的究竟。因此，为了形成这种共同代号，梦内容中注意力的转移必定发生于某些在联想范畴内接近该重点的小节上。由这个“伊玛打针”的故事多少已使我们看出梦的形成过程中凝缩作用所扮演的角色。我们发现“凝缩作用”的特点即在梦内容中找出那些一再复现的元素，而构成新的联合（集锦人物，混合影像）以及产生一些共同代号。至于凝缩作用的目的以及所采用的方法，需待我们讨论到梦形成的所有心理过程以后再作更深入的研究。目前且让我们先就所得的结果作一整理，我们所找出来的事实是这样的：由“梦思”与值得注意的“梦内容”之间的联系正好由“梦凝缩”补缀。

梦中的“凝缩作用”一旦以“字”或“意义”表达的，更容易为吾人所了解。一般而言，梦中所出现的“字”往往被视为“某种东西”，而与东西所附带的意念一般、也需经过同样的结合变化，因此这种梦就产生了各种各类滑稽怪诞的新字。

一位同事寄来一份他写的论文，其内容就我看来似乎对最近生理学的发现有些过高估计，并且也对他自己运用了不少言过其实的话。于是当天晚上，我梦见了一句很明显地针对这篇论文所发的批评："这的确是一种 norekdal 型的"，这个新字的形成乍看的确令我摸不着头脑，这字无疑是一些最高层的形容词 colossal（巨大的）pyramidal（顶尖的）之类的谐谑模仿，但我却无法找出字源。最后，我才发现这怪字可以分成两个字 Nora 与 Ekdal，而这分别来自易卜生的两部名剧，不久前我曾读过报上一篇有关易卜生的评论，而这篇论文的作者的最近一篇作品，正是我梦中所批评的对象。

我有一位女病人梦见一个男人，长着漂亮的胡子以及一种奇异的闪烁眼神，手指着挂在树上的一块指示板，上面写着："uclamparia—wet"⑥。

分　析

那男人长相颇具威严，其闪烁之眼神马上令她想起罗马近郊之圣保罗教堂里，她所看到的镶嵌细工制成的教皇绘像。早年的教皇中有一位具有金黄色的眼睛（其实这是一种视觉的幻象，但却常常引起导游者的注意)。更深一层的联想显示出这人的整个长相确实与她的牧师相似，而那漂亮胡子的造型使她联想到她的医生（我弗洛伊德本人），而那人的身材却与她父亲相仿佛。这些人对她而言，均有一种共同关系——他们均引导指示她生命之道。再进一步地探询，金黄色的眼睛——金子——钱——所受精神分析治疗花费她不少金钱，而使她非常痛心。金子，更使她联想到酒精中毒的"金治疗法"——D 先生，要是他不患上酒精中毒，她就会嫁给他——她并不反对别人偶尔喝点酒；她本身有时就喝点啤酒或普通的酒。这又再度使她回想到圣保罗教堂及其周遭环境。她想起当时她曾在这附近的一所叫 TreFontane（三泉）的寺庙里饮了一种 Troppist（天主教之一支）僧徒由"尤加利树"所制成的酒。接着她告诉我，这些僧侣如何在这沼泽地带种植尤加利树，而把整片沼泽荒地化为良田美亩，因此 ub clamparia 这个字可以看出是由 eucalyptus（尤加利树）与 malaria（疟疾）两字所合成，至于 wet（潮湿）这个字则由该地区以前为沼泽地区所引起的联想。还有，wet（潮湿）有时也暗示着反面的 dry（干燥）。而巧的是，那位要是不沉迷于酒杯中，便可与她成婚的男人名字便叫 Dry。这怪名字 Dry 是来自德文字源（德文 drei 意为"三"），因此，这又影射到"三泉"寺庙。在谈及 Dry 先生的酒癖时，她曾用了如下的夸张说法："他可以喝掉整座泉水。"而 Dry 先生自己也曾自我解嘲地说："由于我永远'干涸'（dry，意指其名字而言），所以我必须经常喝酒。"而 eucalyptus（尤加利树）也意指着她的心理症，这毛病最初曾被误诊为 Malaria（疟疾），由于她的焦虑性心理症发作时，总会发冷发热以致在意大利时曾被人以为是疟疾。而她本身也深信由那些僧侣手中买到的尤加利树汁的确多少治好了她这毛病。

因此，“uclamparia—wet”这凝缩的产物正是梦者的心理症与其梦的交会点。

这是一个我自己的较冗长混乱的梦，主要情节在于航海旅程中，我突然想起下一站为 Hearsing 港，而再一站为 Fliess。后者正好是我一位住在 B 市的朋友的名字，而 B 市是我经常往访的城市。而 Hearsing 这个字则是采用了一般维也纳近郊的地名所惯有的 ing 字尾，如 Hietzing，Liesing，Moedling（古代米底亚字，meaedeliciae，意即“我的快乐”，而德文“快乐”就正是我的名字 Freude 这个字）。然后再拼凑上另一个英文字 Hearsay，意即诽谤、谣言，而借此与另一白天所发生的无关紧要的印象发生关联——一首在 Fliegende BlaEtter 的刊物上讽刺中伤侏儒 SagterHatergesagt（Saidhe Hashesaid）的诗。还有，由 Fliess 与 ing 字尾凑成的字 Vlissingen 确实有这地名，这正是我哥哥由英国来访问我们时所经过的港口。而 Vlissingen 在英文称之 Flushing，意即 Blushing（脸红），而使我想起一些罹患 Erythrophobia（惧红症）的病人，这种病例我曾处理过几个，还有，最近贝特洛所出版的有关这方面的心理症的叙述，颇引起我的愤慨⑦。

第一个看了这本书的人对我作了如下的批评，而后来的读者可能也会赞成，“果真如此，梦者未免都表现得太诙谐而富有机智吧?”然而，事实上就梦者而言，确实是如此的，唯有将这种批评引申到梦的解析者身上时，才会遭到反对，如果我们的梦呈现得诙谐，并非我个人的错误，而是梦形成时所处的特别精神状态，而这与急智、滑稽的理论大有关系。梦之所以会变得诙谐，多半都是由于表达意念的最直截了当的方法往往行不通所致，我的读者们可能会相信我的病人的梦所表现的诙谐并不下于我自己所提出的梦。因此，这种批评迫使我再作“梦工作”与急智的比较研究。

在另一个场合里我作了一个分成两部分的梦。第一部分是一个我清晰记得的单字 Autodidasker，而第二部分则为我几天前所做的梦内容的翻版，而这梦引致我在下次见到 n 教授时，一定得告诉他：“上次我曾请教您的那病人确实正如你所料的，是个心理症的病人”。因此，这新创的字 Autodib dasker 不仅含有某种隐意，并且这意义必与我对 N 教授的诊断予以推崇的决定有点关系。

现在 Authordidasker 这个字可简单地分成 Author（德文“作家”即 Autor）Autodidact，以及 Lasker，而后者可联想到叫 Lasalle 的名字。这第一个字“Author”就做梦的这段时间而言正有一番特别意义。当时，我给太太买了好几本我哥哥好友（他是一位名“作家”）所作的书回家，而就我所知，此人（名叫 J. J. David）与我谊属同乡。有个晚上，我太太告诉我，David 的一本小说（描述天才的糟蹋）曾使她深深地感动，于是我们的话题乃转入如何发掘自己子女的天才才不会糟蹋了他们，而我安慰她说，她所惧怕的这种差错绝对可以用“训练”来弥补。当晚，我的思路走得更远，满脑子交织着我太太对子女的关怀以及一些其他杂事，而有些那小说作者告诉我哥哥有关婚姻的看法也引导我的意念遁入旁支而产生梦中种种象征。这条思路引至 Breslau 这地名，一位我们熟悉的妇人结婚后就搬到那地方去住，而在 Breslau，我找到两个人名 Lasker 和 Lasalle。这两个例证均可用来证实我的担心——“我的子女将会被女人毁弃一生”，这两个例证同时代表了两种引致男人毁灭的路⑧。

这些“追逐女人”所引起的意念，使我联想到我的哥哥，他迄今仍旧独身，名叫 Alexander，而我看出来，我们惯于简称他 Alex 的这发音，酷似 Lasker 的变音，而经由这事实使我的思路又由 Breslau 折往另一条道路。

然而，我所作姓名、音节的拼弄工作同时还另有一种意义。这代表了我内心的某种愿望——希望我哥哥能享受家庭天伦之乐，而用以下方法展示出来：在描述艺术家生活的小说中，由于其内容与我的梦思有所关联，所以更待追查。这出名的作者借着书中主角 Sandoz 把他个人以及其家庭乐趣全盘托出。而这名字很可能经由以下步骤加以变形：Zola（左拉）如果颠倒过来念（小孩最喜欢将名字倒念的）便成了 Aloz，但这种改装仍嫌不够，于是 Al 的这音节，借着与 Alexander 这字第一音节的雷同，蜕变成该字第二音节 Sand，而凑成了 Sandoz 这书中人物的名字，而我的 Autodidasker 也就利用这种同样方法产生出来。

至于我的幻想“我要告诉 N 教授，我们两人一起看过的那病人确实患上了心理症”可以由以下方式产生：就在我要开始休业度假时，我碰上了一个棘手的病例。当时以为是一种严重的器官毛病，可能是脊髓交替退化病变，但却无法确实证明出来。这其实大可诊断为“心理症”而省了一大堆麻烦，但因为病人对“性”方面的问题均力加否认，而使我不愿意率作这种诊断。由于这种困难，使我不得不求助于一位我最佩服的权威医师。他聆听了我的质疑以后，告诉我：“你继续观察他一段时间吧！我想他可能是心理症病人。”因为这位医师并不赞同我关于心理症病源的理论，所以虽然我并不反驳他的诊断，但我却仍保留了内心的怀疑。几天以后，我告诉这病人，我实在无能为力，而劝他另访高明。然而，出乎意外地，他到这时才坦白向我承认过去他曾对我撒谎，他自觉羞惭歉疚，接着他终于告诉我一些我早就猜测出来的性问题的症结，而有了这些才使我能够确实诊断“心理症”。这可真使我松了一口气，但同时，我又自觉不无憾意；毕竟我不得不承认我所请教的那位前辈，他能够不为性问题的付诸阙如而受挫，仍能作出正确的诊断，的确技高一筹。因此，我决定下次与他碰面时，一定马上告诉他，事实证明他是对了，而我是错了。

以上便是我这梦中所要做的事。但果真我承认了我的错误，又可达成什么愿望呢？我真正的愿望便在于证明我对子女的担心是多余的，也就是说，在梦思中所采用的我太太的恐惧可因此证明为错误。梦中所叙述的事实之对错与梦思中之核心并未曾脱节。于此我们有同样的两种抉择，由女人引起的机能性或器官性的病症，或者是由真正的性生活引起的——也就是说“梅毒性瘫痪”或“心理症”，同时 Lasalle 的毁灭又与后者有间接的关系。

在这结构完整的（并且经过解析后意义清晰的）梦里，n 教授不只代表这种类推所产生的结果以及我想证明自己错误的愿望，也不只是由 Breslau 这地名联想到那位婚后住在那儿的朋友，梦中 N 教授的出现尚与当时我们一起看病人以后的闲谈有些关联：记得当他看完了那病人，除了提出前面提过的建议以外，他问我：“你有了几个孩子?”“六个。”他以一种关切的、长者的神态再问我：“男孩还是女孩?”“男女各三个，他们是我最大的骄傲与财富。”“嗯！你可得小心些，女孩子较没有问题，倒是男孩子日后的教导并不简单!”我回答他，至少到目前为止，他们都还十分听话。很明显地，这种有关我儿子将来的说法使我不太愉快，就有如他当时对我那病人的诊断以为只不过是心理症而已。于是，这两件前后连续发生的印象便因此而并在一起，而当我在梦中加入了心理症的故事时，我便利用它来代替了有关孩子教育的对话，其实，这些我太太所担心焦急的孩子问题才真正更与梦思的核心发生关系。因此，虽然我对 N 教授或所提出的儿童教育问题引起的隐忧也遁入内容中，但它却隐藏于我的希望：“证明自己这种担心纯属一种杞人忧天”，而这幻象便同时代表了这两种互相冲突的选择。

“考试的梦”在解析时也遭到了这种同样的困难，我已于“典型的梦的特征”里提到过。梦者所补充追加的一些联想资料往往并无法足够解析的需要。对这类梦更深一层的了解则有待更多的这种梦的搜集。不久前我所提过的安慰词句如：“你早就已是一个医生了”等，其实并不只是一种安慰，而且也是一种谴责。这可以有另一种弦外之音：“你已活了这般岁数，却仍做出这种傻事，仍犯了这种小孩子的毛病。”而这种自我安慰与自我谴责的混合体正是“考试的梦”也具有的特征。因此，由最后解析的那个梦看来，我们大可顺理成章地推论其“傻事”、“小孩子的毛病”均为被斥责的性行为的重复。

梦中的文字转变为一般发生妄想病的情形仿佛，并且在“歇斯底里症”以及“强迫观念”的病人亦可看到。小孩子口语上的恶作剧，在某种年纪时，他们也真正把“字”“话”当作对象，甚至创造些新奇的语言、自制的句法，而这些都成了梦和神经官能症的共同来源。

对梦中的奇形怪状的新字加以解析，特别适合用来探讨梦工作之“凝缩作用”的程度。由以上所学的少数例子千万可别产生一种错觉，以为这些材料均属少见甚或例外的梦。相反地，这种梦例比比皆是，可惜在精神分析治疗中，梦的解析工作很少能记录下来作成报告，而且所能报告出来的解析大部分也仅为神经病理学者所能领会。

当梦中有一些话语，确实清楚地导自某种念头时，几乎所有这种“梦中的话”均来自于“梦资料”中印象犹新的话，这些话的措辞可能完全原封不动，也可能只是稍加更动。往往“梦中的话”是由所说过的一些话东补西缀地凑合而成，句法可能不变，但整句的意义却可能变得暧昧隐涩，或甚至连句法均有改变，往往这些“梦中的话”只不过是追述重复那些印象犹新的话而已⑨。

二、转移作用

当我们收集以上的“梦凝缩”例子时，我们就已注意到另外一种重要性不下于“凝缩作用”的因素。某些在“梦内容”中占有重要篇幅的部分在“梦思”中却完全不是那么一回事，而相反的情形，也屡见不鲜，一些在“梦思”中位居核心的问题却在“梦内容”中找不出蛛丝马迹。而梦就是这般地无从捉摸，由它的内容往往并不足以找出“梦思”的核心。举例而言，在以前提过的“植物学专论”的梦里，“梦内容”中最重要的部分显然是“植物学”，但在“梦思”里，我们主要关切的问题却是同事间做事时所发生的冲突与矛盾，以及对我自己耗费太多时间于个人嗜好上的不满。至于那“植物学”除了用来做个“对照”以与“梦思”发生一点点关联外（因为植物学一直并不是我喜欢的科目），并无法在“梦思”中找出一点地位。在我的病人所作有关沙乎的梦里，上山下山，上楼下楼是主要内容，然而“梦思”却主要为担心与“低”阶层的人发生性关系的危险。由此可见仅有梦思中之一小部分遁入梦内容内，而予以过分的夸张。还有，在我舅舅的梦中，那漂亮的胡子在“梦内容”中算得上是个核心，但却与我们分析后找出的“梦思”——追求“功成名就”的欲望，竟是风马牛不相及。由这些梦，使我们不得不相信“转移作用”的存在。但与此完全相反地，在“伊玛打针”的梦里，我们发觉了这梦的“梦内容”中每一单元的地位竟与解析后的“梦思”完全一一对应，因此分析过这种梦后，再碰到以上所举的梦例，我们不免为这“梦思”与“梦内容”间之崭新而不调和的关系感到惊讶。如果我们在正常生活中的心理过程发现，一个意念的产生是由一大堆意念间挑选出来后，才在意识界受到特别重视，那我们就会证实的确一种特别的心理价值（某种程度兴趣）会附着于脱颖而出的意念。但，我们却发觉在梦思中这每一个单元所受到的价值在“梦形成”时并不复存在，或并不予以考虑。由于梦思中的各种意念事实上也无法分出价值的高下，我们往往要靠自己的判断遂作决定。在梦形成时，那些附有强烈兴趣的重要部分往往成了次要部分，反而被某些“梦思”中次要的部分所取。这种情形，乍看似乎每一个意念所附的心理价值并不为梦形成所接受，反而是它所含的意义多寡才是关键。我们很容易就以为能现形于梦内容中的并不是梦思中重要的部分，而只不过是它曾多次地出现，然而，就这个假设而已并不足以使我们对梦形成的了解增进多少。首先，我们就无法相信，两个具有多种意义及内含价值的意念除非彼此同朝一方向，那有可能影响梦的选择。那些在“梦思”中最重要的意念往往也可能一时再出现的，因为每一个梦思的单元都是由这些核心发散出来。但，梦仍可能拒斥这些经过特别地强调并且强烈地增援的单元，而在梦内容中采纳其他只受到强烈地增援的意念。

这种困难，也许我们借着研究梦内容的“过度决定”可加以解决。很多这方面的读者，也许都私自以为发现梦内容的各单元的多种意义并不是重要的工作。由于在分析时，我们是由各梦中的单元着手，将每个由这单元发生的联想一一记载下来，因此有关这些单元在记载的意念资料中会较容易复现的可能性难道还有所怀疑吗?由于我并无法承认这种反对意见的正确性，我现在只能说出以下的看法：在梦析中所找出的意念里，有些已与梦的核心相去甚远，而变成了似乎是为了某种特定目的而设的人为添加物。它们的目的可以很快地看出，即在“梦思”与“梦内容”之间建立一种联系，而这往往是一种牵强的联系，并且很多情形下，一旦这些重要单元在解析时未能找出，则“梦内容”中的各部分不只是不能“过度决定”，连“足够的决定”均无法做到。因此我们获得以下的结论：在梦的选择中占有决定性地位的“多种意义”，可能并非永远是梦形成的最主要因素，往往只是一些未为吾人所知的精神力量的次要产物。然而，就每一单元要进入梦内容而言，这仍是非常重要的因素，因为就我们观察所得，有些时候“多种意义”并不易由“梦资料”内找出来，而唯有经过一番心血才有所获。

现在，我们大概可以这样假设：在“梦的工作”下，一种精神力量一方面将其本身所含较高精神价值的单元所含的精神强度予以卸除，而另一方面，利用“过度决定”的方法，于较低精神价值的单元中塑造出新的重要价值，而借着这种新形成的价值得以遁入梦内容中。果真这种方法的确为梦形成的步骤，那么我们就可以说，梦形成的过程中，在各单元之间发生了“心理强度的转移作用”，而由此形成了“梦内容”与“梦思”的差异。这种我们所假设的心理运作其实正是梦的工作中最重要的一环。这我们就称之为“梦的转移”，而“梦的凝缩”与“梦的转移”是我们剖析梦的结构的所发现的两大艺匠。

我以为利用“梦的转移”来解析梦中所含的精神力量并非难事，而转移的结果便无非使梦内容不再与梦思的核心看得出有所关联，而梦只以这改装的面目复现潜意识里的梦愿望。而我们目前已熟悉了梦的改装，因此我们可以由此追溯出在精神生活中某种“心理步骤”对另一种所作的“审查制度”，而“梦的转移”便是达成这种改装的主要方法之一，我们必须假设“梦的转移”是由这种审查制度的影响所产生的一种精神内在的自卫[10]。

在“梦形成”时，究竟“转移”、“凝缩”以及“过分解释”何者居首，何者为副且留待以后再讨论。但同时，我们顺便需要一提的，要使意念能出现于梦的第二个条件便是“他们必须能免于审查制度的抗拒”，有了这种假设，我们就可放胆地说“梦的转移”是一种不容置疑的事实。

三、梦的表现方法

我们发现把潜在思潮转变为梦之显意的过程中，有两个元素在运作，梦之凝缩作用和梦之转移作用。在接下来的研讨里，我们将遇到另外一两个决定性因素，它们无疑地决定了哪些材料能够进入梦中。

虽然有使我们讨论的进展停顿的危险，但我认为有必要先把解释梦的程序来个粗略的介绍。我得承认要把这些程序解释得清清楚楚，并且能让评论家相信不疑的最简单方法乃是用某些特殊的梦作为例子，详细的予以解释（如我在第二章 对“伊玛打针”所作的分析），然后把所发现的梦思集中起来，而找出构成此梦的程序——换句话说，用梦的合成来完成梦的分析，事实上我已经在好几个梦例中根据自己的指示使用上述的方法；但我不能在此将它们发表，因为这牵涉到有关精神资料的性质问题——有许多的理由，而每一个理性的人都不会反对的，这些顾虑在分析梦时并没有太大的影响，因为分析可以是不完全，但仍旧能保有其价值——虽然它并没有深入梦的内容。但对梦的合成来说却不是这么一回事了，我认为如果不完全，那么它就不会具有说服力的，因而我只能够把一些名字为世人所不知的人之“梦的合成”公之于世。但既然这愿望只能以我的心理症病患来达成，所以我必须把这问题的讨论暂时搁下，直到我能够把心理症患者的心理和这个题目拉在一起——在另一本书里[11]。

把梦思合成以建造出梦的尝试使我领悟到由分析得来的材料并非都是具有同样的价值。只有一部分是主要的梦思——即是说，那些完全在梦中被置换的；而如果没有审查制度的话，它们本身就足以改变整个梦。另外的材料则常被认为不是那么重要的，我们也没有办法来支持“后者对梦的形成亦有贡献”的论调。相反的是，在梦发生之后到分析这段时间里，也许倒发生了一些使它们产生关联的事件，因而这部分材料即包括了所有由梦的显意指向隐意的连接途径，以及一些中间的连接关键——在分析的过程中，借着它们才能发现那些连接的途径[12]。

目前，我们只对本质（重要）的梦思感兴趣，这些通常是一组说有多繁杂就有多繁杂的思想与记忆的综合——由一些我们清醒时所熟悉的思想串列所提供。它们常常是由许多不同的中心发出来，虽然彼此间有相连的地方。每一思想串列几乎恒常为其相反的想法所紧随，并且与它有相互的关联。

当然，这繁杂构造的各个不同部分相互间就有很多很多的逻辑关系。它们可以表示前景或背景，离题或说明，各种情况，各种证据或是反驳。不过当整个梦思处在梦的运作的压力下时，这些元素就被扭转，被碎裂，以及被挤压在一起了——就像碎冰被挤成一堆那样——因而就产生这样的问题：构成其基础的逻辑框架变得怎样啦？梦中到底是以什么来代表“如果”、“因为”、“就像”、“虽然”、“不是这个……就是那个”等连接词呢？——如果没有这些，我们是无法了解任何句子或语言的。

我们最先想到的回答便是，梦并没有任何方法来表现出梦思之间的逻辑关系。大体来说梦忽视这些连接词，它只将梦思的内涵夺取过来而加以操纵处理[13]。而分析过程的工作即是要把这被梦的运作破坏了的联系重新建立。

梦之所以无法表达出这种连接关系乃是基于造成梦的精神材料的性质所致。就像是绘画和雕刻所受到的限制，它们不像诗歌那样能够利用语言；而基于同样的理由，它们的缺陷都源于那些它们想利用来表达一些想法的材料上。在绘画寻得其表达原则以前，它曾经尝试过要克服这缺陷——在古代的绘画中，人物的口中都吊着一些小小说明，用来叙说画家无法用图画来表白的念头。

现在，也许有人会对梦无法表现逻辑关系表示异议。因为在有些梦中往往有最繁杂的理智运作——反对或证实某些叙述，甚至加以讥讽或比较，就像是清醒时的思想一样。但是这又一次说明了外表常常是骗人的。如果深入分析这些梦时，我们会发现这整个思潮不过是梦思材料中的一部分，而不是在梦中所产生的理智运作。这外表看来像是思想的东西，不过是重现了梦思的主要材料而不是它们之间的相互关系——这是思想所要表现的。我将要提出一些有关这方面的事实。最简单的是，梦中所说的句子（所特别描述的），不过是一些未经改变，或稍有变动的梦思材料而已。这种常常不过暗示了包括在梦思中的一些事件，而梦的意义也许和它差距十万八千里。

但我却得承认重要的思想活动——并非是梦思材料的重现——确实在梦的形成扮演重大的角色。在完成本题目的讨论后，我将阐述这思想活动所扮演的部分。那时我们就会明了这思想活动并非由梦思产生，而是在梦完成后（由某一观点来看），由梦本身而来的（请看本章后一节）。

我们暂时可以这样说，梦思之间的逻辑关系在梦中并没有任何独立的表示。譬如说，如果梦中产生矛盾，那么这矛盾不是由于梦本身便是由于某一个梦思的内涵所致，梦的矛盾只能在非常间接的情况下才和梦思之间的冲突有所关联，但是就像绘画（至少）终于能够找到一种方式——而不再是那种小小说明的——来表白那些文字的意图（如感情、威胁、警告等），梦亦有可能用某些方式来阐述梦思之间的逻辑关系——对梦的表现方式加以适当的改变。实验显示出各种不同的梦，（由这观点看）都有表现方式不同的“改变”。有些梦完全不理其材料之间的逻辑关系，另外一些则尝试尽量加以考虑。因此，梦有时与其处理的材料相差不远，有时却又有巨大的相差。同样，如果梦思在潜意识中有着前后的时间顺序时，梦对它们的处理亦有着相似的变异幅度（如在伊玛打针的梦一样）。

到底梦的运作如何决定梦思之间的这些（逻辑）关系（而这是梦的运作所难以表现的）呢？我将一个一个地加以说明。

梦首先，粗略的考虑，存在于梦思之间的相关——这无疑是存在的——把它们连成一个事件。因而产生连续性（时间）的逻辑连接。由这点看来，梦就像是希腊或巴拿树[14]画派的画家一样，把所有的哲学家或诗人都画在一起。这些人确实未曾在一个大厅或山顶集会过；但是由思想来看，他们确是属于一个群体的。

梦很小心地遵循此法则，甚至细节亦不放过。不管什么时候，只要梦把两个元素紧拉在一起，那么这就表示在相关的梦思之间必定存在着某些特殊的亲密关系。这就和我们的文字相似，“ab”表示这两个字母是一个音节。如果在“a”及“b”中间有个空隙，那么“a”就是前一个字的最后字母，而“b”是另一个字的起头[15]，所以，梦中二元素的并列并非是不相连的梦思借着几率而并接在一起，其实在梦思中这部分亦是具有相似的关系。

为了表现这因果关系，梦有两种在本质上相同的程序。假设梦思是如此的：“既然这是如此的，那么，那个等等必会发生。”最常见的表现方法便是以附属子句作为起始的梦，而那主句就是“主要的梦”了。而时间的前后关系可以倒过来。但通常梦的重要部分是和主句对应的。

我的一位女病人有一次叙述了一个梦，它是表现梦的因果关系的极好例子，我将在后面把它完完全全地写出来。梦是这样的——它具有一个短的序曲，然后是牵涉非常广泛的梦，不过却紧紧围绕一个主题。也许可以称之为“花的语言”。

起始的梦是这样的：她走入厨房，那时两位用人正在那儿。她挑她们的毛病，责备她们还没有把她那口食物准备好。在同一时间里，她望见一大堆厨房里常用的瓦罐口朝下的在厨房里累叠着以让内壁滴干。两个女用人要去提水回来，不过要步行到那种流到屋里或院子的河流去汲取。然后梦的主要部分就这样地接下去：她由一些排列奇特的木桩的高处向下走，觉得很高兴，因为她的衣裙并没有被它们勾着……

起始的梦和她双亲的房子是相关联的。毫无疑问，梦中的话是她妈妈常挂在口边的。而那堆瓦罐是源导于同一建筑物内的小店（卖铁器的）。梦的其他部分由说到她父亲——他常常追求女佣人，而最后在一次河流泛滥中，罹患重病死去（他们的房子靠近一河流）。因此，藏在这“起始的梦”的意义乃是：“因为我在这房子出生，在这卑鄙以及令人忧郁的环境……”主要的梦亦肯定有同样的观念，不过却以一种愿望的满足将它加以改变：“我是由高贵世家来的”，所以隐藏的真正观念是这样的：“因为出生是如此卑微，所以我生命的过程就是这样的了。”

就我所知，把梦分成这不相等的两份，并不永远表示这后面的梦思与前面具有因果的关系。反而，我们会觉得同一材料常常以不同的观点各自出现于这两个梦中（当然，晚上那系列最终导致射精或高潮的梦就是这样的——这是一系列将肉体需求愈来愈清楚表白出来的梦。）有时，这两个梦源于梦思不同的中心，不过其内涵有点重复。因而这梦的中心在另一梦中只是线索式存在着，而在这梦中不重要的部分却是另一梦的中心。但是在某些梦中，把它分为一个短的前言和一较长的主要部分正表示这两半有着显著的因果关系。

另外一个表现因果关系的方法则牵涉较少的材料，它把梦中的一个影像（不管是人或物）变形成另外一个。当变形在目击下发生时，我们才要真正地考虑其因果关系——而不是在那种仅仅是某物代替了某物的时候。我已经说过这两种方法在本质上是相同的，因为在这两种情况下，因果关系同样是用前后的顺序来表现的：前者是用梦的前后发生，后者却以一影像直接变形为另一个。我得承认，多数的梦例并没有表现出这因果关系，它们已在梦的过程中，因为不可避免的各元素之混淆而消失了。

那种随便一个都可以的“不是这个——就是那个”的情况在梦里是无法表现的。它们常常各自插入梦里，似乎二者都是一样的有效（译者按：其实只有其中之一能够成立）。伊玛打针就是一个现成的例子。很清楚的，它的隐意如下：“我不用替伊玛仍旧存在的病痛负责；因为这不是由于她拒绝接受我的治疗，就是源于她生活在那不合适的性生活，再不然就是因为她的病痛是器官性，而非歇斯底里的。”这梦完完全全地满足了这些可能（其实它们却是排他性的——不同时存在）。如果合乎梦的愿望，它也会毫不考虑地加上第四个可能。在分析完这梦后，我把“不是这个——就是那个”加入梦思的内涵中。

但是如果在重新制造一个梦的时候，如果想要运用“不是这个——就是那个”——譬如说“这不是花园就是客厅”——那么呈现于梦思的就是“和”一个简单的加法而已。

“不是这个——就是那个”通常是用来指一个含糊的梦元素——但是却能够被分开的，在这种情况下，解释的原则是：把两个情况看成同样有效，以一个“和”字把它们串联起来。

譬如说，有一次我的朋友逗留在意大利，我恰好有一段时间没有他的地址。那时我梦见收到了附有他地址的电报。它是以蓝字印成电报体，第一个字是模糊的：“Via（经由）”，或者是“Villa（别墅）”，或者是“Casa（房子）”，第二个字很清楚是“Secerno”。第二个字念起来有点像意大利的人名，这提醒了我和这位朋友讨论过的词源学题目。并且也表露了我对他的愤怒，因为他把住址匿藏那么久而不告诉我。但是第一个字的三种可能情况却在分析后变得各自独立并且都能成为一个思想串列的起点[16]。

在家父出殡的前一天晚上，我梦见一个布告（招贴或者海报）——倒有点像在火车站候车室内贴着的那种禁止吸烟的布告——上面印着："你被要求把两只眼睛闭上"，或是"你被要求把一只眼睛闭上"，我通常把它写成："Youarerequestedtoclosetheaneye（s）"。

这两个不同的说法有各自的意思，在分析的时候就导致不同的方向。我那时选择了最简单的送殡仪式，因为我很清楚家父对这种仪礼的看法，但是家里其他的成员对这种清教徒式的简单葬礼并不那么欣赏，认为会被那些参加葬礼的人们所轻视。所以，其中一句话："你被要求把一只眼睛闭上"——这就是说，闭着一只眼，或是忽视的意思。在这里我们很容易发现"either—or"所表现的模糊的意义。梦的运作不能用单一字眼来表现出梦中呈现的模棱两可，因而这两道思潮即使在梦的显意中亦开始分道扬镳了[17]。

在有些梦例中，这种要表现出"either—or"的困难是利用将梦分成相等的前后两半来克服的。

梦处理相反意见以及矛盾的方法是值得注意的——它干脆不予以理会，对梦来说，"不"似乎是不存在的[18]。它很喜欢把相反的意见合在一起，或者把它们当作同样的事件来表现。它甚至会随心所欲地把相反意思取代了原先的元素而在梦中表现；因此我们不能一眼望过去就决定一个相反的元素在梦思中是否亦是如此的存在或者恰好相反[19]。

在前面刚提到的一个梦里，我们已经解析过它的第一个句子（"因为我的出生是如此这般"）。在这梦里，病人梦见自己正由一些高低排列的木桩上步行下来，而手里握着开花的枝条。因为这影像，她想起了那手持百合花宣告耶稣诞生的天使画像[20]——而她的名字恰好又是玛丽亚——同时也令她回忆当街道用青色树枝装饰，举行"耶稣圣体游行"时，那些穿着白袍步行的女孩子。因此，梦中这开花的枝条无疑的暗示着贞洁——枝条上长着红花，看起来就像是山茶花。梦是这样进行的，当她走下来的时候，花已经大部分枯萎了。然后，接着一些无疑是月经的暗示——看来，这似乎是纯洁少女，握着同样的像是百合花（译者按：纯洁的意思）般的枝条是影射着茶花女：她平时戴着白色的山茶花，但在月经来临的时候，则戴着红色的。这带花的枝条［歌德诗"Der Müllerinverrat"中的（少女的花）］同时代表着贞洁以及其反面。而这梦表现她对这一生纯洁无瑕的欣悦，但是在某几个部分却泄露了相反的概念（如花的凋谢）——提示出她因为各种有关贞洁过失而引起的罪恶感（即是说，在她孩童时期发生的）。在分析梦的过程中，我们能够很清楚的把这两道思想分开，自我慰藉的那部分比较表面化，而自责的那部分较为深藏——这两道想法是全然对立的，不过相反但性质相似的元素却在梦的显意中以同样的事件表现[21]。

梦的形成机转最喜爱的逻辑关系只有一种，那就是相似，和谐，或者是相近的关系——即“恰似”。这关系和别的不同，它在梦中能以各种不同的方式表现[22]。梦思间早已存在的平行或“恰似”的关系是架构成梦的第一个基础，而梦的运作大部分不过是在制造一些新的平行关系来替代那些已经存在但是无法通过审查制度的阻抗者。梦的运作是倾向于凝缩，因而它赞助这种相似的关系。

相似、和谐、所谓具有相同归属的——在梦中却以单元化来表现；这些关系或者早就存在于梦思间，或者是新近才被创造出来。第一种可能可以称为“仿同”，第二种则称为“集锦”。仿同是用在人身上，而集锦则指对事物的统一。不过“集锦”亦可施用于人身上。而地方则常常被当作人一样看待。

在仿同作用里，只有和共同元素相连的人才能够表现于梦的显意中，其他人则被压抑了。但是这个梦中单一的封面人物出现于所有的关系及环境中——不仅是他自己，并且也概括了其他的人物的。在集锦作用里，这种情形就扩展到人的关系——这梦的影像概括了各人所持有的特征，但不是每个人所共有的；因而这些特征的组合导致了一个新的单元化，一个新的合成，集锦的实际过程可以有好几条，有时，梦中人具有一个和它相关的人的名字——在这种情况下，我们一眼就能看出来，因为这和醒着的知识相同：这正是我们要的人——而外观却是别人的样子。或者，梦的影像可以一部分像某人，一部分又像另一个人。或者这第二人的涉及并非是外观的，而是存在于梦中人的姿态，说话和所处的情况中，在最后的这种情形下，仿同和创造一个集锦人物间的分野就不那么清楚了[23]。但是，要制造一个像这样的集锦人物的尝试可以遭遇失败。在这种情况下，梦中的景物就只像是属于其中一个有关的人物，别的角色（而通常是最重要的），则变为一些附随的，而不具有什么功能。做梦的人有时会用这些词句来形容该种情况：“我妈妈也在那里。”梦内容中的这元素也许类似于象形文字中的决定性因子——不是发音，而是用来说明别的符号的。

造成两个人物结合的共同元素也许会表现于梦中，也许会被删除。一般来说，仿同或者是建造一集锦人物的理由是为了避免表现出这共同元素。为了避免说，“A仇视我，B亦是如此。”所以我在梦中制造一个由A和B合成的人物，或者幻想A在做一些为B所特有的行动。这样造成的梦中人因而有了新的连接。而它代表了A和B的情况使我能够很合理地在梦的适当时间内穿插一个它们共有的元素，即是说，对我的仇视态度。利用这种方法常常能使得梦内容得到显著的凝缩；如果我能够利用别人而把相同的情况表现得清楚，那么就可以省去了直接表现某人的情况所需的繁琐。我们亦可以很容易地看出，这种利用仿同作用来表现的方法亦可以用来逃过审查制度的阻抗，而阻抗正是梦之运用的严厉一面。审查制度所反对的，也许恰好落在梦思中某一特殊人物的特定意念上；所以我就寻找另外一人，他也和这被反对的材料有关，不过涉及较少。由于这两人不被审查通过的共同点使得以建造一集锦人物——它具有了两人其他无关重要的特征。不管是源于仿同或集锦作用，这人物于是被允许进入梦内容而不被阻抗。所以利用梦的凝缩作用，我满足了审查制度的要求。

当梦表现出两个人共有的元素时，这往往暗示着另一个被蒙蔽的共同元素，不过却因为审查制度而无法表现。共同元素常常利用置换作用来达到顺利表现的目的，因此，梦中集锦人物所具有的无关紧要的共同元素使我们能下这样的断语：梦思中必定还有一个不是如此不紧要的共同元素。

根据以上的讨论，仿同作用或者是集锦人物具有下列意义：首先，它代表两个人之间的共同元素。第二，它代表一件被置换了的共同元素。第三，它仅仅代表了一种一厢情愿的共同元素。因为希望两个人具有共同元素的想法，常常和这两人的置换不谋而合，所以后者在梦中亦是以仿同作用来表现，在伊玛打针的梦中，我希望将她和另一病人置换：那就是说，我希望另一病人和伊玛一样亦在接受我的治疗，梦达成这愿望的方法是，呈现一个叫伊的妇人，不过她被检查的方式却是我以前看到另一妇人所接受的情况。在关于我叔叔的梦里，这种交换成为梦的中心：我利用处置和裁判同事把自己比喻成部长。

根据经验，我发现每个梦都是关系着做梦者本人，丝毫没有例外，梦完全是自我的[24]。当自我不在梦内容中出现，反而代之以外人时，我可以很有把握地说，自我一定利用仿同关系隐藏在这人的背后；因而能够把本人的自我加入梦内容里。在别种的情况下，如果本人的自我确实出现于梦中，那么亦可知道别人的自我亦借着仿同作用而隐匿于本人的自我后面。因此在分析这种梦的时候，常常得注意我和此人所共同具备的隐匿元素（而这元素是连接在此人身上的）。在别的梦里，自我起初是附着在别人身上，不过当仿同作用消失后又再度回复到本人的自我来。这些仿同因而使我得以细察在自我的意念中，哪些部分是审查制度所不通过的。由于这种原因，自我在梦中可以经过数度交叠，有时直接呈现，有时却又经由仿同别人而表现，借着好几个仿同作用，它仍能把好多好多的梦思凝缩起来[25]。这种梦者本人的自我在梦中会数次呈现或者以不同的方式表现，基本上是和在清醒的思考中、自我亦会出现于不同的时间，不同的地点或关联没有两样——譬如这句子，“当我想我以前是多么健康的一个孩子。”

至于地点名称的仿同要比人更容易了解，因为在梦中具有重大影响力的自我没有牵涉在内。在我的那个关于罗马的梦里，我发现自己处身于一个被称为罗马的地方，不过却因为看到街头大量的德文招贴而感到非常惊奇。后者是种愿望达成，立刻使我想到布拉格；而这愿望也许源于我童年时代度过的德国国家主义时期（而这已经是过去的[26]）。在做这梦时，我有希望在布拉格遇见朋友（弗利斯）；所以罗马和布拉格的仿同可以解释成一种愿望的共同元素：我愿意在罗马遇见朋友，而不想在布拉格。而且这会见的目的使我乐于将布拉格和罗马交换。

这种制造集锦结构的可能是使梦常常披上一层奇幻外衣的最主要因素。因为它在梦内容中导入了一种不能由感官真正感受到的元素[27]。这种建构集锦影像的精神程序很明显地和清醒时幻想或涂绘恐龙以及半人半马怪物的情况相同。唯一的不同点是，清醒时，意欲创造的新构造本身决定了这想象物的外表；而梦中集锦的影像却取决于一些和它外表无关的因素——梦思所含的共同元素。梦中的集锦物可以有好多种方法去完成。最单纯的方法便是只以某物直接表现，不过这种表现却暗示着它仍有别的归属。更复杂的方法则是把两个物体合成新的影像，而在结合过程中，巧妙地利用了两者在现实中所含有的相似点。新的产物也许是怪诞离奇，也许要被认为是高明的想象，这要看原来的材料是什么，以及其拼凑的技巧高下而定。如果凝缩成一个单元的对象是太过不和谐，那么梦的运作常常制造一个具有相当明显的核心，但附随着一些不明显的特征后就心满意足了。在这种情况下，我们可以说，把材料组成一个单元化影像的努力是失败了。这两种表现方法互相重复出现，产生一些性质相当于两种视觉影像竞争的东西。在绘画上，如果我们想表现许多个人体认的意象所形成的一般概念时，亦会产生出同样的情形。

梦当然是这许多集锦的组合。在前述的梦的分析中，我已经提出了许多例子；以下我将多补充几个，下面这个梦是以“花的语言”来描述病人的生命过程：梦中的自我在手中握着开花的枝条——而我们说过，这代表着圣洁以及性的罪恶。由于花朵的排列情形，这枝条也向梦者暗示着樱花，而这些花儿，如果个别来看则是山茶花而且给人的印象是，花是加上去的。这集锦物各元素间的共通点可以由梦思中显示出来。开花的枝条暗示着那些要赢取，或者想获得她好感的人努力所贡献的礼物。因此，小时候她得到樱花；后来得山茶花树；而那个花看来像是加上去的外表则象征着一位常常外出旅行的自然学者为了获取她青睐所贡献关于花的图画。另一位女病人在她梦中则浮现了一个这样的东西——像是海边沐浴用的茅屋，像是乡村房子外面的厕所，又像是小镇子的顶楼。前面两个元素的共同点是关于人们的赤裸与脱衣；而与第三者的连接则可以得到这样的结论（在她小时候），顶楼亦是和脱衣有关。另外一个男人则在梦中产生了两个地点的集锦——而在这集锦物里进行“治疗”。其中一个是我的诊疗室，另外一个则是他第一次邂逅太太的娱乐场所。一个女孩则在她哥哥答应请她吃一顿鱼子酱后，梦见这哥哥的脚沾满了鱼子酱的黑色颗粒。这“感染”的元素（道德上的意思）和她回忆起小时候布满双脚的红疹（而不是黑的），以及鱼子酱的颗粒组合成一个新的概念——意即她由哥哥那里得到的。在这梦里（别的梦也一样），人体的一部分被当作物来看待。在费连奇报告的一个梦中，那个集锦的影像由医生和马所组成，并且穿着睡衣。在分析过程中，这女病人体会到睡衣象征着小时候她父亲在某一情境的影像，因此这三个元素的共同点也就明了了。这三部分都是她性好奇心的对象，当她年轻的时候，保姆时常带她到一个军队的养马场去，因而她有许多机会来满足她那未被压抑住的好奇心。

我在前面已经说过梦没有办法表达矛盾或者是相反的关系——即“不”。我现在将首先提出反对的意见。有一类能够归属在“相反”前提下的例子是利用仿同作用的——在这些梦例中，交换或者取代的意念是和相反情况关联着。关于这点，我已经举过了许多例子。另外一类则归属于一种我们可称为“刚好相反”的旗下，它是以一种奇特的方式呈现在梦中——似乎可以把它形容为玩笑。这个“刚好相反”并不直接呈现在梦中，但却经由梦内容（那些为了别的理由而创造的）刚好和它相邻接的部分的扭曲而泄露其存在的事实——就像是一种事后回想。这种方式用实际例子解释可要比描述容易多了，在一个美丽的梦，即“楼上和楼下”的梦里，表现的爬楼梯恰好和梦思的原型相反——即是这恰好和都德名作沙孚中情境相反；在梦中向上爬的动作开始困难，后来却轻而易举，而在都德的故事中开始容易，后来却困难了。另外梦者和她哥哥的“楼上”、“楼下”的关系在梦中刚好倒过来。这指出在梦思中，两件材料的关系是相反的；而我们可以看出梦者幼童式的想让乳母拥抱的幻想，不过在小说的情节中刚好颠倒，主人翁却抱着太太上楼。我那梦见歌德抨击 M 先生的梦也一样。在此种梦的分析中，必须弄清楚这关系，否则是无法成功的。梦里歌德抨击一位年轻的 M 先生；而实际存在梦思中的却是另一个重要的人物（我的朋友弗利斯），他被一个不知名的小作家抨击。在梦里，我计算歌德逝世的日子——实际的计算却是基于一位瘫痪病人的生日。梦思中具有决定性影响力的思想恰好和歌德应该得到疯子般待遇的意念相冲突，“刚好相反”，梦（潜匿意义）如此说，“如果你不明白书里讲什么，那么你（评论家）便是白痴，而非作者。”另外，我想这种把意义歪曲的梦都隐含着一种轻蔑的，有着这种“背叛某件事”的意念（譬如说，在沙乎的梦中，梦者把他和其兄弟的关系颠倒过来）。另外，我们亦可以看到这种梦中的相反手法时常是源起于潜抑的同性恋冲动。

附带来说，把一件事扭转到反方向是梦运作最喜欢的表现方式，同时也是运用最广的。它的第一个好处乃是能满足对梦思中某些特殊元素的愿望，“如果这件事是相反的话，那该是多好！”这常常要表现自我对记忆中那些不如意部分的最好方法。还有，“相反”是逃避审查制度的有效方法，因为它产生一堆歪曲的材料——这且具有一种瘫痪的效果，譬如说，对尝试要去了解这梦的含意泼冷水。因此，如果梦很顽固地不愿泄露其意义，那么追究梦显意里那些刚好相反的特殊元素是非常有意义的，因为经过这手续后整个情势就明朗化起来。

除了把主题颠倒以外，我们还要注意时间的倒置，梦的改装最常见的方法是把事情的结果，或者思想串列的结论置于梦的开始部分，而把结论的前提及事情的原因留在梦后段里，因此，如果不把这原则放在脑海里，分析梦就要无所适从了㉘。

在某些梦例里，我们需要把许多梦内容颠倒过来才能找到其意义。譬如说，有一个年轻的强迫症患者在某个梦中隐匿着一个自孩童时代即已存在的希望父亲死亡的记忆。这父亲又是他所害怕的。梦内容是这样的：因为他回家晚了，父亲骂他一顿。这梦发生在精神分析的治疗过程中。由他的联想看来，本来的意思一定是他生父亲的气，因为父亲回来得太早了。他宁愿父亲永不回来，这就等于希望父亲死去（请看第五章），因为这个男孩子在父亲外出的时候做了一件错事，被警告说：“等你爸爸回来，你就知道厉害了！”

如果我们要更深一层地研究梦思和梦内容的关系，最好的方法便是把梦作为起点，然后研究梦表现方法中的正统特征究竟和底下的思想有什么关系。最显著的是，梦里面各种梦的影像会激发起不同的感觉强度，而梦的各段或者是不同的梦都具有不同的清楚度。

各种梦影像的强度相差（位于我们所了解的两个极端之间）并不能够看为比真实情况来得大（这我们认为是梦的特征的，其实是掩人耳目而已），因为这和我们在真实情况中所能体会的不清楚度无所比较。我们常常会说，梦中不清晰的对象是“消逝的”，而认为更清楚的影像必定是酝酿了相当长的时间。现在的问题是，到底是梦思的什么东西决定了梦内容中各不同部分的鲜明度呢？

我想以分析一些可能的情况来作为开始。因为梦的材料可能包括一些睡眠时所觉察到的真正感觉，所以也许有人会这样假设，导源于这些感觉的梦内容一定会有特殊的强度，或者反过来说，在梦中特别鲜明的，一定导源于睡觉时的真正感觉。不过由我的经验来看，此种假设从来没有成立过。由睡觉时所接受的神经刺激产生梦的影像比由记忆而来的清楚——这种关系是不存在的。真实与否对梦影像的强度来说是毫无影响的。

另外，我们也许这么想，梦影像的感觉强度（鲜明度）和对应的梦思所蕴含的精神强度有关。而精神强度即相当于精神价值；即最鲜明的便是最重要的——是梦思的中心所在。而据我们所知，真正重要的元素通常是无法通过审查而进入梦内容的；但不管如何，也许它在梦中的直接衍化物亦带有一些较大的强度，并且无须因而形成梦内容的中心。但是这种想法由梦的比较研究来看亦是不正确的。梦思中查元素的强度，和梦内容中相应元素的强度是毫无关联的：事实是“所有精神价值的完全转换”（尼采语），在梦思中举足轻重的元素，也许它的衍化物在梦中变为短暂的存在，并且在一些更强烈的影像相比之下，显得黯然无色。

梦中各元素的强度反而是由两个独立的因素来决定，第一、完成愿望达成的元素是以特别的强度表现的（请看第七章）。第二、由分析过程看来梦中最鲜明部分乃是产生最多思想串列的起始点——那些最鲜明的元素亦是那些具有最多决定因子的。也可以这样子说：最大强度的梦元素，乃是那些借以得到最大凝缩作用者（请见第七章）。我们也许可以期望，终将会有一公式来表达出这两个决定因素和强度的关系。

前述那个问题——关于梦中某一元素的强度或清晰度的原因——是不能和下面这个关于梦各个段落以及整个梦的清楚或混乱的问题混为一谈。在前一问题里，清晰度是和模糊度相对，而后者之清楚则和混乱相对。但是毫无疑问的，这两种尺度的进退关系是相互平行的。具有鲜明印象的那段梦，常常是含有一个强烈因素的，而暧昧不清的梦则具有一些强度较小的元素，但是梦的清楚或混乱可要比梦中元素的鲜明度更难于判断。的确，因为一些以后即将讨论到的理由，我们目前仍无法对前者加以讨论。

但是在某些例子中，我们很惊奇地发现到梦的清晰与否和梦的改装没有关系，它反而是由梦思的材料直接而来（并且是梦思的一部分）。我就有一个梦，在我醒来时，觉得结构完美、清楚与毫无瑕疵——当我在梦中仍然半睡半醒时的时候，我想要分出一类不受凝缩与置换作用影响，而属于“睡眠中的幻想”的梦，但是细察这稀有梦例时，我发现它仍然和其他梦具有同样的缺陷与隔膜；因此就把这“梦的幻想”[29]的分类删除了，梦的内容代表了我们长期追寻以及困扰我们（我和我的朋友弗利斯）的两性理论；而这梦愿望达成的力量使我认为这理论（刚好没有出现于梦中）是清楚与毫无瑕疵的。因此我认为是完整的梦的判断其实不过是梦内容的一个重要部分而已。在这梦例中，梦的运作侵犯了我清醒时的思想，将之篡改使我认为这是对此梦的判断，其实这是在梦中没有成功表现出来的梦思的材料[30]。有一回，在分析一位妇人的梦时，我遇到了和这梦相同的情况。开始的时候，她拒绝说，因为“这是非常不清楚与混乱”。终于当我重复说她不能如此确定她一定对以后，她说，有好几个人进入梦境——她本人，丈夫和她父亲——但是她却不能确定她丈夫是否就是她父亲，或者她父亲是谁，以及这类问题。把梦和她分析过程中的联想合起来很清楚地显示出这是一个常见的故事，关于一个女佣人怀孕了，但不能知道“小孩子的父亲到底是谁”[31]，因此再度显示梦的不清晰其实乃是促成此梦的材料的一部分：即是说，这材料是以梦的形式来表现。梦的形式，或者梦见的形式是非常普遍的用来表示其隐蔽的主题。

对梦的谅解，或者表面看来是善意的评论，常常是用来虚饰那以微妙方式出现于梦中的部分，虽然实际上是出卖了它。譬如说，一个梦者说：“梦已被抹掉”；而分析结果则显示出他回忆（童年的），他在倾听那位替他大便后抹屁股的人谈话。另外有一个例子值得详细记录，一位年轻小伙子做了一个很清晰的梦，内容提醒他有关一些仍记得清楚的童年幻想。他梦见傍晚时分，他在夏季游览胜地的旅馆里。他记错了房门号码，结果走入一间客房，里头的一位老太太正和两个女儿解衣就寝。然后他说：“梦在这里有个空当；少了某些东西，最后出现了个男人，他想把我抛出去，于是，我就和他挣扎。”他尽了力量，但始终没有办法记起这关键——而无疑的这暗示着他儿时的幻想；最后，真相大白，他所想找寻的其实在他叙述梦的隐蔽的部分时已经说出来了。这空当其实是这些要上床的妇人的生殖器开口；而“少了某些东西”，则是对女性生殖器的形容词。当他年轻的时候，他具有对女性生殖器官的好奇心，同时固执于这有关幼童的性理论——根据这理论，女人是具有男性生殖器官的。

我想起了另外一个相类似的梦。他这么梦：“我和 K 小姐一起步入公园餐厅……然后就是个含糊的部分，一个中断……然后发现自己置身于妓女户，那里两个或三个妇人，其中一个穿着内衣裙。”

分　析

K 小姐是他前任上司的女儿。她承认，她就像是他妹妹。不过他很少有机会与她交谈。有一次的谈话中，他们“似乎开始察觉到彼此性别的不同”，而他似乎这么说：“我是男人，而你是女人”。他只到过此餐厅一次，那是和他姐（妹）夫的妹妹一同去的——而对他来说，她是没有什么影响力的。有一回他和三位小姐走过此餐厅大门。那三位小姐是他妹妹、阿姨以及刚提到的姐（妹）夫的妹妹。三位对他来说都没有举足轻重的力量，但都是他的妹妹。他很少逛妓女户——一生中大概只有两三次。

对这梦的分析主要建立于梦中“含糊的部分”及“中断”的基础上，因而导出他孩童时，因为好奇的缘故，曾经（虽然很不常）检视过小他几岁的妹妹的生殖器，于是后来，他就做了这个梦，象征着他对这过失的（意识的）记忆。

同一晚上所发生的梦内容都是整体的一部分；而它们之所以会分成这许多段，同时有不同组合和数目的事实都是有意义的，这可以看成隐匿着的梦思所提供的消息[32]。在分析含有许多主要部分的梦时（一般来说，或者是同一晚上发生的梦），我们不应该忘记这可能，即这些分开，而同时又是连续着的梦也许含有同样的意义，并且是以不同的材料表达着同一冲动。如果是这样的话，那么第一个梦通常是最胆怯以及歪曲的，而接着的可能是更确定与明显。

圣经中那个由约瑟夫解释的法老王所做的关于母牛和玉黍蜀穗的梦就是属于此类。约瑟夫的记载要比圣经上详尽得多。当国王提起第一个梦后，他说：“当我看到这景象时，就由梦中惊醒了，而在混淆以及思索这到底有何意义的当中再度入睡。然后又做了一个梦，这要比前一个来得露骨与奇异，并且使我感到惊恐与迷惑……”听完国王对梦的叙述后，约瑟夫回答说：“国王呀，这梦虽然以两种方式表现，但却具有同一意义……”

杨格在那篇“谣言的心理”中提到某女孩经过改装的“色情的梦”如何不经分析即被她同学识破，以及这梦如何更进一步的改装与润饰。他在叙述这许多梦的故事后，下如此的评论：“在一系列的梦中，最后一个梦影像所欲表达的思想，完全和这系列中第一个影像所欲表达的雷同，审查制度利用一连串的不同象征、置换、无邪的改装等来达到尽量延长隔离此情意综的目的。”歇尔奈尔对于这种梦的表现方法非常熟悉。他曾经描述过，并且把它和他的器官性刺激的理论[33]连在一起，当着是一种特别的定律："最后由某一特殊神经刺激引起象征性的梦的构造皆遵循此一般原则：在梦开始的时候，它是以一种最遥远，最不正确的暗示描绘着产生刺激的对象，但是最后，当所有可能的图像来源枯竭后，它就赤裸地表现出刺激本身，或者是（依梦例而不同）如有关的器官或者是该器官的功能，因此，梦在指示出其器官性原因后，达到了目的……"

峦克干净利落地肯定了这歇尔奈尔的定律。他报告的女孩的梦分为两部分，中间有一段间隔，不过是同一晚上发生，而第二个梦是以达到情欲高潮而结束。即使是没有从梦者取得详细的资料，我们亦能很详尽地分析第二个梦；但是由两梦之间的许多联系看来，我们发现第一个梦所表现的和第二个梦一样，不过是以一种比较羞怯的方式呈露而已。因此这第二个达到情欲高潮的梦使我们能给予第一个梦完整的解释，峦克即根据此梦例，很正确地用梦的理论来分析，"产生情欲高潮或遗精的梦"的意义（请看第六章）。

不过根据经验，我认为很少有机会碰上要用梦的明确或有疑问的材料来判决梦得清晰抑或混乱。后面，我将展示一个"梦的形成"的因素（我以前没有提过）而这将决定梦中各因子的分量。

有时当梦中的某一情况或段落持续一段时间后，突然会冒出如此的句子："但似乎在同一时间里出现了另一个地方，在那里发生了某件事情。"过一阵子，梦的主流又回复了，而这中途的打叉不过是"梦的材料"的一个附属子句而已——一个窜入的思想，在梦里，梦思的条件子句是这样子表现的：

以"当"来替代"如果"。

那个在梦中常常出现而且是那么靠近焦虑的被禁制感究竟具有何种意义呢？在这种情况下，想要前进，但是却发觉自己被胶粘在那里。想要取得什么但却被一些障碍挡着。火车快要开了，但是却无法赶上。举起一只手想为受到的侮辱报复，但却发现它是无力的。例子真是不胜枚举。前面，我们已经在暴露的梦中提到这感觉，不过却没有真正的尝试对它分析。一个容易但理由并不充分的答案是在睡觉时常常有运动麻痹的感觉，因而就产生这种感觉。但是为什么我们不一直梦见这种被抑制着（麻痹）的行动呢？不过我们可以很合理地这么想，这种睡觉时任何片刻都可以唤起的麻痹感使某些表现方式容易呈现出来，并且只是当梦思的材料需要如此表现时才会感觉到。

这种"无法做任何事情"并不常常以此种感觉呈现在梦中，有时它甚至是梦内容的一部分，下面是这样的一个例子，而且我认为它对此种梦的意义提供了最好的说明。以下是此梦的节录，在梦里我因为诚实而被指控。这个地方是私人疗养院和某种其他机关的混合，一位男仆人出场并且叫我去受审。我知道在这梦里，某些东西不见了，而这审问是因为怀疑我和失去的东西有关［由分析看来，这审问（检查）有两种意义，并且包括了医学检查］因为知道自己是无辜的，而且又是这里的顾问，所以我静静地跟着仆人走，在门口，我们遇见另一位仆人，他指着我说："为什么你带他来呢？他是个值得敬佩的人。"然后我就独自走进大厅，旁边立着许多机械，使我想起了地狱以及它恐怖的刑具。在其中一个机器上直躺着我的一位同事，他不会看不见我，不过他却对我毫不注意。然后他们说我可以走了。不过我找不到自己的帽子，而且也没法走动。

这梦的"愿望达成"无疑的是表现于我的"被认为是诚实的，并且可以走了"。因此，在梦思的各个材料中必定和这个相反。"我可以走了"是赦免的一个讯号。因此，在梦的末尾某些事情发生而阻止我的离开不就可以认为是那含着阻碍的潜抑材料正在这时刻表现出来吗？于是我不能找到帽子的意义就是："毕竟你并不是个诚实人。"因此，梦里这"无法做任何事情"是用来表达一个相反——"no"，所以我又要修改前面所说的梦是无法表达"不"的话了[34]。

在别的梦中，"无法行动"并不是单纯的一种情况而是一个感觉，而这种被禁制的感觉是一种更强有力的表达——它表现一种意志，而这受到反意志地压抑，因此受禁制的感觉代表一种意志的矛盾。而我们以后将提到，睡觉中所连带的运动性麻痹恰好是做梦时精神程序的基本决定因子之一。我们知道运动神经传导的讯息不过是意志力的表现，而我们在梦中确定此传导受抑制的事实不过使整个过程显得更适于代表意志以及反意志的行为。而且我们很容易观察到被禁制的感觉何以那么靠近焦虑，并且在梦中常常和它相连。焦虑是一种原欲的冲动，源起于潜意识并且受到前意识的禁制[35]。因此，当梦中，被禁制感和焦虑相连时，这一定是属于某个时候能够产生原欲的意志力量——换句话说，这一定是性冲动的问题。

我将在别的地方讨论在梦里出现的评语"毕竟这只是梦而已"的精神意义，我这里仅仅要说，这是为了要分散对于所梦见的重大事件的注意。有趣的问题是，梦内容的一部分在梦里被描述为梦到底有什么意义——这有关"梦中梦"的哑谜已经被史德喀尔在分析一些令人信服的梦例后被解开了。再说一遍，其意图是为了减少对梦里所梦见事物的重要性，即夺除其真实性。梦里所梦见的是梦的愿望，欲在醒后将之蒙蔽的事实。因此我们可以很合理地假设，梦里所梦的是真实（真实的回忆）的呈现，而相反的，那些梦里所表现的其他事物则是梦的愿望而已，等于说希望这被称为是梦的东西不曾发生。换句话说，如果某一事件是以梦中梦的方式插入梦中，那么似乎可以很肯定地说，这暗示这事件是真实的——最肯定的了，梦的运作利用梦见作为否认的方式。并且因而肯定了梦都是愿望达成的。

四、梦材料的表现力

直到目前为止，我们已经研讨了许多以梦表现梦思的方法。我们知道在形成梦以前，梦思必须经过某些程度的改造，而且我已触及有关这方面的更深层题目（除了其一般性原则外）。我们也知道，这些材料被剥离了许多相连关系后，还要经过挤压制的程序，同时由于元素不同强度之间的置换，也达致了材料间发生了精神价值的改变。到现在为止，我们所考虑的置换作用只是限于将一个特殊的意念与一个和它非常相近的相互交换，而结果促成了凝缩作用，使一个介于二者之间的单元化元素的进入梦境（而不是两个）。我们并没有提到其他的置换作用，由分析知道，还有另一种置换作用，它置换有关思想的语言表达。在这两种情况下，置换都是基于一串列的联想；此种程序能发生于任何一种精神领域，而置换的结果可能是一元素代替了另一元素，或者是某一元素的语言形式被另外一种所取代。

第二种“梦的形成”的置换作用不但在理论上是有很大的吸引力，并且亦可以解释梦所伪装的极其荒谬外表。置换的结果常常造成梦思中一个无色与抽象的概念改变为图画的或者是具体的形式。这种改变的好处及目的当然可以一目了然了。由梦的观点来看，能够意象化的，即能被表现：就像在报纸上画家因为重要政治题目而面临了插图（表现）的困难，抽象的观念亦使梦得到了同样的危机。此种置换不但是表现能力受惠，亦可以因而得到凝缩以及审查的好处，只要是抽象形式的梦思都是无法利用的；一旦它变成图像的语言后，梦的运作所需的对比与仿同（如果没有，它也会自己创造的）在这种新的表达方式下就能够更容易地建立了。这是因为在每种语言的历史进展中，具体的名词比概念名词具有更多的关联。我们可以这么想，在形成梦的中间过程中（使得杂乱分歧的梦思变得简洁与统一），大部分精力是花在使梦思转变为适当的语言形式。任何一个想法，如果其表达方式因为别的原因而固定的话，那么它就能根据一个变数来选择其表达方式（这些是别的想法所具有的可能表达方式），而它或许从开始就这样了——像写诗一样，如果诗要押韵的话，那么对句的后者必定受到两个限制：它必须表达某种适当的意义，而其表达亦要合乎第一句的韵律。无疑的，最好的韵诗是那种无法找到刻意求韵的斧凿痕迹，而且它欲表达的意义，因为相互影响的关系，从开始就选定了一些字眼，只要稍加变动就可以满足诗韵了。

在某些例子中，此种改变表达的方法甚至直接协助了梦的凝缩，因为它的含糊的字眼表达出许多梦思（而不是一个），而整个文字的智慧就这样的被梦的运作所废弃了。我们无须因为文字在梦的形成所扮演的角色而感到惊奇。既然是许多意念的交接点，文字亦可以认为注定是含糊的；而心理症患者（譬如说，在架构强迫性思想与恐惧时），亦毫不羞耻的利用这些文字的好处（不比梦少）以达成凝缩和伪装的目的[36]。我们亦可以很容易发现梦的改造亦因表达的置换而获利。如果以一个含糊的字眼替代了两个意义明确的，那么结果是误人的；如果以图像来替代我们日常所用的严肃表达法，那么我们的了解力将会大受阻碍，特别是梦从来没有告诉我们它的内容应该是按字面解释或者是比喻的，而且内容是否直接和梦思相连抑或要经过一些中间插入的语句。在分析任何一个梦的元素时，我们常常不知道究竟：

a. 是否要看它的正面或是反面意思；

b. 是否要当历史来说明（回忆）；

c. 是否以象征的方式来说明；

d. 是否以其文字意义来说明。

但虽然是含糊，我们亦可以说这些梦的运作之产品（我们应当记得，它们并非基于要被了解而制造的），对其翻译者所带来的困难要比那些古代的象形文字来得简单多了。

我已经举过了几个梦例，它们利用含糊文字的联系来表现。譬如，“伊玛打针”梦中的“她好好地张开嘴巴”（第二章）和“我没法走动”（第六章）。下面我将记录一个梦，内容大部分是把抽象意念转变为图像，这种梦的分析法和利用象征方法来分析梦的分别仍然是清楚而毫不含糊的。在象征的梦分析中，分析家可以任意选择了解象征的解答钥匙；而在此种用文字伪装的梦里，解答已经展示但却被一些日常的文字用法所遮盖住。如果在适当的时机中有恰当的处理，那么我们就能够部分或完全地解释此种梦，有时甚至不必借重梦者提供的资料。

我一位熟人的太太做了下面这个梦。

她在剧院里，那里上演华格纳的歌剧，在到凌晨七时四十五分才结束。剧院正厅里摆着餐桌，人们在那里大吃大喝。她那刚由蜜月旅行归来的表哥（弟）和年轻太太坐在一起，旁边是一位贵族。看来这新婚太太相当公开地把丈夫由蜜月中带回来，就像是把帽子带回来的情形一样。正厅的当中有个高塔，上面有个平台，四周围绕着铁栏杆。指挥就在上面（他具有利希特的特征）。他在那里不停地沿着栏杆走，汗流浃背，而他借着那种位置来指挥簇聚在高塔底下的乐队。她和一位女朋友坐在包厢内，她年轻的妹妹在正厅中想递给她一大堆煤。因为她不知道会这么长，所以觉得快冻僵了（就像包厢在这长时间的演奏里，需要热气来保持温暖一样）。

虽然梦是集中在一个情境下，但是由别的角度看，它却是无意义的：譬如说位于正厅的高塔，以及在上面的指挥！最不可思议的是她妹妹竟然由正厅下面递给她那些煤块。我故意地不要求她将此梦做个分析，是因为我对梦者的人际关系有相当的了解，所以能够不必靠她就能够解释梦里的某些部分。我知道她同情一位音乐家——他的事业生涯因为疯狂而过早地缩短了。因此，我决定把正厅的塔当作是一种隐喻——她希望此人取代利希特的地位，凌驾于整个乐图之上。此塔因而乃是利用适当的材料做成的集锦图像。塔的下面部分表示此人的伟大；上面的栏杆以及他在里面像一位囚犯或牢笼里野兽一样地团团转——这暗示了这不幸者的名字[37]表示了他的最后命运。这两个意念也许是以“Narrenturn[38]”来表示出来。解决了此梦的表现方式后，我们可以利用同一方法来了解第二部分的荒谬——她妹妹递给梦者的煤块。“煤块”一定是指“秘密的爱”：

没有火，没有煤，
烧得那么猛烈，
就像是秘密的爱，
没有人晓得。

——德国民谣

她和这位女朋友都没有结婚。她的年轻的妹妹（仍然有结婚希望的）递给她煤块，因为“她不知道它会这么长的”，梦并没特别指出什么会这样长。如果这是故事，那么我们会说这是指演奏的时间，不过因为这是梦，所以我们把这片语当作不同的实体——认为它的用法是含糊不清，而应该在后面加上“在她结婚以前”（译者按：整句话便是，她不知道自己要结婚还要很长的时间呢！）而由梦者的表哥和她太太在正厅中坐在一起，以及后者公开的爱情更进一步地证实了我们对“秘密爱情”的说明，整个梦的重点是在于梦者的热情和年轻太太冰冷之间的秘密与公开爱情的对比。而在这两种情况里都有人被看重——这是指那贵族以及被寄予无限期望的音乐家[39]。

前面的讨论使我们发现第三种[40]将梦思转变为梦内容的因素：即是梦考虑它所将利用的精神材料的表现力——而这大部分指的是视觉影像的表现力。在各种主要梦思的附属思想中，那些具有视觉表征的将大受欢迎；而梦的运作并不迟疑地努力将一些无法应用的思想重铸成另一种新的文字的形式——即使变为不寻常亦在所不惜——只要这程序能够协助梦的表现以及解除了这拘束性思想所造成的心理压力。把梦思内容改变成另一种模式的同时，亦可以产生凝缩作用，并且可能创造一些和其他梦思的联系——而这本来是不存在的；而这第二个梦思也许也为了和这第一个梦思相连，早就把自己原来的表达方式改变了。

塞伯拉曾经就梦的形成发表了许多将梦思改变为图像的程序的直接观察办法，因而可以单独研究这梦的运作的因素。他发现，在很困及疲倦的情况下，如果做一些理智性的工作时，往往思想会脱离而代之以一个图像——他发现这是那个思想的替代物。塞氏以一个不太恰当的“自我象征”来形容此种替代物。下面我将引述塞氏论著中的一些例子，而我以后将在提到有关这现象的特征时再度涉及这些例子。

“例一”——我想修改一篇论文中的不满意部分。

“象征”——我发现自己正在刨平一块木板。

“例五”——我努力地尽量使自己熟悉（了解）别人建议我做的形而上学研究。我认为他们的目的是要人在追寻存在的本质时，发奋克服困难以达到意识与存在的更高阶层。

“象征”——我将一把长刀插入蛋糕中，似乎是想将一片蛋糕提起来。

“分析”——我把刀插入的动作比喻“这有问题的”克服困难。以下是对这象征的解释。我常常在聚餐时切蛋糕，帮忙把它分给每个人。切蛋糕所用的是一把长而会弯曲的刀子——因此需要小心，尤其是要把切好的蛋糕，干净利落地放到碟子里；这刀子必须要小心地塞到蛋糕下面（这和那缓慢的“克服困难”以达到那本质互相对应）。这图像里还有另外一个象征。因为在这图像里，这是一种千层糕——所以刀子要切过许多层（这和意识与思想的许多层面互相对应）。

“例九”——我失去了一思想串列的线索。我想再把它找回来，不过却得承认这思想的起点已经不可再得了。

“象征”——排字工人的一个排版。不过末尾几行的铅字掉了。

回想受教育者的精神生活（那属于玩笑、座右铭、歌曲、成语的部分，我们应该可以期望它们一定常常被用来替代梦思以达伪装的目的。譬如说，梦见许多的两轮马车，每一辆上面装满着不同种类的蔬菜到底具有何种意义呢？它是对“KrautuntRüben”（字面意思“卷心菜和大头菜”）的相反意愿，即混乱的意思。不过奇怪的，这梦我只听见一次。普遍性相同的梦的象征只有少数几个。而这都是基于一些大家都熟悉的暗示和文字的替代物。另外，这些象征大部分为心理症患者，传说和习俗所共有[41]。

如果我们更进一步地探究此问题，那么就能发现在完成此种替代的过程中，梦的运作并没有利用什么新的创意。为了达到目的——在此情况下，也许是不受审查制度的阻抗——它运用一些早已存在于潜意识的途径；而它所喜爱的变形手法，和心理症病人在其幻想中，或者是意识的玩笑与暗示中的情形大致相同。因此我们即可了解歇尔奈尔的梦的分析，而我在别处已经为其基本的正确性辩证过了（第五章）。

不过这种对自己身体想象的先入为主的概念并非是梦所特有，亦非其特征。我对心理症病患的潜意识思想分析的结果发现它是经常存在的，并且是导源于性的好奇——对生长中的年轻男女来说是指异性及自己的性器官。歇尔奈尔及伏克尔特坚持家里的东西并非是用来象征身体的唯一来源。他们是对的——不管是梦，或者是心理症病患的幻想，不过我也知道许多病人用建筑物来象征身体以及性器官（对性的兴趣远超过外生殖器官）。对这些人来说柱子或圆柱代表着脚（就像所罗门之歌内的象征），每一个门代表身体的开口（洞），每一种小管都是提醒着泌尿器官，在这里不胜一一枚举。有关植物生涯与厨房的事亦同样的可以用来隐匿着性的影像。对于前者，已有许多语意学上的用语，如一些可追溯到古代的类比想象：如上帝的葡萄园、种子、和所罗门王之歌中的少女的花园。在思想或者梦中，最丑恶以及对性生活最详尽的描述也可以利用那种看来是纯洁无邪的厨房活动暗示着；而我们亦将无法了解歇斯底里症的症状，如果我们忘了性的象征可以由一些普通以及不明显的部分找到最好的匿藏。神经质的孩子无法忍受血及生肉，或者看到蛋与通心粉就恶心，还有那些带有神经质的对蛇的夸大性害怕——这些背后都有性的意义。不管什么时候，心理症病患利用为这些伪装时，他们都是遵循着一条古代文明人类即已走过的途径——一直沿用至今（继续存在）而且蒙着最薄的薄纱；在言语、迷信和习俗上都可以找到证据。

现在我将记录一位女病人所做的“花”的梦（我在第六章 答应将此梦记录下来）。我将在具有性意义的部分用方体字标出来。梦者在经过说明后，就失去了她对此美丽的梦的爱好。

起始的梦：她走入厨房，那时两位女佣人正在那儿。她挑她们的毛病，责备她们没有把她那口食物准备好。在同一时间里，她望见一大堆厨房里常用的瓦罐口朝下的在厨房里累叠着以让内壁滴干。这两个女佣人要去提水回来，不过要步行到那种流到屋里或院子里的河流去汲取[42]。

主要的梦[43]：

她由一些排列奇特的木桩或篱笆的高处[44]向下走——它们是由小方形的木板架构成大格子状[45]，它们并非做来让人攀爬的；要找个置脚的地方也有困难，但是她却高兴衣裙没有被什么勾到，所以她一面走一面仍能保持值得尊敬的样子[46]。她手里握着一根大枝条[47]，事实上它就像是一棵树，布满着红花，枝芽交错并且向外扩展[48]，看来有点像樱花树的花朵；但也像是重瓣的山茶花，虽然它们并没有长在树上。当她向下走的时候，起先她只有一株，然后突然变为两株，后来又变回一株[49]。当她走下来的时候，比较下面的花朵很多已枯萎。走下来后，看到一位男用人——她想和他说话——而他正在梳着同样的一棵树，即是说他用一片木头把像是苔藓由树上垂下来的一团发状物拖曳出来，别的工人亦由树上砍下相同的枝条，把它们丢到路上而分散在那里，因此，许多人各自拾取一些。但她问他们是否可以——是否也可以拾取一株[50]。一位年轻男人（她认识的某人，一个不太熟悉的）站在花园里；她走上前问他如何使这种枝条移植到她自己的园子里去[51]。他拥抱着她；她挣扎着并问他想要怎样，难道他认为谁都可以这么抱着她。他说这没有什么坏处，这是被允许的[52]。然后他说他愿意和她到另一花园，示范如何把这树种好，并且加上一些她并不太了解的话：“无论如何我需要三码（后来他又这么说：3 方码）或者三英寻（18 英尺）的土地。”就像是为了这情愿而要她支付给他什么似的，或者想要在她花园中取得补偿，或者想要欺瞒一些法律，并且由此得到一些利益，但并不伤害她。至于他是否真的展示什么给她看呢——她一点也不知道。

这梦可以说是一种自传式的，而我是因为其象征元素才把它提出来的，这种常常发生在精神分析期间，其他时间则很少发生[53]。

我当然藏有许多此种资料[54]，但是如果都提出来，则将使我们太过深入于心理症病患的情况，这一切都导致同样的结论——即梦的运作无须利用一些特殊的象征活动，它利用那些早就存在于潜意识中的象征，因为它们更能符合“梦的构成”的需要（由其表现力来看），以及能够逃开审查制度。

五、梦的象征——更多的典型梦例

由最后这个自传式的梦看来，很清楚的我一开始就注意到梦里的象征。但是却在经验慢慢增加后，我才逐渐了解其重要性与牵涉之广。而这也是受了史特喀尔论著的影响。我想在这里提到他是合适的。

这位作家对精神分析的破坏也许和他贡献的一样多。他带给这些象征许多出乎意料的解释；而起先大家对这些解释皆表怀疑。不过后来，大半都被证实而且被接受了。我这么说并没有小看史氏成就的意思——即他的理论被怀疑不是没有理由的。因为他用来支持（说明）其分析的例子常常不能令人折服，而他所利用的方法在科学上亦是不可信赖的。史氏是利用直觉来解析梦的象征。关于这点，我们需要感谢天赋予他直接了解的才能。但此种禀赋不能完全被接受，而它又无法予以置评，所以其正确性就不可得知了。这就像是坐在病床旁，以嗅觉来对病患之感染加以诊断一样——虽然许多临床无疑地能对嗅觉加以更多的利用（这通常是退化的），并且可借以诊断胃肠病而引起的发热。

由精神分析的进展，我们可以发现许多病人都具有这种惊人的对梦的象征的直觉，他们多数是早发性痴呆即今日所谓的精神分裂症的病患，因此有一段时间里竟令我们怀疑有这种倾向的梦者都患有此病[55]。但事实不是这样——这其实只是个人特殊的禀赋，而且没有病理上的意义。

当对梦中代表“性”的象征之广泛利用感到非常熟悉时，我们会有这样的问题：这些象征是否大多数都具有固定的意义——就像速记中的记号一样——呢？而我们甚至会想利用密码来编一本新的“释梦天书”。对此点，我们有这样的意见：这种象征并非是梦所特有，而是潜意识意念的特征——尤其是关于人的。通常可在民谣、通俗神话、传奇故事、文学典故、成语，和流行的神话上发现，这可要比在梦中更为彻底。

如果我们一定要找出各种象征的意义，以及讨论这无数的，并且大部分仍然没有解决的和象征关联的问题，那么我们就会远离了梦的解释[56]。因此，我们在这里要说，象征乃是一种间接的表现方法。但是我们不能够无视于其特征而和其他的间接表现法混为一谈。在许多例子中，象征和它所代表的物像具有很明显的共同元素；在别的例子，则是隐匿而不明显，因此使人对这种象征的选择感到疑虑。但一定只有后者才能说明象征关系的最终意义。他们是具有遗传的性质。现代那些以象征关系相连的事物也许在史前是以概念的及语言的身份相连接的[57]。这象征的关系似乎就是一种遗迹，一种以前身份的记号。就像舒伯特指出的，在许多梦例中，共同象征的利用可要比在日常用语中来得更普遍[58]。许多象征是和语言一样老，而其他［如飞艇，齐伯林（译者按，齐伯林，德国工程师，制造齐伯林大飞船者）］则在近代才铸造出来的。

梦利用象征来表现伪装的隐匿思想。因此很偶然的，有许多象征，习惯性的（或者几乎是习惯性的）用来表达同样的事情。不过我们不能忘记梦里精神资料的可塑性。很多时候，“象征”应该以它适当的意思来解释，而不是象征式的；但有时，梦者却由其私人的记忆中导衍出力量而将各种平时不表示“性”的事情作为性的象征。如果梦者有机会由各种象征中选择的话，那么和梦思中其他材料的主题有关联的象征必定为他所喜爱——换句话即是，虽然是典型的，但还是有个人的不同。

虽然自歇尔奈尔以后的研究，使人无法对“梦的象征”的存在有任何的异议——甚至艾里斯也认为梦无疑的充满着象征——我们必须承认由于象征的存在不但使梦的解释变得简单并且也使它变得困难。通常遇到梦内容中的象征元素时，利用梦者自由联想的分析技巧是毫无用处的。而为了能适用于科学的批判，我们又不能回复到利用释梦者的随意的判断——这在古代即被应用，而在史德喀尔轻率的分析梦后似乎又复活了。因此遇到梦内容中的象征性时，我们必须应用综合技巧——一方面依赖梦者的联想，一方面靠释梦者对象征的认识。为了要避免对梦的随意判断，我们在解释象征时必须非常的小心，仔细追究它们在此梦中的用途如何，而我们对梦分析的不确定，一部分是因为知识的不完全——这在继续进步后会慢慢改善的——另一部分则是归咎于梦象征本身的特色了。它们通常有比一种还多，或者是好多种的解释；就像中国字一样，正确的答案必须经由前后文的判断才能得到。

这象征的含糊不清与梦的特征（过多的表现——凝缩作用——相关联）。即是以区区一个梦内容却要表现出性质极不相同的各种思想与愿望来。

在这些限制与保留之下，我将继续进行讨论。

皇帝和皇后（或者是国王和王后[59]）通常是代表梦者的双亲；而王子或公主则代表梦者本人。但伟人和皇帝都被赋予同样的高度权威性；因此，譬如歌德在许多梦中都以父亲的象征出现。

所有长的物体——如木棍、树干，及雨伞（打开时则形容竖阳）也许代表男性性器官，那些长而锋利的武器如刀，匕首及矛亦是一样。另外一个常见但却并非完全可以理解的是指甲锉——也许和其擦上擦下之动作有关。

箱子、皮箱、橱子、炉子则代表子宫。一些中空的东西如船，各种容器亦具有同样的意义。梦中的房子通常指女人，尤其描述各个进出口时，这个解释更不容置疑了[60]。而梦里对于门扉闭锁与否的关心则容易了解（请看一个歇斯底里病患的部分分析里杜拉之梦），因此无需明显的指出用来开门的钥匙；在爱柏斯坦女爵的歌谣中，乌兰利用锁和匙的象征来架构出一篇动人的通奸[61]。

一个走过套房的梦则是逛窑子（妓户）或到后宫的意思，但由沙克斯列举的干净利落的例子看来，它亦可以代表婚姻。

当梦者发现一个熟悉的屋子在梦中变为两个，或者梦见两间房子（而这本来是一个的）时，我们发现这和童年时对性的好奇（探讨）有关。相反亦是一样，在童年时候，女性的生殖器和肛门是被认为一个单一的区域——下部（这和幼儿期的泄殖腔理论相符）。后来才发现原来这个区域具有两个不同的开口和洞穴。

阶梯、梯子、楼梯或者是在上面上下走动都代表着性交行为[62]——而梦者攀爬着光滑墙壁，或者由房屋的正面垂直下来（常常在很焦虑的状况下），则对应着直立的人体，也许是重复着婴孩攀爬着父母或保姆的梦的回忆。“光滑”的墙壁是指男人；因为害怕的关系，梦者常常用手紧捉着屋子正面的突出物。

桌子，为了餐点准备的桌子、台子亦是妇人的意思。也许是利用对比的关系，因为在这象征中，其外观是没有突起的。一般说来，木头由其文字学上的关系来看，是代表着女性的材料，“‘Madeira’群岛”这名词的意义即是葡萄牙的森林。因为“床与桌子”形成了婚姻，所以后者在梦中常常取代前者，因而代表性的情意综被置换成吃的情意综了。

至于衣着方面，人的帽子常常可以确定是表示性器官——男性的。外衣（德语：mantel）亦然，虽然不知道这象征有多少程度是因为发音相似的缘故。在男人的梦中，领带常常是阴茎的象征，无疑的，这不但因为领带是长形的，男人所特有的，不可缺少的物件，而且因为它们是可以依借各人的爱好而加以选择的——但这自由，由所代表的物件来看，是受自然所禁止的[63]。在梦里利用此种象征的男人，通常在真实生活中很喜好领带的（近似奢侈的），常常收集了好多。

梦中所有的复杂机械与器具很可能代表着性器官（通常是男性的），象征着它和人类智慧一样不会疲乏，而各种武器和工具无疑地都是代表着男性生殖器官，如犁、锤子、来复枪、左轮手枪、匕首、军刀等。——同样的，梦中许多的风景，特别是那些具有桥梁，或者长着树林的小山，都很清楚地表示着性器。马奇诺维斯基曾经出版了一组梦（由梦者画出来），无疑地表示梦中出现的风景与其他地点。这些画很清楚地刻画出梦的显意和隐意的分野，如果不注意的话，它们看起来就像是设计图、地图等，但如果用心去观察则知道它们代表人体、性器官等，而此时这些梦才能被了解（并请参阅 Pflister's 的密码和画谜）。至于遇到那些不可理解的新语时，则必须考虑它们是否能由一些具有性意义的成分凑成。

梦中的小孩常常代表性器官；而的确，不管男人或女人都是习惯于把他们的性器官叫着“小男人”、“小女人”、“小东西”。史德喀尔认为“小弟弟”是阴茎的意思。他是对的，和一个小孩子玩，或打他等常常指自慰。

表示阉割的象征则是光秃秃的，剪发、牙齿脱落、砍头。如果梦关于阴茎的常用象征两次或多次重复出现，那么这是梦者用来防止阉割的保证。梦中如果出现蜥蜴——那种尾巴被拉掉又会再长出来的动物——亦具有同样的意义[64]。

许多在神话和民间传奇中代表性器的动物在梦中亦有同样的意思：如鱼、蜗牛、猫、鼠（表示阴毛），而男性性器最重要的象征则是蛇。小动物、小虫则表示小孩子，譬如说，不想要的弟弟或妹妹，被小虫所纠缠则是怀孕的表征。

值得一提的是最近呈现于梦中的男性性器的象征：飞艇，也许是利用其飞行和其形状的关联。

史德喀尔还提到许多象征和例子，但是还没有足够的证明。他的论著，尤其是那本（梦的语言）载有关于解释象征的最完全资料。里面很多是凭借着想象的，不过经过研究后可以知道它们是正确的——如那部分关于死的象征。但是因为此作者的论著无法加以科学的批判，并且又由于他喜爱以偏概全，所以使人怀疑其解释的可靠性。这过失甚至使理论变为毫无用处。因此在接受他的结论前，必须要小心考虑。所以我很谨慎地只引述他的几个例子。

根据史德喀尔，梦中的“右”和“左”是具有道德意义的，“右手旁的小道常指正直之道，而左手旁的则是罪犯之途。因此，‘左’可以代表同性恋、乱伦或性异常。而‘右’则代表婚姻、和娼妓性交等。而其意义常常是决定于梦者本人的道德观。”——梦中的亲属是性器官的意思。在这里，我只能证实孩子和妹妹[65]是具有这意义的（即是当他们属于“小东西”这范畴）。另一方面，我却遇到了一个毫无疑问的例子，在这梦例中，“妹妹”代表着乳房而弟弟则代表着较大的乳房——史氏认为梦见追不上车子的意思是悔恨年龄的差距太大，无法赶上。——他说旅途中提携的行李则是一堆把人拖住的罪恶。但这行李却常常正确地象征梦者本身的性器官。史氏亦给在梦中常出现的数目字予以特定的意义。但这些解释不但没有足够的证据，而且也不是永远正确的，虽然在他的个别例子中，此种解释似乎是正确的。

在许多梦例中，“3”这数字可用许多方面来证明是男性性器的象征。

史德喀尔提出一个推论是，性象征具有两重意义。他问：“是否有一个象征（如果此想象暗示着）不能同时用在男性及女性上呢?”事实上，括弧内的句子即已消除了此理论的大部分确定性。因为事实上，想象并不常常如此暗示（承认）着。根据经验我应该这么说，史氏的一般化推论不能够满足事实的繁杂性。虽然有些象征可以代表男性性器和女性性器，但另外一些象征则大部分或全部代表男性，或女性的意义。事实是这样的，想象不会以长而硬实的物品如武器来暗示女性性器，而中空的木箱、箱子、木盒等亦不会用来代表男性性器。不过梦的倾向，以及潜意识幻想应用双性的象征却显示出一种原始的特性。因为孩童时期无法分辨两性性器的不同，而给两性予同样的性器。但我们有时会误解某一象征具有两性的意义，如果我们忘记在某些梦中，性别是倒反的，因此男的变为女的，而女变为男的，这种梦表达一种意愿——比如，女人想要变为男人的愿望。

性器官在梦中亦可以用身体其他的部分来表现：用手或脚来表示男性器官，口耳甚至眼睛来代表女性的生殖开口，人体的分泌物——黏液、眼液、尿、精液等——在梦中可以相互置换。史德喀尔后面这句话大体来说是对的，不过却受到赖德勒正确的批评，认为要做这样的修正：“事实上发生的是，有意义的分泌物如精液被一些无所谓的来代替。”

我希望上面这些不完整的提示会刺激人们去探讨这个题目和收集其资料[66]。本人在精神分析引论中尝试给梦的象征予以更详细的报告。

下面我将附录几个例子来说明这些象征在梦中的应用，并中，我们是如何情不自禁地接受了这些象征的意义呀！同时，我要提出这警告，不可太过高估梦的象征的重要性，以致使得梦的解析沦于翻译梦的象征的意义，而忽略了梦者的联想。这两个梦的解析工具是相辅相成的；但不管就理论或实际来说，后者的地位是首要的。并且能由梦者的评论中，归结出决定性的意义。而对象征的了解（翻译）就像我提过的一样，只是一种辅助的部分。

帽子——男性的象征（或者男性性器）

（节自一位年轻妇人的梦，她正因为害怕受到诱惑而患空旷畏惧症）。

夏天，我在街上行步，戴着一顶形状奇怪的草帽；它的中间部分向上弯卷，而两边则向下垂，（在这里，病人的叙述稍为犹疑一下），其中一边比另一边垂得更低。我兴高采烈，同时深具自信；而当我走过一堆年轻军官的时候，我想："你们都不能对我有所伤害。"

因为她不能对这帽产生任何联想，所以我向她说："这个中间部分竖起而两边向下弯曲的帽子，无疑的是指男性性器。"也许你会觉得奇怪，何必以她的帽子来代表男人，但请勿忘记这句话"UnterdieHaubeKommen"［字面的意思是躲在帽子下，不过却是"找一位丈夫（结婚）"的意思］，我故意不问她帽子两端下垂的程度何以不同，虽然这种细节一定是解释的关键所在。我继续向她说，因为她的丈夫具有如此漂亮的性器，所以她不需要害怕那些军官——即是，她没有想要从他们那里得到任何东西的必要；而通常因为受诱惑的幻想，她不敢一人单独出去散步。基于其他的材料，我已经好几次向她解释其焦虑的原因。

梦者对此分析的反应是奇特的，她收回对帽子的描述，并且声称她从来没有提到帽子两边下垂的事。但我确定自己没有听错，所以不为所动，并坚持她这样子说过。她寂静了好一会儿，等鼓足了勇气才问道，她丈夫的睾丸一边比另一边低具有什么意义，是否每个男人都是如此。就这样，此帽子特殊的细节就被解释了，而她接受了这个解释。

在病人告诉我这个梦的时候，我已经对这帽子的象征感到熟悉了。别的较不清晰的梦倒使我相信帽子亦可以代表女性性器[67]。

象征着性器官的"小东西"——而以"被车碾过"来象征性交

这是空旷畏惧症患者的另一个梦。

妈妈把她的小女儿送走了，因此她得自己一个人走。她和妈妈走入火车车厢内，但看到她的小东西正在轨道上直直地走着，因此她一定会被火车辗过的。她听到自己骨头被压碎的声音（这使她产生不舒服的感觉，但却没有真正的恐怖感）。然后她由窗子向车厢后面望，看那些碎片是否不会被见到。然后，她责备母亲为何让这小东西自己走。

分　析

要将此梦做一个完全的解释并非易事。这是一连串循环相连的梦的一部分，因此必须和其他的梦连在一起才能被充分地了解。我们很难分离出足够的材料来解释这些象征。——首先，病人声称这火车之旅是和她过去有关，暗示着她被携带着离开一疗养院（她因精神病住院）的旅途。不用说，她爱上了这疗养院的主任。她妈妈来把她带走，而这医生到车站来送行，送给她一束花当作别离的礼物，她觉得很尴尬，因为她妈妈目击了这情况。在这里，她妈妈即象征着阻碍她爱情的尝试；而确实在病人小时候，这严厉的女人曾经扮演过这种角色。——她下一个联想和这句子有关："她由窗子向车厢后面望，看那些碎片是否不会被见到。"由梦的正面看来，这使我们想到她小女儿被辗过而成碎片。但她的联想却指向另一个方向，她回忆从前曾经看见父亲在浴室赤裸的背面；接着她继续谈论有关性别的分野，同时强调即使在背后亦能看见男人的性器，而女人则见不到。在这里，她的解释："小东西"指的是性器官，而"她的小东西"——她有一个四岁的小孩——则是她本身的性器官。她指责母亲想要她像没有性器官似的活着，而在梦的开始就显露了此指责："妈妈把她的小东西送走了，因此她得自己一人走。"在她的想象中，"自己一个人在街上走"即是指没有男人，没有任何性关系［在拉丁文里 Coire 的意思即是"一起走"，而 Coitus（性交）即由 Coire 变来的。］——她不喜欢这样，而这一切正说明当她是小女孩的时候，她确实因为受到父亲的喜爱而遭受妈妈的妒忌。

对此梦的更深一层解析可由同一晚上发生的另一个梦显示出来。在那个梦里，梦者把自己和她的兄弟仿同。她其实是个男性化的女孩，别人常常说她应当是个男孩子，和她兄弟仿同的结果因而清楚地指出"小东西"意即性器官。她的母亲把他（或她）阉割了。这只可能是因为玩弄她阴茎才有的处罚，所以这仿同作用亦证明她小时候曾经自慰过——到这时为止，她这记忆仍然只是限于其兄弟身上。由第二个梦的资料看来，她在早年的时候一定知道男性性器官，不过后来却忘掉了。更进一层来说，第二个梦暗示着"幼儿期的性理论"；根据此理论，女孩子都是阉割的男孩。当我暗示她曾有过这种孩童式的信念时，她立即以一段轶事来证明这点。她说她曾听到男孩向一女孩子说："切掉的吗?"而女孩子回答道"不，从来都是这样的。"

因此，第一个梦里的把小东西（性器官）送走和那威胁着的阉割有关，而最后，她对母亲的埋怨是不把她生成男孩。而"被车碾过"所象征的性交在此梦里并不能明显的看出来，虽然可以由其他许多来源予以证实。

象征着性器官的建筑物、阶梯和柱子

（一位年轻男人的梦——它受到“父亲情意综”的抑禁）他和父亲散步。地点一定是布拉特[68]，因为他看见了一个圆形建筑物，前面有一个附属物，看起来有点歪，并且连接着一个栓禁用的圆球。他父亲问他这些是做什么用的；对父亲的问题他感到惊奇，不过还是向他解释了。然后，他们走到了一个广场，上面延展着一大张锡片。他父亲想要拉断一大片来，不过却先向四周望望，看是否有人在监视着。他和父亲说，只要告诉技工就可以毫无麻烦的取得一些。一组阶梯，由这广场向下延伸到一根圆柱那里，它的壁是一些柔软的物质，就像是盖以皮面的扶手椅子，在这圆柱的尽头是一个平台，然后又是一根圆柱……

分　析

病人是属于治疗效果不佳那类——即在分析的前一段时间里毫无阻抗，但自某一点以后，就变得无法接近。他几乎不需要帮助就自己把这梦解析了。他说：“那圆形建筑物就是我的性器官，而它前面的栓禁用的圆球即是我的阴茎，而我一直担忧它的软弱（strachey 版本则是 limpness）。”由更加详细的观察，我们可以把圆形建筑物翻译成臀部（孩子们习惯的以为是属于生殖器的一部分），而在它前面的则是阴囊。他父亲在梦中问他这些是做什么用的，即等于问他性器官的功能及目的是什么。这里我们似乎应该把情况倒过来，即梦者变为发问者。因为事实上他从来没有这样问过他父亲，所以我们把这当作梦思的一个意愿，或者是一个条件子句，“如果我为了性知识启发而问爸爸……”在梦的另一部分里，我们将看到这想法的连续。

伸展着一大张锡片的广场乍看起来是不具任何象征意义的，这是由梦者爸爸的商业财产所导衍的。为了慎重起见，我用锡来代替病人爸爸真正经营的物质，但不改变其他的文字。梦者加入了父亲的营业，不过对某种令人起疑但却使公司盈利的行为大加反对。因为，我刚才所解释的梦思是这样连下来的：“（如果我问他）他也会像对他顾客一样的欺骗着我。”至于那个代表他父亲在商业上不诚实的“拉断”，他有另一种解释——即是代表着自慰。我不但对这解释很清楚，而且此梦里亦能证实之。事实上，自慰的秘密性质这里正以相反的形式来表达：即可以公开的做。和我们想象的一样，此自慰的行为再度地置换到梦者父亲的身上（和梦中前面一段的问题相同）。他很快地把圆柱解释为阴道，这是因为墙壁上柔软的覆盖的缘故。由别处得来的经验来看，我想说，就和爬上一样，向下爬也是代表着在阴道内性交[62]。

梦者自己替两个圆柱之间隔着一个长方形的平台加以自传式的解答。他性交了一段时期，后来因为抑制的关系而停止了。现在希望借助于治疗而再度能够性交，但是此梦在末了的时候，愈来愈不明显。任何对此熟悉的人都会认为可能是第二个主题涉入梦内容来了，而这由父亲的商业，他的欺骗行为，以及解释第一个圆柱是阴道题示着：这些都是指向和梦者母亲的关联。

以人来象征男性性器官，以风景来象征女性性器官

（达纳报告的一个梦，梦者未受教育，丈夫是位警察）

……然后有人闯入屋里来，她很害怕，大声叫喊着要警察来。但她却和两位流浪汉攀登着许多的梯级[69]，静静地溜到教堂[70]去。在教堂后面有一座山[71]，上面长满茂密的丛林[72]。

警察穿着钢盔，佩带铜领，外披一件斗篷[73]，并留着褐色的胡子，那两个流浪汉静静地跟着警察走，在腰部围着袋状的围巾[74]。教堂的前面有一条小路延伸到小山上；它的两旁长着青草与灌木丛，愈来愈茂盛，在山顶上则变为寻常的森林了。

孩童阉割的梦

第一个梦：一位三岁五个月的男孩，很不喜欢他爸爸由前线归来。有一天早上醒来，带着激动与困扰的神情。他一直这么重复说着：“为什么爸爸用一个盘子托着他的头？昨晚爸爸以盘子托着他的头。”

第二个梦：一位正患着强迫性心理症的学生记得在他六年级的时候，一直不断地做着以下的梦：“他到理发厅去剪发。一位身材高大，面貌凶狠的女人跑来把他的头砍下。他认出这女人是他的母亲。”

小便的象征

一系列图画是费连奇在匈牙利一份叫着 Fidibusz 的漫画刊物上找来的。他一下子就看出这可以说明梦的理论。峦克曾因此写了一篇论文。

图画的标题是，“一位法国女保姆的梦”，只有最后一张图片才显示出她被小孩的叫声吵醒。换句话说，前面七张图都是梦的各个阶段，第一张图描绘着应该已使梦者醒过来的刺激，小孩已经感到需要，并要求帮助。但在梦者的梦里，他们不在房间里，而她正带着他散步。在第二个图中，她已经把他带到街道的一角让他小便——而她能够继续地睡着。但那想唤醒她的刺激持续着，而且确实在加强着。这小男孩因为没有人理睬的关系，叫得更大声了。他愈是加强声音坚持要保姆起来帮助他时，梦就愈保证说什么都很好，而她不必醒过来，同时，梦也把愈来愈强的刺激置换成愈来愈多的层面。小孩解出的小便愈来愈有力量。在第四张图片上，它竟然能浮起小舢板，接着是一艘平底船，然后一艘轮船以及邮轮。这位天才的画家很清楚的描绘了想要睡眠和继续不断使梦者醒来的刺激之间的挣扎。

楼梯的梦

（峦克的报告与解释的梦）

我想我必须感谢那位同事，他曾提供给我有关牙齿刺激的梦，现在又给我另一个明显的关于遗精的梦。

“我奔下楼梯（或者一层公寓），追着一位女孩，因为她对我做了某些事，所以要处罚她。在楼梯的下端有人替我拦住这女孩（一个大女人?），我捉住了她，但不晓得有没有打她。因为我突然发现自己在楼梯的中段和这小孩性交（似乎就像是浮在空中一样）。这不是真正的性交，我只是以性器官摩擦她的外生殖器而已，而当时我很清楚地看到它们，还有她的头正转向上外方翻转，在这性行为中，我看到在我的左上方挂着两张小画（也像是在空中一样）——画着房子，四周围绕着树木的风景，在比较小张的画面下端，没有署着画家的名字，反而是我的姓名，好像是要送给我的生日礼物。然后我看见两幅画前面的标签，说还有更便宜的画。（然后我自己就很不明显了，好像是躺在床上）而我就因为遗精带来的潮湿感醒过来了。”

分 析

在发生此梦同一天的黄昏时候，梦者曾经在一间书店里，等待店员招呼的时候，望见一些展列在那里的图画，这和他在梦中看到的相似，他且去靠近一小张他很喜欢的图画，想看看作者是谁——不过他根本不认得这作者。

后来（同一个黄昏），当他和几位朋友在一起的时候，他听到一个关于某放荡女佣人夸称她的私生子是在“楼梯上造出来”的故事。梦者询问了有关这不寻常事件的细节，知道这女佣人带着她的倾慕者回到家里。在那里根本没有机会性交，而那男人在兴奋当中就和她在楼梯上面行起周公之礼。梦者当时还用一个描述假酒的刻薄话做一个开玩笑的类比，并说这小孩事实上由“地窖阶梯的葡萄园”生产的。

梦和那天傍晚发生的事有密切的联系，而梦者能够很容易地把它们说出来。但他却不容易把梦中属于幼儿期回忆的那部分挖出来。这楼梯是在他消磨大部分童年时光的屋子内，特别是他在这里第一次意识地接触到性的问题。他常在这楼梯游戏，除了别的事情以外，他还两脚跨骑在楼梯的扶手由上面滑下来——这给他性的感觉，在梦中他也是很快冲下楼梯——是那么的快，由他的话看来，他并没有把脚放在梯级上，而是像一般人所说的“飞”过它们。如果考虑幼时的经验，那么梦的开始部分则表现出性兴奋的因素。——梦者曾和邻居的小孩在此楼梯以及其他的建筑物内嬉玩着有关性的游戏，并曾像梦中一样的满足他的愿望。

如果我们记得弗洛伊德对性象征的研究——楼梯以及攀爬楼梯，几乎没有例外的表示着性交行为——那么这梦就很清楚了。其动机，由其结果的遗精来看，只纯粹的属于性欲的。梦者在睡觉当中激发起性欲——这在梦中是以冲下楼梯来代表。此性兴奋的虐待元素（基于孩童时期的嬉戏）在追赶以及控制女孩上显示出来。性欲冲动愈来愈增加并指向性行为——在梦中以捉获小孩，把她放在梯级的中段来代表。直到这里，梦仍然是象征式的具有性意味，而对没有经验的梦的解释者来说是不可了解的。但对性欲兴奋的力量来看，此种象征式的满足并不能让病人安睡，而这兴奋终于导致性欲高潮。因此整个楼梯的象征事实上代表着性交——此梦很清楚地证实了弗洛伊德的观点，即以上楼梯来象征性的一个理由是，二者都具有韵动性的特征：因为梦者在梦中很清楚很确定地表达的事是那韵律的性行为和它的上下动作。

至于那两幅图画，除了它们的真实意义外，我还要补充一句，它们仍然具有“Weibsbilder”[75]的象征意义。很明显的有一幅较大一幅较小的图画，就像梦中有一个大女人和一个小女孩出现。而那“还有更便宜的画”则代表了有关娼妓的情意综；而梦者的名字呈现在较小的那幅画，以及那是生日礼物的观念则暗示着对双亲的情意综（在楼梯上出生 = 由性交而生下）。

而最后那个不明显的情况，梦者看见自己睡在床上，同时有一种潮湿的感觉，似乎指向幼儿自慰期更前的时期，其原型是尿床的相似的快感。

一个变异的楼梯的梦

我的一个男病人，具有严重的心理症而自我绝禁性的欲念，而他的幻想（潜意识的）则固着于她妈妈身上，常常反复地做着和她一起上楼的梦。我有一次向他提道，某些程度的自慰也许会比这强迫性的自制对他较少害处，然后他就做了以下这个梦：

他的钢琴老师责骂他不专心练琴，骂他没有好好地练习 Mocheles 的“Etudes”及 Clementi 的“Gradusad Parnassum”。

在评论的时候，他指出“Gradus”也是阶级的意思，而琴键本身就是梯阶，因为它分有音阶（scales）（阶梯）。

我们也许可以合理的说没有任何意念不可以用来代表“性”的事实和愿望。

真实的感觉以及对重复的表现

一位三十五岁的男人报告了一个他记得很清楚的梦，并说是他在四岁时做的。那位负责管理他爸爸遗嘱的律师——他三岁时父亲就逝世了——买了两只大梨，给他一个，另一个则放在客厅的窗台上，他醒来的时候认为他梦到的是真事，并一直固执地要妈妈到窗台上把第二个梨子拿给他，他妈妈因而笑他。

分 析

这位律师是一位快活的老绅士，梦者似乎记得他真的曾经买来一些梨子。窗台就像他在梦里见到的一样。这两件事一点关联都没有——只是他妈妈在稍前的时候告诉他一个梦，说有两只鸟停在她头上、她曾自问它们什么时候会飞走；但它们并没有飞走，其中一只还飞到她嘴上吮吸着。

因为病人不能联想，所以给我们以尝试用象征式来解释。那两个梨子——“pommesoupoires”——是那给他滋养的母亲的乳房；而窗台则是她乳房的投影，就像是梦中房子的阳台一般。他醒过来的真实感是有道理的，因为他妈妈真的在喂他奶，并且事实上比通常的时间还长，那时他能吃到她妈妈的奶[76]。这梦必须如此翻译：“妈妈再给我（或让我看）那从前我吮吸着的乳房吧。”“过去”是以他吃了一只梨子来代表；“再”则代表他渴望另一只。在梦中，对一行为的暂时性重复恒常以一物像的数目上的重复来表现。

值得注意的是，在四岁小孩的梦中，象征已经扮演着部分角色，这是常规而非例外。可以很安全地这么说，梦者最开始的时候就利用象征。

下面这由一位二十七岁的女士提供的不受外来因素影响的梦例显示她在早年的时候，在梦生活以外或以内亦应用到象征。她年龄在三岁与四岁间。保姆带她，和小她十一个月大的弟弟，以及年龄在二人之间的表妹上厕所，然后才一起外出散步，因为是老大，所以她坐在抽水马桶，而另外两个在便桶上。她问表妹：“你是否也有一个钱袋呢？华特（她弟弟）则有个小香肠，我有个钱袋。”她表妹回答：“是的，我也有个钱袋。”保姆很开心地听她们讲话，并回去向孩子们的妈妈报告，而她的反应是激烈的申斥。

这里，我将加入一个梦（罗比锡在一九一二年在一篇论文中记录着），其中那些天衣无缝的美妙象征使我们不必得到梦者太多的协助就能解释得了梦。

正常人梦中的象征问题

常常用来驳斥精神分析的理由之一是，认为梦的象征也许是神经质思想的产物但却不会发生在正常人身上——最近这意思还被艾里斯所强调，而精神分析发现正常与神经质生活之间并没有基本而只有量的差距。的确，在梦的分析中——潜抑的情意综在健康或者病人身上都是同样的运作——显示出二者的机转与象征都是完全相同的。正常人纯真的梦事实上比神经质的人含有一些更简单、更聪明的及更特殊的象征，因为在后者中，由于审查制度更严谨的态度因而产生更厉害的梦的改装，使象征变得更含糊以及不易解释。下面的这个梦即说明了此事实，这是一个并非神经质，不过却是相当正规与保守的女孩子所做的梦，在和她的交谈中，我发现她已订婚，不过有些阻碍使她的结婚必须予以延迟。她自己告诉我下面这个梦。

“由于庆祝生日，我在桌子的中间安排着花朵。”在回答问题的时候她告诉我，在梦里她似乎是在家里（她目前并不住在那儿），因而有一种“幸福的感觉”。

由于常用的象征使我不需帮助即可翻译此梦。这是她渴望当新娘的愿望：桌子以及当中的花朵代表着她以及她的性器官；她以完成来表现出对将来的愿望，因为她已经想到要生孩子了；所以结婚已经过去了好久。

我向她指出“桌子的中间”并不是个常见的表达方式（她承认了），但我当然不能直接的对这点多加询问，我小心地不去暗示她有关这象征的意义，只是问她对于梦中的分开部分，她脑海中有什么联想没有。在分析的过程中，她的保守态度因为对分析的兴趣而消失了，并因为会谈的严肃性而得以有一种开放性的态度。

当我问那是什么花，她第一个回答是，“高贵的花，要为它付出代价的，”然后说它们是“山谷中的百合，紫色及粉红色，或者是康乃馨”。我假设在梦中呈现的百合花通常的是象征贞洁的意义，她证实了这个假设，因为她对百合花的联想是纯洁。山谷通常是女性的象征，因此梦的象征利用此两个花的英文名词的偶然配合强调出她贞操的可贵——“高贵的花，要为它付出代价的”——并且表达出她期待丈夫能够重视其价值，我们将看到“高贵的花”等片语在三个不同的花的象征中都有不同的意义。

“紫色”表面看来是没有什么性的意义的；但据我看来，它似乎是很大胆的，因此也许可以追溯到它和法国字“viol（强奸）”的潜意识连接。使我惊奇的是，梦者联想到英文字中的“暴力”。此梦利用了（“violet”和“violate”）之间偶然的相似——它们只是在最后字母的发音上有不同——来以“花的语言”表达出梦者对于奸污的想法（另外一个利用花的象征），以及显露出她性格上可能存在的被虐待的特征，这是个很漂亮的利用“文字桥梁”（请看注㊱）来连接着到达潜意识之途径，“要为它付出代价的”则指要成为妻子或妈妈必须以付出其生命作为代价的。

连接在“粉红色”后面是康乃馨，所以我想这字可能和“肉体的（carnal）”有关。但梦者的联想是“颜色”。她并说，康乃馨是她未婚夫最常给她以及给她最多的花。说完以后，她突然自己承认所说非实：她所联想的不是颜色而是肉体化——我所期望的字。恰好“颜色”也不是太离题的联想，但却受决于康乃馨的意义（肉色）——因此也是由同样的情意综来决定。这种缺乏坦率的情况表示在这点的阻抗是最大。相对的事实是，此点的象征性最清楚，而原欲和潜抑对于此阳具论题之间的斗争最是强烈。梦者叙述其未婚夫常常给她那种花朵不但暗示着“康乃馨”的双重意义，并且指出它们在梦中的阳具有意义。花的礼物——这如在生活中使她激奋的因素——表达一种性礼物的交换：她把贞操当着是一种礼物，并且期待着被回报以感情的与性的生活。在这里，“高贵的花，要为它付出代价的”无疑的一定也有着经济的意义。因此，梦的花的象征包括了处女贞操，男性以及暗示着奸污的暴力。值得指出的是以花象征着性是很平常的事（以花——植物的性器官象征着人的性器官），也许情人之间赠送花朵是具有此种潜意识意义的。

她在梦中准备的生日，无疑的是指婴孩的诞生，她仿同其未婚夫，因此代表着他来为她准备生产——即是，和她性交。潜匿着的思潮也许是这样的：“如果我是他，我不会再等下去——我会不管安全期而和她性交——我会用暴力的。”这由暴力这字显示出，因此原欲的虐待因素得以表露。

在梦的更深层，这句话：“我安排……”毫无疑问地具有自我享乐的味道，即是有着幼儿期的意义。

梦者并且泄露了她对自己肉体缺陷的注意。而这只能在梦中才变为可能：她把自己看成像是一张桌子。没有突出，并且强调着“中央”的可贵——在另一个场合里她用了这些字“中间的一朵花”——即是指她的处女贞操，桌子的水平状态一定也和象征有关。

我们应当注意此梦的浓缩：没有多余的，每个字都是一个象征。

后来，梦者替这个梦加了补白：“我用绿色皱纸来装饰花朵。”她又说这是用来盖在普通花盆外面的“花纸”。她接着说：“来隐藏着不整齐的东西——那些会为人所见，并且是不好看的东西；有一个间隙，那是群花之间的空间。这些纸看来像是地毯或是苔藓。”对“装饰”，她的联想是“端庄”，和我期待的一样，她说绿色占大部分，而她的联想是“希望”——另外一个和怀孕的联系——在这个部分的梦，主要的因素并没有和男人仿同；羞耻之意念和自我启示先来，她为了他把自己装扮得漂亮，并且承认自己肉体上的缺陷——感到羞耻，并且想要尝试改正。她的地毯以及苔藓的联想很清楚地指示着阴毛。

这梦表达了一些她在清醒时所没有觉察的思想——虽然是有关肉欲的爱以及性器官，她被“安排了一个生日”（译者按，生日指生产的日子）——即是说，她被性交。它亦表露了被奸污的恐惧，也许还有愉快的受苦思想。她承认自己肉体上的缺陷，而对自己是处女予以过分的价值来过分补偿。她以羞耻心作为肉欲的讯号，以及其目的在于生产一个婴孩的借口。物质的考虑（不在情人考虑之内的）也找到了表达的途径。连接在这简单的梦的感情——一种幸福的感觉——表示那强有力的感情情意综感到满意。

费连奇说得很对，象征的意义和梦的意义在那些不会来找精神分析的人之梦中最容易找出来。

在这里我要插入一个同一时代的历史性人物所做的梦。这样做是由于在任何梦例中都象征着男性性器官的对象在这里有着更深的意义，很清楚地表现了阳具的象征。马鞭无止境地伸长除了表示勃起外，就不能再代表什么了。此外，这是一个很好的例子，可以说明一些严肃的思想（除了性以外）也能由幼儿期的性资料来表现。

俾斯麦的梦

（录自沙克斯的一篇论文）

在他那篇男人与政治家内，俾斯麦引用了他在一八八一年十二月十八日写给皇帝威廉一世的信，里面有这一段：“阁下的来信使我有勇气向阁下报告一个一八六三年春天做的梦，那是发生在战争最激烈的时候，任凭是谁也不知道结果是什么。我梦见（我醒来后的第一件事就是向太太以及其他的证人叙述此事）自己在狭窄的阿尔卑斯山小径上骑着马，右边是悬崖，左边是岩石。小径愈来愈窄，因此马儿拒绝再前进。因为太狭窄的关系，所以要回转过来走或下马都不可能。然后我以左手拿着马鞭，拍击着光滑的岩石，要求上帝的援助。马鞭无止限地延长，岩石壁像舞台上背景一样地跌下去（不见了），开展了一条宽敞大道，能够看到小山与森林的景色，像是波希米亚的；那里有普鲁士军队的旗帜。虽然是在梦中，我脑海中仍然立刻浮现着向你报告的念头。此梦很完满，而我醒过来的时候，全身充满着喜悦与力量……”

这梦分为前后两半，在前半部里，病人发现自己动弹不得，不过却奇迹式地在

第二部分中被救出来了。马儿和骑士的困境，很容易知道是此政治家危机境况的梦的图像。对此危机他也许具有一种特殊的苦楚，因为他在发生前对此问题思虑了好久。在上面引用的文字中，俾斯麦用同样的比喻（那里不可能有“出路”）来形容他当时的形势。因此，他必定很清楚此梦的图像的意义。这同时是塞柏拉“官能的现象”的一个好例子，梦者脑海里运行的各种程序——每一个他所能想到的解决方案都依次地受到不可克服的障碍，但是他却不能把自己由这执著撕开——很恰当地由骑士进退不得的情况描述出来。他的骄傲——使他不能考虑到投降或辞职的问题——在梦中是这样显示的，“回转过来或下马都不可能。”在他那种冲创性的人生（不停为别人利益而辛劳工作）中，俾斯麦一定很容易把自己想象成一匹马；事实上他好几次这样表示过，譬如在他著名的言论：“好马是死在工作中的”。由此看来“马儿拒绝前进”不过表示这过分劳累的政治家想要避开对于现况的处理，换句话说，他用睡觉与做梦来解除“现实原则”对他的束缚，及第二部明显显露的愿望的达成，其实在此文字中（阿尔卑斯山的小径）就暗示出来。无疑的，俾斯麦已经知道他将在阿尔卑斯山的 Gastein 度过下一个假期；因此这梦把他带到那里，让他一下子脱离所有政务的纠缠。

在梦的第二部分，梦者的愿望之达成以两种方法来表现；一方面是明显的不经过伪装，一方面是象征性。其象征性的达成是以阻碍前进岩石的消逝，然后展示出宽敞大道来表现的——他梦寐以求的“出路”，且是最方便的。而不经过伪装的则是那前进的普鲁士军队的图像。为了解释这预言式的梦想，并不需要创造一些神秘的假设：弗洛伊德愿望达成的理论就够了。在此梦里，俾斯麦已经决定为了要避开普鲁士的内在冲突最好是赢取对奥地利的战争。因此，这梦表现出愿望的达成（就像弗氏所假设的）——当梦者看见普鲁士军队以及他们的旗帜出现在波希米亚（敌人的境内）的时候。此梦例的特殊点是，梦者不只是以梦中的愿望达成就满足了，他知道如何在现实中达成。任何熟悉精神分析的人所不会忽略的一个特点是那无止限伸长的马鞭。我们很熟悉，马鞭、棍子、枪矛以及相似的东西都是阳具的象征；而当马鞭伸长的时候，则无疑地暗示着阳具最大的特征——延展性。而此现象的夸张，即它无止限地伸长，似乎暗示着源自幼儿期的过度投注（hypercathexis[77]）。而病人手握马鞭的事实则是清楚地暗示着自慰，虽然这并非指梦者现时的情况，而是许久以前的孩童欲念。史德喀尔医师发现在梦中左手是代表着错，抑禁的，以及罪恶的事，在这里是很适合的，因为这可以适用于孩童时受到抑禁的自慰。在这最深的幼儿期层面，以及和此政治家目前的计划有关的表面，我们很容易找到一个和二者有关的中间层。由马鞭击着岩石，同时向上帝求救，然后得到奇迹式的解放，和圣经中摩西由岩石击出水来救助以色列口渴的小孩非常相似。我们可以毫不犹豫地假定俾斯麦对圣经这一段记载非常熟悉，因为他是来自一个热爱圣经的新教家庭的。很可能在这段冲突的期间内，俾斯麦把自己比喻成摩西——不过这解放人民的领袖，得到的回报却是反叛、仇恨与忘恩。在这里我们应当和梦者当时的意愿相连着。不过，此段圣经记载亦含有自慰性幻想的内容，摩西在神下命令的时候，手握着杖子，而上帝因为他这违法而处罚他，说他在未进入良善邦国（译者按：指有希望之良善邦国或境况）之前必会死去。那被抑禁的握杖子的举动（在梦中无疑的具有阳具的意思），因为它的鞭击而导致水源，和死的威胁——这一切中我们都能找到幼儿期自慰各种主要因素的联合，我们很有兴趣地观察到：此校定的过程如何把这两个不同来源的图像焊接在一起（一个源自天才政治家的心灵，另一个则来自孩童心灵的原始冲动），并因此成功地消除了所有引起困扰的因素，握着杖子（或鞭）是个禁忌以及反叛举动的事实，只是象征地以“左手”表示而已。另一方面，在梦显意中，呼唤上帝是要公开否定任何的抑禁以及秘密的。至于上帝对摩西的两个预言——他会看到良善的邦国，但是不能进入之——第一个是很清楚的满足的表现（“看到小山与森林的景色”）而第二个令人苦恼的则根本提都不提。水也许是因再度校正而删除了，这成功地使此景色和前一个连成一单元，即以岩石的消逝替代了水的流出。

我们可以期望在幼儿期自慰性幻想的末了时（这包括抑禁的因素），孩子一定希望他环境中的权威人士不知道任何发生过的事情。在此梦中刚好相反——想要立刻将所发生的事情报告国王，但这反而很奇妙地和表层梦思的胜利幻想以及梦显意一部分天衣无缝地配合着。这种胜利与征服的梦，常常掩盖着情欲战胜的意愿；梦中的某些特征，譬如说，梦者的前进受到阻碍，但当他运用他那可伸展的鞭子时就展开了一条宽敞大道，可能即指向这点，但是却没有足够的基础可以推论说此种确定的思想与意愿呈现在整个梦中。这是个成功的梦的改装的例子。任何令人不快的事都被表面的保护层所掩盖着，因而可以避免任何焦虑的产生，此梦是个成功的意愿达成，丝毫不违背审查制度；所以我们可以相信这是在来的时候是“充满着喜悦与力量”。

一个化学家的梦

这是一个年轻男人的梦，他致力于放弃自慰的习惯，因为较喜爱与女人的性关系。

在梦的前一天，他指导学生做 Grignard 氏反应，即经由碘的触媒作用将镁溶解在绝对纯粹的乙醚中。两天前，当同样的反应在进行时发生了爆炸，把其中一位工作者的手烧伤了。

梦是这样的。他似乎是要合成苯—镁—溴的化合物。他很清晰地看到了实验器具，但却把自己替代了镁。现在，他发现自己处在一个很不安定的状态。他不断地对自己说："这样对了，事情进行得很顺利，我的双脚已经开始溶解，膝盖也变软了。"然后他用手抚触着脚。这时（他不能说出是如何做的）他把双脚抬出容器之外，对自己说："这不会是对的。虽然，应当是这样的。"在这当儿，他已经部分醒来了，不过为了要向我报告，他就重温一下此梦。他对梦中的解决感到非常害怕，在这半睡状态中，他很激动并重复着"苯，苯"。他和家人正在准备，十二点半的时候他要到 SchottenBter[78]去会见一位特别的女士。但他却在十一点半才醒来，和自己说道："已经太晚了。你不能在十二时半到达那里。"然后，他就看见全家人围坐在桌子旁；他的母亲是特别的清晰，而女佣人正提着汤盆。所以他这么想："既然已经开始晚餐了，那么要出去也是太晚了。"

分　析

他自己也认为无疑的，即使是第一部分的梦也和要会面的女士有关（这梦发生在他约会的前一天晚上）。他认为他指导的那个学生是特别令人讨厌的，他会和他说："这是不对的。"因为没有任何迹象显示出镁曾受到影响。而那学生以一种漠不关心的语调回答："不，也不是这样的。"那学生一定是替代了他自己（病人），因为他对这分析也和那学生对合成一样漠不关心。而那梦中的"他"则是替代了我。对他不关心分析结果，我一定是很不高兴的呀！

另外，他（病人）是那被用来分析（或合成）的材料。问题是成功的效果如何。梦中关于他脚的事提醒了在前一天傍晚发生的事。他在练习完舞蹈后遇到一位他想追求的女士，他把她抱得那么紧以致她有一次叫了起来。当他松懈对她脚的压力时，他能感觉到她强力对应的压力正顶迫他大腿的下部直到膝盖的部位——这和他梦中提到的部位相同。由这看来，这女人正是瓶里的镁——事情终于进行着。对我的关系来看，他是女性的，就像是对应于那女人来说，他是男性的。如果和那女人的关系进行很好，那么他的治疗也能顺利达成。他本身的感觉以及膝盖的感受都指向自慰，而和他前一天的疲倦有关——他和那女人约会事实上是在十一时半，而他想以睡过头来回避，而和他的性对象留在家里（自慰）则对应着他的阻抗。

在他重复着“Phenyl”的关联上，他告诉我他很喜欢这些末尾是“—yl”的字，因为它们很好用：如 benzyl，acetyl 等，这解释不了什么。但当我向他暗示着“Schlemihl”也是这系列的另一个时[79]，他很开心地笑起来，并说，在这个夏天的时候，他读了一本由皮和斯写的书，里面有一章 是“LesExc LusdeLamour”，里头事实上包括对 LesSchlémiliés 的批评。当他念此书的时候，他向自己说：“这就和我一样——如果他错过了这个约会，那么他就是另一个‘Schlemihlness’的例子。”

梦中的性象征似乎已经在实验上予以证实了，在一九一二年史罗德医师（利用史渥柏达所提出的条例），使受到深度催眠的人产生梦，结果发现其内容大半受决于暗示。如果暗示他应梦见正常或不正常的性交，那么这受决于暗示的梦，就会利用那些为精神分析所熟悉的象征来取代性的材料。譬如说，如果暗示一位女士，说她应该梦见和一位朋友做同性恋的性交，那么这朋友在梦中背着一个毛茸茸的手提袋，上面有个标签注明“只限女士”。这位做梦的女士以前一点不知道梦的象征与解释，不过在我们要对这些有趣的试验下个判断时却遇到了困难，因为史罗德在做完这实验不久后就自杀了。唯一留下的记录只是刊载在 ZentralbattfürPsychoanalyse 的原始的通讯。

同样的结果亦由罗芬斯坦在一九二三年报告，而彼韩和哈曼所做的一些实验是特别有趣的。因为他们没有利用催眠术，他们讲了一些大略和性有关的故事给患 Korsakoff 氏精神病病患听[80]，把他们搅糊涂，然后要他们把这些故事再说出来以观察其歪曲的情形。他们发现在解释梦所熟悉的象征在这里却出现了（譬如，上楼、插入与枪声象征着性交，而刀、烟象征着阴茎）。他们且对楼梯象征的出现认为特别重要，因为他们正确的观察到“没有任何意义的改造欲望能够做成此种象征”。

只有当我们对梦中象征的重要性做个合适的评价后才能够继续研究前面第五章提到的典型的梦。我想应该把这些梦大略地分为两类：①那些永远具有同样意义的，以及②那些虽具有同样的梦内容却有着各种不同的解释的。关于第一类的典型的梦，我在考试的梦中已经相当详细地说明过了（请见第五章）。

关于漏搭火车的梦应当和考试的梦放在一起，因为它们具有同样的感情，而由其解释使我们觉得这样做是对的。另外有一种安慰的梦，和那种梦中觉察到的焦虑相反——即对死的害怕。“分离”是最常用也是最容易建立起来的死之象征。因此这种安慰的梦是这样的：“不要怕，你不会死（分离）。”就像考试的梦会这样安慰地说：“不要怕，这次也不会有什么发生。”这种梦的困难处是在它除了安慰的表达外，还会有焦虑的感觉。那些由于“牙齿刺激”引起的梦，常在分析的病人出现，不过却逃离我的了解之外好久，因为它们对分析总是具有太强烈的阻抗作用，但最后，有许多充实的理由，使我相信在男人中，这些梦的动机都是由青春期自慰的欲望而来。我将要分析两个这样的梦，其中一个也是“飞行的梦”。它们都是由同一个人梦见的——他是个年轻男人，具有强烈的同性恋倾向，但在真实生活中却尽量抑禁。

他由剧院厅堂观赏着费得里奥的演出；他坐在L君的旁边，此人与他意气相投，而他很想和他做朋友，突然间他由空中飞过剧院大厅，并把手放在嘴巴里拔出两根牙来。

他说这像是被投掷在空中的感觉。因为上演的剧是费得里奥，所以下面这句子：

WereinholdesWeiderrungen……

这似乎是合适的，但即使是获得最可爱的女人也不是梦者的愿望。另外两行是更适当的：

WemdergrosseWurfgelungen

EinesFreundesFreundzusein[81]……

此梦因此包含此“厉害的抛掷”但却不是意愿的达成。它并隐现出梦者痛苦的经验，他的友谊常常是不幸的，会被“摔出去”。它亦隐现着这个恐惧——他怕此厄运也在他和此朋友的关系上重现（而现在他在其旁边欣赏费得里奥）。接着这个喜爱挑三拣四的梦者认为是很羞耻地作了下述的坦白：“有一次当被一位朋友拒绝后，他在肉欲的兴奋下连作了两次的自慰。”

WemdergrosseWurfgelungen,

EinesFreundesFreundzusein,

Wereinholdesweibercungen……

下面是第二个梦：他被两位熟悉的大学教授治疗，而不是我，其中一位对他的阴茎做某些处理：他害怕开刀。另外一个用铁条压住他的嘴，因而使他掉了一或二根牙齿。他被四条丝巾缚起来。

此梦具有性意义是没有疑问的。那丝巾暗示着与对一位相熟的同性恋者的仿同。梦者从来没有性交过，在真实生活中也从来没有想要和男性性交；因而他想象的性交是源于他青春期常有的自慰而来。

由我看来，各种有牙齿刺激的典型梦的身体（如牙齿被某人拔掉等）都可以作同样的解释[82]。但我们感到困扰的是为何“牙齿刺激”会具有此种意义呢？对于此点，我想强调，对性的潜抑常常是利用身体上部来转换到身体下部[83]。因此歇斯底里症病患各种应该表现在性器官的情感与意愿都在其他不被反对的身体部位表现出来（如果不表现在适当的性构造上）。我们有一个例子，在潜意识的象征中，性器官是以面孔来象征。在语言学上，屁股和面颊是相似的（Hinterbacken 字面的意思是后面的面颊），而阴唇和围绕着口的嘴唇相似，把鼻子和阴唇相比是常见的，而类似由于二者留有长毛而更趋下完全。只有牙齿不能有任何可能的类比；但正因为是这种相似与不相似的组合使牙齿在受到性潜抑的压力很适宜用来做表现的媒介。

但我不能假装说具有牙齿刺激的梦都是自慰的梦这件事已经全部解决了[84]——虽然我对这种解释没有丝毫疑心。我已经尽我所知地加以解释，剩下不能解决的也只好不提。但我仍要引述另一个语意学上相平行的用途。在我们这世界中，自慰的行为含糊地被形容为“sicheinenausreissen”或者是“sicheinenherunterreissen”（字面的意思是“拉自己出来”，“把自己弄贱[85]”）。我不知道这名词的来源或其想象的基础；但“牙齿”和第一句话很配。

根据一般人的相信，梦见牙齿掉下来或被拔掉是解释着亲戚的死亡，便由精神分析的观点来看，这最多是在开玩笑下才能成立（前面已说过）。不过这里；我却想引用密克所提供的一个牙齿刺激的梦：

“我一位同事，好久以来就对梦的解释具有深厚的兴趣，他寄给我这个源于牙齿刺激的梦。

不久前，我梦见自己在牙科诊所内，医师正在磨钻我下巴的一根坏牙。他工作了好久，结果使牙齿变得无用。然后他捉起一把铗子，毫不费力就把它拔出来——这使我吓了一跳。他叫我不必担心，因为他真正治疗的对象并不是牙齿本身。他把牙齿放在桌上，它立刻分离成几层（对我来说，这似乎是上排的门牙）。我由牙科手术椅子上爬起来，好奇地靠近它，并问一个吸引我的医学问题。牙医师这时一面在把我出奇的牙齿各层分开，并用某种器具把它捣碎，一面回答说，这和青春期有关，因为只有在青春期以前，牙齿才这么容易掉出来，如果是女性的话，则要在生下孩子后才是如此。

然后我就感觉到（我相信那时我是处在半睡状态下）自己在遗精，但是却不能很清楚地知道这和梦的那个部分有关，不过好像在牙齿拔出来以前就发生了。

我然后又梦见一些我不再记得的东西，不过其结尾是这样：我把帽子和大衣遗留在某些地方（也许是在牙医师的衣帽室内）希望有人会赶着拿来给我。而我那时只穿着外套，正要追上一辆已经开动的火车。我在最后一刻跳上了最末尾的车厢，当时已经有人站在那里。虽然我无法挤入车厢里，一直得忍受在此种不舒服的状况下旅行，但最后终于成功逃脱了。我们的车子要进入隧道的时候，迎面开来两架火车，看来它们就像是个隧道。由其中一个车厢的窗子望出去，我似乎觉得自己是在车子外面。"

而前一天的经验与思潮提供了解释此梦里的资料。

①事实上我最近到牙科部门治疗，而在做梦的那天，我下巴的牙齿继续不停地痛着——恰好是梦中牙科医生所磨钻着的——而正好他对此牙齿处理又比我想象的要久。在做梦的那天早晨，我再度因为牙疼到牙科医师那里；他和我说也许还要拔掉下巴的另一个牙齿，因为痛也许是源于此处，那是智慧齿。那时我问了一个问题，关联到他对此事的医德问题。

②同一天下午，我因为牙疼引起的坏脾气而向一位女士道歉；而她告诉我她害怕把她的一个牙根拔出（其牙冠已经完全报销了）。她想拔掉眼牙是特别疼与危险的事，虽然一位熟人告诉她要把上排的牙拔除是很简单的（她的坏牙正好是在上排）。这位熟人又告诉她说有一次在局部麻醉之下他被拔错了一颗牙。这又增加了她对此必须的手术的害怕。然后她又问我眼牙是臼齿抑或是犬齿，以及我对它们的认识。我向她指出这些意见是迷信的，虽然同时也强调了某些大家所接受的事实。然后她向我提起一个很古老而又流传广远的传说——如果孕妇具有牙疼的话，那么她将会有一个男孩。

③这说法引起我的兴趣来，因为这关联到弗洛伊德在《梦的解析》中所提到的"牙齿刺激的梦是自慰的替代"——此女士说在民间传说中牙齿和男性性器官（或男孩）是相关的，当天晚上我就翻阅《梦的解析》的有关部分。我发现下面这些论点和前述两件事一样对我的梦具有影响。弗洛伊德对"牙齿"刺激的梦的意见是："在男人中，这些梦的动机都是由青春期自慰的欲望而来。"以及"各种有牙齿刺激的典型的梦的变体（如牙齿被某人拔掉等）都可以作同样的解释。但我们感到困扰的是为何'牙齿刺激'会具有此种意义呢？对于此点，我想强调对性的潜抑常常是

利用身体上部来转换身体下部（在这个梦中，却由下巴转到上颌）。因此歇斯底里症病患各种应该表现在性器官的情感与意愿却在其他不被反对的身体部位表现出来。”以及：“但我仍要引述另一个语意学上相平行的用途。在我们这个世界当中，自慰的行为含糊地被形容为‘Sicheinenausreissen’或者是‘sicheinenherunb terreissen’”。在年轻的时候，我就知道这种表达即代表着自慰，而有经验的梦的解释者将会很容易地找到此梦中潜隐的幼儿期资料。另外梦中的牙齿如此容易被拔出（后来变为上排的门牙），使我记起孩童时的一件事——我自己把松动的上排门牙拔掉，很简单而且不疼痛。这件事（我仍然能很清楚记得它的细节）恰好发生在第一次有意识地对自慰的尝试（这是一个银幕式的记忆）。

弗洛伊德所引用杨格的话：“发生在妇女的牙齿刺激的梦具有‘生产的梦’的意义”[82]，和一般人所相信的孕妇牙疼的意义造成了此梦中有关（青春期）男女病例不同的决定因素。这又使我记起了前一次由牙科诊所回来后所做的梦，那次我梦见刚嵌上的金牙冠掉出来；这使梦中的我大为愤怒，因为我已花了大笔的钱，而这笔钱还没有弥补过来。现在我已经能了解这个梦的意义了（获得了许多经验以后）——这是对自慰在物质上胜过对象爱的体认：因为后者，由经济的观点来看，都是比不上前者的（金牙冠 gold Crown[86]）；而我相信此女士关于怀孕妇女牙疼的意义又再唤起我的这些思想。

我想此同事的解释是极富启发性，也没有可以反对的。我没有什么追加，除了对第二部分的梦所可能隐含的意义外。

这部分似乎表现出梦者自慰到正常性交的转变——而很明显的是经过极大困难（如火车进出的隧道）及后者的危险性（如怀孕以及外衣）。梦者在这里利用了这文字桥梁：“Zahn—ui－hen（zug）”及“Zahn—reissen（reisen[87]）”。

另外，理论上此梦例使我感兴趣的有两点：第一，它提供了赞同弗洛伊德理论的证据——梦中发生的遗精是伴随着拔除牙齿的举动的。不管此种遗精以何种形式呈现，我们都应该把它看成一种不需假手机械刺激的自慰式满足。另外，此梦中伴随着遗精的满足并没有任何对象——而通常这是有对象的，即使是幻想的——所以它完全是自我享乐的或者最多也是些微的同性恋（因为牙科医师）。

第二点需要强调的是，也许有人会这样子反驳说此梦例并不能证明洛伊德的理论，因为前一天发生的事就足够使这梦让人了解。梦者见牙科医师，和某女士的谈话及阅读的梦的解释都能清楚地解释他为何会产生此梦，特别是他的睡眠遭受牙疼的困扰。如果需要，我们也可以这样解释，此梦是如何处置了那打扰他睡眠的牙齿——利用那减除牙疼的想法，以及将梦者所害怕的疼痛感沉溺于原欲内。但即使是很不严格，我们也不能很诚恳地相信，单单念了弗洛伊德的解释，梦者就可以把拔牙齿和自慰连在一起，或者是能够把那个关联实行——除非这想法长久以来就存在的，而梦者自己也承认这点（在这句话“Sicheinenausareissen”中）。这关联不但借着与该女士的谈话而复苏，并且也和他下面所报告的事件有关，因为在读梦的解析时，他很不愿意相信（其理由是可以了解的）此种牙齿刺激的梦的意义，并且想要知道此意义是否能应用到所有的这种梦上，此梦证实了这点（至少对他来说），并说明了他为何会去怀疑此理论。由这观点来看，此梦亦是种愿望达成——即是，想要让自己相信弗氏观点的正确度和可适用的范围。

第二类典型的梦包括那些梦者飞或浮空中，跌落，游泳等。这种梦又有什么意义呢？要给予一般性的回答是不可能的，我们下面将看到，它们在每个梦例里都是不相同的；只有它们那些未经处理的感觉材料才是由同一来源导衍的。

精神分析的材料使我断定此种梦亦是重复这孩童时期的印象；它们和“动作”的游戏有关——即是那些非常吸引孩童的游戏（具有动作的）。没有一位叔叔不会把孩子架在伸展的双手上，而奔驰于室中（显示如何飞），或者是让孩子骑在他膝盖上而突然伸直其脚，或者把他高举着然后假装让他落下。孩子们非常喜爱此种经验，不断要求再来一遍，尤其是当这些动作会带一些害怕与头眩。好多年后，他们就会在梦中重复这些经验；但是在梦中他们省略了支持的手，因此他们就像浮着或跌落，而没有丝毫的支持。孩童喜爱此种游戏是为人所尽知的（如荡秋千及跷跷板）；而当他们看到马戏班子里的杂技表演时，此种记忆又复活了。男孩子歇斯底里的发作有时是此种玩耍的重演——具有繁杂的技巧。这种动作的游戏虽然本身是清白的，但却常常引起性的感觉。孩童的顽皮游戏——如果让我用一个字来形容这些行动——常常在飞行，跌落，眩晕等的梦中重现；而那些愉快的感觉则变形为焦虑感。这就像每个妈妈知道的一样，此种顽皮的行动常常以拌嘴和哭泣结束。

因此，我有足够的理由反对那种认为飞行或跌落的梦的由于睡觉中的触觉感或者是肺脏伸缩感等而引起的理论，我认为这些感觉是由梦所牵连到的记忆之重复；即是说，它们是梦内容的一部分而并非其来源[⑧]。

因此，这些由同样的来源，相似的动作而导衍的材料可以用来表现各种可能有的梦思。所以自由浮沉的梦（通常是具有欢愉的调子）具有各种解释；对某些人来说，这些解释是因人而异的，但对其他人来说，它们又可能是典型的。我的一位女病人常常梦见自己在街道某个高度上浮游着。她很矮，并且很害怕别人接触所受到的污染。她这个飘浮的梦满足了她两个愿望，即是把她的脚由地上升高，并且把她的头抬举到更高层的空中。在另一个女病人中，则发现她的飞行的梦表达了“像一只鸟”的欲望；而别的梦者借以变为天使，因为白天的时候他们并没有被称呼为天使，由飞行和鸟的密切关联看来，男人的飞行的梦是具有肉欲的意义的（请看第七章 注㉗），因此，当我们听到有些梦对于此种飞行力量感到骄傲时是不必感到惊奇的。维也纳的费登维也纳的费登——后来到纽约了——曾经在维也纳精神分析的集会上报告了这种非常吸引人的理论——即这种飞行的梦都是勃起的梦；因为这常常占据人类幻想的奇特的勃起，给人的印象是反重力作用的（请和古代的配有飞翼的阳具相比）。

值得一提是像窝特那位真正反对任何一种梦解释的道貌岸然的研究者亦支持飞行或飘浮的梦是具情欲的。他说这种情欲的因素是“飞行的梦最强有力的动机”，并且强调伴随着的强烈震荡感，以及勃起和遗精的次数。

“跌落”的梦则常常具有焦虑的特征。在妇人来说此种解释是毫无困难地，因为她们几乎一定以“跌落”来作为向情欲诱惑低头的象征。我们并没有忽视跌落的幼儿期的来源，几乎每个孩子都有跌倒然后被抱起来爱抚的经验；如果晚上由床上摔下来，保姆会把他们抱到床上去的。

那些常常梦见游泳，并且在水中划游前进时感到极其愉快等等的人通常都是尿床的，他们在梦中重温他们早就经由学习而放弃的乐趣。下面我们将由不止一个的例子中知道游泳的梦最容易代表的是什么。

有关火的梦之解析证实了禁止孩子玩火的规定——因此他们不致在晚上尿床，因为这些梦例中有许多关于孩童时期尿床的回忆。在我那本《一个歇斯底里病患的部分分析》（杜拉第一个梦）中，我利用梦者的病症叙述一个此种梦的完全分析与合成，并且也表现出此种幼儿期的材料如何被用来表现成人的行动。

如果我们把这名词看成是呈现于不同梦者但却具有相同内容之梦的显意时，那么我们就可以提出许许多多的“典型”的梦来。譬如说，我们可以叙述经过狭窄道路或者是在许多套房中踱来踱去的梦，或者是一些有关窃盗的梦——对这些，神经质的人在睡前会事先采取防范措施。还有人则梦见被野兽追赶（野牛或者马匹），被人用刀子，匕首，或矛枪威胁着——后面这两类梦是那些焦虑者的梦的显意所特有的——等等。对这些资料的特别研究是值得的，不过在这里我却想提出两个由观察得到的现象[89]，虽然这并非完全只能用于典型的梦上。

我们愈是寻求梦的解答就愈发现成人大多数的梦都是和性的资料以及表达情欲

愿望有关。这只是适用于那些真正解析梦的人——即是说那些由梦的显意中发掘出其隐意者——而不是那些单单记下梦的显意就感到满足的（譬如说，纳克记录的性的梦）。我现在要说这个事实一点都不令人惊奇，而且和我解释梦的原则完全符合。因为从孩童时期开始，没有一个本能有像性本能和其各种成分遭受那样大的潜抑；因此，也没有其他的本能会留下那么多以及那么强烈的潜意识愿望，能够在睡眠状态中产生出梦。在解释梦的时候，我们不应该忘掉性情意综的重要性，当然也不可以太过夸大，以致把它认为是唯一重要的。

如果仔细解释的话，我们可以断定许多梦却是双性的，以一种过分解释来表现梦者同性恋的冲动——即那些梦者的正常行为的相反冲动。所以我不准备支持史德喀尔以及阿德勒所认为的“所有的梦都是两性的”论调，因为我认为这是不能举例说明，以及不像是真的。但是值得注意的是许多梦都能满足不是情欲（广义的）的需求；如饥渴的梦，方便的梦等，所以我亦认为那些“每个梦的后面都有死亡的阴影”（史德喀尔）或者是“每个梦都显示出梦由女性倾向男性化的趋势”（阿德勒）都是不适用于梦的解释的。

至于“每一个梦都需要性的解释”的话（批评家对此点不停地以及愤怒地加以抨击）不能由我这本《梦的解析》中找到。在前面八个版中没有，在将来的版本中也不会有。

我已经在别的地方（请看本书第五章 ）指出一些看来是无邪的梦可能涵藏着情欲的愿望。我能用许多的例子来证实这点。而许多表面是淡薄无奇，不为人注意的梦，在分析后却是有关“性”，并且是出人意料之外的。譬如说，在未分析前，谁曾想到下面这个梦是具有性的意愿呢？梦者这么说：稍在两个富丽堂皇宫后面一点有一个门户闭锁的小屋。太太带我走过通往小路的途径后把门打开；于是我很容易以及很快地溜入内部的庭院，那里有个斜斜的上倾。任何一位具有少许翻译梦的经验者立刻就会想到穿入狭窄的空间，以及打开闭锁的门户都是最常见的性的象征，因而知道此梦代表着肛门性交的意愿（在女性的两个堂皇的两臀之间）。那个狭窄而导向斜斜上倾的，当然指的是阴道。梦者在梦中受太太协助的事实使我们这么断定，在现实里，由于太太的顾虑使他不能实现此种意图。而在做梦的当天，有位女士到梦者家里来往，并且给予他此种感觉——即如果他要如此做时，她是不会有太大的反对的，两个皇宫之间的小屋是巴拉格炮台的回忆，而这又更进一步关联到此女士，因为她是由那里来的。

当我向一位病人频频强调说伊底帕斯的梦常常会发生时（梦者和其母亲性交），

他常常如此回答："我没有做过这种梦的回忆。"不过，在这发生后，病人会记起其他一些不显著与平淡无奇但却重复出现的梦。但分析后却显示这又是一个伊底帕斯的梦，我能够很确定的说，和母亲性交的梦大多数是经过伪装而很少是直接呈现的[90]。

在许多关于风景及地方的梦中，梦者都这么强调："我以前到过这地方。"（此种似曾见过在梦中具有特殊的意义[91]。）这些地方恒常指梦者母亲的生殖器官；因为再也没有别的地方可以让人有此种确定——认为他以前到过。

有一次我被一位强迫性心理症患者的梦弄糊涂了。他梦见去拜访一间他见过两次的房屋。但这位病人在相当久以前，曾经告诉过我，他在六岁时的一件事——有一次他和母亲同床而睡，不过却在她睡觉时把手指插入她生殖器内。

许多常常带有焦虑的梦具有此种内容，即梦者穿过狭窄的路途，或者在"水"中，都是基于一种对子宫内生活，存在于子宫，和生产过程的幻想。下面即是一个男人的梦，表现出他在幻想中如何在子宫内观察其父母的性交。

他处在一个深坑中，不过却具有一个像 Semmering 隧道[92]中的窗门。起先，他由窗口望见空旷的风景，不过却发现一个图像填补了这空隙（它立即呈现，并堵住这间隙）。这图画表现一片经过深耕的土地；而新鲜的空气，蓝黑色的泥巴，以及此景象带给人一种"勤苦奋发"感觉，激发出美丽动人的印象。然后他又看见一本关于教育的书在他面前展开……而他感到惊奇的是，里面大部分提到（孩童的）对性的感觉；而这使他想到我。

下面又一个女病人漂亮的水的梦——这在她的治疗中极富意义。

在那她假期常去的……湖中，她在一处冷月反映的部位投入极黑的水中。这种就是出生的梦。它们的解释刚好和梦的显意相反：即不是"投入水中"而是"由水中出来"——即是出生，我们可以由法国俚语"lune"（下部）联想到人出生的部位。冷月正好是孩童们想象他们出生的地方。而病人希望在她夏天度假场所出生，到底具有什么意义呢？我这么问她，而她毫不犹豫地说："这治疗不就使我觉得是再度出生吗？"因此这梦即是邀请我在夏天度假的地方继续对她治疗——换句话说，在这里治疗她。也许这梦中亦有一个轻微的欲做母亲的暗示[93]。

下面，我将由钟士的著作中摘录另一个出生的梦。"她站在海滩上，望着一位很像是她本人的男孩在那儿涉水。他一直走进水里，直到她望见他的头在水中或浮或沉为止。然后这景象就转到一个充满人潮的旅馆大厅。她丈夫离开了她，而她和一陌生人'进入谈话'。"分析后发现第二部分的梦表现她欲背叛丈夫而和第三者发生关系。第一部分则是个相当明显的出生幻想，不管是在梦或神话中，孩子由羊水中生产经常是用孩子投入水中的改装来表现；这些例子中较为人熟悉的是阿多尼、贺悉里、摩西及巴克斯的出生。在水中浮沉的头使病人想起她自己怀孕时所经验到的胎动。男孩进入水中，导致一个相反的想法。即是把他由水中拉出来，抱入育婴室，把他洗好，穿好，然后带到家里去。

因此，第二部分的梦即表现出属于梦的隐意（私奔）的前半部；而第一部分的梦又和梦的隐意的后半部（出生的幻想）相对应。除了这次序的颠倒外，在这两部分的梦中还有更多的倒反。在梦的前半部中，男孩子涉入水中，然后是他头在水中浮沉；不过在蕴含的梦思中却是胎动，然后孩子破水（双重倒反）。在梦的后半部中，丈夫离开她，而在梦思中则是她离开丈夫。

亚伯拉罕报告了另一个出生的梦——一位接近产期的年轻孕妇的梦。“一个地下通道直接由她房间地板通到水源（生殖道——羊水）。她拉开地板的机关门，很快地冒出一只全身长着褐色毛发，很像海豹的动物，这动物突然变成梦者的弟弟——对他来说，她老是具有母亲的象征。”

峦克由许多梦例中指出出生的梦利用和具有小便刺激的梦一样的象征。在后者中，情欲刺激以小便刺激来表现；而这些梦的各种层次的意义和自孩童以来逐渐改变的各种象征意义相对应。

说到这里，我们应当再回述到前章中断了的题目：那种打扰睡眠的肉体刺激对梦的形成的影响。受到此种影响的梦不但公开表示愿望达成和为了方便的目的，并且常常是一个明晰的象征；因为此刺激常常在象征式的伪装下，在梦中与它斗争失败后把梦者弄醒了。这不但施用于遗精与激情的梦，并且适合于那些遗尿或遗粪的情况。“遗精的梦的特殊性质不但使我们直接观到一些被认为是典型，但无论如何却受到激烈议论的性的象征；并且使我们相信一些看来是纯洁无邪的梦中情况不过是性景象的前奏曲罢了。通常，后者只有在较少见的遗精的梦中才不经过伪装而直接呈现，其他时候，则变成焦虑的梦而使梦者惊醒”。

具有尿道刺激的梦的象征意义在很早以前就被人知晓。希伯克拉底曾经认为梦见喷泉及泉水则表示膀胱有毛病（艾里斯录）。歇尔奈尔研究尿道刺激的多重象征后，断定“任何具有相当程度的小便的刺激通常会转成性区域的刺激，并且象征性地表示出……具有小便刺激的梦常常岩现‘性’的梦”。

峦克在他那篇关于惊醒的梦的多重性象征的讨论中这么断定，许多具有小便刺激的梦，实际上是由一些性的刺激所引起，不过却退化地想由幼童的尿道乐欲中取得满足。特别是那些从小便刺激导致的清醒和排尿。不过梦却不顾一切地继续着，因而以不经过伪装的方式表露出情欲幻想例子是更富于启发性的[94]。

同样的，肠子刺激的梦的象征，亦具有相类似的对比；并且证实了社会人类学常提到的金子和粪便之间的关联，“比如说，一位因为肠胃疾患受治疗的妇人梦见一个人在一间看来像是乡村户外厕所的小木屋附近埋藏着宝藏。梦的第二部分则显示她正在抹净她那刚拉完大便的小女孩的臀部”。——峦克拯救的梦亦和出生的梦相关。在妇人的梦里，被拯救，尤其是由水救出，和生产是具有同样意义的，对男人来说，此种梦的意义则不同了[95]。

强盗、窃贼、和鬼怪——这是人们上床前所害怕的，并甚至会妨碍我们的睡眠——源于同样的孩童回忆。他们是那些半夜三更吵醒孩子，以免他们尿床，或者是翻开他们的被单，以检查孩子的手放在什么地方的夜间访问者（双亲）。在分析一些焦虑的梦时，我曾经使梦所回想起这些夜间访问者：

强盗常常是梦者的父亲，而鬼怪则是穿着白袍的女性。

六、一些例子——算术以及演说的梦

在提到影响梦之形成的第四个因素以前，我要引叙我收集的许多梦例。部分的原因是要说明前述三种因素的相互合作，部分是为了要提供一些证据来支持那些至今仍未提出充分理由加以证实的断定，或者是为了要寻出一些必要的结论。当说明梦的运作时，我发现很难用例子来支持我的见解，因为支持某种命题的情况只有在梦的解释的整个内容下才有意义，如果离开了整体，它就失去了意义。但是，由另一方面来看，即使是粗浅的分析亦会导发出无数的内容来，因而使我们困扰而记不起原来想说明的思想串列。这技术上的困难，将是我的借口，那么，如果读者在下面描述中发现各色各样的东西，没有任何的共通点（除了和前面数节的内容有关外）。

我想先举几个很特殊或者是很不寻常的梦的象征方式。

一位女士梦见：一位女佣人站在梯子上，好像是要洗擦窗子的样子，身边带着一头黑猩猩及一只猩猩猫——后来她改正为长毛而有丝光的猫。这位用人把这些动物向她身上抛来；黑猩猩拥抱着她，这是非常令人厌恶的。——此梦以一种非常简单的策略来达成目的；利用暗喻明确得表现出来，“猴子”及“野兽”，一般来说是用谩骂别人的。而由梦中的情况看来，它们亦恰好表示着投掷着谩骂。在下面的许多梦例中，我们还会遇见许多利用此种方法的梦的运作。

另外一个相似的梦：一位妇女生下一个头部形状歪曲很厉害的孩子，梦者听见有人说这孩子根据它在子宫的位置而生长，所以变得那样子。医生说可以用压力使脑袋变的好看些，不过那样做会损伤孩子的脑子。她却认为这是个男孩子，所以这么做是不会有什么害处的。——这梦正好隐含了经过更改的“对孩子的印象”，这抽象观念正好是梦者在治疗过程中，医生所给予解释的。

下面这梦例中，梦的运作稍微有些不同。这梦是关于到靠近格拉兹的兴泰（Hilmteich——在城市郊外的一段水域）的旅行的。外面的天气是令人害怕的，有一座破烂的旅馆，水正由墙上滴落下来，而床单都湿透了。（梦的后面部分，并不像我所写的那样直接被报告出来。）此梦的意思是“过剩体”或淹过；不过后来又以许多相似的图像来表现：外面的狂风暴雨，墙壁内面的滴水，湿透床单的水——都是水，都一样掩盖着一切。

在梦的表现中，文字的正确拼法并不比其声调来得更重要。对此点我们并不感惊奇，因为在韵诗中，此条规定亦是正确的，峦克曾经很详细地描述，并且详尽分析了一位女孩的梦。这梦是关于她如何走过田亩，以及割下大麦和小麦丰润的麦穗。她童年时期的一位朋友向她走来，但她却企图避开他。分析显示此梦是关于“接吻”的——一个荣誉的吻（Kussinehren——后者的读音同于 aEhren）[96]在梦里，那被切割而不是被拔除的“aEhren”隐喻着谷类的穗子，而当这和“ehren”连在一起时，它就代表着其他无数潜隐的梦思。

另一方面来说，文字的演进使梦的运作变得容易。因为文字中有许多是源自于图像以及具有实体的意义，不过今日却变为无色以及抽象的。因此，梦所需做的事只是回复此等文字的过去意义，或者是追溯其演进过程的早期情况。譬如说，某男人梦见其弟被困于一箱子中，在分析过程中，Kasten 被 Schrank（衣橱——或者抽象的指“障碍”、“限制”）所置换，因此，梦思即是他弟弟应该自我约束而不是梦者本身。

另一男人梦见自己爬上高山顶，那儿有非常广阔的视野。而事实上他用此与其兄弟仿同——那位兄弟正在编辑一篇有关远东的回顾。

在 DerGrüneHeinrich（Gottfried Keller 的小说）中，提到一个关于活泼的马儿在燕麦田中翻滚的梦，而每一麦穗都是“一个香甜的杏仁，一颗葡萄干以及一枚新的铜板……包在红色丝巾内，用猪毛捆起来。”作者（或梦者）让我们能够直接解释这梦的图像：在麦穗的呵痒之下，马儿觉得很舒适，并且大叫道："燕麦刺着我。"（意即财富纵坏了我）。

根据亨生的理论，古代斯堪的那维亚人的梦尤其常常出现双关语与文学的玩弄；在他们的梦里，我们很少会发现有哪一个梦是不具有双重意义或者是字眼的玩弄。

要收集这些表现的方式，以及根据其原则来分类是一件大事。有些表现方式可以看成是"玩笑"，而使人觉得，如果不经当事人的解释，其意义是不容易被猜到的。

梦一：一位男人梦见，有人问他某人的名字是什么，他却记不起来。他自己的解释是"我不应该梦见它。"

梦二：一位女病人说她梦见所有有关的人都是特别大块头的。她说，这一定和她的童年有关，因为那时候所有成人看来都是特别大的，她本身并没有出现在梦中。

关于童年的梦亦可以用另一种方式来表达——即是把时间转变为空间。人物与景象好像是在远处一样，在路的尽头；

或者像是从观剧用的望远镜相反那端看出去那样。

梦三：一位在现实生活中常常喜欢用抽象以及不确定词句的男人（虽然大致说来头脑仍是很清楚的）梦见有一次他在火车抵站的当儿到达火车站。不过奇怪的是，火车是静止的而月台向它移动着——一个和事实恰好相反的荒谬事件。这事实不过暗示着另一个梦内容必定也是相反的。分析的结果使病人记起某些图书，里面绘着一些倒过来用头支持身体，用手来走路的男人。

梦四：同一梦者有一次告诉我一个短梦——就像是个画迷一样，他梦见他叔叔在汽车上给他一个吻，然后他立刻给我以下这个解释——我永远不会猜到的——即是，这是指自我享乐。这梦在现实生活中，很可能被看作笑话。

梦五：一位男人梦见他把一位女士由床的后头拉出来。这梦的意思是，他对她有好感[97]。

梦六：一位男人梦见他是一位官员，正坐在皇帝的对面。

这指他和父亲对立着。

梦七：一位男人梦见他治疗一位断腿的某人。分析的结果显示折断的骨头代表着破裂的婚姻（ehebruch——正确来说，应当是通奸）。

梦八：梦中的时刻常常代表梦者童年某个特殊时期的年龄。因此梦中的"早上五时十五分"则指梦者五岁三个月时。

这是有意义的，因为那时他的弟弟出生了。

梦九：这又是梦中表达年龄的方法，一位妇人梦见她和两位小女孩一起散步，而她们的年龄差是十五个月。她不能想起任何熟人和这有关。她自己这么解释，这两个孩子都代表着她，而此梦提醒她童年时的两个创伤性事件相隔十五个月。

一件发生在她三岁半，而另一件则是四岁九个月。

梦十：在进行精神分析的期间，病人常会梦见它，以及会在梦中表达出他对此治疗的思想与期望——这是不足于令人感到惊奇的。最常用来表现此种想象的是旅行，通常是汽车，因为它是现代化以及复杂的工具。这时，病人即会利用车子的速度来作为对讽刺性评论的通气口——而如果潜意识（梦者清醒时思潮的一个元素）要在梦中表现的话，它很容易为一些地下的区域所置换——在别的情况之下（和精神分析治疗无关），这些区域则代表着女性的身体或者是子宫。——在梦中“下面”常常指性器官，而相反的，“上面”则指脸部、口部或者是乳房。——梦的运作通常用野兽来表现一种梦者害怕的感情冲动，不管这是他本身或是他人所有的。然而，我们只要更进一层就可以将野兽来置换那些拥有此种冲动的人。此点和那些以供食用的畜生，或是狗、野马来表现令梦者害怕的父亲的梦例相去不远——一种令我们想起图腾的表现方式[98]。我们可以这么说，野兽是用来代表原欲——一种为自我所恐惧以及被用潜抑作用来对抗的力量。常常梦者亦会把他的心理症（即他的病态人格）由自身分出来，并视之为另一独立无关的人。

梦十一：以下是沙克斯记录的一个例子：由弗氏的梦的解释，我们知道“梦的运作”利用各种不同的方法用形象来表达出字眼或句子的意义。如果它所要表达的意义是含糊不清的话，那么梦运作就可能利用这含糊：其中一个意义存在于梦思，而另一个意义则表现在显意中。下面这个短梦就是一个这样的好例子（它并且为了表现的理由，很自然地利用了前一天的经验）。在做梦的那个白天里，我患了感冒，并且决定晚上如有可能的话，我就会尽量躺在床上休息。在梦中，我似乎是在继续白天所做的事一样。那天我把剪报贴在簿子中，尽我可能的把它们依性质不同而归类，而在梦中我尝试把剪下来的资料贴在册子中。但是它却不会粘在纸页上而这使我感到很痛苦。我醒过来，发现梦中的痛苦在我身体里面持续着，因此必须放弃我上床以前的决定，此梦（在它指引我睡眠的能力以内），用这句含糊的句子“亦指他不上厕所”来满足我这不想下床的愿望。

我们可以这么说，为了用视觉形象表现出梦思来，梦的运作不惜利用各种它所能把握的方法——不管在清醒的时候，他本人认为是合法或不合法。这使那些只是听过梦的解释但没有实际经验的人视梦的运作为笑柄以及对它表示怀疑。史德喀尔的书《梦的语言》具有许多这种好例子。但是我一直避免不去引用它们，因为其作者缺乏批判的眼光，以及滥用其技巧，以至于对任何不具偏见的脑袋来说，它们都是有疑的。

梦十二：下面的例子取自道斯克所著关于梦对颜色和衣物的利用之论文。

①A 君梦见他过去的女主人穿着一件具有黑色光泽的衣服，臀部显得很窄——意思是其女主人非常淫乱。

②C 君梦到看见一位女孩在——路上，沐浴于白色光芒之下，并且穿着一些白色的宽罩衫。——梦者在此路上第一次和白小姐发生肉体关系。

③D 太太梦见八十岁的老演员 Blasel 穿着全副盔甲躺在沙发上。然后他由桌椅上面跳来跳去，拔出一把匕首，望着镜子内自己的影像，向空中比划，好像是和一位假想的敌人作战。——解释：梦者患有长期的膀胱疾患。她躺在沙发椅上接受分析；当她望着镜子内的身影时，她私底下认为虽然年岁已大，但自己仍然是强壮以及精神饱满的。

梦十三：梦中的一个伟大成就——一位男人梦见他是一位怀孕躺在床上的女人。他发现这种情况非常令他不满。他大叫："我宁愿是……"（在分析过程中，当他记起一位护士后，他以"敲碎石头"来完成这句子）。在床的后面挂着一张地图，其下沿靠一条木头来撑直，他捉着该木条的两端把它撕开，木条不在中间断，反而沿着长轴裂成两条。这动作使他感到舒适，并且协助他生产。

不经任何协助，他把撕下木条解释成伟大的成就。他利用脱离女性态度使自己离开这不舒适的情况（在治疗中）……而那木条不在中间断裂，反而不可置信地沿着长轴纵分为二则是这么解释；梦者想起这混合着分裂为二以及破坏的情势是阉割的一种暗喻，梦常常用两个阳具的象征来表现出阉割，作为对某种相对意愿的大胆表示。恰好鼠蹊是靠近生殖器的部分。梦者综合梦的解释后说，他接受女性的态度，而这要比阉割好得多[99]。

梦十四：在用法文分析一个病例时，我得要解释一个自己以大像出现的梦，我自然会问梦者为何我会以那种形式表现，他的回答是，"你在欺骗我"（而 trompe = trunk 躯干）。

梦的运作常常会用一些很淡薄的关系很成功地表现出不容易出现的材料，如某些特殊的名字。在我的一个梦中，老布鲁格[100]叫我做一个解剖……我钩出一些看来像是一张捏皱了的银纸（在稍后我将再提到此梦），对这点的联想（我稍费些劲才得到的）是"Stanniol[101]"然后我才发现自己想的名字是"Stan - nius"——那位我小时很钦佩的著述有关鱼类神经系统解剖作者，而我老师叫我做的第一件科学工作事实上和某种鱼类的神经系统有关，很清楚的，不能在画面中利用此鱼类的名字。

这里我禁不住要记写下一个很奇怪的应该被注意的梦。因为这是个孩童的梦，而且容易用分析来解释，一位女士说，“我记得童年时常常梦见上帝头上戴着一顶纸做的有边的帽子。我常常在吃饭时被戴上那种帽子——为了不使我看见别的孩子的餐盘内有这么多的食物”。既然我知道上帝是万能的，那么此梦的意思即我是无所不知的——即使我头上戴着那顶帽子。

当考虑梦中所呈现的数字和计算时，我们就能了解梦运作的性质以及它操纵梦思的方法了。尤其是梦中的数字常常被人迷信地认为和将来的事件有关[102]。因此我下面选录了我一部分的材料。

这梦例由一位女士，在她快要结束其治疗的时候所做的梦：她正要去偿付什么。她女儿由她（梦者）的钱包取出了三佛罗林和六十五个克鲁斯。梦者和她说：“你做什么？它只不过值二十一个克鲁斯而已[103]。”据我对梦者的了解，我不需要她的解释就能了解这梦的全部内容。这女士由外国搬来，她女儿正在维也纳念书，只要她女儿留在维也纳，她就会继续接受我的治疗。这女孩的课程将在三个星期后结束，而这也意味着她的治疗即将终了。做梦的前一天，女校长问她是否考虑把女儿再留在这学校一年。由这暗示，她当然也想到自己可以再继续其治疗。这就是此梦的意思，一年等于是三百六十五天。而剩下的课程和治疗时间有三个星期，恰好是二十一天（虽然治疗的时数，要比这个少）。这些梦思的数目字在梦中则指的是钱——并不因为这象征具有更深层的意义而是因为“时间即金钱”的关系，三百六十五克鲁斯只不过等于三佛罗林六十五克鲁斯；梦中数目那么小的钱无疑的是愿望达成的结果。梦者想要继续接受治疗的愿望，把治疗以及学费的数目降低了。

另一个梦中所牵涉的数目字则较为繁难。一位女士，虽然年轻，但已经结婚了好多年。这时恰好知道一位和她几乎同龄的熟人爱丽丝刚刚订婚的消息。于是她就做了下述的梦：她和丈夫一起在剧院中。一边几乎完全没有人。丈夫和她说，爱丽丝和其未婚夫也想要来；不过只能买到坏的座位——三张票是值一佛罗林五十克鲁斯——当然他们不会要的。她想如果他们买下那些票也没有什么坏处的。

这一佛罗林五十克鲁斯的来源是如何呢？实际上，它是源起于前一天的一件无关紧要的事。她丈夫赠送一百五十佛罗林给她小姨，而她很快地用它们来买珠宝。值得注意的是一百五十佛罗林是一佛罗林五十克鲁斯的一百倍。那么那三张戏票的“三”字又是哪里来的呢？唯一的关联是，她那位刚刚订婚的朋友恰好比她小三个月。当我发现了“空剧院”的意义后，整个梦的意思就知道了。这暗示（不经过改装的）了一件她丈夫得以逗弄她的小事。她计划去看一部预定在下星期上演的戏，并且在几天前不惜麻烦地去订票。当上演的时候，他们发现戏院几乎是空的。因此，她无需这么急。

所以梦思是这样的。“这么早结婚是可笑的。我无需这么急的，由爱丽丝的例子看来，我最后也会得到了一位丈夫。而那样我会比现在好上一百倍（宝藏）。如果我能够忍耐（和她小姨的急躁相对）我的钱（或嫁妆）能够买三个和他（丈夫）一样好的男人”。

我们发现此梦内容中的数目字比前面那个梦更改的更多——经过更大的改造和变动。对于此点的解释是，此梦思在能够表现以前首先需要克服更大的精神阻抗。另外我们不应忽视梦里那件荒谬的事，即两个人要买三张票。关于荒谬的事件是要特别强调出此梦思——“这么早结婚是可笑的。”而这个数目字“三”恰好天衣无缝地满足了此需求——它正好是她们两的年龄差，不重要的三个月分别。把一百五十佛罗林减少为一佛罗林五十克鲁斯则表示病人在其受潜抑的思想中低估其丈夫（或财产）的价值。

下面这例子则显示出梦中的计算方法——这方法带给梦不好的名声。一位男人梦见他坐在 B 家的椅子上——B 是他以前的熟人——和他们说：“你们不让我娶玛莉是个大错。”然后他问那个女孩，“你今年几岁？”她答道：“我生于一八八二年。”“那么，你是二十八岁啦。”

因为此梦发生于一八九八年，所以这计算很明显是错的。如果没有旁的解释，那么这种错误和白痴没有两样，这位男病人是那种看到女人就想追的人，而恰好这几个月来，排在他的后面接受治疗的是位年轻女士；他常常问起她，并且很焦虑地想给她好印象。他估计她大约有二十八岁。这解释了此计算的结果，而一八八二年是他结婚的那年。还有，他也忍不住要和我诊所的两位女佣人谈话（她们一点也不年轻）——她们常常替他开门——但是由于她们一点反应也没有，所以他自我解嘲地说，也许她们认为他是年老的严肃绅士。

这又是另一个和数字有关的梦。它是很明显地早被决定或者是过度决定的。这是达能医师所提供的梦与解析：“我那栋公寓的主人是警察人员，他梦见自己在街上执行任务。（这是个愿望达成）。一位领上挂着二十二和六十二（或二十六）号码的臂章的督察走近他。不管怎样，上面有好多个二就是。”

梦者把二十二六十二分开来报告即显示出它们具有不同的意义。他记得做梦的前一天，他们曾在警察局提过某人服务的年资——那是关于一位督察在六十两岁的时候退休，并且领取养老金。而梦者只服务二十二年，他必须再服务两年两个月后才能领取百分之九十的养老金。梦的第一个部分满足梦者一直想达到的督察的阶级，这个第二十二六十二臂章的高级官员其实就是梦者本人。他在执行任务——这又是他另一个一厢情愿的愿望——他已经再服务两年两个月，因此可以和那位六十两岁的老督察一样领取全部养老金。

如果我们把这些例子，以及我后面将提到的梦例加以观察，那么我们可以很保险地说梦的运作其实不带有任何的计算程序（不管其答案是否正确）；这只不过用一种计算的方式来表现出梦思，因此可以暗示出某些不能用别的方法表达的材料来。由这点来看，梦的运作把数字当作是一种表达目的的介质，这就和那些以文字表达的名字和演说完全一样。

因为事实上梦本身不能创造演说词（请看第五章），不管有多少演说或言谈出现于梦中，也不管它们是否合理，经过分析后都可以知道它们都是以一种任意的方式由梦思中那些听来或是自己说过的言语中节录的。它不但把它们四分五裂（加入一些新内容排斥一些不需要的），而且把它们重新排列。因此一个看来前后连贯的言谈，经过分析后可以知道是由三个或四个不同部分凑成的。为了完成这新说法，梦往往要放弃梦思中这些话的原先意义，并且赋予一些新的[104]。如果我们仔细研究梦中的言谈时，我们将发现它一方面具有一些相当清晰以及实体的部分，另一方面则是一些连接的材料（或许它们是后来加上的，就像是在看书的时候，我们会自动加入一些意外遗漏的字母或音节一样），因此梦中言谈的构造就像是角砾岩一样——各种不同种类的岩石被胶质紧粘在一起。

严格说来，这些叙述只能适用在那些具有“感觉”性质的言谈，并且为梦者描述为“言谈”的。另外的言谈——那些不为梦者认为是听到或说出的言论（即在梦中不牵涉到听觉或运动行动的）——不过是像那些发生在清醒时刻的思想，往往会不经过改变地进入梦中。我们念过的东西，也常常大量出现在梦中无关紧要的言谈中，不过不容易被追溯来源，但不管怎样那些梦中被认为是言谈的东西，确实是梦者听过的或说过的。

我已经在分析梦的过程（为了别的理由）中提出许多有关梦中言谈的例子。因此，在第五章 中那个无邪的“上市场”的梦中的“那种东西再也买不到了”。是象征着我，而另一句话“我不知道那是什么东西，我还是不要买的好。”实际上使这梦变得“无邪”。梦者在前一天曾和厨师发生争执而说出这气话：“我不知道那是什么，你做事可要做得像样点!”这看来是无邪的前半部言谈很巧妙地加入了梦中（暗示着后半部）并且天衣无缝地满足了梦中的潜隐的幻想，不过同时却又出卖了这秘密。

下面是许多具有同样的结论的例子之一。

梦者处身于一个大庭院内，那里正在烧着许多死尸。他说：“我要离开这里，我受不了此种景象。”（这确实不是一种言谈。）然后他遇见屠夫的两个孩子。他问他们：“嘿，它们的味道好吗?”其中一个说道：“不，一点都不好。”——好像指的是人肉。

这梦的无邪部分是这样的：梦者和太太在晚餐后一起去拜访邻居——一个好人但是却不令人有胃口的（译者按，意即不很受人欢迎的）。这位好客的老太太刚好吃完晚饭，并且强迫[105]他去试试她菜肴的味道。他拒绝，并且说自己一点胃口都没有，她回答道：“来吧，你能吃得下的”（或者是这类的话）。因此他不得不试试看，并且赞美地说：“味道确是很好。”不过当他和太太单独在一起的时候却又抱怨这邻居很固执以及菜肴不好。而这句话“我不能忍受此种景象”（在梦中也不呈现为一种言谈）——则暗示着那位请他吃东西的老太太的外貌。这意思一定是指他不想看她。

下面我要再举一个例子——它具有一个很明确的言谈作为整个梦的核心，不过我要在后面提到梦中的感情时才给予完全的解释。我很清晰地梦见：我晚上到布鲁格实验室去，听到一阵轻微的敲门声后，我把门打开。门外是（已逝世的）弗莱雪教授[106]。他和一些陌生人一起进来，和我说了几句话后就坐在他位置上。然后我又做另一个梦，我的朋友弗利斯很顺利地在七月到了维也纳。我在街上遇见他，那时他正和我一位（死去的）朋友P君谈话。我们一块到某个地方去，他们两人面对面地坐在一张小桌子前面，而我则坐在桌子狭小的另一边，弗利斯提到他姊（妹），并说她在四十五分钟之内就死掉了，并且说了一句“这就是最高限度”，因为P不了解[107]，所以弗氏转过头来问我曾告诉过P君多少关于他的事。在这时候，我被一些奇怪的感情所克制着，因此企图向弗利斯解释，P君（不能了解，因为他）已经去世了。但我那时却说了“Nonvixit”（我知道自己的错误）。于是我深深地望着P君。在我的凝视之下，他脸色变白，他的外观变得模糊不清，而他眼睛变得病态的蓝——最后，他溶掉了。对这点我感到高兴，并且也知道弗莱雪也是个鬼影，一个“revenant”（字意是回来的人）；而我觉得，只要希望，这种人都可能存在，而如果我们不希望他存在的时候，又会消失。

这个漂亮的梦，包括许多梦的特征——我在梦中所做的评论，我错误地把 Nonvivit 说成 Nonvixit，即把他死了说成他没生活，和梦中认为已死者的交往，我最后荒谬的结论，以及给予我的满足——如果详细予以说明，则将花费我一生的时间。在现实里我无法做到梦里所能完成的事——即为了我的愿望不惜牺牲自己的好友。由于任何隐匿都只会破坏这个我很清楚了解的梦的意义；所以这里以及在稍后我只将讨论其中的几个问题。

此梦的中心是我那歼灭 P 君的视线，他眼睛变成一种奇怪与神秘的蓝色后，他就溶掉了。这个景象无疑是由我确实经历过的一个事件中抄袭过来。在我是生理研究所的指导员时，我曾要在很早的时间上班。布鲁克听说我好几次迟到，所以他有一天在开门前到达，并且等待我的来临。他向我说一些简短但有力的话，不过对我没有太多的影响，倒是他那蔚蓝眼睛的恐怖瞪视使我很不自在。我在这眼神前变的一无是处——就像梦中的 P 君一样。在梦中，这角色刚好倒过来。任何记得这位伟人漂亮眼睛生气的神色，就不难了解这年轻犯过者的心情了。

经过好久后，我才能找出梦中“Nonvixit”的起源，最后，我才发现这两个字并不是听到或说出来，而是很清晰地被看到，于是我立刻知道其来源，在维也纳皇宫前的 Kaiser Josef 纪念碑的碑脚下刻着这些字：SalutiPatriaevixitnondiusedtotus[108]我由这铸刻文字中抽取足够的字眼来表达梦思中的仇视思想串列，刚刚足以暗示：“此人对此事没有插嘴的余地，因为他没有真的活着。”这提醒了我，因为此梦发生于弗莱雪的纪念碑在大学走廊揭幕后几天内。那时恰好我又一次看到布鲁克的纪念碑，因此一定潜意识的替我那位聪慧的朋友 P 君感到难过。他尽其一生贡献于科学，不过却因为早死而使他不能在这些地方树立其纪念碑，所以我在梦中替他树立碑石；而恰好他的名字又是约瑟[109]。

根据梦的解析的规则，我现在仍不能用 nonvixit 来取代 nonvivit（前者是 Kaiser-Josef 纪念碑的文字，而后者是我梦思的想法）。梦思中一定有某些东西促成这个置换。于是我注意到在梦里我对 P 君同时具有仇恨与慈爱的感情——前者明显，而后者则潜隐着。不过它们同时都以此子句“Non vixit”表现出因为 P 君在科学上值得赞扬，所以我替他竖立一个纪念碑，但是因为他怀有一个恶毒的念头[110]（在梦的末尾表达出来）所以我将他歼灭。我注意到后面这句子具有一种特别的韵律，因此我脑海中必定先有某种模型。什么地方可以找到这种相对一句子呢？——对同一人怀有的两种相反反应，但却又正确而没有矛盾。只有文学上的一段文字（不过却在读者脑海上烙下深刻印象的）这样子说：莎氏名剧《凯撒大帝》中布鲁特斯的演说，

“因为凯撒爱我，所以我为他哭泣；因为他幸运，所以我为他高兴；因为他勇敢，所以我荣耀他；但因为他野心勃勃，所以我杀他。”这些句子的结构以及它们相对的意义就和我梦思中所发现的相同吗？因此在梦中我扮演着布鲁特斯的角色。只要我能在梦思中找到一个附带的关联来证实这点那该多好！我想可能的关联是，“我的朋友弗利斯在七月到维也纳来。”对于此点细节，真实生活中没有任何基础可以加以说明。据我所知弗利斯从来没有在七月到过维也纳。但既然七月是因为凯撒而命名的，因此这可能暗示着我扮演布鲁特斯的角色[111]。

说来奇怪，我确会扮演过布鲁特角色——那次我在孩子面前介绍席勒的布罗特斯与凯撒的诗句。那时我十四岁，比我只大一岁的侄儿协助我，他由英国来探望我们；所以他也是个 revenant，因为他是我最早期玩伴的回归。直到我三岁的末了，我们一直不能分开。我们互相爱着，也互相打架；这童年的关系对我同代朋友的关系上具有深大的影响，这点我已在第五章 暗示过。因以我侄子约翰那时开始其性格各方面陆续发生的肉体化，并且无疑地深烙在我潜意识中。他一定有些时候对我很不好，而我一定很勇敢地加以反抗。因为家父（同时也是约翰的祖父）曾这样责问我：“你为什么打约翰？”

“因为他打我，所以我打他。”——那时我，还没有两岁大。一定是我这幼年的景象使我把“nonvivit”改变为“nonvixit”，因为在童年后期的语汇中 wichsen（和英文的 vixen 发音相同）即是打的意思。梦的运作，毫不羞惭地利用此种关联。在真实情况下，我没有仇视 P 君的理由，不过他比我强得多，所以像是我童年玩伴的重现，这仇视一定和我早年约翰的复杂关系有关。以后我将再提到这个梦。

七、荒谬的梦——梦中的理智活动

在解析梦的过程当中，我们已经不止一次碰到荒谬的元素，因此我不想再拖延对其意义与缘由的探讨（如果它具有意义与来源的话）。因为那些否认梦具有价值者的主要论调是，把梦看成一种碎裂了之心灵活动的无意义产物。

我将以几个例子来开始，读者将发现它们的荒谬性起先是很显然的，不过在经过更深的研讨其含义后，这种特性就消失了。以下就是一些关于梦者死去父亲的梦——乍看起来好像是种巧合而已。

这个梦是一位父亲已死去六年的病人所做的。他父亲碰上一次严重的车祸：他坐在那列飞驶着的夜快车突然失轨了，座位挤压在一起，把他的头夹在中间。然后梦者看见他睡在床上，左边眉角上有一道垂直的伤痕，梦者很惊奇，因为他父亲怎么会发生意外呢？(因为他已经死了，梦者在描述的时候加上这一句)。父亲的眼睛是如何得清楚呀！

根据一般人对梦的了解，我们应该这么解释：也许在梦者想象此意外发生时，他忘记父亲已经死去好几年了；但当梦在继续进行的时候，这回忆又再出现，因此使他在睡梦当中对这梦感到惊诧。由解析的经验知道，这种解释是毫无意义的。梦者请一位雕塑家替父亲做一个半身像，两天前他恰好第一次去审查工作进行得如何。这就是他认为的灾祸（在德语来说，bust 又指发生意外，或不对劲)。雕塑家从来没见过他父亲，所以只好根据照片来凿刻。梦发生的前一天，他要一位仆人到工作室去观察此大理石像，看他是否亦同样认为石像的前额显得太窄。然后他就陆续记起那些构架成此梦的材料。每当有家庭或商业上的困扰时，他父亲都会习惯地以两手压着两边的太阳穴，仿佛他觉得头太大了，必须把它压小些。——又当梦者四岁的时候，一枝手枪不晓得怎样意外的失火了，把父亲的眼睛弄黑了（那时他刚好在场)，所以，“父亲的眼睛如何得清楚呀！”——梦中发生在他父亲左额上那道伤痕，和生前所显现的皱纹（每当悲伤的时候）是一致的。而伤痕取代了皱纹的事实又导出造成此梦的另一个原因，梦者曾为他女儿拍了一张照，但此照片（译者按：早年照相所用的涂抹以显出映像的化学物质的介质也许是易碎的，不是纸质的）不小心由他手中掉下来，刚好跌出一条裂痕，垂直地延伸到她女儿的眉面上。他不得不认为这是恶兆，因为他母亲去世前数天，他也把她照片的负片跌坏了。

因此，这梦的荒谬性只不过是一种相当于口头上把照片、石像和真实人混淆在一起的粗心大意而已。如在观看照片的时候，每个人都会这么说：“你不觉得和父亲完全一样吗?”或“你不觉得父亲有些不对劲吗?”当然，此梦的荒谬性可以很容易避免；并且就这个例子来看，我们可以说，此种荒谬是被允许的，甚至是被如此策划的。

这是我的一个梦，和前者几乎相同（家父于一八九六年逝世)。

父亲死后在墨牙族（匈牙利一族）人的政治领域中扮演着某种的角色，他使他们联合成完整的政治团体；此时我看到一个小张而不清晰的画像：许多人聚集在一起，似乎是在德国国会上；有一男人站在一张或两张凳子上；别的人则围在他四周。记得死去的时候，他躺在床上的那个样子，简直就像是加利巴底（意大利义士)。我很高兴这诺言终于实现了。有什么会比这些更荒诞无稽？做梦的时期恰好是匈牙利政局混乱的时候——因为国会的瘫痪导致无政府的状态。结果由于协尔的才智而得以解救[112]。这么小一张画像中所包含的细节和此梦的解析不是没有关系的。我们的梦思通常是和真实具有同样大小的形式呈现。但我这梦中见到的画像却源于一本有关奥地利历史书中的插图——显示着在那有名的“Moriamurproregencstrò”事件中，玛丽亚出现于普累斯堡的议会上的情况[113]。和图片中的玛丽亚一样，家父在梦中四周围绕着群众，但他却站在一张或两张椅子上面，他使他们团结在一起，因此就像是一位总裁判一样（二者间的关联是一句常用德语，“我们不需要裁判”）——而确实当家父逝世的时候，围绕在床边的人却说他像加利巴底。他死后体温上升，两颊泛红而且愈来愈深……回忆到这里，我脑海中自然而然地呈现出：

UndhinterihminwesenlosemScheine LegwasunsallebaEndigt，dasGemeinc[114]这高层次的思想使我们对现实的此“共同的命运”有个准备。死后体温的升高和梦中这句话“他死后”相对，他最深切的苦痛是死前数周肠子的完全瘫痪。我各种不尊敬的念头都和这点关联着。我一位同僚在中学时就失去了父亲——那时我深为所动，于是成为其好友——有一次向我提起他一个女亲戚痛心的经验。她父亲在街道上暴毙，被抬回家里；当他们把他衣服解开时，发现在“临死之际”或是“死后”解出屎来。她对此深为不快，并且这丑恶事件无法从她对父亲的记忆中解离。现在我们已经触及此梦的愿望了，“即死后仍然是伟大而不受污辱地呈现在孩子面前”——谁不是这样想呢？什么造成这梦的荒谬性呢？表面的荒谬是由于忠实呈现在梦中的一个暗喻，而我们却惯于忽略其成分间所蕴含的荒谬性，这里我们又再度不能否认荒谬性是故意的以及刻意策划着的[115]。

因为死去的人常常会在梦里出现，和我们一起活动，发生关系（就似是活着一样）。所以常常造成许多不必要的惊奇，并且造成一些奇怪的解释——而这不过显出我们对梦的不了解罢了。其实这些梦的意义是很显然的。它常发生在我们如此想的时候：“如果父亲仍然活着，他对这件事会怎么说呢？”

除了将有关人物呈现在某种情况下之外，梦是无法表达出“如果”的。譬如说，一位由祖父那里得到大笔遗产的年轻人，正当悔恨花去许多钱的时候，梦见祖父又再活着，并且向他追问，指责他不该如此奢侈。而当我们所谓更精确的记忆发现此人死去已久时，那么这个梦中的批评不过是一种慰藉的想法（幸好这位故人没有亲眼看到）或者是一种惬意的感觉（他不再能够干扰）。

还有另外一种荒谬性，这亦发生在死去亲属的梦中，不过却不是表现荒诞与嘲笑。它暗示着一种极端的否认，因此表示一种梦者想都不敢想的潜抑思想。除非我们记住这原则——梦无法区分什么是愿望，什么是真实——否则要阐明这种梦是不可能的。例如，某位在他父亲最后那场大病中细心照顾他老人家的男人，在父亲死后确实哀伤了好久，但过后却做了下面这场无意义的梦。他父亲又活了，和往常一样同他谈话，但（下面这句话很重要）他真的已经死了，只是自己不晓得而已。如果我们在“他真的已经死了”的后面加入“这是梦者的愿望”，以及他“不晓得”梦者具有此种想法，那么这梦就可以了解了。正当他照顾父亲的时候，他不断希望父亲早些死去，即是说这是个慈悲的想法，因为这将使他的苦痛得以结束。在悲悼的时候，这个同情的想法变为潜意识的自责，似乎是因为他这个想法缩短了父亲生命。借着梦者幼儿期反抗父亲冲动的复活，使这自责得以在梦中显示；而由于梦的怂恿和清醒时思潮的极端对比正好造成此梦的荒谬性。

梦见梦者所喜爱的死人是解析梦的一件很头痛的问题，因此常常不能很满意地加以解说。原因是梦者和此人之间存在着特别强烈的矛盾情感。常见的形式是，此人起初活着的，但突然却死了，然后在接着的梦境里又活起来，这使人混淆，不过我终于知道这种又生又死的改变正表示出梦者的冷漠，（“对我来说，他不管是活着或死去，都是一样的。”）这个冷漠当然不是真实的，它不过是种想法而已；其功能不过在使梦者否认他那强烈以及矛盾的感情，即是说，这是矛盾情感在梦的表现。

在另外一些和死人有关的梦里，下面的原则会有些帮助：如果在梦中，梦者不被提醒说那人已经死去，那么梦者把自己看成死者，即是梦见自己的死亡。但如果在做梦的过程中，梦者突然惊奇地和自己说，“奇怪，他已经死去好久了。”那么他是在否认这件事，否认梦者自己的死亡。但我很愿意承认，对此种梦的秘密，我们还未曾全部了解。

在下面的例子中，我将指出梦的运作故意制造出来的荒谬性，而这原先在梦的材料中是不存在的。这是在我度假前几天遇见都恩伯爵后所做的梦（见第五章第二个梦）：我在一辆计程车内，要司机送我到火车站去。在他提出一些异议后（好像我把他弄得过分疲倦似的）我说：“当然，我不能和你驾着车子沿火车路线走。”看来我似乎已经坐在他车里驶过一段通常以火车来完成的旅程，对这令人混乱与无意义的故事，经由分析后得到这样的结果：前一天，我租一辆计程车到唐巴（维也纳的郊外）一条偏僻的街道去。但司机不晓得这街道在哪里，因此他就一直漫无目的地开（像这类高贵的人所常常做的一样），直到最后我发觉了，向他指示正确的路线，同时讽刺他几句。在后面我将提到这计程司机联想到贵族，因而引出一连串的思想串列。目前我想指出的是，贵族给予我们这些中产阶级平民最深刻的印象是他们很喜欢坐在司机座位上，都恩伯爵实在是奥地利国家马车的司机。梦中的下一句话则指我的兄弟。我将和他计程车司机仿同了，那年我取消和他到意大利的旅行（我不能和你驾着车子沿火车路线走）。这是对他不满的一种处罚，因为他惯于埋怨我在旅途中把地累坏了（在梦中这点没有变更），这是由于我坚持要很快地在许多地点中赶来赶去，以便能在一天中看到许多美丽的事物。做梦的那个傍晚，他陪同我到车站；但快到车站的时候，他在郊区车站和总车站相连的地方下车，以便乘郊区车子到布格斯朵夫（距维也纳约八英里）去，那时我和他说，他可以乘主线到布格斯朵夫去，这样就能和我多处一段时间。这导致了梦中的这句话：坐在他车里驶过一段通常以火车来完成的旅程，这刚好和在真实所发生的事相反——一种 tu quoque（拉丁文“你也是”）式的争辩，那时我是这么说的：“你可以和我一起乘着主线来完成你要用支线（郊区车）经过的距离。”在梦里，我以“计程车”来替代“郊区车”，而把整件事混淆了（但恰好能把我兄弟和计程司机的意象连在一起）。这样我就成功地创造出一些看来无法加以解说的无意义，而且和我梦中前段所说的发生冲突（我不能和你驾着车子沿火车线走）。因为没有任何的理由要使我分不清什么是郊区车什么是计程车，所以我必定故意在梦中设计出这迷幻的事件。

但这又为了什么目的呢？下面我们将探究荒谬的梦的意义，以及发生的动机。上述梦的谜底如下：我需要梦中用一些荒谬及不可解的关联加在“fahren[116]”这个字上，因为梦思中具有一个要被表现的意念。一个晚上我在一位聪慧好客的女士家里（她在同一梦的其他部分以管家的身份出现），我听到两则我无法解答的谜，其他人对谜底都很清楚，而我虽然努力尝试却无法找到答案，徒然增加笑料而已。它们其实是架建在“nachkom－men”和“vorfahren”两个相关语上，整个谜语大概是这样的：

DerHerrbefiehlt’s,

DerKutschertut’s.

Einjederhat’s,

ImGraberuht’s.

（在主人的要求下，

司机完成了；

每个人都有的，

它就在坟墓中休憩。）

答案：vorfahren（意即“驾驶”、“祖先”；字面的意思是“走到前面”及“以前的”。）

令人困扰的是，另一则谜语的前半和上面那首完全相同：

DerHerrbefiehlt’s，

DerKutschertut’s.

Nichtjederhat’s，

InderWiegeruht’s.

（在主人的要求下，

司机完成了；

不是每个人都拥有的，

它休憩于摇篮中。）

答案：“nachkommen”（“跟在后面”“后裔”；字意是“跟着来”和“继承者”。）

当我看到都恩伯爵驾驶着国家，我不禁坠入费加罗的境界，他称赞伟大的绅士们，说他们是与烦恼同生的（nachkom－men），因此这两则谜语就成为梦运作的中间思想。又因为贵族和司机很容易困扰在一起，同时有一时期我们又把司机称为“schwagen”（马车夫及姐或妹夫（brotherin law）），于是借着凝缩作用就把我兄弟引入同一画面内，而这梦背后的梦思是这样的：“为自己的祖先而感到骄傲是荒谬的；最好是自己成为祖先。”这个决断（即某些事情是荒谬的）就造成了梦里的荒谬。这使梦的其他模糊部分也得以明朗化了。即是说我为什么会想到以前已经和司机驶过一段路途了（vorhergefahen（以前驾过）——vorgefahren（驾过）——vorfahren（祖先））。

如果梦思中包括这样一个判断（即某些东西是荒谬的），那么梦就会变为荒谬——换句话说，当梦者潜意识的思想串列具有批评与荒诞的动机。因此，荒谬即是梦运作表现相互矛盾的一种方法——别的方法是把梦思的内容加以颠倒。或是产生一种动作被抑制的感觉。但是梦中的荒谬性却不可单单翻译为“不”；它也是用来表达梦思的情绪，因为它具有梦思所包括的矛盾与嘲笑之组合，只有在这种目的下，梦之运作才会造成一些荒谬性来。因此它又将一部分的隐意直接转变成显意[117]。

其实我们已经提一个具有下列意义的荒谬的梦：这个梦——我只是加以解释而没有分析——是关于华格纳的歌剧，它一直演到早晨七时四十五分才结束。在这歌剧中，指挥是站在高塔上的……很明显的，它是指：“这是个凌乱无序的世界，疯狂的社会；那些应该得到某些东西的人无法得到，而那些吊儿郎当，毫不关心的却得到了。”——然后梦者又把她的命运和其表妹（姐）比较——在我们第一个荒谬的梦的例子中，它和死去的父亲相关联，这并不是巧合的。在这种例子中，造成荒谬的梦的情形是具有同样特征，因为父亲的威权很早的时候就受到孩子的批评，而他向孩子的严格要求使他们（为了自卫的缘故）密切注意父亲的每一个弱点；但是我们脑海里对父亲印象所激起的孝心（特别在父亲死后）却严厉地审查着，不使任何这种批评到达意识表达的层面来。

这是另外一个关于死去父亲的荒谬的梦：

我接到故乡市议会寄来的一封信，关于某人一八五一年住院的费用，这是由于他那时在我家发生痉挛而不得不住院的。对这事我感到很怪，因为在一八五一年我还没有出生，同时和这可能有关的家父已经逝世了。我于是到隔壁房见他，父亲正躺在床上。然后我告诉他这件事，使我惊奇的是，他记得在一八五一年里，他有一次喝醉了被关起来，那时他正替T公司做事。于是我这么问：“那么，你也是常常喝酒的啰？那么后来你是否接着就结婚了呢?”算来我是在一八五六年出生的，好像刚好是在接下来的一年。

由前面的讨论知道此梦之所以一直呈现荒谬性不过暗示着其梦思具有特殊而令人痛苦与感情冲动的争辩。因此发现在这梦里争辩公开表达出来，而家父又是受嘲弄的对象时，我们将更为惊异。表面看来，此种公开袒露的态度和我们所谓梦的运作的审查制度相矛盾，但是当发现在这例子中，家父不过是一种展列的人物而各种讽嘲都是指向一位隐藏着的人物时，我们就能了解这种情况了。虽然通常梦表现出对某人的反抗（通常背后隐藏着梦者的父亲），但是在这里却刚好相反。表面是父亲实际上却代表另一个人；因此这梦能在此种不经伪装的状态下进行（而此人物通常被视为神圣的），这是由于自己确定所指的人一定不是父亲本人。因为此梦发生在我听见一位年长的同事（其判断力被认为是不会错误的）对我一位精神分析治疗的病人已经进入第五年的治疗而大感惊奇并且表示不赞许。第一个句子即在一种不被察觉的伪装下暗示着此位同事好久以来即取代了家父所不能完成（满足）的责任（关于费用，医院的住费问题），而当我们之间的关系变得较不友好时，我的感情冲突就和父亲与儿子发生误解时所产生的一样——由于父亲的地位以及他以前给予儿子的协助而无法避免地产生。梦思对此指责（我为何不快一点）加以强烈的抗议——这个指责起先指我对病人的治疗，后来却扩充到其他事物上。我想，难道他知道有谁会治的比我快吗？难道他不知道，除了我这种方法外，这种病情是完全无法治愈同时得忍受一辈子吗？那么四或五年的时间和一辈子来比较又算得了什么，何况在治疗过程中病人的存在又变成如此的舒适呢?

这梦之所以会给人荒谬感是因为由许多不同梦思而来的句子不经中间的连接直接地并列在一起的关系，因为这句话“我到隔壁房见他”和前句话所涉及的主题失去关联，这正好正确地重现出我向父亲报告那未经他同意的婚约的情况。因此句话表现出老头子这方面的宽大，和某人——还有另外一人——的行为成一对比。我们需注意在梦境中我爸爸被允许受嘲弄，这是因为在梦思中他毫无异议地被列为模范的对象。审查制度的特性是：我们不可以谈论被抑梦的事物（事实），但是却可以撒撒关于此事物的谎言。下一句话，提到他记起“有一次喝醉了，被关起来。”则已经不再真正和家父有关。他所代表的人物不折不扣就是伟大的梅尔涅[118]，我是以多么虔敬的心情步随他足履之后，而他对我的态度，在开始一段的赞赏之后却转变为公然的仇视。这梦提醒一些事件，他曾告诉我，他年轻的时候曾经一度因为习惯于用氯仿使自己中毒而被送到疗养院去。它又使我记起另外一件他死前不久所发生的事。在论及男性歇斯底里症时，我写了一些他否认其存在的事物而和他痛苦地笔战。当我在这致他死命的疾病中拜访他，并问候其病况的时候，他讲了一大堆关于其病症的话，并且这样决断：“你要知道，我就是男性歇斯底里症最典型的例子。”因此他即同意了他那固执地反对好久的事，这不但使我感到惊奇而且觉得满足。但在这梦中我何以会用父亲来比喻成梅尔涅呢？两者之间我又看不出有哪些类似的地方。此梦境很精省，但完全足以表示出梦思中这个条件句子：“如果我是教授或枢密顾问官的儿子，那么我当然能做（进行）的更快。”所以在梦里我把父亲变成顾问官和教授。

梦中最令人迷惑与最喧嚣的荒谬性要数它对一八五一年的看法了，对我来说这和一八五六年没有分别，就像五年的相差是没有任何意义的。最后这句话正是梦思所想要加以表达的。四五年又恰好是我得到前述那位同事支持的时间；同时又是我让未婚妻等待的时间（然后才结婚）；同时这是梦思迫切寻求的一种巧合，因为这又是我使病人完全治愈所耗费的最长时间。“五年算得了什么?”梦思这么说，“对我来说，这根本不是一回事；不值得去加以考虑，我还有足够的时间。就像你不相信，但我最后还是成功完成的事一样，对这件事，我亦将会成功。”除了这些以外五十一本身却是由另一种方式决定而且具有相反的意义（如果不去考虑前面那世纪的数字的话），这也是为什么它在梦中出现数次的原因，五十一岁对男人来说似乎是个特别危险的年代；我认识好些同事突然在这个时候死去，而在这些人之中间，有一位是在经过好久的拖延后在死前数天才被升为教授[119]。

下面又是一个玩弄数字的荒谬的梦。我的一位熟人，m 先生曾在文章中被人剧烈地加以抨击，我们认为是太过分一点，这个评论家我们想大概是歌德。M 先生自然被这攻击弄惨了，他在餐桌前向大家诉苦；不过这个人经验并不影响他对歌德的尊敬。我企图找出其时间顺序，虽然是不太可能的，歌德死于一八三二年，既然他对 M 先生的攻击要比那个时间早，所以当时 M 先生一定还很年轻，我看那时他大概只有十八岁，但我不清楚现在是什么年代，所以整个计算变得很暧昧了。很巧的，这攻击是歌德刊载在自然杂志上的著名论文里面。

下面我们将找出这些胡说八道的意义，M 先生是我在餐桌前认识的熟人。不久前他要我去检视他那位显示全身瘫痪症状的弟弟。这个怀疑是正确的；在此次的诊疗中发生一件尴尬的插曲，和病人谈话的时候，在没有什么理由下，病人却说出他哥哥年轻时候的荒唐事。我询问病人关于他出生的年月日，同时又要他做几道小计算题以便试验其记忆力损坏的程度——而他还能答得很好。由此可见我在梦中的情况就像是瘫痪病患（我不清楚现在是什么年代）。梦其他部分则源于另一件近事。一本医学杂志的编者（我的朋友），最近发表了一篇剧烈评论我德国朋友弗利斯新近出版的一本书，这篇文章由一位年轻的评论家执笔，而他其实是没有足够能力来做批评的。我想我有权利去交涉，同时要求改正。编者对这事感到抱歉，认为不应该刊出此文章，不过却不愿刊载任何修正。因此我就和该杂志脱离关系，不过在辞职书中我这么写道：希望我们私人的感情不受此事件的影响。此梦的第三个来源是一位女病人提供的——那时这记忆还很新鲜——她那位患精神病的弟弟如何坠入一种狂暴喊叫着“自然，自然”的声音中。诊治的医生相信呼喊的内容是源于他阅读了歌德对此题目（自然）的卓越论文的结果，而且显示他在研究自然哲学时太过劳累。但是我却认为这和性有关——即使较低级的人对自然亦是这样用的。后来这不幸的人将自己生殖器切除，这至少显示我没有错到哪里去，当时他只有十八岁。

我要提一提有关我朋友那本遭受剧烈议论的书（另一位书评家说“不晓得是自己抑或作者本身是疯狂的”）——它描述个人一生前后发生的事迹，并且显示出歌德的一生不过是数目（日数）的倍数，且具有生物学上的意义。因此很容易知道，我在梦中置身于此朋友的处境（我企图找出其时间顺序），但我的表现却像是个瘫痪病患，因此梦就变成一团荒谬的聚合。因此梦思是这么讥讽地说：“自然，他（我的朋友弗氏）疯狂的傻瓜，而你们（书评家）是天才而且懂得较多，难道这不会刚好倒过来吗?”在此梦例中，这种相反的例子到处可见，譬如说，歌德抨击此年轻人是件荒谬的事，不过一位年轻人却很有可能去贬责伟大的歌德；另外我在计算歌德死亡的年代，不过却用了瘫痪病人出生的年代，对此点已经有详细的讨论。

但我曾指出，梦都是基源于一种自我的动机。因此对此梦中我取代朋友的位置并且把他的困难担架在自己身上的事实必须加以说明。我清醒时刻的批判力不足以使我这样做，但是此十八岁病人的故事，以及对他喊叫的“自然”所做的不同解释却暗示了大部分医生与我的意见相左（我相信心理症是基源于性的），所以我也许对自己这么说：“那些评论你朋友的言论也可以施用在你身上——事实上，已经受到某种程度的议论了。”所以梦中的“他”可以用“我们”来取代：“是的，你们很对，我们是蠢材。”梦里又以歌德美妙的短篇来显示着 mearesagi - tur；因为由中学毕业的时候我对职业的选择感到犹豫不决。后来却因为在一场公共讲演中听到此文章的朗诵使我决定从事自然科学的研究（此梦将在稍后更进一步的讨论）。

在本书的前面，我亦曾提到另一个我的自我并没有呈现的梦，不过也一样是自我的，那是在第五章 第三个梦中，M 教授说：“我的儿子患了近视……”当时我说那不过是梦的开头而已，是另一个与我有关的梦的介绍，以下就是当时省略的主要的梦——具有荒谬不可解的文字形式，非要经过解释是不能了解的。

罗马城发生一些特殊事件，为了安全理由，必须把孩子们移到安全地带，这点我们办妥了。接着看到大门的前景，是一种古老两扇式的设计（在梦见的时候），我记起来这是意大利西埃那的罗马之门。我坐在喷泉的旁边。感到极其忧郁并且几乎要流出泪来。一位女士——服务生或是修女——牵出两个小男孩，交给他们的父亲（并不是我）。但是其中较年长的那位无疑是我的长子；另外一位的面孔我却没有见到。带孩子出来的女人要他们和她吻别。她长有一只大红的鼻子，所以男孩子拒绝向她吻别，不过却伸出手向她挥别，并说“Auf Geseres”而且向我们两人说“AufUngeseres”（或者是我们两人之一）。我想这是表示好感之意。

这个梦是我看过新犹太街的戏剧之后产生的想法所建架起来的。这是犹太人的问题，因为不能给孩子一个他们自己的国家而替他们的前途担心，因此很焦虑地想好好地教育他们，使他们能够享受公民的权利——这种种都能在梦思中体认出来。

“在巴比伦的水边我们坐下来饮泣。”西埃那和罗马一样，因为美丽的泉水而享盛名。如果罗马要在我梦中出现的话，那么它必须以另一个已知的地点取代（第 102 到 103 页）。靠近西埃那的罗马之门有一座巨大而灯火辉煌的建筑物，这就是疯人院。在此梦发生不久前，我听到一位和我具有同样宗教的人被迫辞去他在疯人院的辛苦挣扎得到的职位。

我们的兴趣在“AufGeseres”（此梦中的情境使我们期待着这字眼“AufWiedresehen”）以及和它相反而无意义的“AufUngeseres”（（Un）的意思是“不”）。由希伯来学者得来的知识显示“Geseres”是真正的希伯来文，源起于动词“goiser”，其意义最好是翻译成“遭受苦难”“命定的灾害”。但由谚语中的用法使我们认为它的意思是“哭泣与哀悼”。而“Ungeseres”则是我发明的新语，同时也是第一个引我注意的字眼，但开始我却不能由它得到什么。但是在梦的结尾所说的那句话：“Unge－seres”表示要比“geseres”更具好感的意思，却打开了联想之门，同时说明了这字的意思。鱼子酱具有同样的类比：无盐的鱼子酱要比咸的鱼子酱更高贵。“将军的鱼子酱”——贵族式的权利；在这后面隐藏着对家庭一位成员之玩笑式的暗喻，因为她比我年轻，所以我期待她将来能照顾我的孩子；这恰好和梦中出现的另一人物（修女），我们家里那位能干的保姆相应合。但是在“无盐——咸”和“Geseres—Ungeseres”之间仍然没有中间的过度思想。但这可以由 gesauert—ungesauert（发酵——不发酵）中找到。在逃离埃及的时候，以色列的子民没有时间让他们的面团发酵。为了纪念这件事，他们从复活节开始直到这一天都是吃着不发酵的面团。在这里我要加入一点突然呈现的联想。我记得上个复活假期，我和伯林那位朋友在陌生的布累斯劳的街道上散步。一位年轻姑娘向我问路，我不得不承认我不知道；然后我和朋友说：“我希望这姑娘长大的时候会更懂得如何去选择那些导引她的人。”不久，我见到一个门牌，上面写着“海罗医生。诊疗时间……”“我希望这位同行不是个小儿科医师吧。”同时我这位朋友向我提起他对两侧对称的生物学意义所有的看法，同时说了这么一句：“如果我们和独眼巨人一样只有一个眼睛长在额头中间……”这便导出梦中那句教授说的：“我的儿子是个近视……”现在我知道“Geseres”的主要来由了。很多年以前，当这位 M 教授的儿子（今天已是独立的思考家了）仍然坐在学校的板凳上念书时，不幸得了眼疾，并且在医生解释后造成他焦虑的原因。他这么说，只要它仍然局限在一边就无所谓，但如果感染到另一只眼睛，那么后果就很严重了。他这边眼睛的感染完全好了；但不久迹象显示另一边也受到感染。孩子的妈妈怕得不得了，赶快把医生请到他们的家里来（他们住在很遥远的乡下）。不过当医生诊察另一边后，向他妈妈大声叫道：“你为什么把它看成那么严重呢？如果这一边好了，另一边也会一样。”结果他是对的。

现在我们必须考虑所有这些和我以及我的家庭究竟有什么关系呢？M 教授孩子所用的书桌，后来由他母亲转赠给我的长子。在梦中我经由他的话来说出“告别的话”，我们很容易猜出这置换所代表的其中一个希望。这张桌子的设计是要使孩子避免发生近视以及只用一边视力，因此梦中出现近视眼（其实背后是独眼巨人），以及对于两侧性的文字，我对此一侧性的关心具有许多意义：这不但指身体的一侧性，同时也包括了智力发展的一侧性，难道梦里这一切荒谬不就表示对这焦虑的矛盾吗？这孩子转到一边说再见后，转到另一边来说相反的话，就好像是要回复平衡似的，他的行动似乎是要为了要维持两侧的对称性。

于是，梦愈荒谬其意义就愈深远。不管在什么年代，那些想要说什么，但是知道说出来就会对自己有害处的人无不将那些话冠以一顶愚蠢的帽子。对于这些禁忌的话的对象来说，如果他们能够一面嘲笑一面又自认自己所反对的事物是荒谬无聊的，那么他们就会比较能够接受（忍受）它，戏中那位皇子不得不把自己装扮成疯子，他的行为就像是梦在真实中所扮演的角色一样；所以我们可以用哈姆雷特皇子形容自己的话来替梦加以注解——即用智慧与不可解来掩藏着真实的情况。他说："我不过是疯狂的西北风：当风向南吹的时候，我由手锯认识那头苍鹰（哈姆雷特，第二幕第二景[120]）。"

因此我已经解决了荒谬的梦的问题，即梦思永远不会是荒诞无稽的——从来不会在健康人的梦中出现——而梦的运作之所以会产生荒谬的梦，以及梦内容会含有个别的荒谬元素，是因为它必须要表现梦思所含的一些批评、荒谬与嘲笑。

我下面所要做的事是要显示梦的运作只是包含我前面所说的三个因素——凝缩、置换及表现力，另外还有一个将在后面论及的第四因素。而梦的功能不过是根据这四个因素把梦思翻译出来。我认为心智活动会完全或部分地参与梦的形成是一种错误的观念。但不管怎样，梦里常常会出现一些判断，一些评论，一些赞赏，并且有时对梦中的其他因素表示惊奇，有时加以解释，或者申辩。所以我下面将用一些经过挑选的梦例来澄清这些现象所引起的误解。

简单来说，我的解说是这样的：任何一件在梦中看来明显是理智活动的事件都不能被看为梦运作的心智成果，它只是属于梦思的材料，它们不过是以一种现成的构造呈现在梦的显意中。我甚至能够更进一步的阐述！即睡醒后对一个还记得的梦所下的断语，以及里述此梦所产生的感觉或多或少表露了梦的隐意，而这是要包括在解析范围内的。

我已经引用了一个非常明显的例子，一位妇人拒绝和我谈及她做的一个梦，因为"它是非常不清楚与混乱"。她梦见某人，但不知道那人是她爸爸或丈夫。然后她接下来梦见一个垃圾箱，而这产生下面的回忆，当她刚刚成为主妇的时候，有一次她和一位到她家访问的年轻亲戚戏称她下一步工作将是取得一个新的垃圾箱，第二天她就收到一个，不过里面却插满山谷里的百合花。这个梦表现一句德国常用的话“不是长在我自己的肥料上[121]”。当分析完成后，我们发现潜在的梦思是梦者小时候听到一则故事所产生的后果。那是关于一位女孩如何怀了孕而却不清楚孩子的爸爸是谁，在这梦例中，梦所要表现的又再泛滥到清醒的思想里：即用清醒时刻对梦所下的断语来表现出梦思的一个元素。

一个相似的梦例，一位病人做了一个自认是很有趣的梦，因为醒来后他立刻对自己说：“我一定要把这梦说给医师听。”把此梦加以分析后，很清楚地显示出病人从开始就在欺骗，决定不要告诉我什么[122]。

第三个梦例是我本身的经验。我和P一起到医院，中途经过一段坐落许多房屋与花园的区域。同时，我觉得以前在梦中常常看过这地方。我不太知道要怎么走。他指引一条转角到达餐室的路给我（在室内，并非在花园里）。我在那里探问朵妮女士的消息，知道她就和三位小孩住在后面的一间小屋。我向那里走去，但还没有到达那里就遇见一位模糊的人影，带着我那两位小女孩；和她们站一会儿后，我就把她们带在身边，对我妻子把她们留在那里颇有怨言。

醒过来的时候，我有种非常满足的感觉，原因是我将由这梦的分析中了解“我常常梦见这个地方”到底是什么意思。事实上，精神分析并没有告诉有关这类梦的意义；因此表示“满足”是属于隐意而并非由于对梦的任何决断。我的满足是婚姻给我带来了小孩。P这个人大半生和我的生命关联在一起，不过后来却在社会地位与物质上远超于我，但其婚姻却是无子的。关于这梦的意义可以由梦中的两件事来加以了解，不必再完全地分析。前一天，我在报上读到朵纳女士逝世的讯息（而我在梦中改为朵妮），她是因为生产而死。我太太说，负责的接产妇就是替我们接下两位最小孩子的那位。朵纳这人名字使我注意是因为不久前我在一本英文小说中看到它，另一件事则是此梦发生的日期。这是我最大儿子生日前一天晚上所做的——他似乎具有诗人的本质。

在梦见家父死后在墨牙族人的政治领域中扮演某种角色后醒来，亦有同样满足的感觉；而我的解释是，这满足是上一段梦的连续，记得死去的时候，他躺在床上的那个样子，简直就像是加利巴底，我很高兴这承诺终于实现了……（还连下去的，不过我已经忘了）。分析使我能够填满这空隙，这是关于我第二个儿子的事，我替他取了一个和历史上伟大人物相同的名字——在孩童的时候，他强烈地吸引住我，尤其我到英国访问后。在儿子出生的前一年中，我已经决定如果生下是位男孩子的话就要取这个名字，而我将以高度满足的心情去祝贺这新生儿。（很容易看出来，为人父亲那种被潜抑的自大是如何传给孩子，而在真实生活中，这似乎是一种将此种潜抑感情实施的办法。）而小孩子之所以会在梦中呈现是因为他和那快死的人具有同样的瑕疵——容易把屎拉在床单上，请用此眼光来将 Stuhlrichter（总裁判，依字意解乃是“椅子”或“屎”的裁判）和梦中所表露的要在自己孩子跟前呈现出伟大与不受辱的姿态加以比较。

下面我们将注意梦中所表达的决断，而不再管那些继续呈现于睡醒时刻或是转换入清醒时刻的判断。如果引用为了其他目的而录用的梦例，那么找寻梦例的工作就简单了，在歌德抨击 M 先生的例子，里面就包含许多的决断，“我企图找出其时间顺序，虽然是不太可能的。”不管由哪一个角度看，它似乎都像是批评这件荒谬的事——即歌德会去抨击这位和我熟悉的年轻人。“我看那时他大概只有十八岁。”这句话看来又像是经过计算的结果，虽然是出自愚弱的脑袋。而最后那句：“但我不清楚现在是什么年代”似乎是梦中不确定或是疑惑的范例。

因此，上面这些句子看来就像是原发于梦中的决断。但分析结果显示这些文字可以有别种解释，而且是解析此梦所不可缺少的。同时这又可澄清各种荒谬。这句话“我企图找出其时间顺序”使我处身于我朋友弗利斯的处境——他正在想找出生命的时间顺序，这样它就失去了评定在它前面而具有荒谬性意义句子的力量，插入的那句“虽然是不太可能的”则属于下面的“看来他似乎是……”在与那位女士谈论其弟弟个案的例子中，我几乎完全利用了这些精确的字眼，如“依我看来，这似乎是不太可能的观点——他呼喊‘自然！自然！’会和歌德扯上什么关系；而我认为这是更加可能的（这些字具有一些你熟悉的性意义）”。确实，在这个例子中，曾经表达某种决断，不过是发生在真实生活里（而非在梦中）而被梦思记起来且加以利用。梦的内容以对待其他梦思的方式将这决断加以利用了。

在梦中，虽然数字“十八”和决断的相连是无意义的，不过却是此决断由原来地方撕开来所余下的痕迹。最后，那句话“我不清楚现在是什么年代”则只是为了加强我和此瘫痪病人的仿同。在我检查他的时候，这点确曾被提及。

研究这些看来似乎是梦的评论的结果，不过使我们记起本书前面所提到解析梦的原则；即我们必须把梦各成分间的联系看成是无关紧要，同时必须由每一个元素本身去探索其缘由。梦是一个凝合的整体，但在研讨的时候必须把它再度回复成碎片。由另一方面来说，在梦中一定有个心灵力量在运作，造成这些表面的关联，即是说将梦的运作连成的材料加以再度校正。这使我们面对另一种力量，其重要性我们将在后面加以讨论，并把它当作是构成梦的第四种因素。

下面又是一个我曾经引用的梦例，可以作为“决断”在梦中运作的例子。在那个市议会寄来通知书的那个荒谬的梦中，我这么问："那么后来你是否接着就结婚了呢？"算来我是在一八五六年出生的，好像刚好是接下来的一年。这一切都蒙上一件逻辑结论的外衣。家父紧接他的追求之后，在一八五一年结婚；我当然是家中的老大，在一八五六年出生；所为这都是对的。我们都知道这虚假的结论是为了愿望达成而设的；而主要的梦思是这样子进行的："四或五年根本不是一回事，不值得去加以考虑。"这种逻辑式结论的各个步骤，不管其内涵或程序如何像是真的，都可认为在梦思中就决定好的。而这位我同事认为治疗太长的病人自己决定要在治疗完后要去结婚。梦中我和父亲谈论的方式就像是一种审问或考试一样。这又使我想起大学里的一位教授，他常常询问选修他课程的学生许多令人厌烦的问题："出生年月日？"——一八五六——"父亲名字？"于是学生就以拉丁文说出父亲的教名；我们学生都这么想，这位先生是否由学生父亲的教名推衍出什么结论，而却不能常常由学生的名字推出来。因此梦中推衍出结论不过是一件推衍结论（梦思中的一件材料）的重复而已。由这里我们学到一些新的事情。如果梦内容出现一个决论，那么毫无疑问，这必定是源于梦思；不过它呈现的形式可以是一段回忆的材料，或者是以逻辑方式联结一大串梦思。不过不管怎样，梦中的一个决论一定代表着梦思中的决论[123]。

现在让我们再继续梦的解析。这位教授的询问使我想起大学生的注册名单（那时候是用拉丁文写的）。并且又使我回想起自己的学术研究，攻读医学的那五年，对我来说是太短了，我于是静静地再工作多几年；因此熟人都把我当作闲棍一个，怀疑我是否能及格。于是我突然很快地决定要参加考试，并且通过了，虽然迟缓了些。下面是对我梦思的新的加强，借着这梦思我能大胆地面对批评我的人："虽然因为我慢慢做而使你认为不可置信，但是我仍会成功的；我将使我的医学训练得到一个结束。以前，事情曾经这样子发生过。"

梦的起头数句里面包含着一些具有争辩性质的句子，这争辩甚至不是荒谬的；甚至可能发生在清醒的时刻：对市议会寄来的这封信我感到很怪，因为在一八五一年我还没有出生，同时和这可能有关的家父已经逝世了。这两个辩解不但本身正确，并且如果我真正接到这么一封信时，它们亦会和我的辩解相吻合的。由前面的分析知道此梦是源于苦痛及嘲讽的梦思。如果假定审查制度的动机是非常强有力的，那么梦运作都是为了制造一些对存在于梦思的荒谬思想的完整与确实的反驳。但是分析的结果却显示梦运作并不是那么自由的。它必须要义务地运用由梦思得来的材料，这就像是一则代数方程式（除了数字外）其中包含着加号、减号、根号、幂号，而我们叫一位不了解数学的某人把它抄录下来，于是各种符号和数字都抄下来，但是却把它们都混淆在一起了。梦内容中的这两个辩解可以追溯到下述材料上。当想到我对心理症病人作心理学解释所引用的前提一次被听到曾引起怀疑与嘲笑时，我觉得很苦恼。譬如说，我主张人生第二年的印象（有时甚至是第一年）会一直存在于那些以后发病者的感情生活上，而这些印象——虽然受到记忆的扭曲与夸张——却都造成歇斯底里症状第一个与最深刻的根基。而当我在这当的时机向病人解释这点的时候，他们以一种嘲弄的口气模仿着这新得到的知识说，他们会准备去找寻一些他们还未活着时的记忆。而我另一个发现——即父亲对他女儿最早期性冲动所扮演的角色（出人意料的）——亦会被同样看待，但是不管怎样，我觉得有足够的理由认为这些假设是对的。为了证实这点，我记起几个例子——他们的父亲都在孩子很小的时候死去，而后来的事件证明孩子潜意识中仍然保有这位很早就去世的死者影子（不这么想就很令人费解了）。这两个决论是建基于真确性将会受到考验的推论上，因此这就是愿望达成——即在梦运作中利用那我害怕会遇到考验的论点来导衍出不会被引起争论的结论。

在一个梦的开始中，梦者对突然而来的事物表示一种惊诧，对这梦我至今还未好好地加以探索，老布鲁格叫我做一些事；非常奇怪的。这和解剖我自己身体的下部（骨盆部和脚）有关。我以前好像在解剖室见过它们，不过却没有注意到我的身体缺少这些部分，并且丝毫也没有可怕的感觉。N. 路易士站在旁边帮我做。骨盆内的内脏器官已经取出，我们能够看到它的上部，现在又看到下部，二者是合起来的，还能看到一些肥厚肉色的突起（在梦里面，使我想起痔疮）。一些盖在上面像是捏皱了的银纸[124]，我亦小心的钩出来。然后我又再度拥有一双脚，在市镇里走动。但是（因为疲倦的缘故），我坐上计程车，使我惊奇的是，这车驶入一间屋子的门内，里面有一条通道，然后在快到尽头的时候转一个弯，终于又回到屋外来了[125]。最后，我和一位拿着我行李的高山向导走过变化无穷的风景。在路途中间，他也曾背过我，因为顾虑到我疲倦双脚的缘故。地上泥泞，所以我们沿着边缘走；人们像印第安人或吉普赛人般地坐在地上——其中有位女孩。在这以前，由滑溜溜的地上一步步前进的时候，我一直有这种惊奇的感觉，即经过解剖之后我怎么会走得这么好呢。终于，我们到达一间小木屋，末端开了一个窗。向导于是把我放下来。同时拿走两块预备好的宽木板架在窗台上，这样子就可以跨越必须由窗子渡过的陷坑。这时，我真为我的脚担心。但是我们并没有像预料中那样渡过去，反而看到两位成人躺在沿着木屋墙壁而架的板凳上，好像有两个小孩睡在其旁边。似乎小孩将使这渡越成为可能（而不是木板）。我起来的时候，感到非常害怕。

任何一位对梦的凝缩作用有稍许概念的人都知道要详细分析这个梦是需要多少页数才够的呀。可幸的是，在这里，我只要讨论其中一点，即作为“梦中的惊异”的例子。这呈现在插入的句子“很奇怪”中。让我们研究这梦吧。那位在梦中帮助我工作的N小姐曾经找过我，要我借她一些书阅读。我给她哈盖特著的《她》，我向她解释说：“这是本奇怪的书，但是潜藏许多意义”；“永恒的女性，我们感情的不朽……”她打断我的话，“我已经知道了。难道你没有自己的一些东西吗？”“没有，我不朽的巨著还未写成。”“那么你什么时候出版你所谓最新启示，并且我们都能看得懂的那本书？”她以一种讽刺的语调问道。那时我发现她是别人假借的发言人，因此就默而不语，我想到即使只把自己对梦的工作发表出来亦要付出极大的代价，因为我必须公开许多自己私人的性格。

DasBestewasduwissenKannst,

DarfstdudenBubendochnichtsagen.

（你所能知道最好的事，

你都不可坦白告诉小孩子们[126]）

梦里要我解剖自己身体的工作，因此指我自己的梦例中所牵涉的自我分析，布鲁格在这里出现的很恰当，因为在我第一年科学研究的生涯中，我就曾把自己的一个发现搁置起来，到他一直坚持要我将它发表出来为止。但和N小姐一谈话所引起的思想串列进入太深而不能显现于意识来，它们分散到因为提起哈盖特的《她》所激起的材料里面去。这评语“很奇怪”是用在此书上，还有同作者的另一本书《世界的心》（*Heart ofthe World*）。梦中的许多元素即源于这两本想象力充沛的小说。著者被背过泥泞地带，以及要用携带来的宽木板渡过的陷坑，是取自《她》这本书；而印第安人和木屋中的女孩则来自《世界的心》。这两本小说的向导都是女人，并且都和危险的旅行有关；《她》描述一条神奇冒险的道路，很少人走过，并有导向一个未被发现的地带。由我对此梦所做的笔记看来，双腿的疲倦确是那个白天所感觉到的。也许这疲倦带来一个倦怠的情绪和这疑惑的问题：“我的脚还能负载我多久呢？”《她》这部冒险故事结尾是：女主角（向导）不但没有替他人和自己找到永生，反而葬身于神秘的地下烈火中。一种这样的恐惧无疑地在梦思中活动着。那“木屋”无疑地亦暗示着棺材，即是“坟墓”。但梦的运作却很成功地以愿望达成来表现这最不希望得到的。因为我到这坟墓一次，那是靠近 Orvieto 被挖空的伊特卢利阿人的坟墓（意大利北部 Etruria 之土人）——一个狭窄的小室，靠着墙壁有两个石凳，上面躺着两个男人的骨骼。梦中那木屋的内面看来就和它没有两样，除了石室变成木制以外。梦似乎是这样说："如果你一定要在坟墓中旅居的话，那么就让它是这 Estrucan 人的坟墓吧！"但借着这置换却把最悲惨的期待转变成非常欢迎的事。但不幸的是梦往往能够把伴随着感情的概念颠倒过来，但却不能常常改变这感情，因此梦醒的时候我就感到"害怕"——虽然这观念很成功地呈现出来（孩子也许会完成他们父亲所失散的事）。这暗喻着一本怪诞小说中所谓人的认同可以一代代流传下去，持续两千年之久。

另一个梦内容亦对梦中的经验发出相似的惊异。但是这惊异却和一个深刻，牵强附会但又几乎是理智的解释相连，即使它不包含其他两个有趣的特征，我也要将它加以分析。在七月十八或十九日晚上我乘 Südbahn 线火车，在睡着的时候我听见："Hollthurn[127]到了停十分钟"我立刻想到棘皮动物——想到自然历史博物馆——这是勇敢人类无望的对抗着统治他们国家的超越力量的地方——是的，奥地利的反抗改造运动——就像是斯地里亚或泰罗一个地方。然后我隐隐约约地看到一个小博物馆，里面摆设着这些人的化石或遗物。我很想走出火车去，但却犹豫不决。在看台上有携带着水果的妇人；她们蹲在那里，在那个姿势下，邀请似的举起她们的篮子。——我之所以犹豫不决是因为我不知道时间够不够，但火车仍然没有动——然后我突然处身在另外一间房子内，里面的家具和座位显得很狭以至于背部会直接抵触到马车厢的靠背[128]，对这我感到很惊异，但我想自己也许在睡着的状态下换过了车厢，里面有好些个人，包括一对英国兄妹；墙上书架明明白白地排着一行书，我看到马克士威著的《国富论》和《物质与动性》，是一本厚厚的巨著，包着褐色书页。那男人提起关于席勒的一本书，问她妹妹有没有忘掉，这些书似乎有时像是我的，有时又像属于他们，我想加入他们的谈话，为了要证实或者支持前面所说的。我醒来的时候全身是汗，因为所有的窗子都闭上了，车子正好停在马伯格。

在记下这个梦的时候，我又想起另一段梦来，这是记忆所想遗忘的，我向这对兄妹（英语）交谈，提及一件特殊的工作："这是从……"但接着自己改正为："这是由……""是的，"那人和她妹妹说，"他说的对。"

此梦由车站的名称开始，无疑的一定把我部分地弄醒了，我用 Hollthurn 置换了马伯格（Marburg）。而在车掌叫"马伯格到了"的时候，我就听到的事实可由梦中提到席勒而得以证实，虽然他出生地马伯格并不是斯地里亚的这个马伯格[129]。我这一次旅行虽然乘头等车厢，不过却很不舒服，火车塞得满满，我的那间小室内还有一对男女，看来是贵族，但却没有什么教养。或者我觉得他们不值得伪装那由于我闯入而引起的恼怒，我礼貌地打个招呼，不过却得不到反应，虽然两人是并肩地坐着（背向着火车头），但那妇人在我眼光下很快地以阳伞霸占住面对着她的那个靠窗的座位；门立即关上了，他们两个交头接耳地交换是否要张开窗户的意见。也许他们一下子就看出我想透一口新鲜空气的欲望。这是个很热的晚上，完全封闭的小室很快就会使人有窒息的感觉。由旅行的经验看来，这种傲慢以及无情的行为只有那些享受半价或免费优待的人才做得出的。当查票员走来，我将那花了许多钱买来的票交给他看时，由那女士的口中发出傲慢以及似乎是威胁的声调："我丈夫有免费优待。"她具有一种奸诈以及不满足的外观，年纪距离女性美丽的凋萎已经不远；男人没有说一句话，只是坐在那里动都不动一下。我企图睡一觉，在梦里我对令人不快的旅伴做了很可怕的报复；没有谁会怀疑在梦的前半部的支离破裂的表面下会隐藏着侮辱、轻蔑。当这个需求被满足后，下一个希望就出现了——改换房间。在梦中各种景象很快改变，同时亦不引起丝毫的反对，因此如果我由记忆中找出一些更可亲的人物来取代目前这两位也是丝毫不会让人感到惊奇的。但是在这例中，某个东西反对将景色改变，并且认为要加以解释。我为什么会突然转到另一个车厢的小室呢？我不记得什么时候改换的。只有一种可能：我一定在睡觉的状态下换过了车厢——很少见的一件事，不过这类例子却在精神病患中找到。我们知道某些人会以一种朦胧（半清醒半迷糊）的状态踏入火车旅途，没有任何迹象泄露其不正常，不过直到旅途某个时候才突然清醒过来，并且对其中间那遗缺的记忆感到惊诧，因此，在梦里我宣布自己是"Automatisnmeambulatoire"（无主漂游症——一种歇斯底里症）的病人。

分析的结果使我发现另外一个答案，那个想要解释的企图不是我的意念——如果把它归为梦的运作所做的话，那么这就太使我惊奇了——而是抄自一位心理症病患。在本书前面我提到一位受过很高教育，但在生活上却是个软心肠的男人，在他父亲死后不久即一直不停地指责自己具有谋杀的意念，同时为了他自己所采取的安全措施而感到苦恼。这是一个强迫性思想症的严重病例，不过病人具有完全的病识感。开始的时候，他一上街就注意（强迫性冲动），他碰见的每一个人在何处不见，如果有哪一位突然逃离他的视线，那么他就觉得很苦恼，并且认为也许自己已经把他干掉了；这令他痛苦不堪。因此这里面藏着（除了别的以外）"凯恩幻想（Cain phantasy）"（按 Cain，圣经上的人物 Abel 的兄弟，后来杀死了 Abel，亦即谋杀者的意思），因为"所有的人都是兄弟"。由于他无法完成这种工作（下手），所以只好把自己关在房间内，但是报纸却常常带来外面发生的谋杀事件，而他的良心就会以一种怀疑的形式向他暗示，也许他就是那个被通缉的凶手。在头几个星期里，因为确定自己没有离开房子使他得以免除这些指控。但有一天他想自己也许会在一种无意识状态下离开了房屋，因此谋杀了别人而不自知，由那时候开始，他就把房子的前门锁着，将钥匙交给管家，再三地叮嘱，千万不能让这钥匙落入他手（即使他向管家要）。

这就是我那企图解释自己也许会在无意识状态下转换了车厢的起源；这已经在梦思里面做好了，预备现成地套入梦内容中，并且在此梦中明显地要满足自己和此病人仿同的目的。我对他的回忆很容易就由一个联想连起来，我上一个夜间的旅途就是和此人一起过的。他已经痊愈了，和我一起到各省去拜访他那些请我去的亲戚。我们两人占了一间包厢；整个晚上都把窗子打开，我们两个谈得非常愉快，我知道他的病的根源在于对父亲的仇恨冲动——源自童年并且和性有关。借着和他的仿同，我向自己坦述同样的冲动，而事实上，梦的第二部分以一种放纵的幻想完结。——由于这两人对我的不礼貌，而这又是因为我的闯入使他们原先要在夜晚里拥抱，亲吻的计划落空。这个幻想还能追溯到孩童时期，那时也许为了性的好奇心，小孩子跑到双亲房间去，而被父亲叫出去。

我想不需要再描述更多的例子，它们只不过能证实我前面所说的罢了——梦中的决论不过是梦思中的原型的重现而已。通常，这重复出现的很不恰当，甚至插入一个很不相称的内容来，不过偶尔，就像我们最后这个例子所显示的一样，它运用的那么巧妙，以致乍看之下，我们会认为这是在梦中独立的心智活动，在这里我们要注意虽然精神活动没有加入梦的建造，不过却能够将由不同源起而来的元素联合在一起使具有意义而且不产生矛盾。在讨论该问题以前，我们首先要知道发生在梦的感情，以及将它们和梦思的感情（由分析得知）加以比较。

八、梦中的感情

史笛克的精细观察使我们注意到梦中的感情和梦的内容不同，它们在醒后不会那么容易就被忘掉。“在梦中如果我害怕强盗，当然这强盗只是想象的，不过那害怕却是真实的。”在梦中如果我感到高兴，这也是一样。由感觉知道，梦中所经验到的感情和清醒时刻具有相同强度的经验相比，是毫不逊色的；而梦确实以更大的精力要求把其感情包括入真实的精神经验中（而对其要求却没有那么大)。但在清醒时刻中我们却不能把它这样包括在内，因为除非和某个观念联结在一起，我们是无法对感情加以精神上的评价。而如果感情和观念的性质与强度不能相配合，那么这清醒时刻的判断力就处在混乱的状态下了。

我们常常梦得奇怪，梦中的概念内容并不伴随着感情（而在清醒时刻，这念头一定会激起感情的）。史特林姆贝尔曾宣称梦中的意念是不具有精神价值的。但梦中还有一种完全相反的情况，即一些看来是平淡的事件，不过却会引起强烈的感情激动。因此，梦中我也许处在一个可怕，危险及厌恶的情况但并不以为忤或感到恐惧；反而对一些无害的事却感到害怕，或者把一些幼稚的事觉得得意非凡。

不过这梦生活之谜在了解其隐意之后却很快地消逝了——比其他的更彻底。所以我们不必再为这谜伤脑筋，因为这么一来，它就不再存在了。分析的结果显示出意念的材料会被置换以及取代，而感情却维持原状不变。所以对这现象我们不应再感到惊奇，因为意念的材料经过改装之后当然和那未曾改变的结果不再相符合；并且透过分析能把适当的材料放回原来的地位，也是不足为奇的[130]。

在一个遭受审查制度影响和阻抗的精神情意综内，感情是最不受到影响的；单单这点，我们就可以获得如何填补那遗漏思潮的指向。对心理症病患来说，这要比梦来得更明确。因为它们的感情是适当的，至少就其质而言，虽然其强度会因为神经质注意力的置换而加以夸大。如果一位歇斯底里病人惊诧于自己对一些琐细无聊的事情害怕，或一位患强迫性思想症的病患为了自己对一些不存在的事实感到困扰以及自责而大感惊奇，那么他们都是迷失了方向的，因为他们把这些意念——即那些琐事，或者不存在的事实——当着是重要的；所以他们的挣扎也是不成功的，因为他们认为这些意念是他们思想活动的起点（病根所在）。精神分析能使他们回归正途，让他们体认这些感情是应当的，并且将那些属于它的意念找出来（已经受到潜抑，并为一些替代品所置换）。这一切的前提是，感情和那些意念内容之间并不具有那些我们视为当然的器质性连接，而这两个分离的整体不过是勉强凑合在一起，故在分析后就能相互分离。由梦解析的经验看来，事实确是这样的。

下面我将用一个梦作为开始，虽然梦的意念显示梦者应当有感情的激动，但事实却相反，而分析正能解析这一切。

她在沙漠中看到三头狮子，其中一头向着她大笑：但她并不感到害怕。虽然后来她一定是要逃开它们，因为她正尝试着攀爬上树；但却发现她表姐（妹）（一位法国太太）已经在树上了……

分析导出下列事实，梦中的“不为所动”源于英语中的一句俗语：“鬃毛是狮子的饰物而已。”她的父亲留着一道胡须，盘桓在脸上就像狮鬃一般。她英文老师名字又是莱茵小姐。一位熟人寄给她一份 Loewe 的民谣集（Loewe，德语，狮子之意）。这就是梦里那三头狮子的来源，那么为何她要怕它们呢？——她阅读过一篇故事，叙述一位黑人，因为同伴的怂恿而起来反叛，结果被猎狗追赶，不得不爬上树逃命。然后，她在一种高昂的情绪下说出她一些断残的记忆，如怎样捉狮子："将沙漠放在筛子上筛，那么狮子就会留下来了。”还有一则关于某官员的轶事，非常有趣，但没有太多人知道：有人问他为何不去钻营讨好上司，他回答道，“他已经在上面了”。于是整个梦就可解了。我们知道她在做梦的那一天到丈夫上司那里去拜访。他对她很有礼貌，并且吻她的手而她一点也不怕他——虽然他是个大块头，并且在她那国家的首都里扮演着社交的主要人物。因此，这狮子就和仲夏夜之梦中那个暗藏着 snugthejoiner 的狮子一样了。所有那些梦见狮子而不害怕的梦都是这样的。

我的第二个例子是，一位年轻女孩子见她姐姐的孩子死了，躺在小棺木内，但是她却丝毫不感到伤心悲伤（请见第四章及第五章）。由分析我们可以知道梦者不过利用此梦来伪装她那想再见见她所爱男人的欲望而已；她的感情必须和愿望相符，而不是配合此伪装。所以她不必要悲伤。在某些梦例中，感情和那取代了感情所附着原先材料的意念仍然有相关之处。但在别的梦中，二者的分野却更大。感情和它那归属的意念完全脱离关系，而在梦的另一部分出现，和新组合的梦的元素相配合。这情况就和我们前面提到梦中判断那么梦中必也具有一个；但是梦中的结论可能置换到一个不相同的材料上。这种置换常常是依据对偶的原则。

我将用下面这例子来说明最后这种可能。这是一个我分析得最详尽的一个梦例。

一座靠近海洋的城堡。后来，它不再直接坐落在海上，而是在一个狭窄，连通到海的运河上。城堡的主人是 P 先生。我和他一起站在宽敞的招待室——开三页窗，前面是一道墙的突起物，就像是城堡上的齿状突起。我属于驻守军团，也许是一位志愿的海军军官。因为处在战争状态下，所以我们害怕敌人海军的来临。P 先生想要避开风头，所以提示我如果害怕的事情终于来临时应该怎么处理。她那残废的妻子和孩子们都在这危城内。如果轰炸开始时，大厅应当加以肃清。他呼吸转重，转过身来想走；但是我把他抓住，问他如果需要时，要如何和他通讯。他说了一些话，不过却立刻跌在地上死去。无疑的，我的问题一定加给他一些不必要的刺激。在他死后（对我一点影响都没有），我想他的寡妇是否要留在城堡内；或者我是不要将他死亡的消息告诉给更高的统辖当局知道；或者我是否要代他统治此城堡（因为我的地位仅次于他)。我站在窗前，望着那些航行着的船只通过。都是一些商船，急速地划过深色的水面，有一些具有几道烟囱，有些则具有鼓胀着甲板（就像在起始的梦中那个车站建筑一样——不过并没有在这里报告)，然后我兄弟和我一起站在窗前，望着运河，当看到某一艘船时，我们害怕而大叫道："战船来啦!"不过结果却是一艘我知道要回航的船。然后就是一条小船，以一种滑稽的方式穿插到中间来。它的甲板上可以看到一些奇怪的杯形和箱形的物件，我们一齐喊道："那是早餐船!"

船的快速航行，深蓝色的水面，烟囱上的褐色烟——这一切组合成一种紧张，不吉祥的印象。

梦中的地点是由我几次到 Adriatic（以及 Miramara，Duino，Venice，和 Aquileia）的印象所结合成的。复活节假期，我和兄弟到 Adriatic 游玩的印象仍旧很深刻(做梦的前几个星期)[131]。此梦亦暗示着美国和西班牙之间的海战，以及战役带给我的焦虑感（关于我美国亲戚的安危)。

梦中有两个地方应显露着感情。一处是应有感情激动但没有发生，反而将注意力集中在城堡主人之死"对我一点影响都没有"。在另一处，当我认为自己见到战舰非常害怕同时感情受着整个睡眠中所笼罩的畏惧感。这个结构完善的梦中，感情配置得那么好，以致没有产生明显的矛盾。我没有理由要因为城堡主人之死而感到畏惧，不过在变成城堡的统帅后，却要因为见到敌人的舰队而感到害怕。分析显示 P 先生不过是我自己的一个替代物而已（在梦中我反而替代了他)。其实我是那猝死的城堡主人，梦思是关于我早死后家庭的将来情况。而这是梦思中唯一烦扰我的；所以害怕必定是和它分离而和认为见到战舰的情节相连在一起。另一方面，那部分和战舰有关的梦思却是由最令我高兴的回忆中得来。一年前在威尼斯的一个神奇而美丽的白天，我们一起站在我们那位于 RivadegliSchiavoni 房子的窗前望着蔚蓝色的水面，那天湖上船只的行动较频繁，我们期待英国船只的来临，并且准备给予隆重的接待。突然我太太像孩子那样快活地大喊："英国的战舰来啦!"梦中我因为这些相似的字眼而感到害怕。（这我们又再度发现，梦中的言语是由真实生活中导衍而来的；我将在后面说明我太太所喊的"英国"亦逃不过梦的运作。）因此，在把梦思转变为梦显意的过程中，我把欢悦转变为惧怕，我只需要稍微暗示一下，各位就会明白变形本身就表达出梦内容的隐意。这例子亦证实梦的运作能够随意地把感情与梦思原来的联系切断，并在显意中某个经过挑选的地点中将它介绍出来。

我要借这个机会来稍微详细地分析"早餐船"的意思，它在梦中的出现使原先颇为合理的情况转变为无意义的结论。当我对梦中这物像加以更仔细地观察时发现这船是黑色的，同时因为中间最宽阔的部分被切短了，所以它的形状和在埃突斯堪城的博物馆那组吸引我们的物件极为相似。那是一些方形的黑色陶器，具有两个把柄，上面立着看来像是装咖啡或茶的杯子，有点像今天我们所用的早餐器具。经过询问后，我们发现这是埃突斯堪女人所用的化妆用具，上面有些容器可以存放粉末和化妆用具，我们且开玩笑地说，把它带回家去给自己太太是件很好的主意。因此，梦中这个物像的意义即是黑色的丧服（blacktoilet 因为 toilette = 衣服），意指着死亡。这物像另一方面又使我想起那些装载着死尸的船（德语 Nachen，由希腊文 Vxus 导衍而来（意即死尸））——早些时候人们把尸体装在船上，让它漂浮海上而葬身于其中。这和梦中船只的回航相关联：

“Still，aufgerettetemBoot，treibtindenHafender Greis”

（安全的在船上，老人静静地驶回港口）

——生和死寓言的一部分（席勒作）。

这是该船失事后的回航（德语“Schiffbruck”的字面意思即“船破”）——而早餐船刚好在中间被切短了，但“早餐船”这名字的来源又是哪里来的呢？这就是源自“战舰”前漏掉的“英国”。英语早餐意即是打破绝食。这打破和船的失事又再连接在一起，而绝食和那黑色丧服或 toilette 又相关联着。

但是早餐船这名字还是梦中新近造成的，这使我记起最近一次旅程中最快乐的一件事。因为不放心 Aquileia 供给的餐食，所以我们预先由 Gorizia 带来一些食物，并且由 Aquileia 买到一瓶上好 Istrian 酒，当这小邮轮慢慢地由“delleMee”运河驶过空阔咸水湖而航向 Grado 的时候，我们这两位仅有的旅客，在甲板上兴高采烈地吃着早餐。我们从来没有吃过比这个更痛快的。因此，这就是“早餐船”。在这生活喜悦最佳回忆的背后正潜藏着对不可预测以及神秘的将来所具有的忧郁想法。

感情与其直接联系的解离是梦形成的一件最明显的事实，不过这并非是梦思转为梦显意过程中的唯一或最重要的改变。如果将梦思的感情和梦中那些相比较，那么我们立刻就会察觉到一件很明显的事实。无论什么时候，梦中的感情都可以在梦思中找到。不过反过来却不成立，通常因为经过种种处理后，梦中的感情已经远逊于原先的精神材料。在重新把梦思架建的时候，我往往发现最强烈的精神冲动，一直挣扎着想出头，和一些与它截然不同的力量相抗衡。但是再回看它在梦中的表现，却会发现它往往是无色的，不具任何强烈的情感。梦的运作不但把内容并且也把我思想的感情成分减低到淡漠（indifference）的程度。可以这么说，梦的运作造成感情的压抑。譬如说，那个关于植物学专论的梦（见第五章）。实际上的梦思是那想要依照自己选择去自由行动以及按照自己（只是我自己而已）认为是对的想法来导引我生命的冲动的感情要求。但是由这梦导衍而来却不是这么说："我写了一本关于某种植物的专论；这本书就在我面前，它早有彩色的图片，每一图片都附着一片脱水的植物标本。"这就像是由一个满目疮痍的战场所换来的和平，看不出有任何迹象显示那曾经发生过的斗争。

但有时却不是这样的，活鲜鲜的感情有时会进入梦中；但首先我们要先考虑下面的事实，即许多看来是淡漠的梦，不过在追究其梦思时却具有深厚的感情。

我不能对梦运作将感情压抑的事给予完全的解释。因为这样做以前必定先要对感情的理论以及压抑的机转加以详详细细的探讨（见第七章　戊），所以我只想提到两点。我被迫（因为旁的理由）这么想，感情的发泄是一种指向身体内部的离心程序，和运动及分泌作用的神经分布类似。就像睡眠当中，运动神经冲动之传导受到限制一样，潜意识唤起离心的感情发泄在睡梦中也许也变得困难。在这种情况下，梦思的感情冲动就变得软弱，所以在梦中显露的也不会是更强烈的。根据这观点来看，"感情的压抑"并非是梦运作的功能，而是由于睡眠的结果。这也许是真的，不过却不是完全的真实。我们亦须注意，任何相当繁杂的梦都是各种精神力量相冲突后相互协调的结果。架构成意愿的思潮必须要对付那阻抗的审查机构；而另一方面，我们都知道潜意识的每一个思想串列都带着某种感情，所以这么想大概不会错到哪里去；即感情的压抑是各种相反力量相互制止，以及审查制度压抑的结果。因此，感情的压抑是审查制度的第二结果，而梦的改造乃其第一结果。

下面我将提及一个梦，其淡漠的感情可以用梦思中的反面对抗来加以解释。这梦很短，不过一定会使每位读者感到厌恶。

一个小丘，上面有一个看来是露天的抽水马桶；一个很长的座位，尽头上有个洞。它的后缘满满地盖着许多小堆的粪便，具有不同大小和新鲜度。在座位的后面是草堆。我向着座位小便；长条的尿流把所有的东西洗净；粪堆很容易被冲掉，跌入空洞中。不过好像后来还有什么东西留下来。

为什么我在此梦中毫不觉得厌恶呢？因为分析的结果显示出此梦乃由一些最令人满意，最惬意的思潮所造成。我立刻联想到赫丘利斯弄清洁奥金王的牛厩[132]，而这大力士就是我。小丘和草堆来自奥斯湖，我孩子正在那里停留。我已经发现心理症源起于孩童时期，所以能预防他们使不患此种病。那个座位（除了那个洞以外）和一位女病人因感激而送给我的一件家具完全是一个模样，因此使我想起多少病人曾夸耀过我。的确，即使是那个有关人类排泄物的古老设施亦可解说成一种快慰。不管在真实中我是如何的讨厌，在梦中它则暗示着一些大家都知道的事实，即意大利小城镇的马桶都完全是这个样子的。那道把什么都冲净的小便，无疑是个伟大的象征。这是在小人国游记内，伽利维熄灭 Liliput 的大火——虽然这使小人的皇后对他产生厌恶感。这也是拉贝赖的超人卡甘杜阿跨越诺脱达姆教堂，用尿来喷射城镇以报复拜火教徒的方法。在做梦的前一个晚上，我才翻阅了尼尔对拉贝赖著作所做的插图，奇怪的，另一件事可作为我乃此超人的证据。巴黎著名的诺脱达姆教堂乃我喜爱的场所；每个闲暇的下午我都在该教堂那布满着怪物与魔鬼的塔宇爬上爬下。而尿流使粪便那么快的消逝又使我记起这个座右铭来：“Afflavitetdissipatisunt”，日后我将把这句话作为一章 关于歇斯底里症治疗方法的篇名。

现在让我们提到有关此梦令人激动的原因。这是个闷热的夏天下午；黄昏时刻我讲演有关歇斯底里症以及行为偏差的关系，我所说的一切都令我不满，并且似乎是毫无意义的。我很疲倦并且对这艰苦的工作感到毫无乐趣；心里一直希望赶快结束这关于人类污垢的唠唠叨叨，早些和孩子们一起去游览美丽的意大利。就在这种情绪下，我由课室走到咖啡馆，在露天下吃一些小食，因为我毫无胃口。但是一位听众跟来要求我喝咖啡吃卷面包的时候坐在我旁边，然后他就开始说一些谄媚的话；说他由我学到了许多东西，说他如何以新的眼光来观看事物，以及我关于心理症的理论如何洗净了他那有奥金牛厩似的错误与偏见。总而言之，他说我是个伟人。我当时的情绪对这种赞扬恰好不能配合，于是我一直和自己的厌恶感挣扎，提早回家以便摆脱他；并在入睡以前翻阅拉贝赖的画页和梅耶的短篇小说《一位男孩的哀愁》。

这乃是造成此梦的材料。而梅耶的短篇小说更勾起我童年的一幕（请见第五章有关都恩伯爵的梦）。白天情绪的急变以及厌恨之情持续进入梦中，并且提供显意的整个材料。但在夜晚中，一个相反而且强有力，几乎是夸张式的自我肯定的情绪置换了前者。于是梦内容必须找到一种形式来同时表达出自惭形秽以及夜郎自大的妄想。二者的妥协因此造成这模糊不清的梦内容；但同时亦做成一种淡漠的情绪，这是由于两个相反的冲动相互中和的结果。

根据愿望达成的理论，如果没有这相对的自大在厌恶的情绪中发生的话，那么此梦是注定无法产生的（它虽然受压抑，但却具欢愉的调子）。因为那些困扰的事情不一定会在梦中表现；没有任何令我们困扰的梦思可以进入梦境，除非它同时具有一种满足某个愿望的伪装（请阅第七章　丙）。梦运作还有另一种处置梦思中感情的方法——除了把它们转变或减少到零以外，梦运作能把它们变得刚好相反。关于解析梦的规则我们已经相当熟悉了——在解析时，梦中每一个元素都很可能代表相反的意义，其机会是和显意相同的（请见第六章　注⑲）我们事先并不能知道它是这个意思或者刚相反，只有由梦的内涵才能决定。当然一般人会怀疑它的真实性，因为释梦的书常常采用“梦的意义与其显意相反”的规则。这种能够把事情转变为反面的事实是因为在脑海里面，某件事以及其对偶是很密切的相关联着。就像其他种类的置换一样，这种转变能够满足审查制度的目的，不过通常却是愿望达成的产物，因为愿望达成本来就是把一件不愉快的事情以其反面来置换，就像概念能以反面呈现于梦中，梦思的感情亦然；而这种感情的倒换似乎常常由梦的审查制度所完成。我们可用社交生活作为梦审查制度最为大家熟悉的类比，因为在此种场合中我们也利用压抑以及相反的感情达到假装的目的。如果和一位我需要毕恭毕敬的人物谈话（而我又想说些对他有敌意的话），那么我一定要能掩饰这些感情，并且缓和我的语调。如果我说一些很有礼貌的话，但表情或姿态却泄露出恨意与轻蔑，那么后果是和公开在他面前表露敌意一样。因此审查制度使我压抑着感情，即如果我是假装的专家（所谓玉面狐），那么就能装出相反的感情——在愤怒的时候微笑，在充满毁灭欲望的时候装成深具感情的样子。

我们前面已经看过一则关于感情以相反形式显现的例子。在那个梦见我叔叔长着黄色胡子的梦（请见第四章）。梦中我对朋友 R 先生具有很深厚的感情，不过在梦思中却认为他是大呆瓜。一个我们开始就是由这个梦中把感情倒反的例了导引出审查制度存在的可能。但我们不需要假设说梦运作是凭空造出这种感情的；因为它们早就存在于梦思中，而且通常是随手即可招来，而梦的运作不过基于一种由防卫动机而来的精神力量将它们加强，直至能在梦形成中独当一面。在刚刚提到的有关叔叔的梦中，那个相对的，丰厚的感情也许来自孩童的时期（在梦后面部分暗示着），因为据我孩童最早期以及特殊的经验来看，叔叔与侄儿的关系成为所有我的友谊与仇恨的来由。

一个关于此种相反感情的好梦例由费连奇记载过，“一位老绅士半夜被太太吵醒，因为他在睡眠中毫不拘束地大笑。然后这人就报告了以下这梦：我躺在床上，一位我认识的绅士走入房间。我想把灯开亮，但办不到。我一次又一次地尝试，但都不成功。然后我太太由床上下来帮助我，但她也一样办不到，由于穿着晨褛在外人面前觉得不好意思，所以她也放弃了尝试而回到床上。这一切是那样的可笑以至于我无法忍住大笑。我太太问：‘你笑些什么？你笑些什么？’但我还是一直大笑，直到醒来——第二天，这位绅士觉得很忧郁，同时又有头痛；他自己认为是因为笑得太多而使他不安的缘故”。

分析起来，这梦似乎不是那样好笑了。进入房间那位他认为的绅士由梦的隐意看来是死亡那“伟大的未知”的意象——一个他前一天在脑海中浮现的意念。这位老绅士患有动脉硬化症，因此有理由在那天想到死亡。而不可抑制的大笑则置换了那因为他必须死亡所带来的哭号与饮泣，他所不能再扭亮的是生命之光。这忧郁的思想和他入睡前尝试的性交有关，他尝试，不过却失败了。虽然太太宽怀而谅解的协助他，他知道自己已经走下坡了。而梦运作成功地把性无能和死亡的忧郁思想以一滑稽的景象表达出来，并且把哭泣变为大笑。

有一类特别的梦，可称之为“伪君子”，并且是愿望达成定理的重大考验。这是在喜飞丁女医师在维也纳精神分析协会提供罗赛格的梦后，才吸引我的注意力。

罗赛格在“你被解雇了”记下这故事：

“通常我睡得很熟，但好多晚上我却不能好好地休息——因为虽然我的生涯是学生以及文学家，但好多年我就拖曳着一个不能解脱的裁缝生活的影子——像一个不能够解脱的鬼影。

“在白天，我并不会常常或者强烈地想到过去。就像剥去野蛮人外皮而想轰轰烈烈干一番事业者会有许多事要干一样，我这位充满干劲的年轻人亦不会去想到关于自己晚上的梦。只有在我养成思索的习惯后，或者是我身体内野蛮人的本性开始稍微肯定它的存在时，我才发现只要做梦，我都是一个裁缝织工，长时期在师傅的店里工作而没有薪俸。坐在他身边缝缀熨烫服装时，我很清楚自己不再是属于这工作。在成为中产阶级后，我还有很多其他的事情要做，但梦中我老是在假期中，老是到外旅行，而且坐在师傅旁边帮他忙，我老是觉得不舒服，后悔花去太多宝贵的时间，而这些时间也许可以做一些更好的用途。如果布料量度或切得不太准，就要挨师傅的骂。不过从来没有提到薪酬的问题。在弯腰站在黑暗的店里时，我常常想写个报告来告假。有一次我办到了，不过师傅毫不在意，然后我又再坐在他的旁边缝着衣服。

“在这些辛劳的工作之后，我醒来的时刻是如何的快乐呀！不是我自己决定这持续不停地梦，如果再发生的话，我要狠狠地把它甩开并说：‘这不过是错觉而已，我正在躺在床上，我要睡觉。’……但第二个晚上我又再度坐在裁缝店里。

“于是这梦继续好几年，而且很有规则地发生。有一次我和师傅在阿伯埃侯夫的家（这是我第一次当学徒时所寄住的农夫家）工作，而我师傅对我的工作特别不满意。‘我要知道你的脑筋开溜到那里去?’他叫道，严肃地望着我。我想最合理的反应是站起来和他说，我工作只是为了让他高兴，然后离开他，但我没有那样做。当师傅叫另一个学徒过来，命令我挪开让他有位置坐下来时，我并没有反对而移到角落去缝缀。同一天，另一个职工，一位狡猾的伪君子被聘请——他是个游荡民族——十九年前曾在我们这里工作，不过有一次由酒馆回来却掉入湖里。当他要坐下来的时候已经没有空位了。我带着询疑的眼光紧盯着师傅，而他向我这么说：‘你对裁缝没有天分；你可以走了，从今而后，我们一刀两断互不相识了。’我是那么害怕以致醒了过来。

“灰色的晨曦经由没挂上窗帘的窗子照入我熟悉的房间来，各种艺术的著作围绕着我；我那漂亮的书架立着永恒的荷马，伟大的但丁，无可超越的莎士比亚，辉煌的歌德——都是光耀灿烂的不朽人物。隔壁房传来孩子醒来和母亲开玩笑的声音。我觉得自己似乎又重新体会到一种田园诗般甜蜜、和平、诗意的精神生活。这是我一直深深感受到的沉思的快乐。不过令我感到不痛快的是，不是自己提出辞呈，反而被师傅炒鱿鱼。

“我是多么的奇怪呀呀！自从梦见被辞后，我就再度享受平和了，因为不再梦见过去那么久的裁缝生涯了——这不虚假朴素的生活确是令人愉快的，不过却在我后来的生命中投下好长的阴影……”

在这长系统的梦中（梦者是个作家，小时候是个裁缝职工），我们很难发现愿望达成。梦者的快乐全部建架在他白天的生活；晚上做梦时，他又再回复到他终于挣脱的不愉快生活。我自己一些相类似的梦使我对此问题能稍微了解。当还是个年轻医生的时候，我有一段长时间替化学研究所工作，不过却没有办法学好这门科学所要求的技巧，所以在清醒的时刻，我一直不想忆起这乏味以及丢脸的学习生活。不过我却一直梦见自己在实验室工作、分析以及做其他种种事情。这些梦和考试的梦一样不好受而且也不明确。当分析其中的一个梦时，我终于注意到“分析”这个字——使我了解这些梦的钥匙。自从那些日子开始我就是个分析家，而我现在做的是一些被赞许的分析工作，当然事实上是精神分析。于是我发现：如果我对早上的分析工作感到骄傲，并且吹嘘自己是如何的成功，那么晚上做的梦就会提醒着另一件——即那我没有理由感到骄傲的失败的分析工作，这是个奋斗成功者的惩罚的梦，就像那位裁缝职工变为名作家后所做的梦一样。但是梦为何会自我批评，如何会磨灭自己奋斗成功的骄傲，如何呈现合理的警告而不是强蛮的愿望达成呢？就像我前面说过的一样，这问题的解答是困难的，我们也许可以这样地说，这种梦的基础可能是一种夸张而野心勃勃的幻想所造成，不过后来这泼冷水的侮辱思潮却取而代之，我们不可忘掉心灵中的被虐冲动，这也许造成了此种相反。我不反对将这些梦命名为“处罚的梦”以和愿望达成的梦分开，我想这并没有对我前面所提的各种理论有所冲突，不过只是语言上的一些缺憾以致使我们觉得两个相反的极端会合在一起是很奇怪的。不过对此种梦的彻底研究，使我们又再发现另一个元素。在我关于实验室的许多梦当中，有一个背景含糊，并且我又恰好落在医学生涯最忧郁以及最不成功的年龄。我还没有职位，并且不知道要如何赚钱生活，不过同时却发现我有几个可以选择的结婚对象。于是我就再度年轻，还有，她也年轻了——这位和我共度许多年困苦生活的妇人。因此，一个一直向老年人内心唠叨的愿望变成了潜意识的梦的煽动者。这种心灵上虚荣与自我批评之间的矛盾决定了梦的内容，不过只有那深埋的欲成为年轻人的愿望才能使这冲突成为梦。即使在清醒时刻我们有时也会这样子对自己说：“今天一切事情都很顺利，而以前那些日子则是困苦的。但这都一样，因为那些时光是美好的——那时我还年轻[133]。”另一类我常常遇到并且认为是虚伪的梦，其内容往往是和一些长久以来即断绝友谊者的和谐交往，这些梦例的分析都显示一些使我和他们断绝来往或成为敌人的事件。不过梦中却描绘成完全相反的关系。

就作者或诗人记忆下的梦来说，我们可以知道他们一定会省略那些他们认为是无关紧要或者是分散注意力的梦内容。因此这些梦对我们来说乃是一大难题，但是只要他们把那些内容填补后问题就解决了。

峦克曾向我指出林姆的神话故事“小裁缝”或是“一拳七个”具有同样的奋斗成功者的梦，那位裁缝成为英雄后，被招为驸马，有一个晚上梦见他过去的手艺，那时他正躺在他太太（公主）的身旁。于是公主起疑心，第二晚叫武装的守卫躲在能够听见梦者呓语的地方，预备将他逮捕，不过小裁缝事先受到警告，因而得以改正他的梦。

那种使梦思感情得以转变成梦中所呈现的感情是需要经过复杂的程序，如删除、减轻及倒反的；而这种程序在经过完全分析后合成的梦例中能够被辨认出来，下面我将要再引用一些感情的梦的例子，他们将证实这些说法。

如果我们再回溯到那个奇怪的梦，即关于老布鲁格叫我解剖自己骨盆部的梦（见第六章）。我们不难发现在此梦中，我缺少这种情况下所应有的害怕的感觉。由好多方面来说这都是种愿望达成，解剖即指我在这本关于梦的书中所进行的自我分析——这程序在真实生活中对我有极大的困扰，以致我迟延了一年以上不将它出版。然后想到我也许可以克服这个不是味道的感觉，因此造成我梦中不害怕的感觉。我亦很高兴不再变为灰色。我头发已经长得够灰了，这警告说我不能再迟延下去。在梦的结尾，那种要我小孩完成艰苦旅途的目标乃得以表现出来。

下面我们再来讨论两个梦醒后感到满足的梦例。第一个梦例的满足的理由是期望，乃是我所谓的“曾经梦见这个”的意义，而其满足实在是我的第一个孩子的诞生（见第六章）。第二个梦例的感到满足的原因是我确认某些预期的事件终于变成事实了，而实际上所指的和前个梦例相似！这是我生下第二个孩子的满足（见第六章）。在这些梦例中，梦思中的感情持续到梦中；但是我们可以保险地说，梦中事情是不会如此简单的。如果对此二例加以更深地分析，我们不难发现这个逃过审查制度的满足受到另一来源的加强。这另一个来源有理由害怕审查制度，而其伴随的感情，如果表面不用一些相似而合理的满足（来自一些被核准的源流）来掩盖，而将自己置身于其护盖之下，无疑的是会遭受阻抗。

不幸的是我不能在这些梦例中说明这点，不过由生活另一部分所取得的例子可以使这意义变得清楚。有一位我很讨厌的熟人，每当他发生什么不对劲的事，我都会有一种觉得很快乐的倾向。但我性格中的道德部分却不允许这种冲动得逞。我不敢表达希望他倒运的念头，而每当他遇到一些不应当得到的厄运时，我都压抑着自己的满意，并且强迫自己去表露以及觉得歉意。每个人一定都会在某个时候遇到我这种情况。不过后来却发生了一件事，这个我讨厌的人做了一件坏事而处在一个罪有应得的情况；这时我因为他得到应有的惩罚而满足，同时和其他公正无私的人具同样的意见。不过却发现自己的满足要比别人来得更强烈，因为它得到别的来源之支持（由我的憎恨），虽然直到那个时刻前一直受到审查制度的阻止，但在这改变的情况下，它乃以随意奔驰。在社交生活中，被嫌恶或者是不受欢迎的少数人如果犯了过错，常常会受到此种待遇的，他们所受到的处罚通常在应得之外再加上那恶意，而这种感觉在以前并没有产生什么后果。那些处罚他们的人无疑是不公正的，不过却不自知。因为那长久的压抑消除后所获的满足将它蒙蔽了。在这种情况下，感情在质上说是应该的，但量却不对了；当自我批评对某一点不予置评后，它很容易忘掉对第二点的审查。就如一道门被推开后，人们就很容易都挤进来，这要比原先你所期望放进来的人数多很多。

神经质性格的一个主要特征——某一原因产生的结果虽然在质上说是适当的，

不过量则太过了——就心理学所能了解的来说，亦可适用上述的句子。过多的部分仍是那些以前受压抑而留在潜意识的感情所引起。这些感情借着和一个真正的原因相联系，而使它的产生和其他的缘由——一个合法以及没有瑕疵的感情——连在一起。因此，我们注意到被压抑，以及压抑机转之间的关系，并不完全只是相互的抵消而已。有时二者亦会合作无间，互相加强以达到一病态的效果（这也是同样值得注意的）。

现在，让我们利用这些精神机转的提示来了解梦中感情的表达吧！一个在梦中展露的满足，即使能够在梦思中找到其缘由，也不一定可以完全用此关系来加以解释。通常我们还要在梦思中找寻另一来源——一个受到审查制度压抑的，因为这压力的关系，所以这缘由平时所产生的效果不是满足而是其相反。但是因为第一种感情缘由的存在，使得第二个缘由的满足不受压抑的影响，并且使得第一来源的满足得以加强。因此梦中的感情是由几个来源组合成并且受到这些梦思的过度决定。即在梦的运作当中，那些能够产生同样感情的同类，挤在一堆共同制造。

经由对那种以“没有生活”作为主题的梦的分析来看，我们已能对这繁杂的问题有一点了解。在这梦中，各种性质的感情在显梦中却归组成两部分。当我用两个字把我的敌手和朋友歼灭后，仇恨以及困扰的感觉就产生了——梦中的文字是“被一些奇怪的感情所克制着”。另一部分则发生在梦快结束的时候，我非常高兴，并且认为有一种“回来的人”可以草草用意愿就能将之加以歼除（而我知道在清醒时候，这是荒谬的）。

我还没有提到这个梦的来由呢——这是很重要的，并且能使我们更深入地了解此梦。我由朋友处知道柏林的一位朋友，弗利斯（梦中我称之为 FL）将要被动手术。我想由他住在维也纳的亲戚处探听关于他更多的消息。开完刀后所得到的前几个报告并不是很确定的，因此我感到很焦虑，而想亲自到他那里。不过那时本身却生病，全身疼痛而寸步难移。所以，梦思是我担心这要好朋友的生命。据我知道他唯一的姐（妹），在很年轻的时候就因一个短暂的毛病而逝世了（我并不认识她）。[在梦中弗氏（FL）提到他姐（妹），并说她在四十五分钟内就死掉了。] 我一定是这么想，他的身体也强壮不了多少，所以不久我就要在听到关于他的更坏消息后抱病踏上旅途，但是一定会到得太迟，而这又将使我永远地责备自己[134]。因此“来得太迟所受到的责骂”成为此梦的中心，而这恰好可用年轻时代的良师布鲁克在我迟到的时候以蔚蓝色眼珠的恐怖瞪视来责骂我的情景表现出来。不过梦不能如此完完全全把它搬过来用，理由我会在后面提到。所以它把蓝眼珠交给另外一个人，并且给予我歼灭的力量。这很明显看出来，这是愿望达成的结果。我对这朋友的生命的关心，我对自己不去探问他的自责，我对于此事的羞愧（他曾很客气的来维也纳看我），我觉得自己是假借此病不去看他——这种种即造成我那梦中展现的感情风暴，同时也是在梦思这部分中狂吹。

不过产生此梦的原因当中却有一个是具有相反效果的。动完手术后的头几天，他的情况不太好。我曾被警告不要和任何人讨论此事。这使我很伤心，因为这不必要的对我的谨慎表示怀疑。当然我知道这话不是我朋友说的，而是传达讯息者的笨拙及过度胆小造成的；不过这掩饰着的指责却使我感到很不愉快，因为这亦非毫无理由。大家知道，只有那种含有实质的指责才会有伤害的力量。许多年前，当我还很年轻的时候，我认识两个人（他们是很要好的朋友），他们以其友谊来表示对我的敬意；而我很不必要的在一次谈话中把其中一位所说地批评他朋友的话告诉了另一位。这件事当然和我的朋友弗氏毫无关系，不过我却永远忘不了这件事。这两个人之一是弗莱雪教授，另一位的教名是约瑟——这刚好是梦中我那朋友与对手 P 的教名[135]。

在梦中此元素指责我不能保守秘密。弗利斯问我曾告诉过 P 君多少关于他的事亦是同样的指责。不过借着这个记忆（我早期不能守秘密以及造成的后果）却使我现在这个对自己将太迟到达的自责转换到在布鲁克实验室工作的时期。同时借着把梦中被歼灭的人唤为约瑟，不但指责自己将到达太迟，并且指责（我强烈压抑着的）自己不能保守秘密。由这梦即可看出凝缩作用和置换作用，以及其产生的动机。

而我现在这个微不足道的愤怒（关于警告我不得泄露关于弗氏的疾病）却由心灵的深部得到加强，形成一股仇恨的洪流，指向我在真实生活所喜爱的人身上。这个加强源于我的童年。我已经提过（第六章 庚），我的友谊与敌意源于童年时和大我一岁侄儿的关系；他如何凌驾于我之上，我如何学习防卫自己；我们一起生活，不可分离，互相亲爱，不过有一段时间（据我们长辈的回忆），我们两人常打架，同时埋怨对方的不是。由某一观点来说，我后来的朋友都是这形体的重新肉体化，因此都是“revenants”。这位侄儿在我孩童时期又再出现，那时我们一起扮演着凯撒与布鲁特斯的角色。我感情的生活一直强调着自己应有一个亲密朋友以及一个仇敌；而我一直能够使自己满足这愿望。同时我这孩童的概念常常会使我的朋友与敌人发生在同一人身上；当然这不会是同时发生，也不是经常转换的（和我童年的情况不同）。

至于说一件新近发生的事件如何会引出孩童时所发生的事件，并且以之取代目前的因果关系，我却不愿在这里加以讨论。这问题属于潜意识思想心理学的范围，或者是心理症的一个心理学上的解释。不过为了梦解析的缘故，我们可以这么假设，我对孩童的回忆（或者由幻想所产生）多少具有下列的内容：我们这两个孩子因为某些事而打架——到底真正是什么可以不管，虽然记忆或是其错觉显示出它是很确定的一件事——每一位都说他比另一位先到达，因此有权利得到它。于是我们整夜都在打斗着；力量就是权力；由梦中的证据看来，我自己已经觉察出自己的过错（“我知道自己的错误”）；不过这次我是强者，掌握着战场的胜利；于是失败者跑到我父亲（他祖父）跟前，诬告我，而我以由父亲口中听来的话替自己辩护：“因为他打我，所以我才打回他。”这个记忆（更可能是幻想）在我分析的时候浮现在脑海中——在没有更多的证据前，我不能说为何会如此——并且成为梦思的中间元素，并聚积着它们的感情（就像井子收集流入来的水流一样）。由这点看来，梦思是这样的：“活该，你要对我让步；为什么你要企图把我推倒呢？我不需要你，不久我就可以找到别的玩伴。”等等然后这些就进入到梦中表现的途径。有一个时候，我指责过约瑟，因为他也有个相似的态度：“ote—toiyquijemiymette！（让开！）”他在我之后继任布鲁克研究所的助手，该研究所的升迁不但慢而且啰唆。而布鲁克的两个得力帮手又没有离去的迹象，因此年轻人就沉不住气了。我这位朋友知道自己的日子已经不多了，同时又因为与上级间没有深厚的感情，所以有时大声公开地表示不满。又因为他的上司弗莱雪病得很严重，而P想要把他赶走的意愿也许地不只是为了自己的升迁，其意图可能更为恶毒。自然，在这几年以前，我亦有同样的想法：因此，只要有提级及升迁的可能，那么就会有对妄想意愿压抑的机会，莎士比亚的哈王子即使在他病危父王的床边，亦压抑不住把皇冠戴上头上试试的行动。不过和我们的推理相同的是：梦中对我为朋友无情的想法加以处罚而放开了我自己[136]。

“因为他野心勃勃，所以我杀他。”因为他不能等待别人的离去，所以他本身就被摒除了。这是在我参加大学纪念堂的揭幕典礼后立刻产生的感想——不是对他，而是对另外一个人，因此，我梦中所感觉到的满足，应当如此解释：“一个公正的处罚！你是罪有应得。”

在P君的葬礼后，一位年轻人说了下面这些似乎不近情理的话：“教士说的话使我们觉得这个世界失去此人后，是无法存在的。”他不过表达其忠诚的反抗，其感伤因这夸张而得到困扰，但他这些话则是下述梦想的源起：“真的，没有人是无法予以取代的。我已经看到多少人死去了呀！不过我还活着，因此我拥有这个领域啦。”在我害怕无法赶上见弗利斯（Fl）一面的时候，类似这样的想法就涌现出来。我只能够想到这样解释；因为自己又比别人多活久些，因为他死去了（并非是我），因为我硕果仅存地拥有这个领域——而这童年以来即梦寐以求的。此源于童年的满足（拥有这个领域）造成梦中感情的主要部分。我很高兴自己活着，因此就像下面这轶事所表达的天真的自我情绪一样。丈夫对妻子说：“如果我们其中一人死去，那么我会搬到巴黎去。”因此，很明显的，我认为自己不是将死去的那个。

不容否认，解析与报告自己的梦是需要高度的自律。因为这将使报告者成为与他共同生活的高贵生命中的坏蛋。因此，我觉得自然的，这些 revenants 在我要他活多久就活多久，并且可以一个意愿就将它加以抹杀。这就是为何我的朋友约瑟就会在梦中受到处罚。不过 revenants 是我童年时期朋友的肉体重现，因此亦是我感到满足的来源——我能一直为此角色找到替代者；而我对这快要失去的朋友又将找到一个替代者——因为没有人是不可置换的。

但，审查制度到底是干什么的？为何它对这狠毒的自私不予以强烈地对抗呢？为何它不把联结在这思想串列的满足改变为极度的不愉快呢？我想答案是这样的，和此人相连的别种无法反对的思想串列同时得到满足，并且其感情恰好遮盖了由这受抑制的童年妄想所带来的感情。在揭幕典礼的时候，我思想的另一层次是这样的：“我失去多少朋友了呀！有些死去，有些是因为友谊的年代，我将要保持这友谊而不再失去它。”“我对能够以一个新的朋友来取代失去的友谊”是能准许进入梦而不会受干扰的，不过同时却偷溜进了源自童年感情的具有敌意的满足。无疑的，童年的感情加强了现时这合理的感情，不过童年的仇恨亦成功地得以表现出来。

除了这些以外，梦中亦明显地暗示着，另一能导致满足的思想串列。不久前，在好久的期待之下，我朋友弗氏生下一位女儿。我知道他是如何的哀悼他早年夭折的妹妹，因此写信告诉我说终于可以将他对妹妹的爱转移到这个女儿身上，而她将失掉那不可补偿的损失。

因此这个思想又再和前面提到的隐意的中间思想发生关联（请见第六章）（而由这思想却发射出许多相反的途径）——“没有人是无法予以取代的”“只有 revenants：我们那些失去的都再度回来啦！”而梦思各种相冲突成分间的关系再度因为下面这偶合事件而连接的更密切；我朋友小女婴的名字恰好和我小时的女伴具有相同的名字，她和我同年，并且是我那最早的朋友与敌人的妹妹（ohn 与 pauline 兄妹）。当我听到此孩子命名为赛琳时心中大感满足，对此巧合的暗示是，我在梦中以一约瑟代替另一个约瑟，并且发现无法压抑着“Fl”与“Fleischl”之间起头的相似处。现在我的思想又再回到自己孩子的名字上，我一直坚持他们的名字不应追求时尚，而是应该纪念那些我喜爱的人。这些名字使他们成为 revenants。我想，孩子难道不是我们到达永恒之路吗？

对梦中的爱情，我只有另外一些话要补充——由另一个观点看，睡眠者脑海中的某一统辖的元素造成我们所谓的“情绪”——或者是某种感情的倾向——而这对他的梦会有决定性的影响。这种情绪可能根源于他前一天的经验或思想，或者是依据记忆，不管怎样，它都是伴随的适当的思想串列。不管梦思的理念是决定了感情，或者是感情决定梦思的理念，对梦的建架来说都是没有分的。二者都预示梦的建架是受到愿望达成的影响，并且都是由愿望取得其心灵的动力。这实际存在的情绪和梦中产生的情感是得到同样看等的（请看第五章 丙）。即有时会被忽视，有时会用来作为愿望达成的新解析。睡眠中的不安情绪可以是个梦的原动力，因为它引起那活力勃勃的愿望，这正是梦所欲满足。情绪所附着的材料于是被加以运作直至能够表达其愿望达成为止。而这不安情绪在梦思中如果愈是强烈和占优势，那么愈被强烈压抑的愿望冲动就会乘机潜入梦中：因为既然不愉快已经存在（否则它们需要制造出来），所以困难的部分已经完成了——即使自己潜入梦中的工作。这是我们又再碰见焦虑的梦的问题；以后我就会知道这将是梦活动的边缘例子。

九、再度校正[137]

终于我们现在能够论及梦形成的第四因素了，如果我们以和开始一样的方法来探讨着梦内容的意义——即以梦中显著的内容和它梦思的来由相比较——那么就会遇到一些必须以崭新的假设来加以解释的元素，我脑海中还记得一些例子，梦者在梦中感到惊奇，愤怒，被拒绝，而这仅仅是由于梦内容的一部分所引起。在前节的许多例子中，我们不难发现，这些梦中的紧急的感觉和内容并不一致，反而是梦思的一部分，这我会在适当的例子中显示出来，但是有许多这类的材料却不能如此解释：它和梦思的关系无法找到。譬如说，这句常常在梦中发现的话：“毕竟这只是个梦而已”具有何种意义呢？（请见第六章 ）这是梦中一个真实的评论，就像我在清醒时所做的一样，而且这常是睡醒前的序曲；更常见的是它紧随着一些不安的感觉，但在发觉是梦境后又平静下去了。当梦中产生“毕竟这只是个梦而已”时，它和奥芬巴赫的笑剧中 La beliehelene 口中里所说出的具有同样意义[138]：它不过是要减少刚刚经验到事件的重要性，以及使接下来即将产生的经验更易于被接受。它的目的在向“睡眠”催眠，因为这精神因素正要使它奋起，同时有将使梦不再继续的可能——或者是该剧的继续发展——这么一来，就可以更舒适地继续睡下去，并且忍受梦中的一切，因“这毕竟只是一个梦而已”。我认为这个轻蔑的评论（毕竟只是一个梦而已）是在下述的情况产生的：当那从未真正休眠的审查制度发现在不经意之下让某个梦产生，要潜抑已经太晚，所以审查制度只好用这些话来对付因之而产生的焦虑感。这不过是精神审查制度的 esb pritdescalier 的一个例子。

这使我们得以证实梦中每一事物，并非都是源于梦思，有时其内容能由一种和清醒脑袋不相上下的精神功能所制造出来。不过问题是，这种情况是例外，抑或除了审查以外，此种精神活动亦恒常占据梦的内容一部分呢？我们毫不犹豫地认为后者正确，虽然知道审查机构只是删除以及限制梦内容，不过它也能够增加或插入一些情节。这些插入的情节是很容易被辨认出来的。通常梦者述及此点时免不了会犹豫，同时前面冠以“就像”；它们本身并不太令人注目，不过却是用来连接梦内容的两部分，或者将梦的两部分连接起来。和真正源于梦思的材料比较后知道它是较不容易留存在脑海；如果我们把梦给忘了的话，这部分的记忆是最先失去的。我怀疑那些常听到的怨语：“我有好多梦，不过却忘了大部分，只记得一些琐碎”（请看本章第一节凝缩作用），就是因为此种急速忘却的思潮引起的，在完全的分析过程中有时我们发现，它和梦思的材料毫无关联。不过在仔细地研究后，我发现这并非常见；插入的部分通常能溯源到梦里，不过却无法以本身的力量或先决的方法来呈现于梦中，似乎只有在很特殊的情况下，这种精神活动才会创造新的事物，大部分的情况，它却是利用梦思中的材料。

这个梦运作的因素的特征乃是其目的，这也是泄露其身份的部分[139]。这功能和诗人恶意形容哲学家的字眼一样：“它以碎布缝补着梦架构的间隙。”[140]由于它的努力使梦失去了荒谬与不连贯的表征，并且接合于理智的经验。但是它也不常是成功的。

表面看来，梦常常是合乎逻辑与合理的；由一个可能的情况开始，然后经由一连串的发展而得到一个近理的结论（虽然并不太常见）。这一类的梦必定受过此种精神功能（和清醒时的脑袋没有两样）大量的修正；它们看来似乎是有意义的，不过却和真正的意思大大不同。如果将它们一一加以分析我们不难发现再度校正非常自由地玩弄着梦材料，并且把它们之间的关系减到最少。这些梦可以说还未呈现到清醒的脑袋以前就已经被解析一遍了[141]。在别的梦例中，此种具有偏向的校正只能说是部分的成功而已。梦的一部分似乎是很合理，不过接着又变为模糊，无意义；

也许接下来又再变为合理了。还有一些梦例，校正可说完全失败了，因为那些梦只是一堆无意义的碎片组合而已。

我不愿意否认这个属于第四种梦产生因素的存在——不久我们即将对它感到熟悉。事实上，它是四个因素中我们最熟悉的一个——我也不愿意否认这个第四因素具有提供给梦的新贡献，不过据我们知道它和其他因素一样，也是利用梦思中现存的材料，依据其爱好来选择。有一个例子，它不需要辛劳地替梦架建起一座冠冕堂皇的正面——因为这已经存在于梦思中。我习惯于把这些梦思称为幻想；而这和清醒时刻的“白日梦”是相似的——也许这么说就可以避免读者的误会。精神科医师对它在精神生活上所扮演的角色还不太明了，虽然，朋纳第在这方面有很好的开始[142]。不过白日梦所具的意义并不能逃过诗人毫无错失的眼光，譬如说都德曾在很有名的总督大人中描述一位小角色的白日梦（请看第七章 乙）。对心理症病患的研究使我们很惊奇地发现幻想（或者白日梦）乃是歇斯底里症状的直接前身，如果不是全部至少也是大部分。歇斯底里症状并非和真实的记忆相关联，而是建立在一些基于记忆的幻想上。因为这些意识到的白天幻想常常发生，使我们对此构造得以了解。不过，除了这些意识到的幻想外，还有更多的潜意识幻想——而其内容与受潜抑的来由造成它们变为潜意识的理由，仔细研讨这些白天幻想的特征使我们觉得把它和晚间的思想产物——梦——相比是很恰当的。他们和晚间的梦具有许多共同的性质，因此对它们的研究也许是了解梦的最短与最好的方法。

和梦一样，它们都是愿望达成；和梦一样，它们大都是根源于幼童时经验到的印象；和梦一样，它们因为审查制度的松弛而得到某种程度的好处，如果仔细观察其结构的话，我们不难发现“愿望的目的”正把各种建架的材料重新组合以形成新的整体。它们和幼童时期记忆的关系，就像是罗马宫廷和古代废墟的关系一样——其阶级和柱子供给这些现代建筑的材料。

由“再度校正”中——这个所谓梦产生的第四个因素——我们再度发现那个在创造白日梦时不受别的影响而得以呈现的同样精神活动。可以简单地这么说，我们所谈论的第四个因素把供给的材料模塑成一些像白日梦的东西。不过梦思中如果已经有现成的白日梦存在着，那么梦运作的第四个因素就会利用这现有的材料，而将它纳入梦的内容。因此有些梦只是在重复着白天的幻想——也许是潜意识的。譬如说，我的孩子梦见和 Trojan 战后的英雄同驰战场（请参阅第三章 ）。还有我那“Auto－didasker”的梦（请见第六章 第一节），其第二部分完全是我白天幻想和 N 教授谈天的重现（此幻想本身是无邪的）。不过这些有趣的幻想只形成梦的一部分，或者只有一部分进入梦中的事实，只能如此解释，即梦的产生需要满足许许多多繁杂的条件。一般来说，幻想和其他的梦思部分都受到同样看待的，不过在梦中，它通常被视为一个全体。在我的梦中常常有许多部分是独特的，和其他部分虽然不同，它们似乎是更加通顺，关系更为密切，并且比梦的其他部分来得更短暂。我知道这些都是进入梦中的潜意识的幻想，但是却从未成功地记下这种幻想。除了此点以外，这些幻想和梦思的其他成分同样会受到压抑、凝缩，并且互相重叠等等。当然还有一些居中的例子，在两个极端——一头那些一成不变造成梦内容（至少亦是其正面）者，另一头是极端相反，它们只是以其中一元素，或者很遥远的比喻来呈现在梦内容中，梦思中幻想的最后下场当然也是和它能够符合审查制度和凝缩作用的程度有关。

在前面所选择的梦例当中，我一直避免引用那些潜意识幻想占据相当重要地位的梦，因为介绍这个特别的精神因素，需先花很长的篇幅来讨论潜意识思考的心理学，不过我还是不能完全不考虑幻想，因为它们常常完完全全地移入梦中；更常见的是，经由梦而让我们意识到，因此，我下面要再引用一个梦例，里面含有两个互相抗拮的幻想——一个是明朗化的，而第二个则是前者的解析[143]。

这个我唯一没有好好记下注释的梦，内容大概是如此的：梦者，一位年轻未婚的男人，正坐在他常去的餐馆内（在梦中很真实地呈现）。然后几个人出现，要把他带走，其中一位还要逮捕他。他对同桌的伙伴说："我以后再付账，我还要回来的。"但他们以一种蔑视的嘲笑叫道："我们全都知道了。大家都这么说的。"其中一位客人且在他背后这么说："又是一个！"他于是被带到一个狭窄的房间，里面有一位女人抱着一个小孩。护卫着他的某一个人说："这是米勒先生。"一个警探，或者是某种政府官员很快地翻阅着一堆入门卷或者纸张，并且重复着"米勒，米勒，米勒"。最后，他问梦者一个问题而他答道："我会这样做的。"于是他再望着那妇人，发现她长着一脸大胡子。

在这梦例，我们不把两部分分开，表面的一个乃是被逮捕的幻想，而看来它似乎是新近由梦运作所制造。不过我们仍能够看到它背后的材料，而这种受到梦运作用稍加改换外观而已——结婚的幻想。这两个幻想相通特点在梦中显得很清晰——就像 Galton 的集锦照片一样。那位单身汉应允要回到此厅馆来，其同伴的怀疑（因为累积的经验而变得聪明些），以及他们在他背叫的"又是一个（去结婚的）"——这些问答却能很满意地适合两种幻想。那向政府官员宣誓的"我会这样做的"也是一样。翻阅一大堆纸同时重复着同样的名字较为次要，不过却是婚姻典礼的一个特殊特点——阅读一堆祝贺的电报，它们的致电都是具有同样的名字。结婚的幻想实际上比表面的被逮捕的幻想来得更成功，因为新娘在梦中确实呈现。由得到的消息中我知道新娘最后为何会长着胡子——不过并非经由分析而来。在梦发生的前一天，梦者和一位朋友（和他一样对婚姻感到畏羞）在街上散步，他要朋友注意一位走向他们的黑发美女，他朋友这么说："确是不错。只要这些女人在数年后，不像她们父亲那样长着胡子就好。"当然即使在这梦中，梦的改造仍然在运作。因此，"我以后再付账"指的是怕岳父对聘礼的意见。的确，各种疑虑都使梦者不能由这结婚的幻想中得到愉快。其中之一乃是害怕结婚会使他付出自由的代价，因此在梦中变形为逮捕的景色。

如果我们暂时回到这个观点上——即梦的运作喜欢利用梦思中现成的幻想而非利用梦思来另外制造一个——那么我们就能解决和梦有关的一个最有趣的谜。我曾经提到过，毛利在长梦之后醒来，发现自己的后颈被小块木板敲击着——而梦中他却梦见法国大革命，自己被断头台上的刀片切断脑袋，既然此梦仍是连贯的，而且据他的解释，乃是为了解释那使他醒过来的刺激，而这刺激又是他所不能够预测到的，因此只有一种情况是可能的，即梦恰好在木板敲击他的头，以及他醒来之间形成的，在清醒的时刻，我们从来就不敢认为思想活动是如此的快速的，所以认为梦的运作具有加速我们思想程序的功用。

对这急速成为大家所熟知的决论，许多作者都加以激烈的反对。他们一方面就怀疑毛利的梦的正确性，一方面又想辩论清醒时刻的思潮并不比这梦来得慢——如果夸张的部分加以消除的话。这些辩论引出许多基本的问题，不过我却不认为它们近于答案。但我必须承认，譬如说我不认为伊格对毛利断头台的梦的反对是能令心信服的。我自己认为这梦或许应该这样解释。毛利的梦很可能表示那多年以来一直储存于他脑海的幻想，不过却在他被那刺激弄醒的那刻里被唤起——或者是被暗示出来。果真如此，就不难了解为何这样长而详细的梦会在如此短的时刻内制造出来——因为这故事早就做好了，如果这块木头在清醒时刻击中毛利的头，那么也许他会这么想："这就像被砍头一样。"但既然他在梦中被木板击着，梦运作于是很快地利用这敲击的刺激而获得愿望达成；就像它是这么想（这完全是比喻的）："这是个好机会来实现我那意愿的幻想，而它是在我某个读书时间中所形成的。"这是不容易受人置疑的，因为每一个年轻人在强有力的印象下都会造成完全像这样的梦故事。谁不会被那恐怖时代的描述所吸引住呢——尤其是一位法国人，而且又是研究人类文明历史的学者——那时贵族男女，国家的精华，都显示出他们能兴趣高昂地面对死亡，并且在死亡刹那前仍能维持其高贵风度与灵活的智慧。对一个年轻人来说这个想象是多么的诱人呀！——想象自己正向一位高贵女士道别——吻着她的手，无畏地步向断头台。或者野心乃是这幻想的主要动机时，把自己取代那些可怕的人物又是如何的诱人呀！（这些人单单利用其智力与流利的口才就统治了城市中那些痉挛似抽动的人心，并且以其判决把千千万万的人命送上断头台而铺下整个欧洲大陆改组的道路，而同时他们的头又是很不安全，终有一天会落在断头台的刀子下。）试想把自己看成 Girb rondist（一八七一年法国国会之和平共和党员，其领袖皆来自 rrokde 州），或者伟大的英雄人物达坦，又是多么令人兴奋的呀！这是此梦的一个特征，他被“带到执行死刑的地方，四周围绕着一大群暴民”，看来他的幻想就是此种“野心”型的。

而且这长久以来即已准备的幻想并不必要在梦中一一展现，只要加以触摸一下就行了。我的意思是这样的，如果弹几道音符，而有人说是莫扎特的 Figaro（就像在 DonGiovanni 中所发生的一样）许多印象就被勾引出来，但原先我一点都没有想到，关键的词句就像是个进口同时把所有的关系都激动起来。潜意识的思想程序也是一样的，这弄醒他的刺激把精神的进口给兴奋起来，而让整个断头台的幻想得以呈现。但这幻想并非在梦中全部一一浮现，那是在睡醒后回想时才出来。醒过来后，他记得这在梦中以整体的方式激起的幻想所具有的所有细节，在这种梦例中，我们没法证实自己确是记得一些梦见的事情，这种解释——即这只是事先准备好的幻想，而被一个弄醒的刺激所激动起来——可以应用在别的被外在刺激弄醒的梦，如拿破仑一世在战场中被炮弹吵醒的梦（请见第五章　丙）。

土波窝士卡为了她那关于梦的长短所做的论文而收集的梦中，我认为最有价值的乃是马卡里奥所报告的由剧作家波佐做的梦。某个傍晚，波佐想要去观看他剧本的第一次演出，但是他是那样的疲倦以致当戏幕拉起的时候，他就打瞌睡。在睡梦中他看完他全戏的五幕，以及各幕上演时观众们的情绪表现，在戏演完后他很高兴听到激烈的鼓掌并且高叫他的名字。突然他醒来了，但他不能相信自己的耳朵或眼睛，因为戏不过才上演第一幕的头几句话。他睡着的时间不会超过两分钟。我们这么想是不会太过草率的；梦者看完五幕戏，并且观察观众对各段落反应态度的事，并不需要在睡梦中由任何新鲜的材料制造出来，而可为由已经存在的幻想重现出来。土波窝士卡和别的作者一样，强调那些观念急速倾盆而出的梦都具有共同的特征；它们是特别连贯的（这和别的梦不同），而对它们的回忆只是摘要而非细节，当然这是那些由梦运作触发的现成幻想所具有的特征，但是原作者却没有指出这结论，我当然没有断言所有被弄醒的梦都适用的这种解释，或者梦中快速呈现的观念都是经由此种方式处理的。

在这里我们无法不去讨论梦内容的“再度校正”和其他梦运作的因素之间的关系。难道制成梦的程序是像下面描述那样吗？即梦的形成元素——如凝缩作用的努力，逃避审查制度的需要，以及精神意念的表现力——首先由梦的材料中抽取出临时的梦的内容，然后此临时内容再经过重新铸造直到完全满足这续发的“再度校正”。不过，这是很不可能的，我们倒不如假定这因素从开始就和凝缩作用、审查制度和表现力一样，梦思必须满足它的需求才能被诱导与选择出来而形成梦内容的一部分，这些因素是同时进行的，不管在哪个梦例中，这个最后提到的梦因素其需求对梦是具有最小束缚力的。

下述的讨论将使我们认为这个我们称为再度校正的精神功能和清醒时刻的脑筋活动很可能是完全相同的：我们清醒（前意识）的思想对一切认知材料的态度，和此因素对待梦内容的材料完全相同，对清醒的思潮来说，我们很自然地对此等材料创造出次序，制造相互间的关系，同时使它满足理智的期望。事实上我们这样做是太过分的，魔术师很容易利用这些理智习惯来愚弄我们。我们努力使各种感觉印象综合成合理的形式往往让我们隐入最奇特的错误，甚至把眼前材料的真实性否决掉。

关于这点的证据是人所共知的，我不想在这里花费太多的笔墨。在阅读的时候，我们常把错印（而把原意破坏）的部分误认为正确。法国一本畅销杂志的编者有次和人打赌他能叫排字工人在一段长文章的每个句子后面加上一“前面”，“后面”的字眼，而没有一个读者会觉察出来，结果他赢了，很多年前我在报纸看一则有关这种虚假联想的滑稽例子。无政府主义者有一次掷入一个炸弹在法国国会会议上爆炸开来，杜培以这勇敢的话“LaSeanceContinue（会议将继续进行下去）”来缓和恐怖的气氛。看台上的来宾被问及他们对此暴行的印象。其中两位是由乡下来的，一个说他确曾在某人发表言论后，听到爆炸声，不过他以为国会在每个发言人说完后都要鸣炮一声。第二个人也许听过几次会议，也有同样的结论，除了他认为鸣炮是对一些特别成功的演说致敬。

因此精神机构以同样的态度对待梦内容，要求它们合理能解而加以第一眼的解释，不过却常因此产生完全的误解（请见第六章 ）。为了解析的目的，我们的原则是，不管任何梦例，我们都不考虑梦表面的连贯性，而怀疑各部分具有不同的来源。所以不管梦本身是清晰抑或含糊，我们都要遵循着各元素原先的路途回溯到梦思的材料去。

现在我们就能知道前面所论有关梦的清晰抑或含糊都不是独立的，再度校正能够产生效用的那部分是清晰的而不能发生效用的则是含糊，又因为梦中含糊的部分常常又是不够鲜明的，所以我们能这样断言，这个续发的梦运作亦能够贡献各个梦元素的强度。

如果我要找寻一个物像来和这个梦的最后形式（经过正常思考的协助后）相较量，那么没有任何比飘页中那些很久以来就吸引住其读者谜样的铭言来得更恰当了。书中的句子给读者的印象是像拉丁铭言——而其实是一些极其粗鄙的土话（为了对比的缘故）。为了这目的，所以把土话句子中的文字字母排列弄乱，而加以重新排列。因此不时出现一些真正的拉丁文字，有些地方又像拉丁字的缩写，而别的部分我们又看到一些好像掉了一些字母，或涂删的文字，因此忽视了每个独立文字的无意义。为了不被愚弄，我们必须放弃找寻铭言的企求，注视每个文字，不管其外表排列如何而把它重新组成自己的母语，这样才能了解。

再度校正是梦运作四个元素中最能被大多数作者观察到而且了解其意义，艾里斯曾有趣地描述过其功能："事实上我们可以想象睡眠中的意识如此对自己说：'我们的主人（清醒时刻的意识）来了，它是具有强而有力的理智和逻辑等等。赶快！把材料收集好，将它们排好——任何次序都行——在它又再掌握实权之前。'"

其运作的方法和清醒时刻思想的雷同，曾被笛拉谷露斯描述："这个解析的功能并非梦所特有，我们清醒时刻对感觉作用所作的逻辑协调亦是一样。"

苏利和土波窝士卡亦有同样的意见："精神对这些不连贯的幻觉所做的努力，就和白天它对感觉所做的协调一样，它把所有分离影像以想象的环节连起来，并且使它们之间的巨大间隙填补着。"

根据其他作者的说法，这种重组以及解释的程序在梦中开始发生，并且连续到清醒为止，因此包汉说："不过，我常常这么想，梦也许会有某种程度的变形或重新造，在记忆中……而那要产生系统化的想象在睡梦中开始作用，不过却要在睡醒时才会完成。因此思考的速度在清醒时刻的想象力作用后会很明显地增加。"

李罗和土波窝士卡说："反过来说，我们对梦的解析与协调不但需借助于梦中的资料，而且也需要用到清醒时刻的……"

因此，这个大家所认知的因素无可避免地被过分高估，——他们认为梦之所以创造出来完全是因为它的成就。哥洛认为此种创造性工作是在睡醒那刹那间所产生的，而浮卡更进一步地认为清醒时刻的思想将睡眠时浮现的思潮制造成梦。对这观点，李罗和土波窝士卡有下述评论，"有人认为可以在清醒的时刻发现梦的进行，所以（这些作者）主张梦是由清醒时刻的思想将睡眠时所产生的影像制造成的。”

依据这对再度校正的讨论，我将更进一步地讨论梦运作的另一个因素，而这是最近由塞伯拉的细心观察研究所发现的。我前面曾经提过（请看第六章 丁），塞氏在极度疲倦与昏困的状态下强迫自己从事理智活动却发现自己把思想转变为图像。在那时刻中，他所处理的思想不见了，却以一些图像来替代此类抽象思想。不过这时刻产生的影像（可以和梦的元素相比较）有时并非是所从事的理智活动——即是说和疲倦，以及工作的困难和不愉快有关。也就是说和从事这工作者的主观情况与功能有关，而与他所从事的活动物像没有关联。塞氏把这种常发生的事件叫做官能性现象，而非他所期待的“物质现象”。

譬如说，一天下午，我很困地躺卧在沙发上，但是却强迫自己思考一个哲学上的问题。我想比较康德和叔本华对时间的看法。不过因为太过疲乏，我无法立刻把他们两人的争论同时浮现在脑海中，而这是把他们相互比较的必要条件。经过几次徒劳的尝试后，我又再度用全部意志把康德的推论浮现在脑海中以便能和叔本华的相比较。但当我注意力转移到后者，然后又返回康德的时候却发现他的论证逃开了，我无法再把它挖掘出来。对于要把匿藏在脑袋中的康德理论找出来的徒劳尝试突然使它在我眼前以一种实在的，造型的影像呈现，就像是梦的影像一样：我向一位脾气暴躁的秘书询问某件事情，那时他正在弯着腰伏在办公桌上办事，恼怒我那紧急问题的干扰，因此半伸直着身体，给我一个愤怒而拒绝的脸色。（取自塞伯拉）下面则是别的关于往返清醒和睡眠之间的例子（皆取自塞氏）。

发生时的情况：早晨，在清醒的时候，当我在某种程度的睡眠状态（半睡半醒）下，并且回想刚才所做的梦，想要重复以及继续下去，却发现自己愈来愈接近清醒，不过心理却要留在这朦胧时刻。

梦见的情境：我把一脚跨到溪流的另一边，不过却立刻把脚收回来，因为我想要停留在这一边。

例六：发生的情况和例四相同（他想要多躺在床上一会而不睡过时间），“我想要多睡一会”。

梦见的情境：“我和某人道别，不过却安排不久和他（她）再见的时间。”

塞氏观察到的官能性现象（代表一种精神状态而非物体）主要是发生在入睡与清醒两种情况下。明显的是，梦之解析上和后者有关，塞氏的例子强有力地批出，在许多梦中，显梦的最后部分（接下来就是醒过来），往往只是表现清醒过程，或者是清醒的欲望，这种表现可能是跨过门槛（门槛象征），从一房间走到另一房间，离开，回家，和朋友再见，潜入水中等，但是由自己的梦或分析别人的梦中，我却无法找到很多和门槛象征有关的梦元素，而塞氏的著述却使我们期待能够找到更多的象征。

不过这种门槛象征也许可能解释梦的中间部分——譬如说，往返于深睡以及睡醒的时候。然而，有关这方面的确实证据还未找到（请看下面第七章 丙弗氏关于这点的评论）。而较为常见的是过度决定的例子，在这些例子当中和梦思相联系的梦内容只是更用来表现某种精神活动的状态。

这个塞氏表现的有趣的官能性现象（虽然错不在该作者），却导致许多滥用：因为它被认为是支持那些古老的以象征和抽象来解析梦的证据。许多喜爱此“官能性类型”的人甚至在梦思具有一些理智活动或情绪程序，就说它是官能性现象，虽然这些前天遗留下来的残物，并不比其他的材料有更多或更少的权利入梦。

我们认为塞氏现象乃是清醒时刻的思想对梦形成的第二个贡献。（第一个贡献我们已经以再度较正的名义下予以讨论过了。）我们已经显示白天运作的注意力继续在睡眠状态下指导着梦，局限着它，批评它，并且保留着中断它们的权利。看这个留存的精神机构唤醒了审查官，而这对梦的形式具有强劲的限制性，塞氏的观察所能追加的是，在某种状况下自我观察亦扮演着某种的角色，并且形成一部分的梦内容。这自我观察机构（也许在哲学家的心灵中特别发达）和别的如精神内省，观察的错觉，良心，梦的审查官等的关系，也许在别处讨论较为适当。

下面我将把这长篇有关梦运作的讨论加以摘录，我们曾被指问，精神是否以它全部力量或者仅以剩余的受限制部分来创造梦，研究的结果发现这问题是不合适的，但如果我们被迫一定要回答的话，那么我们要说二者都是对的，虽然看来这两个答案是互相排斥的，在制造梦的时候，我们能够分辨出两种精神活动：梦思的产生，以及把它们转变成梦内容，梦思是理性的，它是我们所能具有的所有精神精力所制造出来的，它们属于那些不在意识层面的思想程序——经过某些变异，这程序亦产生我们意识的思想。无疑的，梦思有许多值得探讨，有许多神秘处，不过却和梦没有特别关系，所以不忘在梦的前提下予以讨论[144]。但是形成梦的第二种精神活动（把潜意识思想转变为梦的内容）却是梦所独有，而且是其特征。这特殊的梦运作和清醒时刻思想形式的分野远比我们想象得还大，即使是梦形成的精神功能之最低级者亦然，梦运作不单只是更不小心，更无理性，更健忘，或者更不安全；它和清醒时刻的思想完全不同（就质来说），所以是无法加以比较的，它并不思想，计算或者判断；它把自己局限在给予事物新的变形，我们前面已经不厌其烦地描述种种它在产生结果前所必须满足的情况。那个结果，最主要的是要能够通过审查制度，为了满足此目的，梦的运作就置换各种精神的强度，甚至把所有的精神价值都改变了。思想必须完全或主要的以由视觉或听觉的记忆痕迹来表现，而这又使梦运作在进行的置换时做表现力的考虑。也许要由晚上梦思所能给予的制造出更大的强度，因此就有凝缩作用。我们不用去注意思想之间的逻辑关系；它们只是特殊的梦外形的一个伪装，不过梦思的感情不会受到太大的改变，这些感情通常是受压抑的常存在梦中时，它们和原来附随着的思想是分离的，而且同样性质的感情连在一块。只有梦运作的一部分——所谓的校正（因梦例而有量多少的不同）则受到部分清醒的意识所影响——才和其他作者苦心赞誉的思想（他们想用来包括形成的全部分）相同。

●注释：

①译注：沙乎为纪元前六〇〇年左右之希腊女诗人。

②有关这段文字的意义，我们将在“象征代表”的那一章 再详论爬楼梯的梦。

③德文“下榻”、“停留”所用的字，如按字源分析，其意为“步下”。

④有关梦者的奶妈所影射的荒唐意义是依其情况而定，譬如，在这情形下，那奶妈其实便是影射着他的母亲。还有，我曾在前面提过这位年轻人曾后悔他当年未曾好好利用机会吃他奶妈的豆腐，也可能就成了这梦的来源。

⑤译注：此字意为希腊，罗马建筑物之入口、通廊，尤指雅典衛城 Acropolis 之入口。

⑥由于原稿德文无法译出，故此为英译者自创之。

⑦音节上的分析拼凑，的确可称之为真实的“音节化学”，事实上日常生活中倒不乏趣例，找“银子”最合算的办法是什么，你只要跑到“银莓”生长的地方，采些银莓，再把“莓籽”去掉，不就有了“银子”吗？（此为英译例子）。

⑧Lasker 死于“进行性瘫痪”，这是由接触女人引起的疾病（梅毒）。而 Lasalle，也是一个梅毒病人，为了一个他所爱的女人而与人决斗被杀死。

⑨最近我发现一个例外的病例，他是一个被“强迫观念”所困扰的年轻男性，但其智能均仍有高度的发展。他在梦中所发生的话语并非来自他自己所曾说过听过的话，却是他自己内心深处那强迫观念不经化装的表达，然而这些在醒觉意识状态下却只能以另一种改装后的面目出现。

⑩由于我视“梦改装”与“审查制度”为梦理论的核心问题，所以我拟在此举出林克斯的故事“梦幻犹醒”的结尾数节以飨读者，在这儿也许可以看到我的说法的梗要：

“这是叙述一个人天赋有一种能力，永远不会梦见无稽的内容……”

“你所以能梦中犹如醒觉，全都是由于你的美德，你的善心，你的公正，你对真理的爱，由于你天性中道德的清晰概念使发生在你身上所有的事均能为我所理解。”

但回答却是：“然而，如果我再好好想一想的话，我几乎相信所有人均与我一样，不可能梦见过无稽的内容，一个梦者事后仍能清楚地追述出来的，绝不是一种谵妄的梦，它必定有某种意义的，而不可能是另有其他说法的，因为与其本身相矛盾的内容绝不可能被合成一体的。梦中的时间、地点往往混淆，而与梦的真正内容有所出入，但这却不影响梦的基本内容，其实在醒觉状态下，我们也常作出这一类的事，如冥想神仙故事，一大堆幻想中的英雄人物……而这些却只有白痴才会不解风情地批评：“这不可能的，这根本是无稽之谈……”一位朋友说：“但愿每个梦均能像你对我的梦所作的解释那般精确！”

“这当然不是一件容易的事，但只要用心一点，对梦者而言，是有可能做到的。你问说为什么这总是不可能？就你来说，似乎梦里隐藏着某些以特别的，得意的形式所表现的龌龊事情，某种很难窥透的你本性上的秘密，而这就是为什么你的梦常显得了无意义或荒谬绝伦。其实，更深一层的研究，当可发现绝不是这么一回事，因为毕竟一个人不管醒觉或做梦状态下总还是他本人的。”

⑪在写完以上这些文字后，我已经发表了两个完整的梦的分析和合成——在“一个歇斯底里病例的部分分析”（弗洛伊德，一九〇五版，section Ⅱ和Ⅲ）。和弗洛伊德，sectionⅣ中对“狼人梦的合成”。峦克的分析（一个自我解释的梦，一九一〇年）值得一提，因为这是所发表过较长的梦中分析最详细的。

⑫最后这四句（由另外的材料……）是一九一九年才加上的。在早些的版本中，此段是如此写的：“另外的材料则被称为支径。整个来说，它们构成了梦思的真实愿望变为梦的希望所必须经过的途径。”这些“支径”第一类便是由梦思本身衍化而来，由本质的置换成非本质的。第二类便是一些把所有非本质的元素连接起来（而这些元素是由于置换，所以变得重要），并伸展到梦的内容。第三类则是一些联想和思想串列，借着它们，我们仍能在分析过程中将梦的内容和第二类附带元素连起来。我们不需要假设这第三类必须和梦的形成有所关联。弗洛伊德在一九二

五年说他把这 collaterals 的名词删除，但这名词在第七章　却又出现了。

⑬这些话的详细阐述请参第六章　注[123]。

⑭译注：Parnassus，山名，在希腊，为 Apollo 及 Muses 诸神之圣地。

⑮这是弗洛伊德爱好的比喻。可能源于歌德的抒情诗。

⑯这梦在弗氏写给弗利斯——梦里的那位朋友——的信中有（一八九七年四月二十八日）详尽的描述。“请看弗洛伊德，第 60 封信。”

⑰弗洛伊德在一八九六年十一月二日寄给弗利斯的信中报告这个梦（请看弗洛伊德，第 50 封信。）那时，他说这梦是在出殡后一天发生的。

⑱关于这话的描述请见第六章　丙节、丁节。

⑲看过了 K. Abel 的“原始语言对偶词句的意义”——他的观点亦为其他的语言学说所证实——我感到很惊奇，因为最原始的语言和梦的行为竟然是完全相像。起先，它们只有一个名词来形容完全相反的两件（譬如：“强—弱”、“衰老—年轻”、“远—近”、“紧—松”）；然后，用一种续发步骤把这共同的名词稍加改变就造成相反的两个意念。Abel 特别指出古埃及的文字，不过他显示出闪族和印度与德国语系亦有同样的发展过程。

⑳Annunciation：相传天使 Gabriel 向圣母玛丽亚宣告耶稣降生之消息。三月廿五日即是纪念此事之节日。

㉑这梦在第六章　丁节有很详尽的描述。

㉒请见亚里士多德对于释梦者的看法，见第二章　注②。

㉓关于集锦人物的题目请参阅第六章　甲节二。

㉔第五章　注㊻。

㉕当我不知道要在那个人物中寻找本人的自我时，我根据下述原则去判断：那个梦中人具有我睡着时所经验到的情感，那么他身上就隐藏着本人的自我。

㉖请看第五章乙节革命的梦。

㉗见弗洛伊德有关梦的短篇的短篇论文，标准本第五册六五一页（ondream）的最后部分有一些有趣的例子。

㉘歇斯底里发作常常利用时间次序的颠倒来混淆视听以达到掩饰其意义的目的。譬如说：一个歇斯底里的女孩在一次发作中想表现一种带罗曼蒂克的味道——这是她在地下火车遇到某人后，潜意识所幻想的罗曼蒂克。她想象那个男人被她美丽的双脚所吸引，上前和她搭讪，而那时她正在看书；然后他们就一起去玩，享受了一段美丽的爱情。她的发作便是以身体的痉挛来表现这段爱，同时用嘴唇的动作代表

接吻，两臂的紧握表示拥抱。然后她急促地跑到隔壁房间，坐在椅子上，拉起裙角以露出双足，假装看书，同时和我说话（即是，回答我）。另外请看 Artemidorus 说的：“在分析梦境的时候，有时要由头开始，有时却要倒过来从后面开始……”

㉙（一九三〇年加注）这到底是否正确，我现在不敢确定。（弗洛伊德在他那篇讨论梦与第六感的末段曾为这个分类的存在争辩）。

㉚这题目在第六章　庚节中讨论得更详细。

㉛她伴随的歇斯底里症状是月经不调，及忧郁（这是病人的倾诉）。

㉜这在第六章 丙节已经提到。

㉝歇尔奈尔认为肉体的刺激只不过提供给心灵一些可以激发想象的材料。

㉞在完成分析后发现这和我童年的一件事有关，这是用下面的联想而得的结论，dermohrhatseineschul－digkeitgetan，dermohrkanngehen（摩尔人（moor 摩洛哥或附近非洲北部之土人）完成了他的义务，所以他可以走了）。schuldigkeit（duty）其实是 arbeit（work）的字误，然后就是这样一个滑稽的哑谜：“摩尔人是几岁完成他的义务呢?”——“一岁，因为他那时就能走了。”（gehen：离开（go）或走路（walk））（似乎因为我生下来就具有卷曲的黑发，所以年轻的母亲把我叫做小摩尔人）——不能找到帽子是生活中发生的一件事（清醒时）。我们那位具有藏东西天才的女佣人把它给藏起来了。——梦的末尾，亦隐藏了对死之是忧郁地反抗：“因为没有完成任务，所以我还不能走。”——这梦牵涉到生与死，就像我不久前梦到的歌德以及瘫痪病人的梦。

㉟由后来的知识看来，这句话不再能够成立，请见 InhibitionSymptoms andAnxiety1926，可以知道作者后来对焦虑与原欲关系的看法。

㊱请看我关于玩笑的著作——尤其是第六章 的末尾——以及应用文字桥梁于解决心理症症状（譬如说，杜拉第一个梦的形成），——在《弗洛伊德集》，第二部，以及《捕鼠人对鼠的强迫性思想》——弗洛伊德著《关于一个强迫症病患的分析》。

㊲此人之名为 HuugoWolf。

㊳字面的意思“愚笨者之塔”——这是疯人院的老名字。

㊴此梦的荒谬将在第六章　辛节予以评论。

㊵前面两种是凝缩作用和置换作用。

㊶“梦的象征”这题目将在下节有详细的讨论。

㊷对于这起始的梦的解析——当作一种具因果关系的附属子句来说明。

㊸描述她生命过程。

㊹她高贵的出身：与“起始的梦”相对的意愿。

㊺一个集锦的图像，联合了两个地点：她家里所谓的阁楼，她曾在那里和她兄弟嬉戏——而他成为后来她幻想的对象。另外一个则是农场——为一个坏叔叔所拥有，他常逗弄她。

㊻一个对她叔叔农场回忆的相对意愿，在那里睡觉的时候，她常常把衣服除掉。

㊼就像是在 Annunciation 的图画中的一位女天使，手持着一株百合花。

㊽为了解释这集锦图像，请看第六章　丙节：天真无邪，月经，Ladaneaux camelias。

㊾这指出她的幻想涉及许多人。

㊿是指她是否可以拉下一个，即指自慰（或译手淫）（sicheinenherunterb reissen——字面意思，“topullonedown” or “out”——这是含糊的德语，相当于英文的把自己扔掉（totossoneselfoff），弗洛伊德在他的论文末段也曾经唤起对此种象征的注意）。

51条很久以来就用来代表男性的生殖器；在这里恰好亦暗示了她的姓。

52这句话，以及下面紧接的，皆指婚姻所要注意的事。

53一个相似的自传式的梦将在第六章 戊3梦例三中报告——它是我梦的象征的第三个例子，另外一个则由峦克详尽的报告。还有一个需要倒过来说明的梦例则由史特喀尔记录。——（对于自传式梦的文献在弗洛伊德的《精神分析运动的历史》的末尾可以找到）。

54（在一九〇〇、一九〇九与一九一一的版本中，前面还有一段，不过于一九一四年删除。其内容是：我需要再提出另一些在梦或心理症病患用以伪装性材料的意念：即关于搬家的意念。“搬家”很容易以“Auszichen”来置换（此字指“搬家”或“脱衣”）因此与“穿衣服”这题目相关联。如果梦里出现上楼，那么就提醒了此英文字“tolift”，即把衣服提高起来。

55弗洛伊德在别处提到，就像早发性痴呆的存在使象征的分析变容易，强迫性心理症却使它变得困难。

56请看布罗拉和他苏黎支的弟子，梅德、亚伯拉罕等关于象征的著作，以及他们所引述的非医学的作者（如小保罗等）。和这题目最有关的则要看峦克及沙克斯钟士的论述。

57此观点为史伯柏提出的理论所强力支持。他认为所有原始的字都是涉及有关性的事情，但后来经由用在一些相似于性的事件与活动上而失去了性的意义。

⑱譬如说，费连奇指出，一艘在水上航行的船发生于匈牙利梦者的“小便的梦”，虽然这个字“Schiffen”（装载；相似英文中字意含糊的“topump ship——把船上的水抽出来”，并不存在于匈牙利语中。（并请看下述第六章 戊节小便的象征）。在说法语以及其他罗马语系的国家，房子是用来象征妇人，虽然在这些文字里并没有一个字和德语的“Franuenzimmer”少女、少妇（译者注：德文 Frau 为女人，复数即 Frauen 而 zimmer 为房间，但两字合成一字 Frauenzimmer 时，亦指少女、或少妇之意而已。）相似，请看第五章 注⑳。

⑲在美国，梦中的爸爸是以总统来表示，不过最常见的还是州长——这常在日常生活中用来称呼父亲。

⑳我一位住在宿舍的病人梦见他遇见一位女佣人，问她的号码是多少。他很惊诧，因为她回答道：十四。事实上，他和这位女佣私通，并且已经到过她的房间数次，她自然害怕女房东会起疑心，因在他做梦的前一天提议他们应该在一间无人住的房间内会面。这房间的号码是十四号，而在梦中这女人却是十四号，我们很难再想一个关于女人和房子仿同的更好证据（钟士，Intern. Zertschr. f. Psyb choanal - yse，ii1914）。另外亦请看 Artemidorus 的 TheSymboolismsofDreams …“因此，如果某人是在屋里的时候，睡房即表示他妻子”。

㉑请看弗洛伊德的《性学三论》中的第二部，关于“诞生的理论”。

㉒这里我将重复在别处说过的话：“前一些时候，我听见一位和我们意见不同的心理学家与我们其中一人说，不管怎样，我们无疑地夸张了梦中所潜隐着的性意义。他最常有的梦是上楼，而非常确定的是，这里面一点性的意义都没有。因为这反对，所以我们非常警惕，而且注意梦中的阶梯、梯子、楼梯的意义，不久我们知道楼梯（以及类似的东西）毫无疑问的代表着性交。只要比较一下，我们即不难发现：在一连串的韵律动作，以及愈来愈厉害的喘不过气来后，我们爬到了顶端，然后在几个快步之后，我们又回到了底下，因此，性交的韵律性动作在上楼的动作中重演了。另外，我们亦不应该忘记语言上的证据：攀登就相当于性行为。我们常说某男人是个“steiger”（mounter）及 NnachsteigenN（追求，字面意思是 climbafter）。在法文里楼梯的每一梯级被称为 marches 而 unvieux marcheur 和我们所谓的 einalter-steiger（老不羞——anoldrake）具有相同的意思。

㉓请和 Zbl. Psychoanal2，675 上所刊登的关于一位十九岁的躁郁病病患的图画相比较。一位男人挂着一条蛇的领带，而这蛇正弯向一位小姐。另外在 Anb thro - pophyteia6，334 页中的“害羞的男人”：一位女士进入浴室，撞见一位来不及穿上

衣的男人。他很尴尬赶快用衬衫的前面部分盖住自己的咽喉，并说：“对不起，我还没有结上领带。”

64这点在弗洛伊德的著作《奇妙的》的第二部分有详细的说明。并请看他的关于女妖之头的著作。

65而明显的，小弟弟也包括在内。

66虽然歇尔奈的梦象征和这数页的观点不同，我必须强调歇尔奈尔是第一个真正发现梦的象征者，而精神分析的研究使他那本很早出版，而且是一度被认为幻想的书被世人重视。

67请看 Kirchgrapher 的一个相似的例子。史德喀尔亦记录了一个梦，里面有一顶帽子，中央插着一根弯曲的羽毛——这象征着“阳萎”的男人。

68Prater 维也纳郊区有名的游览胜地。

69性交的象征。

70或 Chapel，指阴道。

71阴阜。

72阴毛。

73根据专家的意见，蒙在头布与斗篷内的魔鬼是具有男性器官的特征。

74阴囊的两半。

75字面的意义是“PicturesofWomen”，德文用来代表女人或裙子的俗语。

76这点——醒来时对梦的真实性以及潜匿的梦思所有的强烈感觉——弗洛伊德对严森“怀孕”的研究中，曾在第二章的末了强调过。并且在“狼人的梦”中也提过。

77沙克斯对此名词的用意是指更多的投注而非弗氏的用法。

78——ing，也许是维也纳近郊，Schottentor 则近市中心。

79“Schlemihl”和那些字尾是“－Yl”的同音，是一个源于希伯来文的德语，常用来表示运气不好，无能力的人。

80（KorsakoffrPsychosis：一种长期酒精中毒引起的精神病，常常具有定向力的阻碍，易受外界刺激或暗示的影响，错误记忆，及幻觉，而且常有多发性神经炎症。

81“他赢取了伟大的投掷，成为朋友的朋友，他赢取了一位可爱的女人……”这是席勒的快乐颂第二段的起句，由贝多芬配乐，用于他的交响乐“合唱”中，但是第三行（弗洛伊德前面第一个所引用的）事实上也是贝多芬的歌剧费得里奥终场的合唱中最后一段的起句——他的歌剧事实上是抄写自席勒的。

㉜梦中牙齿被某人拔掉，通常是解释成阉割（史德喀尔说这就像是理发师剪发），但我们必须分辨具有牙齿刺激的梦和牙科医师的梦不同点。

㉝在杜拉的个案报告中会有这种例子，下面所提到的相比，可在弗洛伊德一八九九年一月十六日写给弗利斯的信中找到。

㉞和杨格的通讯中得知有一个发生在妇女的牙齿刺激的梦具有“生产的梦”的意义。钟士很清楚地确定此点。这个分析和上面分析的共同点是阉割与生产中，都是把身体的一部分由整体中分开。

㉟请看第六章　注㊿。

㊱金币（Crown（Krone））那时是奥地利的钱币。

㊲［Zahnziehen 拔掉一根牙齿；zug（和 ziehen 同一字源）=“火车”或“拔”。zahn—reissen = 掉掉一根牙齿；reisen（和 reissen 的发音相似）=旅行］。

㊳因为内容的需要，所以重复了此段文字。

㊴这“两”个观察的“两”，其实是一九〇九及一九一一年版本所遗留下来的，那时对典型的梦的讨论完全放在第五章 中，他所谓的第一个观察到的结果就由下段开始直到本节结束为止，而第二个观察结果则自（第六章　戊节）的“当对梦中代表‘性’……”开始到（第六章　戊节 12）的“另一个 Schlemichles 的例子”结束。

㊵峦克曾在 ZentralbattfurPsychoanalyseNo：4 中发表过一个典型的伪装的俄狄浦斯的梦。另外一些利用眼睛象征的伪装的梦则散见于峦克、爱德、裴廉克齐及赖德勒的著作，就像在别处一样，俄狄浦斯传说中被弄瞎眼睛的说法代表阉割的意思。而古罗马时代经以伪装的俄狄浦斯梦的象征并非不为人所知——峦克这么写着：“因此我们知道凯撒大帝梦见和其母亲性交，而当时梦的解释者说这是他拥有大地的预兆。”而对达氏（译者按：Tarquins：罗马史乘中，属于第五王及第七王一族之人）的神论亦是同样有名的——此预言是这样的，即那位第一位吻其母亲的人将会攻克罗马而布鲁特斯把这解释成大地（“他吻着大地，并说这是所有生物的母亲”）。请和希维托斯报告的希比亚的梦相比较：波斯人被 Pisisb tratus 的儿子、布比亚带领到马拉松去，即在前一天晚上，布氏梦见和母亲睡觉；他的解释是，他必须回到雅典去重建其势力。因此，此老人即死在其故乡中。这些神话与其解释指向一个正确的心理认识。我发现那些认为妈妈疼爱他们的人，在真实世界中往往显得自信，而那个看来似乎是英雄式的乐观常常带给他们确实的成功。

以下是我记录的一个典型但经过伪装的伊底帕斯梦：一位男人梦见：他和与另

一位男人将要结合的女人发生暧昧的关系，他很担心那人会发现这私通，因而不和此女人结婚。所以他对此男人表现得非常具有感情；拥抱而且吻着他。——此梦和梦者的生活只有一点相连的，他和一位有夫之妇私通；而她丈夫（他的朋友）一句语意含糊的话使他怀疑他朋友是否注意到一些蛛丝马迹。事实上还有别的问题——在梦中丝毫没有提到，不过也隐含着了解它们的关键。此丈夫想有严重的病，而其太太对他可能猝然去世已有了心理上的准备，梦者意识的想在他朋友死后和此年轻寡妇结婚。这些外在的影响，使梦者置身于伊底帕斯梦的领域里去；其愿望是把此人杀掉，然后和其妻子结婚，不过他的梦却伪善地加以改装——他不但不表示她已结婚，反而说另一位男人想和她结合（这实际上和他秘密的意愿相对应），而他对此男人的仇恨感则隐藏在感情的外衣下——而这正是他儿时对待父亲的回忆。

㉑关于 dejavn 的一般讨论，请看弗氏的日常生活的心理分析第十二章。按即林克明医师译本（新潮文库[39]）之第二—三页最末一行起。

㉒离开维也纳约七十英里的隧道，联结到西南部的支线。

㉓我经过好久才知道关于胎儿期生活的幻想与潜意识思想的重要性，它们解释了大多数人对被活埋的极度恐惧；并且提供了死后复生的极度深层的深意识基础。这无非是表现了此种未出生前对茫茫人生的一种投射。尤其生产行为是第一次经验到的焦虑，因此即有焦虑情感的原型。

㉔那些在孩童式的膀胱的梦中所利用的象征在大人的意义则纯粹是性的：水=尿=精液=羊水；船=抽出船上的水即（小便）=子宫［箱子（木箱）］；弄湿=尿床=性交=怀孕；游泳=膨胀的膀胱=胎儿的居所；下雨=小便=受精的象征；旅行（出发或到达）=离开房铺=性交完毕（蜜月旅行）；小便=射精；（峦克）。

㉕Pfister 曾报告过一个这样的梦。至于“拯救”的意义，请看弗氏、峦克和赖克的其他著作。

㉖这和德国一个成语有关“EinenKussinEhrenKannniemand verwehren”（没有人能拒绝一个荣耀的吻）。事实上，梦者在走过田亩时就得到第一个吻——谷穗间所给予的吻。

㉗纯粹是文字的，因为在德语中“拉出来”（hervorziehen）和“具有好感”（vorziehen）是相似的。

㉘看弗氏之“图腾与禁忌”，第四章　第三节。

㉙此例首先在一篇论文中报告，插入本节时，弗氏删去了“他利用脱离女性姿态……”后面的一段文字。此段文字提到有关塞伯拉的“官能性现象”——这将在

第七章 甲节起予以讨论。删除那段是这样的："我们不能反对对病人的这种解释；但是我不愿意单单因与这构思和病人治疗的态度有关就说它是官能的。这种思潮和别的事件一样，都是梦的材料，我们很难想象为何接受分析的病人思想不和他接受治疗时期的行为有关。而塞氏所谓："物质的"与"官能的"的分野只有在这种情况下才有意义（请看塞氏著名的坠入睡乡的自我观察——即只有当梦者的意志指向他脑海中的梦思，或者是他确实的精神状态而不是那些形成他梦思的部分。弗氏并且在括弧中说，不管在哪种情况下，"木条不在中间断裂，反而不可置信地沿着长轴纵分为二"都不可能是官能的。

⑽请看第七章 注⒀。

⑾银纸（silverPaper） =锡箔；stanniol是锡的衍化物。

⑿弗氏"日常生活的心理分析"第十二章 中会加以讨论。

⒀佛罗林及克鲁斯是奥地利古代的钱币，在本书第一版印出来时还未改换。在那时候一佛罗林（一百克鲁斯）约等于一先令十便士，或者是美金四角。因此，本梦以及下一个梦中所提到的三佛罗林六十五克鲁斯约等于六先令（或美金一元二角五分）；二十一克鲁斯约值四便士（七角半）；一佛罗林五十克鲁斯约值二先令六便士（六角半）；一五〇佛罗林则值十二镑十先令（六十二元半）。

⒁心理症患者也是一样，我知道一位病人，她不能自主地，不能如愿地一直听到（幻觉）一段段的歌曲，并且不知道这对她精神生活有何意义（她不是妄想病患）。分析结果显示她给予自己某些自由，而把歌曲的意义予以改变。譬如说，"温柔的，温柔的，虔敬的旋律（Leise，leise，frommeweise!）"。她潜意识地把最后一个字看成"Waise"（因而使整个句子变成温柔的，温柔的，孝敬的孤儿）。这孤儿即是她本人。另外，在一圣诞歌曲的起首，"呀，被祝福以及快乐的……"；她省去了圣诞节日（christmastide），因而把它变成一首婚礼的歌曲，这种改造的机转单单在联想的时候就能发生（不需要经过幻觉）。

⒂有一句男人常常用来开玩笑并且具有性意味的话和这有关，即以"notzuchtigen（强奸）"用来代替"notigen（强迫）"。

⒃请看第七章的注⒀。

⒄在第七章 甲节有更详尽的分析。

⒅"对他国家的富强来说，他活得不长，但却是全心全力的"。正确的字应当是Salutipublicaevixitnondiusedtotus。对于我把"Publicae"误为"patriae"，Wittels有很好的解释。

⑽这也许是一个过度决定的说法：我迟到上班的理由，晚上做的太晚，而且早上又要走过 KaiserJosef 大道和 WaEhringer 大道那么长的路途。

⑾这在第六章 壬节有更详细的讨论。

⑿Caesar 和 Kaiser 之间还有更进一层的关联。

⒀此即一八九八～一八九九年匈牙利的一次政治危机，后来由协尔组联合政府而解决。

⒁即“我们誓死效忠国王！”乃是一七四〇年奥地利王位继承之战后，玛丽亚登上王位，贵族们对她呼吁所做的反应。另外我记不起来在那里看到有关一则梦的记载。该梦中的人物都是异常细小的，其缘由是梦者白天看到的铜版画，这些卡乐的画像都是具有好多好多微细的人物。有一套是描绘三十年代战争的恐怖。

⒂这来自歌德在其朋友席拉死后数月为其遗作 LiedVonderGlocke（钟之歌）所作之跋上，他说席拉的灵魂正向真实、完善与美丽之永恒前进，但“在他背后却笼罩着一个枷锁着全人类的阴影——共同的命运”。

⒃此梦在“第六章　　庚节”有更进一步的讨论。

⒄德文的 fahren，在梦以及分析中不断地被提到。不过翻译成英文时却要根据含义翻成驾驶（汽车），或（坐在火车中）旅行。

⒅在这里，梦的运作模仿着那被认为是荒谬的思潮——借着制造一些和思想相关联的荒谬来呈现。在批评巴威略（Bavaria）国王的烂诗时，海涅引用了他所欲评判的句子，造出一些更烂的句子来。如：

HerrLrdwigisteingrosserPoet,

Undsingter，sostürztApollo

Vorihmaufdieknieeundbitterundfleht,

“Haltein！ichwerdesonsttoll. O!”

（路威伯爵是个伟大的诗人，当他开始朗诵的时候，阿波罗向他跪下，哀求道：“停止吧！否则我就要发疯了呀！”）

⒆梅尔涅（1833～1892 年）曾任维也纳大学精神科教授。

⒇无疑的，这是弗利斯周期性定律的一个例子，51＝28＋23，恰好各是男性和女性的时期。51 重复出现的事实将在第七章 甲节提到。

(120)上面的梦是这个规则的一个好例证：即是同一个晚上所做的梦虽然回想起来是分离的，但是却是一定源于同样的梦的材料。同样的，我这个要把孩子安全的移出罗马城的梦亦受到小时的一件事情所扭曲：那时我很羡慕那些亲戚，他们就能把自己的孩子移送到另外的土地上。

⑫1“NichtaufmeinemeigenenMistgewachsen”，意即“这不是我的责任”或“这不是我的孩子”。德语的“Mist”本来是指肥料，通俗的用途中则指废物，而在奥地利话中刚是指垃圾箱“Mistruger”。

⑫2如果在精神分析的过程中，病人在做梦的当儿和自己说：“我一定要告诉医师关于这事。”那么这恒常暗示着病人受到很大的阻力而不易坦白此梦——而且常常接着就忘了。

⑫3某些方面来说，这是对我前面所说关于梦中逻辑关系的修正。前面只不过描述梦运作的一般行为，但却没有论及更精确，更细微的细节。

⑫4Stanniol，锡的衍化物，这里暗示着 Stannirus 所著关于鱼的神经系统的书。

⑫5这是我住那栋公寓的底层，那些租户在这里存放着他们的摇篮车；但在其他方面，却是种过分决定。

⑫6请见第四章　前言。

⑫7这不是任何一个真实地方的名字。

⑫8我自己也不知道这是什么意思；但我依循着报告梦例的基本规则、把脑海呈现的东西都写下来，所用的字眼本身就是梦里所表现的一部分。请看第七章　甲节。

⑫9席勒并非出生于马伯格，而是在马巴哈，一个德国学生都晓得的事实，我也不例外，这又再是那种为了取代意欲的伪造而犯的错误。详见“日常生活的心理分析”第十章。

⑬0如果没有错得太离谱，那么由我孙儿（二十个月大）的第一个梦可以获得这事实，即梦成功地把其材料转变成愿望达成，不过对伴随着的感情却无法改变。在他父亲离家重登沙场的前一个晚上，孩子在梦中大声狂叫：“爸爸！爸爸！——孩子！”这只能这样解释。“爸爸和孩子在一起吧！”不过其眼泪却表示他对这即将来临的分离感到伤心。在这时候，这孩子已经很能够表达出分离的概念了。“Fort”即“离别（gone）”——在梦中一个拉长而且特别强调的 O——O——O——来置换——是他学到的第一个字，而在做这梦的几个月前他早就能用他的玩具，扮演着离别的游戏。这游戏又再显示着他早年生活一种成功的自律，因为他能允许妈妈离开他“即相当于离别”。

——（Freud，BeyondthePleasurePrinciple 第二章）

⑬1这梦在弗氏和弗利斯的通信（一八九八年四月十四日）上有很详尽的说明。Aquileia，离水数里，以一条小运河和咸水湖相通，湖中的一个岛屿上即坐落了 Grado，这些地方都是位在 Adriatic 的北部，一九一八年前是奥国的一部分。

⑬²译注：Augean 乃 Elis 之王，其牛厩养牛三千经三十年而不洗 Hercules，希腊神话之英雄，乃 Jupiter 与 Alemene 之子，以其力大并成就十二件难事而著名。

⑬³我们很容易看出这些处罚的梦满足了超我的愿望。

⑬⁴就是这个潜意识梦思中的幻想一直坚持着以“NonVivit”取代“Non Vxit”：意即“你来得太晚，他已经不再活着了。”

⑬⁵下面这些 Bernfeld 所发表的事实将使接着的梦变得更易解。弗氏一八七六年至一八八二年在维也纳生理学研究所（布鲁克实验实）工作，布鲁克（1819～1892年）是弗氏的上司，那时候的两个助手是爱斯能（1846～1925 年），以及弗莱雪（1846～1891 年），他们都比弗氏大十岁左右，弗莱雪在晚年的时候患上很严重的身体疾病。弗氏就是在这里遇见布劳尔（1842～1925 年）——这位和他一起合作研究歇斯底里症的伟大前辈并且又是此梦中的另一个约瑟。第一个约瑟——弗氏早夭的朋友与敌手 P 君则是 Josefpaneth（1857～1890 年），他继承着弗氏在此研究所的职位（另外请见钟士所著《弗氏传》第一卷）。

⑬⁶很容易看出，约瑟在我梦中占一个很重要的角色（请看前述有关我叔叔的梦——第四章）。我的自我很容易把自己藏在具有此名字者的背后，因为约瑟夫是圣经上的名人，一位梦的解析者。

⑬⁷“sekundirebearbeitung”以前翻译为再度修润，我认为不太对应是 sec －ondaryrevision（strachcy）。

⑬⁸第二幕中，巴利斯和海仑谈爱的情景，后来被 menelaus 闯入。

⑬⁹弗洛伊德在别处这么说严格说来，再度校正不是梦运作的一部分，请参阅他那关于“marcuséshandwoErterbuch 的精神分析”的文章。

⑭⁰暗示着海涅的“返乡”弗氏会在其新导论最后一篇的讲演中，会在前面引用全文。

⑭¹譬如说在第六章　壬节刊载的梦。

⑭²弗氏后来有两篇文章论及白日梦。一九二一年 J. Varendonck 发表《白日梦心理观》，弗氏会为之作序。

⑭³在我那本关于《一个歇斯底里之症患的部分分析》的书中，我曾经分析过一个此种梦的好例子——里面具有许多幻想的重叠。本来在分析自己的梦时，我低估了幻想对梦形成的重要性，因为我的梦常常根源于心理的冲突以及讨论。对其他人来说我们更容易证明梦和白日梦之间是完全类似的，对歇斯底里症患者来说，梦可

以替代歇斯底里症状的发作，因此很容易就此了解白日梦的幻想乃是此两种精神状态的前身。

⑭从前，我很难使读者区别梦显意识和隐藏着的梦思间的不同，他们一次又一次的由一些未经过解析的梦中提出质问与反对，而忘了需要先对它加以解析，不过现在当分析使他们了解其含义时，许多人又同样顽固地隐入另一个过失中，他们想要由梦隐意中探究其梦精要，不过在追究的过程中却忘了隐匿的梦思和梦运作之间的不同，基本来说，梦只不过是一种特殊的思想，只有在睡眠状态下才能存在。梦运作造成此种形式的思想，而它本身即是梦的主要部分，这说明了它那种特殊的性质。我这么说是为了要澄清读者所熟知的“梦具有预测力”的错误，梦只不过想要解决我们精神生活所面临的问题，这和我们意识那清醒时刻的精神活动一样的；除了这点以外，它不过告诉我们这种活动亦能在前意识中进行——关于这点，我们早就知道了。

第七章　梦程序的心理

在我听到的许多梦当中，有一例子特别值得我们在此地加以注意。这是一位女病人所报告的，她曾在一次“梦的讲演”中听到下面我将提到的（我至今仍然不知其真确来源）。不过该梦内容所产生的深刻印象却使该女士再度梦见（再度梦见此梦的某些元素），换句话说，即是她经由此种方法来表达她对梦某部分的赞同。

这个范例的前奏（她所听到的梦）是这样的：一位爸爸在孩子快逝世的时候日夜守在病榻旁。孩子死后，他到隔壁房间躺下，不过却让两室相连的大门敞开，因此，他能望见置放他孩子的房间以及他尸体四周点燃着的蜡烛。并且他请一位老头看顾着死尸，且在那里低声祷告。睡了数小时后，这位父亲梦见他孩子站在他床边，捉着他的手臂，低声地责怪他：“爸爸，难道你不知道我被烧着吗？”他惊醒过来，发现隔壁房正燃着耀目的火焰，赶过去一看发现那位守候的老先生睡着了，而一枝点燃着的蜡烛掉下来了，把四周围着的布料和他深爱的孩子的一条手臂给烧着了。

这位病人和我说，此感人的梦很容易解释，而那讲演者也曾很正确地加以说明，一定是那经过大门传来的火焰照射在他的眼睛使他得到下述的结论（如果清醒时，他也会有同样的印象）：蜡烛跌下来在尸体附近燃烧着某些东西。也许他在堕入梦乡时还在怀疑那老人是否能够尽职。

对这解释，我没有异议，不过要追加的是，梦的内容必定是过度决定的，梦中那孩子的话一定在生前说过，并且和他爸爸心灵中的一些重要事件有所关联。譬如说“我发着高烧”也许病人曾在最后这场病中，发着高烧的时候说过。而那“爸爸，难道你不知道？”也许和某些被遗忘的敏感情况有关。

但是，虽然知道此梦是一种具有意义的程序，而且关系着梦者的精神体验，不过我们却很奇怪此梦为何在这种急需醒过来的情况下发生。而这梦也是种愿望达成。在梦中，此男孩的行为像是活着般：他走到父亲的床前，握着他的手臂，警告他——也许和他生前说出“我发着高烧”的情况一模一样。为了满足此愿望，所以父亲多睡了一会儿。他较喜欢梦中的情况，因为这么一样，他的孩子又再活起来。如果父亲先醒过来，然后才达致以上结论而赶到隔壁，那么孩子的生命就短少了这段时间。对于这吸引人的短梦的特征，我们无可置疑。直到目前为止，我们主要的论点都放在梦的意义，发现此等意义的方法，以及梦的运作如何隐匿其意义上面。换句话说，梦的解析一直是我们的主题所在，但现在我们却遇到一个梦，其意义很明显，而且解析毫无困难，不过仍保有某些特征而和清醒的时刻有所分野，而此分野必须要加以解释。只有把所有关于梦解析的工作放置一边，才会体验出我们对梦的心理了解是如何的贫乏呀!

不过在踏上“梦的心理”这条路以前，我们必须停下来向四周望望，看看在后面那段路途中是否遗漏了一些重要的事物。因为我们必须了解，以前经过的路乃是此旅程中最顺利的（如果我没有太大错误的话），那么直到现在，我们所走过的路都是通向光明的——即指向更深入的了解。不过一旦我们要更深入了解有关梦的精神程序，那么我们面临的是一片黑暗。我们不能以精神程序来解释，因为所谓解释即是将某事件追溯到一些已知的知识上，而眼前并无一些确定的心理知识使我们能够用来作为梦心理探讨的基础。反而，我们必须设立许多假定和心灵结构有关的假说，以及其运作的力量。不过我们必须小心，不能以超过一级的逻辑联结来建立假说，否则这些假说的价值便不确定了。但即使我们的推论没有错误，并且考虑过各种逻辑的可能性，单单这些假设上的残缺就足以使我们整个的推演变得徒劳无功。就算费尽心思，单独的个别对梦，或者是其他心灵活动加以充分地研究，我们仍然无法证实或者裁决心灵架构以及其运作的方法——为了达到目的。我们必须对一系列的心理功能加以比较研究，然后将所得到的各种确定知识综合起来。因此我们暂时要把梦的精神分析推衍而得的假设放在一旁，直到它和我们由另一角度去探讨同一问题的结论发生关系为止。

一、梦的遗忘

因此目前我想把论题转移到我们一直忽略，并且可能动摇解释根基的一个题目上，好多人都认为我们事实上并不知道那些我们加以解释的梦——或者应该更清楚地说：我们没有把握它是否真正如所描述那般的发生。

第一，我们所记忆的以及加以解释的梦本身受到那不可信赖的记忆所截割——它对梦印象的保留是特别的无能，而且常常把最重要那部分忘却。当我们把注意力集中在某个梦的时候，常会发现虽然曾经梦得更多，不过却只能记得一小部分，而这部分又是很不确定的。

第二，有许多理由怀疑我们对梦的记忆不但残缺不全，而且是不正确与谬误的。一方面，我们也要怀疑梦是否真的如记忆那般的不相连；另一方面，我们也要怀疑梦是否像叙述那样的连贯——是否在回忆的时候，任意将一些新的以及经过挑选的材料填补被遗漏或者根本就不存在的空当；或者我们以一些装饰品将它修饰得圆圆滑滑，以致无法判断哪部分是原来的内容。确曾有一位作者史笔达如此说，梦的前后次序和相关都是在回忆的时候加进去的。因此，这个我们想判断其价值的印象是否有可能完全由手指间滑过而不留丝毫痕迹呢?

到现在为止，我们一直都忽略了上述的警告。相反的，我们把一些琐细，不明显以及不确定的部分和那些明显确定的部分予以相同的评价，伊玛打针的梦中，就有这个句子“我立刻把 M 医师叫来。”我们假定它是源于一些特殊的原因，因此，我即能追溯到一个不幸病人的故事。我就在他的床榻旁“立刻”把上级同事叫来。那个“将五一和五六看成不可分别”而显然是荒谬的梦中，五一那个数字数度出现，我们没有把它当作一件自然或者是无意义的事件。相反的，我们由此推论，五一背后必定埋藏着另一个隐意；遵循着路线，发现原来我害怕五一会是我的大限，这和梦的主要内容所夸耀的长寿产生强烈的对比。在那个“nonvixit”的梦中（请见第六章　己节），我起先忽略了一个中途插入的不明显事实：“因为 P 不了解，所以弗氏转过头来问我”等。当解释过困难的时候，我回到这句话上，结果溯源到孩童时期的幻想——而这恰好是梦思中间的重要分歧点。这是由下面这几句话推来的：

Seitenhabtihrmichverstanden，

SeitenauchverstandtichEuch，

Nurwennwirimkotunsfanden，

Soverstandenwirunsgleich。

（字面意思：“你们很少了解我，我也不了解你们。直到我们在泥巴中相见，才会很快彼此了解。”——Heine）

每个分析中都有许多例子可以显示出，梦中最琐细的元素往往是解释过程中不可或缺的，而且往往解释会因为对它的忽略而延误了。我们对梦中所展示的各种形式的文字都赋予相同的重要性。即使梦中的内容是无意义或者不完全——似乎要给予正确的评价是不会成功的——我们亦把这缺陷加以考虑。换句话说，别的作者认为是随意糅合，并且草率带过以避免混淆的部分，我们都把它拜为圣典般。对这个不同意见，我认为有加以解释的必要。

这些“解释”较看好我们，虽然别的作者并非绝对错。在我们新近获得对梦来源的知识探照下，以上的矛盾突然释解了。在重新叙述梦的时候，我们会把它歪扭。这是对的；不过这歪扭正是我们前面提到的再度校正——这个普通施展作用于正常思考上的机构——又一次运作（请见第六章　壬节）。但这歪扭不过是梦思经常受到梦审查制度修正的一部分。别的作家在此点都会注意或怀疑这运作明显的“梦的歪扭”作用；不过我们对此却没有太多的兴趣，因为另一个更为深远的扭曲作用（虽然较不明显）早已经从隐藏的梦思中选出梦来。以前作家所犯的唯一过错乃是认为将梦用语言表达出来所造成的变异乃是任意的，不能企求有更进一步的分解，因而给予我们一个错误的梦的图像。他们太过低估精神事件被决断的程度——它们从来不会是任意的。我们很容易显示出下面这现象：如果某元素不被甲系的思想串列所决断，那么乙思想串列很快地就取代了它的位置。譬如说，我要任意地想一个数字。不过这是不可能的：所提示的数字毫不含糊的，而且必然经过了我的思考，虽然对现时的注意力来说，它可能是遥远的①。在清醒时刻，梦所受到的校正更改，也同样并非是任意而为的。它们和被取代的事件间有着关联，并且替我们指出通往该内容之途径，而那内容也许又是另一个的替代品。

在解析梦的时候，我常常运用下述手段，而从来没有失败过。如果病人向我提出的梦很难了解的时候，我要他再重复一遍。再重复一遍的时候，他很少会运用同样的文字。而他那运用不同文字来形容的梦的部分正好是梦伪装的脆弱点：对我来说，它们的意义就像齐格飞斗篷上的绣记对哈根所代表的意义一样②。这就是梦解释的起始点。要病人重复一遍不止在警告他说我要更花费心机来分析这梦；于是在这阻抗的压力下，他急促地企图遮掩梦伪装的弱点——以一些较不明显的字眼来取代那些会泄露意义的表达。不过他这样恰好挑起我的注意力。因此梦者企图阻止梦被解释的努力反而让我推断出它斗篷上绣记的所在。

前述作者过分怀疑我们所记得的梦到底有多少是不对的。因为这没有什么理智上的根据。一般来说，我们无法保证记忆的正确性；但却往往将它赋予超过客观性的信任。对于梦或者它某一部分是否正确的被报告出来的疑问，实际上只不过是指出梦审查制度的一个变体而已（梦思要进入意识后面所遭受的阻抗）。这种阻抗并不因为已经产生的置换以及取代而消失；它仍然以一种存疑的姿态附着于那被允许出现的材料上。我们尤其容易误解这点，因为它是作用不明显的元素，而不是那些强烈的。我们已经知道，梦所呈现的，是经过精神价值的完全置换，已和梦思不同，歪扭必须要在消除精神价值后才能产生；它能常以此种方法表达，而且偶尔也安于这种现状。但如果某一含糊的梦内容被怀疑的话，那么我们就有十分的把握说，这乃是一个违禁梦思地直接推衍。这就是古代国家的伟大革命，或者是文艺复兴后的情况：高贵以及掌握实权的家庭，曾经一度控制整个局势，现在被放逐，所有的高级官员被新面孔所取代。只有那些最穷困，最无力量的败落人家，或者是些优胜者的喽啰才会被允许住在城内；但即使如此，他们还是不能享有完全的公民权利，并且不被信任。这个不信任和上面所提的怀疑是相对应的类比。这是为何我要强调分析梦的时候，所有用来判决确定度的方法都要废弃；而梦中虽然只有些蛛丝马迹，也要当作绝对的真实。在追梦中的某一元素时，我们必须遵守这态度，否则分析必将搁浅。如果对某个元素的精神价值抱有疑问，那么对梦者的影响是，该元素背后所藏有的观点亦不会自动进入梦者的脑袋。因此结果是不会太明朗的——梦者可以相当合理地这么说："我不太清楚这是否发生在梦中，不过我却具有下面这想法。"但是从来没有人如此说过。事实上，这疑问是造成分析中止的原因，并且也是精神阻抗的一种工具及衍化物，精神分析的假设是正确的——它的一个条件是：凡是阻碍分析工作进行的都是一种阻抗。

除非考虑精神审查制度，否则梦的遗忘亦是不可解的。在许多例子中，梦者觉得梦见许多事情，但却记得很少，这可能具有其他的意义。譬如，梦的运作一整晚都在工作，但是却只留下了一个短梦。无疑的，时间愈久，我们忘掉的梦内容也就更多；有时虽然费尽心思也无法将它们记起来。我认为不但此种遗忘常常被高估：而且梦之间的沟隙限制了我们对它了解的观点也是太过强调的。我们常常能够借着分析的方法填补忘掉的梦内容；至少在很多的例子中，我们能由一个剩余的部分架构出所有的梦思（当然，不是梦的本身，而这事实上并不重要）。为了达到这目的，梦者在进行分析过程当中必须付出更多的注意力，与自律——就此而已，但是这显示出梦的遗忘不无仇视（即阻抗）的因素在内[③]。

借着观察此种初步遗忘的现象，我们可以得到"梦的遗忘乃是偏见的，并且是种阻抗的表现"的确实证据[④]。常常在分析的过程间，被遗忘的梦的某部分又再出现。病人常常这么形容道："我刚刚才想起。"借此种方法而得以呈现的梦部分必定是最重要的；它通常是位于通往梦解答的最近路途上，因此也就受到更多的阻抗。在本书的许多梦例中，其中一个梦即有一部分借着此种“后来想起”的方式呈现出来。那是一个旅行的梦，关于我向两个令人不快的旅行者之报复，那时我因为此梦表面的不清楚而没有深入解析（请看第六章 庚节）。那段被省略的部分是这样的：我提及席勒的一件著作（用英文），“这是从……”但察觉出错误后，自己改正为：“这是由……”“是的，”那人和他妹妹说，“他说的对。”

这种梦中出现的自我更正，虽然引起某些作者的兴趣，但在此地却不必花费我们太多的心血。但我却要借着一梦例说明关于梦中发生文字错误的典型例子。这发生在我十九岁的时候，首次访问英国。第一次在爱尔兰的海里度过一整天。自然我很高兴地在沙滩上捡起浪潮所遗留下来的水生物。当我正好观察着一双海星的时候——［梦的开始即是 hollthurn hollothurian（海参类）］——一个漂亮的小女孩走上前来问道：“它是海星吗？是活的？”我答道：“是的，他是活的。”我立刻发现自己的错误，很尴尬地赶紧加以改正。而在梦中我却以另一个德国人常犯的文法错误来取代之。“DasBuchist vonSchiller”应该翻成这本书是由“by”，而不是“from”。在听过这么多关于梦运作的目的，以及其不择手段，任意运用各种方法以达目的的讨论后，如果听到这个英文字“from”是借着和德文“from（虔诚）”的同音而达到极度凝缩的作用，我们将不会感到惊奇。但是我那个关于海滩的确实记忆何以会呈现于梦中呢？它表示——用一个最纯真无邪的例子——我把性别的关系搞错了。这当然是解释此梦的钥匙之一。而且，任何一个听过马克思的《物质与动性》书名来源者都不难填补这个空隙：（莫里哀“LeMaladeImaginaire”中的 La Matierest—el-leLaudable⑤——肠子的动作）。况且我还能以亲眼目睹的事实来证明梦的遗忘大部分是由于阻抗的结果。一位病人对我说，他刚做一个梦，不过却全部忘了；我们于是再继续进行分析。然后遇到一个阻抗；于是我向病人解释一番，借着鼓励与压力帮助他和这不能令他满足的思潮取得妥协。我几乎要失败，突然间大声叫道：“我现在记得自己梦见什么了。”因此妨碍我们分析工作的阻抗也同时使他遗忘了此梦，而借着克服此阻抗后，这梦又回到他脑海中。

同样的，一位病人在达到某种分析过程后，也许会想起他好多天前所做过的梦，而这梦在以前是完全被遗忘的。

精神分析的经验已经提供另一个证据，说明梦的遗忘主要是因为对该事实的阻抗，而并非由于睡觉和清醒是两个互无关联的境界——虽然别的作家强调此点。我常常有这样的经验（也许别的分析家与正在接受治疗的病人也有同样的经验），在睡眠被梦吵醒后，我立刻以拥有的所有理智力量去进行解释工作。在那种情况下我往往坚持如果不能完全了解便不去睡觉。然而我就会有过这样的经验：在第二天清晨醒过来时，完全把解释以及梦的内容忘得一干二净，虽然依旧记得我曾做过梦而且解释过它。不但理智无法将梦保留在记忆内，反而梦常常和解析的发现一起烟消云散。但这并不像是有些权威人士所认为那样：梦的遗忘乃是因为分析活动和清醒时刻的思潮间有一道精神的阻隔。

普林斯先生对我的“梦的遗忘”大加反对，他认为遗忘只是解离精神状态所产生记忆丧失的一种特殊情况，而我对此种特殊记忆丧失的解释无法伸展到别种形式上，因此我的解释是毫无价值的。我要提醒读者，在对这些解离状态的描述上他根本没有尝试找寻一种动力性的解释。如果如此做的话，他必然会发现潜抑（或者更精确地说，由它而来的阻抗）是造成精神内涵的遗忘与解离的主要原因。

在准备这篇文章的时候，我观察到梦的遗忘和其他的精神活动之遗忘没有两样，而且它们的记忆也和其他的精神功能相似。我曾经记录下许多自己的梦，有些是当时无法完全解释，有些则根本未加解释。而现在（经过一年到二年之间），我为了想得更多的实证而对某些梦加以解析。这些分析都很成功；的确，我可以说，这些梦在经过长时间隔离后反而变得比近期的梦来得更容易解释，可能是因为我在这段时间内已把一些内在的阻抗克服了。在进行这些分析时，我常常把以前的梦思和现在的加以比较，发现现在的总是较多，而且旧的总是被包括在新的里面。我起先很惊异，不过很快就不以为怪，因为发现自己很早就有要病人诉说他们往日的旧梦，而把它当作昨日梦而加以解析的习惯——用同样的步骤，并且可得到同样的成功。当我讨论到焦虑的梦时，我将要提出两个像这样迟延解析的例子（请见本章丁节的梦），我在得到这第一次经验的时候，曾经准确地如此预测：梦和心理症的症状各方面都很相像，当我用精神分析来治疗心理症——譬如说，歇斯底里症——我不但要解释那使他来找我治疗的现存症状，而且也必须解释那早就消逝的早期症状；而我发现，他们早期的比现在的问题更好解决。甚至在一八九五年，我在歇斯底里症的研究上曾经替一位年龄大过四十岁的女病人，解释她十五岁时第一次歇斯底里症的发作⑥。

接下来，我将提及许多关于解析梦更进一步但却不互相关联的论点。这也许能作为读者的引导，如果他想分析自己的梦来证实我说法的准确性。

他必须要知道，解析自己的梦并不是简单而且容易的事。虽然并没有阻抗此种感觉的精神动机，要察觉这种内在现象以及其他平时不太注意的感觉都需要经过不断的尝试。要把握那些“非自主的观念”更是难上加难，任何一位想这样做的人必须对本书所提的各项事实感到熟悉，并且在遵循这些规定进行分析的时候，必须不带有任何先入为主的观念、批评，或者是情感或理智上的成见。他必须要牢牢记得法国生理学家本纳得对实验工作者的规劝：“Travaillercommeune bete”，即是说他必须具有野兽般忍耐地工作，并且不计较后果。如果你确实遵循这劝告，那么此事就不再是困难的。

梦的解析常常不会在第一回合就完全解决的。在依循着一系列的相关后，我们常常会发现自己已经精力消耗殆尽；而且当天不能再由那梦中得到什么。最聪明的办法是暂时放弃，以后再继续工作；那样也许另一个梦内容会吸引住我们的注意，并且导出另一层的梦思。这个办法也许可以称为部分的梦解析。

要使初学者明白即使他把握了梦的全部解析——一个合理合题的解析，而且顾及梦内容的每一部分——他的工作仍未结束，乃是最困难的一件事。因为同一个还有别种的逃离他注意的不同解析，如“过度的解析”。的确，我们不容易有这样的概念：即无数活动的潜意识思潮挣扎着寻求被表达的机会：而且也不容易体会到梦的运作常常把握着一些能涵盖数种意义的表达——就像神仙故事中的小裁缝的“一拳打死七个”。读者埋怨我在解析过程中往往加入一些不必要的技巧；不过实际的经验将使他们知道得更多。

但另一方面我也不能证实塞伯拉首先提出的：每个梦（或者是许多梦，或某种的梦）都有两种解析，而且两者之间具有固定的关系，其中一个意义是“精神分析的”通常赋梦予某种意义；这通常具有孩童式的“性”的意义。另外一种他认为较重要的是“神秘的”，这里头埋藏着梦运作视为更重要与更深刻的思潮。塞伯拉虽然引叙许多梦例来说明此两点，但他并没有足够的证据。而我必须说塞伯拉的论断并不成立。尽管他这么说，多数的梦并不需要过度的解析，尤其是所谓的神秘的解析，塞氏的理论和近年来所流行的理论一样，他们都是企图遮盖梦形成的基本情况，而把我们的注意力由其本能性的根源转移开来。不过在某些情况下，我能够证实塞氏的说法。借着分析的方法，我们发现在某些情况下，梦运作必须面对将一些高度抽象的观念转变成梦的难题，而这些观念是无法直接加以表现的，为了解决这问题，它不得不把握着另一组的理智材料；而这材料和那抽象观念稍为有些关联（可以说是譬喻式的），并且要表现也没有那么多的困难。对于此种方法形成的梦，梦者会毫无困难地说出其抽象意义；但是对那些中间插入材料的正确解释则需要借助那些我们已经熟悉了的技巧。

我们是否能够解析每一个梦呢？答案是否定的。我们要记得，在分析梦的时候我们必须对抗那些造成梦歪曲的精神力量。因此问题是，我们的理智兴趣，自律的能力，心理知识，以及解析梦的经验是否足以应付内在的阻抗。通常，我们都能够深入一些：足以使我们自己相信此梦具有意义，足以让我们惊鸿一瞥地窥见其意义。那些紧接着的梦亦常能证实我们对梦的假设。仔细观察两个连续的梦，我们常会发现甲梦的中心在乙梦中并没有举足轻重的地位，反之亦然；所以它们的解析常常是互补的。以前我已经学过许多例子说明同一晚上所做的许多梦通常应该视为整体来解析。

即使分析最彻底的梦也常常有一部分必须放置不顾；因为在解析的过程中，我们发现这部分是一些不能解开的互相缠绕着的梦思，而且也不能增加我们对梦内容的了解。这部分即是梦的关键，由此伸展至无知。由解析而得来的梦思并没有一些确定的根源；它们在我们那错综复杂的思想世界中向各方向延伸。而梦的愿望则由某些特别接近的缠绕部分长出来，这就和蘑菇由菌丝体长出来的情形相似。

现在我们必须回到有关梦被遗忘的一些事实上。到目前为止，我们仍然无法从那里推衍出任何重要的结论。我们已经知道清醒时刻的生命无疑地倾向于要把晚间所形成的梦给遗忘掉——不管是整个儿在睡醒后就忘掉，或者在白天当中一点点地忘却；我们也知道遗忘的主要原因是精神的阻抗，而它在晚间也早就尽其力量反对过了。但问题是，如果所说属实，为何梦会在这阻抗的压力下产生呢？让我以最极端的例子来解释（意即清醒时刻把梦中一切都忘掉，就好像从来没有梦见一样）。在这种情况下，我们这样推论，即晚间的阻抗如果和白天一样强，那么梦就不可能会产生。因此结论是，晚间的阻抗力量较小，虽然并没有全部失去（因为它仍然是梦形成的歪曲因素）。但我必定要假设其力量在晚间减弱，因此使梦形成得以进行。现在我们很容易了解阻抗在恢复全力的时候为何能把它虚弱时所允许的事推翻掉。描述心理学告诉我们，梦形成的唯一规则是：心里必须处在睡眠状态下；现在我们已经能够解释此事实：睡眠使梦得以进行是因为精神内涵的审查制度减弱的结果。

无疑的，我们想把这点当作梦遗忘的许多事实所能推衍出的唯一结论，并且以此为起点更进一步地研究睡眠和清醒时刻中，这阻抗的能力相差多少。不过我想在此先暂停一下。当我们更深入研究梦的心理，我们将发现梦之形成可以从别的角度来看。譬如说：也许那时对抗梦思表达的阻抗会回避不见，但力量丝毫不减少。似乎二者都可以促进梦的形成，并且都能发生在睡眠状态下。现在我们要暂时在这里停顿一下，待会才再继续讨论（请见本章丁节）。

我们现在必须考虑另外一些反对我们解析梦的程序的意见。我们的方法是，把所有那些平时指引我们的有意义观念弃之不顾，然后把注意力集中在梦的某一元素上，记下不由自主浮现和它关联着的任何观念。过后再更换一部分，又依样画葫芦地重复一次。不管思潮往哪边走，我们都让它发挥，并且由一个题目转移到另一个上面（虽然自己并没有直接地参与），但我们有信心在最后得到梦所源起的梦思。

反对者的理由如下：梦中某一元素能将我们带到某处（即带来某些结论）丝毫不值得惊奇；因为每个观念都可以和某些东西相关联，值得惊奇的是，这些漫无目的，而且任意的思想串列怎能导出梦思来呢？很可能是自我欺骗而已。我们一直跟随着某一元素的联想，然后为了某些理由而中断。接着再遵循第二个元素的联想。在此种情形下，原来并不受拘束的联想会愈来愈窄。因为我们脑海里仍然浮现着原先的思想，所以在分析第二个梦思时，我们很容易捉着和第一道思潮相关的联想。然后竟然欺哄自己——认为已经找到一个连接梦中两种元素的思想。因为我们任意地把思想连接在一块（除了正常那种由一思想移形到另一个的情况以外），最后必须会找到许多我们形容为梦思的“中间思想”——这是没有保证（即不知是否真实）的，因为我们不能知道梦思究竟是什么——而且认为是相当于梦的精神替代。但这整套都是任意捏造的；不过是一种富有技巧的机会组合而已。在这种情况下，任何人，只要他肯付出这些徒劳无功的代价，都能由梦编造出任何的解析。

如果只是面对这些反对意见，我们也只要如此辩驳就好了——即描述解析所造成的深刻印象；追随某一元素过程间突然浮现出和梦其他元素的相关；以及除非事先有精神上的联系，否则单单机会是不可能由梦中推衍出这么多东西的。另外我们也能指出，这种梦解析和解除歇斯底里症状的方法是同出一辙的；而这方法的可靠性可以由症状的一起浮现与消除得以证实。或者可以这么说，本书的论断是由“插入的说明”而证实的。但这些都不能说明为何追随某个无目的以及任意的思想串列就会达到一个事先存在的目标；不过我们并不需要回答这问题，因为这问题根本无法成立。

因为在解析梦的时候，虽然我们弃除一切意见，并让任意的思想浮现，我们其实并非追随着一些无目的的思想潮流。我们知道，能够摒除的思想正是那些我们知道的有意义的思潮；然后一旦成功地完成摒除工作后，那些不知道有的目的想法——或者更明确地说，潜意识——就出面把持大局，从而决定了那些非自主的意志浮现。没有任何的影响力可以使我们的精神力量去做一些无意义的思考——甚至任何精神错乱的状态也不可能。而精神科医师们太过轻易放弃他们对精神程序完整的信心。我知道，在歇斯底里症和妄想病中，无目的的思潮和梦的形成一样，是不可能产生的。也许这种无目的的想法根本不可能呈现在任何内源的精神异常上。如果劳列的看法没错，那么谵妄或者意志迷乱的状态也是有意义的。因为我们之所以不了解是因为中间有个沟隙无法超越。在观察这些病症的时候我也有同样的意见；谵妄之所以产生乃是审查制度不再掩瞒它的操作；即它们不再同心协力制造一些不被反对的新想法，反而粗率地把不合格的都删除掉，因此剩下来的就支离破碎，不知所云了。这审查制度的行为就像苏联边界的报刊审查委员会一样，他们要把国外杂志涂黑了好多段落后才允许留传到他们所保护的民众手中。

也许在器质性的脑部障碍中，思想能够借着一些偶然的关联而自由推演；然而在心理症中所谓的自由推演却可以用那受到审查制度影响而被推到前台的思想串列（其意义被隐藏着）来说明。下面这些所谓表面关联被认为是自由联想（即不受意识的力量所主宰）的永真讯号——即借着谐音，含糊不清的字义，暂时且和字义无关的巧合，或者是开玩笑玩弄字眼间所运用的联系。这些特殊的联系正存在于那些由梦元素通往中间思想串列之中；同样的，它们亦存在于由中间思想通往梦思本身。我们很惊奇能在许多梦的分析上看到这种例子。架构于二思潮之间的联系，没有哪一种是太过松弛以致不配合，也没有哪种玩笑是太过粗鲁而不能用。但是这种表面看来吊儿郎当的真正理由却因而很快地被发现了。无论何时，当两个元素之间有着很表层或者是牵强的联系，它们之间一定还有一个更深刻以及正统的联系，不过却受到审查制度的阻抗。

表浅联系盛行的真正理由不是因为舍弃了有意义的思想，而是由于审查制度所施的压力。当审查制度封锁了正常的通道后，当然表浅的联系就取而代之了。我们也许可以想象出这样的类比：一个山区为主要交通遭到阻碍（譬如说，洪水泛滥），但是与山区的通讯仍然可以利用那些陡峻不便的小径（平时的猎人所利用）。

这里我们要分辨两种情况，虽然基本上来说它们是一样的。第一个情况是，审查制度破坏了两个思想之间的联系。它们从而不再受到它的阻抗。然后这两个思潮相继进入意识层面，二者间的真正连接被隐没了，不过却有层表线的联系（这种联系我们本来不会想到的）。这联系通常是附录在那些并不受到压抑，而且也并非是主要的联系所在。第二种情况是，两个思想的内涵都各自受到审查制度的阻抗。因此必须以一种替代的形式呈现，不过在选择两个替代的时候，它们之间的表浅联系亦重复着该两个思想之间的主要关联。在这两种情况下，审查制度都将正常以及严肃的联系转移成一个表浅的，而且似乎是荒谬的关系。

因为有这种转移的关系存在，所以我们在解析梦的时候，毫不犹疑地依赖着此种关系[7]。

这是精神分析最常用的两个定理——即当意识层面的观念被舍弃后，潜意识中有意义的概念则控制了整个现时的思想；而表浅的联系不过是一些更深层以及被压抑的关联的替代物而已。的确，这理论已成为精神分析的基柱。当我命令病人舍弃任何成见，把所有他脑海中浮现的事物告诉我时，我深信他不能摒除掉那些有意义的概念，而且虽然他提起的那些看来像是无邪或者是任意的事物，实际上却和他的疾病有着关联。另外一个病人所不怀疑的有意义的概念则是我的人格。至于这两个定理的证明以及其重要性的体验，则已经属于描述精神分析治疗方法的领域了。在这里，我们必须又暂时将梦的解析置于一旁。

由以上许多反对的意见当中，可得一真正的结论，即我们不需要把所有解析工作的联想都视为夜间之梦的运作（请参阅第六章 甲节、丙节）。其实在清醒时刻进行分析工作时，我们以相反方向跟随着一条由梦思通向梦元素的途径，而梦运作所遵循的那条路线也和我们反向。这些途径亦并非全部是双线大道，却可以两面相通。似乎我们白天的分析就像是沿着新鲜的水道驾驭着木筏，有时遇见中间的思想，有时在这里遇见梦思，有时在另一处。在这种情况下，我们知道白天的材料亦会加入解析的行列中。也许夜间以后所增加的阻抗使得我们必须做更多的改道。我们遵循支径的数目多少并不重要，只要它能带我们到所要找寻的梦思就行了。

二、退化（后退）现象

在辩驳了各种反对意见后，或者至少在显露了我们防御的武器之后，我们不应该再迟延那准备了很久的心理探讨。现在让我们把近来的主要发现摘录一下：梦是一种精神活动，和其他的一样重要；其动机常常是一个寻求满足的愿望；它们之所以不被认为是愿望，以及具有许多特征与荒谬性，完全是由于精神审查制度在梦形成过程中加以影响的结果；除了回避审查制度外，下述的因素亦在梦的形成过程中扮演着某种角色：

①需要把精神材料凝缩起来，

②要能以影像来表现，

③需要一个合理可解的梦构造的外表（虽然不一定真）。

以上每一主张都导致一些心理假说和预测。因此我们必须探讨梦的意愿动机与梦形成的四种条件之间相互的关系，以及这些条件之间的相互关系，而且也必须找出梦在精神生活中的位置。

在本章的开头，我引用了一个梦，因为它提醒许多我们仍未解决的问题。这个梦（关于被燃烧的童尸）并不难解析，不过由分析的观点来看，它并没有被完全解释清楚。当时我问过这问题，为何这父亲只梦见而不是醒过来，同时我们发觉那要孩子仍然活着的愿望是他做梦的一个动机。在更进一步地讨论后，我们将发现此梦还有另一个愿望在运作。但目前我们可以这么说，睡眠时思想程序的造成愿望促使此梦的形成。

如果把此梦的愿望达成删除掉，那么梦思与梦这两个精神事件之间的差别就只有一个特征作为分野了。梦想也许是这样的："我望见孩子尸体躺卧的房间传来一些光芒，也许一支蜡烛掉在孩子的身上，也许烧着我的孩子了。"梦毫不改变地反映出这些意念，不过却以一种实际的情况来表现（好像在清醒时刻般的以感觉器官来感觉），这就是梦程序最显明的特征：某种思想，或者某些意欲的思想，在梦中都物像化了，且以某种情境来表现，好像亲身体验过似的。

那么我们要如何解释这梦运作的特征呢？或者把范围缩小点，我们要把它放在精神程序的哪一个位置呢？

如果更仔细观察此梦，我们将发现梦的显意具有两个互相独立的特征：

①思想在这里以一种眼前的情景表现出来，而省略了"也许"这个字眼。

②思想被移形为景象以及言语。

在这个梦中，那个把期待思想改变成现在式的思想改变并不特别明显，这也许因为梦中的愿望达成只扮演着次要的角色。让我们看另外一个梦例，譬如伊玛打针——这里，梦的意愿并没有脱离那被带入梦境的清醒时刻之思想。它的梦思是这样的一个条件子句："如果奥图医生应该为伊玛的疾病负责，那该多好！"不过梦却压抑着此条件式，而以一个单纯的现在式表现："当然，奥图医生应该为伊玛的疾病负责。"这个就是梦（即使是最不改装的）带给梦思的第一个改变。我们不需要在这点浪费时间。在意识的幻想（白日梦）中，理想观念也受到同样的对待。当都德的 Joyeuse 先生在巴黎街头流浪的时候（虽然她女儿相信他已找到一份差事，并且正在办公室里坐着），他梦见某些发展带给他一些具有影响力的帮助，使他能顺利找到工作——而他正是以现在式梦见的[⑧]。因此梦和白日梦同样利用现在式。现在式是用来表达愿望达成的时式。

第二个梦所具有的特色乃是将思想内容转变成视觉形象（可以由这点和白日梦区分），对此形象我们不但赋予信心，并且像体验过似的。我现在必须追加的是，并非每个梦都把概念转变成能感觉的形象；有些梦只是许多思想的组合，不过因为具有梦的特质所以不能把它们排除在“梦”这类属之外。我那个“Autodidasker”的梦（请见第五章　乙节第四个梦）就是一个例子。它所包含的感觉元素并不比我白天所想的要多多少。只要稍为长一点的梦里面，必定有些元素没有转变成感觉的形式，它们就像清醒时刻那样地被想起。另外我们要记得此种将观念转变成为感觉形象的事并非单纯发生于梦中，在幻觉与幻影上亦可能发生（不管是发生在心理症病患或是健康人身上）。简而言之，我们现在所观察到的关系并不全是排外的。不过这个梦的特征（如果它呈现的话）仍然是最显明，所以我们想象梦境的等候不会少掉它。但为了解它，我们必须再进行非常详细的讨论。

作为探究的开始，我想由许多梦的理论中捡出一个特别值得一提的。在一篇简单的梦的讨论中，伟大的 G. T. H. Fechner 指出梦的性质：“梦中动作的景象和清醒时刻的概念世界是不一样的。”这是唯一使我们了解梦特殊性的假说。

这些文字带给我们“精神位置”的概念。我将不承认我们所知道的精神装置具有已知的解剖学形式，而且我将尽量小心避免将精神位置和解剖学结构配合的诱惑。我们将局限在心理学的基础上，而我建议将这个把我们精神功能推动的装置想象成复式显微镜、照相器材，或者这一类性质的东西。在这基础上，精神位置就相当于此器材中初步景象得以呈现的那部分。我们知道在显微镜或者望远镜中亦存在此种理想点，虽然并没有任何可触摸的零件存在于此点上。我想我们不必因为这比喻不够完美而感到歉疚，因为此种类比只不过是帮助我们了解那错综繁杂的精神功能——借着把功能分解，并将不同的成分归诸于此器材的不同部分。据我们所知，到目前为止，没有人利用这种解剖的方法去探讨精神的工具，而我认为这样做没有什么不合理的地方。我深信可以让假设自由奔驰，只要我们能保持冷静的头脑，并且不把建筑的骨架搞错就好。因为第一次接触任何无知的题目以前，我们都需要一些辅助观念的协助，所以我将先提出一个最粗略以及踏实的假设。

根据上述的理由，我们把精神装置想象成一个复式的构造，它的各个的成分我们将称之为“机构”，或者为了更清楚的理由，把它称为“系统”。然后我们可以预测这些系统间相互存在着一些空间的关系，就像望远镜内，各个系统镜片所处的位置一样。严格说来，并不必要假定精神系统具有空间的次序。实际上只要有个确定的先后次序也就够了——即在某一个特定的精神事件上，系统的激发会遵循着一个特定的暂时次序。在别的程序中，先后次序可能就不一样。这是可能的。为了简便的理由，我们姑且把这个装置的成分称为“系统”。

首先这个由系统组成的装置是具有方向的。我们所有的精神活动都是始于刺激（不管是内在或在外在的），终于神经传导。据此，我们将给予此装置一个感觉以及运动的开头与结尾。精神程度或步骤通常由感觉端进行到运动端，所以精神装置如图一所示。

$$P \rightarrow M$$

图一　精神装置

注：P：perception end（感觉端）M：motorend（运动端）。

不过这也只是满足我们好久以来就熟悉的需求——精神装置必须具有像反射弧一般的构造。

反射动作仍然是每种精然后我们在感觉端加以第一次的分化。感觉刺激后，精神装置会留下一些痕迹——我们可以把它称为记忆痕迹，和这有关的功能则称之为记忆。如果我们坚守让精神程序附在系统上的假说，那么记忆痕迹必将使系统发生永久性的变化。但是就像在别处指出的一样，同一个系统如果要留住不动，然而又要继续保持新鲜度以接受新的刺激将是很困难的。因此，依据假设的原则，我们把这两个功能归诸于两个不同的系统。我们假定第一个系统位于此装置的最前端，接受感觉刺激，但不留下丝毫痕迹，因此没有记忆。在它背后的第二个系统，能将第一个系统的短暂激动转变成为永久的痕迹。于是我们这个精神装置的图解就如图二所示。

$$P \rightarrow Mem \rightarrow M$$

图二　精神装置的图解

注：Mem：memory（记忆）。

我们知道记忆所保留的东西多于刺激感觉系统的感觉内涵。在我们的记忆中，感觉是互相联系的，尤其当两个同时发生。我们把这事实称为关联。很明显的，如果感觉系统没有记忆的话，关联的痕迹是不可能存在的。如果先前的一个连接会影响新的感觉，那么感觉元素在执行功能的时候就不免受到阻碍了，因此我们也必须假定记忆系统内必定存在有关联的基础。所谓关联即是在阻抗减少以及使交往便利的途径形成后，激动较易由此记忆元素传给相关的另一记忆元素。

仔细考虑后，我们发现此种记忆元素的存在不单单只有一个，应该有好多个。这样一来，由感觉元素传导的同一激动就会留下许多不同的永久性痕迹。第一种记忆系统自然会记下同一时间发生的关联，而同一个感觉材料在后来的记忆系统中则根据其他的巧合而安排，譬如说“相似”的关系等等。当然，要把这种系统的精神意义用文字来表达不过是浪费时间而已。其特征视它与不同的记忆原料的关系而定——即是（如果我们想要提示一个更偏激的定理）在传导此等元素带来的激动时它所给予的不同程度的阻抗。

这里我想插入一个一般性的评语，也许会有重要的启示：那些，没有记忆力的感觉系统给我们意识层各种繁杂的感觉性质。另一方面，我们的记忆力——包括那些深印在脑海中的——都是属于潜意识的，它们能被提升到意识层面，但无疑它们能在潜意识状态下施展其活动。被形容为我们的“性格”的乃是基于我们印象的记忆痕迹。另外，那些对我们影响极大的印象——发生于我们早期的童年者——则几乎不会变为意识的。如果记忆再度被提升到意识来时，它们的感觉性质和感觉相比，不是等于零，就是很少。如果下面这理论能被证实，那么我们就很有希望能够了解造成心理症激动的原因，此理论即：在系统中，记忆与意识的特质是互相排外的。

对于精神装置感觉端的构造，我们迄今仍未利用梦或其他精神活动所能获得的知识。梦能够让我们了解这装置的另一部分。在前面我们已经提到（第四章　前言后部分）为了了解梦的形成，我们必须假设两个心理机构，其中一个将另一个的精神活动加以审核（这包括将它由意识层面删除掉）。我们所得的结论是，这个批判的机构要比那受批判的更接近意识层面，它就像一道筛子般，站在意识与后者之间。后来，我们认为有理由将此批判的机构和那指导我们清醒时刻的生活、决定我们自主及意识行为的机构同体化（请见第六章　壬节）。如果我们把这些机构用系统来取代的话，那么这些批判（审查）的系统必定位于此精神装置的运动端。现在我们要把这两个系统加入我们所设立的图解中，并表示它们和意识层面的关系，如图三所示。

P→Mem→Ucs→Pcs

图三　图解

注：Vcs：unconscions（潜意识）；Pcs：preconscious（前意识）。

运动端的最后一个系统属于前意识，这表示此系统的激动程序能够不再受到阻碍而直接到达了意识层（如果其他的条件能够满足的话，譬如说达到某种程度的强度，或者那个被称为“注意力”的功能有特殊的分布等等）（请见本章巳节）。这个前意识同时也掌握了自主运动之钥。我们把那位于它背后的系统为“潜意识”，因为除非经过前意识的协助，它无法到达意识层，而且通过这关卡时，其激动的程序必须受到改变[9]。

那么梦形成的动力究竟要放在这些系统的什么地方呢?

为了简便起见，我们说是在“潜意识”中。但在以下的讨论中，我们会发现这并不全对，因为梦形成的程序必须和属于前意识的梦思相关系（请见本章丙节），但如果单只考虑梦的愿望，那么我们将发现产生梦的动力是由潜意识所供给的。因为这个缘故，所以我们把潜意识系统作为梦形成的起点，就像其他的思想结构一样，这个梦形成的促成者努力地想到达前意识，然后借以进入意识层。

由实验知道，经由前意识通往意识的途径，在白天时都因为审查制度的阻抗而封锁，要到晚上它们才有办法度入意识层。不过问题是如何进入，以及要经过何种变动。如果梦思因为晚间潜意识与前意识之间的阻抗力降低而得以潜入的话，我们的梦应该是概念式而不具有幻觉式的性质。因此潜意识与前意识间审查标准降低只能够解释像“Autodidasker”之类的梦，而不会产生那我们作为起点的“尸体被燃烧”的梦。

那么幻觉式的梦究竟如何产生呢? 我们只能说它激动的传播方向是倒向的——它并非指向运动端，反而是向着感觉端，而最终传到知觉的系统。如果我们把清醒时刻潜意识的精神程序形容为进行的。那么我们就要把梦中的称为后退的（regres - sive[10]）。

这个后退（退化）无疑是梦程序的一个心理学上的特征，但我们要记得，这不单只发生在梦中而已。回忆和正常思考的程序亦同样需要精神装置的此种后退作用——由一些繁杂的概念回到架构成它们的记忆痕迹的原料上。但是在清醒的时刻，这种后退作用不会超过记忆影像，它不会使知觉影像产生幻觉式的重现。为什么梦中就可能呢? 在提到梦的凝缩作用时，我们不得不假定某个概念所附着的强度可以借着梦之运作而转移到另一个概念上（请见本章丙节）。也许就是这个正常精神程序的改变使得感觉系统的传导得以反向，由思想观念开始，一直到完全鲜明的感觉上。

希望在讨论目前这名词的重要性时，我们没有欺骗自己。因为我们所做的事不过是在命名一个错综复杂的现象而已。在梦中，当概念借着后退而变成原来的感觉影像时，我们把它称为“后退”。如果这名字不带来一些新知，那么它的命名又有什么好处呢？我相信“后退”这名词对我们是有用的，因为至少它连接了一个我们借着图解早就知道的事实（在这个图解中，精神装置是具有方向的。）现在，这图解可要首次给我们带来好处啦，因为只要再对它细察一下（不必再进一步推论），我们就可以发现梦的另一个特征。如果把梦看为这假精神装置的“后退”现象，那么我们就能解释为什么所有梦思的逻辑关系在梦的活动中会消失殆尽，或者难以表达出来。因为根据我们的图像，这些关系并不存在于第一个记忆系统，而是存在于后来的系统上；因此在后退为感觉形象的时候，它们必然失去表达力。在后退现象中，梦思的架构溶解为原先的材料。

什么改变使得这白天不可能的后退现象得以产生呢？对此点，我们不得不满足于一些假定。这时每个系统必定在能量上有所改变，以致会更容易或更不容易激动，而在这种装置上很多方法都可以产生同样激动通道的改变。首先自然是睡觉状态对感觉端所产生的能力变化。在白天，有一道连续不断的激动由此系统的感觉端流向运动端；晚上，这道激流停止了，因此再也不能阻挡激动的反向传导。根据某些作家的意见，与外间世界隔绝可以解释梦的心理特征。在解释梦的后退现象时，我们必须考虑其他病态状况下的后退（退化）现象。对这些状况，刚才的解释根本用不上。因为虽然感觉流一直不间断，后退现象仍然产生。对于歇斯底里症和妄想症，及正常情况的幻影，我的解释仍然是“后退现象”——即思想移形为影像——但能够产生此种移形的思想，是与那些被潜抑或者是处在潜意识中的记忆密切相连的。

譬如说，我有一位最年轻的歇斯底里病患（一位十两岁的男孩），他因为受到一个红眼青面的恐吓而不能入睡。这现象的缘由是他四年以来得自另一男孩的潜抑记忆（虽然这有时会到意识层）。那位男孩送他一份关于孩童坏习惯所产生恶果的警世画，包括手淫在内。我的病人现在正因为这习惯而自责。他妈妈当时曾形容他这位行为不检的孩子为红眼青面（红眼圈）。这就是他幻影的来由，而这又恰好提醒了他妈妈的另一个预言——这类的孩子长大后变成呆子，在学校里学不到东西，而且很早就会夭折。我这小病人实现了这预言的前一部分，因为他的学校成绩毫无进展，而由他的自由联想看来，他正害怕另一半的实现（我要多说一点）。在经过治疗后他能够入睡了，神经质消失了，而在学年结束时，他得到优异的成绩。

这里，我要解释另一位歇斯底里病人（四十岁的妇人）告诉我在她生病以前的一个幻影。一天早上，她睁开眼睛，发现她兄弟在房间内（虽然知道他正在一个疯人院内）。她的小儿子在她旁边睡着，为了使这孩子免于因为看见舅舅而发生痉挛，她用床单盖住他的脸。这时那个幻影消失了。这个幻影其实是她孩童时期记忆的一个翻版。此记忆虽然是意识的，不过和她脑海中的潜意识材料有着密切的关系。她的保姆曾经提起她的母亲（她很年轻就死去了，当时我的病人才不过十八个月大）说她（母亲）患有癫痫或是歇斯底里性痉挛，而这要归咎到她弟弟（即病人的叔叔）以一床单罩头扮鬼恐吓的结果。因此这幻影和她记忆具有相同的元素：弟弟的出现、床单、恐吓以及其后果。唯一不同的是，这些元素重组成另一种内容，而且转移到别人身上。而明显的动机（或者是它所取代的思想）是她害怕这位极像舅舅的儿子会步他后尘。

我所引用的这两个例子并不完全和睡眠脱离关系，因此对我想要它们证明的事来说，以它们为例子并非很适当。因此我要向读者提起一位患有幻觉性妄想的女病人的分析以及我仍未发表的对心理症病患的心理研究（按：弗氏从未发表过这类题目的论文）。在这种思想后退移形的情况下，我们发现记忆的力量不可小看，尤其那些源自童年时期，被潜抑或者留在潜意识的记忆；这记忆把那和它关联而且被审查制度禁锢的思想拖入后退现象中，即是使它像记忆那样呈现出来。另外，在歇斯底里症的研究中，我们发现几个事实，即当我们把幼童时期的景象（不管是记忆或幻想）提升到意识层面时，它们是像幻觉般地被看到，而这特质只有在用文字报告的过程中才消失。我们还发现到，在那些记忆很少是“视觉”的人，他们对孩童时候的早期回忆一直保留着鲜明的视觉状态。

如果我们不忘掉孩童经验以及源于它们的幻想占据了梦思的大部分，同时又注意到这些经验的碎片常常在梦中出现，以及许多梦的愿望皆源于它们，那么我们就不能否认在梦中，思想之所以转变为视觉形象，也许就是由于这些视觉记忆渴求复活，加压于那些被摒除于意识之外的思想，并挣扎着寻求一种幼童时期景物的替代品，因移形到最近的材料而被加以变更。幼童时期的景物不能靠自己复活，因此只好满足于成为一个梦。

可以这么说，幼童时期的景物（或者是它们幻想的产物）能够成为梦的模型，那么歇尔奈尔以及他信徒所谓内源刺激的假说就变成多余了。歇尔奈尔（一八六一年）假定梦中呈现特别明显或者特别多的视觉元素时，梦者一定处在一种“视觉刺激”的状态下，即是视觉器官受到内源的刺激。我们不必摒弃这假说，但是只要假定这激动指的是视觉器官的精神感觉系统，那也就行了。不过我们也许可以更进一步指出，这种激动状态是由某个记忆所引起的，同时也是某个曾经是视觉刺激的复活。我不能由自己经验中举出产生此种结果的幼童记忆。我认为自己梦中的感觉成分比别人的少。但是在我这几年当中最鲜明与最美丽的梦里，我不难由梦里的幻觉式清晰当中溯源到最近或者是近期印象中的感觉部分。在第六章 壬节，我记录下一个梦，里面有蔚蓝色的海水，船上烟囱冒出来的褐色煤烟，以及深褐色和红色的建筑物——这带给我极深刻的印象。如果论来源的话，那么此梦必定可以追溯到某个视觉刺激。但是，什么东西使我的视觉器官产生此种刺激状态呢？这是一个和以前许多系列的印象相联合的近期印象所造成的。我所梦见的颜色就是前天孩子们用玩具砖头堆成而向我炫耀的精致建筑物的颜色。那些大砖头同样是深红色，而小一点的也是同样的蓝色和褐色。这也和我上次游历意大利时的色彩印象有关：浅湖以及lsonzo 的美丽蓝色和 Carso 的褐色（Trieste 背后的灰石台地）。梦里的漂亮颜色不过是记忆的重复罢了。

让我们摘录由这梦的特征（将概念内容投射为影像的力量）所学到的东西。我们也许没有利用已知的心理学定律来解释这梦运作的特征，但我们已把它挑出来并形容为“后退现象”。当发生后退现象时，我们认为这不但是抗拒思想以正常途径进入意识层的阻抗作用，并且也是具有鲜明视觉的记忆产生吸引的结果。感觉器官在白天源源不断产生的进行性激流，当它们在晚间停止产生的情况下，也许会促进着“后退现象”的发生；在别种后退状况下，由于没有这辅助力量，所以引起后退的动机强度就要来得更大了。不过我们不能忘记，在梦中或者是病态情况下的后退，其能力的转移必定和正常的精神生活有所不同。因为在前者，它可以使感觉系统产生完全的幻觉，而我前面对梦运作的“表现力”的讨论，也许可以认为是梦思所引起视觉景色的选择性吸引。另外，后退现象在形成心理症症状的理论中所占的重要性地位，并不亚于那存在于梦中的。因此我们可以分辨三种后退（退化）现象：

①区域性的后退现象，这是指我们在系统中所讨论的。

②时间性的后退现象，指后退至古老的精神架构而言。

③形式的后退现象，指原始的表达与表现方法替代了常用的。

这三种后退现象基本上说来是一个，而且在大多数情况下一起产生。因为那些较古老的（时间上说来），也是较原始的，而且就精神区域学来说，也更接近感觉端。

在结束对梦中后退（退化）现象的讨论时，我们必须提起一个不断向我们冲击的观念（在我们更深入地研究心理症时，这观念会再度以不同的强度出现）：整个说来，梦是退化到梦者最早期情况的例子，是梦者童年以及当时盛行的冲动，和表达方式的复活。在这童年的背后，我们可以望见种族进化的童年——一个人类进化的图像，而个体的发展不过是生命的偶然情况的一个简短的重复而已。我不禁觉得尼采的话是对的，他说梦中“存在着一种原始人性，而我们不再能直达那里。”我们也许能期望由梦的解析中去了解人类的古老传统，关于他那天赋的精神的了解。也许梦和心理症保留着比我们期待的更多的精神古物，因此对那些关心并且想重建人类起源的最早以及最黑暗时期的种种科学来说，精神分析是最有价值的。

也许我们对第一部分的梦的心理研究感到不满意，不过我们应该这样安慰自己：毕竟我们是向黑暗进军呀！只要我们的起步不错，由别的方法必定也能到达同一结论，那么也许有一天我们会对自己的发现感到比较满意。

三、愿望达成

本章开头所引述的燃烧童尸的梦，使我们有个好机会来考虑梦是愿望达成这理论所面对的困难。当然，如果有人说梦单单只是愿望达成，那我们每个人都会感到惊奇的——这不单单因为和焦虑的梦相反。当前面的分析显露梦的背后还隐匿着意义与精神价值时，我们根本没有想到这些意义是如此统一的（单元化的）。根据亚里士多德那个正确但简短的定义：“梦是一种持续到睡眠状态中的理想。”既然我们白天的思想程序能产生那么多的精神活动，诸如判断、推论、否定、期待、意念等等，为什么在晚间就把自己单单限制在愿望的产生呢？相反的，不是有许多梦显示出其他不同的精神活动吗？譬如说“忧虑”。而本章开头那个燃烧童尸的梦不就是这样一个梦吗？当火焰的光芒照射在这位睡着父亲的眼睑上，他立即推演出这样的结论：也许一支蜡烛掉在他儿子身上，并且将尸体烧了起来。他把这结论转变成梦，并且将它装扮成现在式的一种情境。此梦的哪个部分是属于愿望达成呢？在这个例子，难道我们看不出，由清醒时刻持续而来的思想或者是新的感觉刺激具有垄断式的影响力吗？

这些考虑都很对。我们不得不更进一步地去研究愿望达成在梦中所扮演的角色，以及持续入梦的清醒时刻的思想究竟带有何种意义。

我们早就根据愿望达成而把梦分成两类。第一类很明显地表露出愿望达成，而另一类梦的愿望达成不但不易觉察出来，而且往往以各种可能的方法去掩饰。在后者的情况下，我们知道是审查制度影响的结果。那些具有不被改装的愿望的梦大部分发生于孩童，不过，简短而且明明白白是愿望达成的梦也似乎（我要强调这个字眼）一样会发生在成人身上。

接下来要问的是，梦中的愿望究竟源于何处？在提出此问题时，我们脑海中究竟还浮现出其他什么可能的种类，或者完全相反的影像呢？我想这个显著的对比是白天的意识生活和那潜意识的精神活动（只有晚间才会引起我们注意）。对于此种意愿，我想到三种可能的起源：

①它也许在白天即受到激动的，不过却因为外在的理由无法满足，因此把一个被承认但却未满足的意愿留给晚上。

②它也许源于白天，但却遭受排斥，因此留给夜间的是一个不满足而且被潜抑的愿望。

③也许和白天全然无关，它是一些受到潜抑，并且只有在夜间才活动的愿望。

如果再转到前面那个精神装置的图解上，我们就能够把这些愿望的源起勾画出来：第一种愿望起于前意识；第二种愿望从意识中被赶到潜意识去；第三种愿望冲动无法突破潜意识的系统。现在的问题是，这些不同起源的愿望对梦来说是否具有相同的重要性，而且是否有同样的力量促使梦的产生？

如果把所有已知的梦在脑海内思索，那么我们立刻要加上第四个愿望的起源，就是晚间随时产生的愿望冲动（譬如说，口渴或者是性需求）。我们认为梦愿望的源起并不影响它促成梦的能力。我又想到那小女孩因为在白天延迟了游湖的计划而做的梦，和其他我记录下的孩童的梦（请看第三章），我把它们解释为前一天未满足但也没有被潜抑的愿望。至于那些白天受潜抑的愿望，在晚上化而为梦的例子，多到不胜枚举。对此类我只想提一个很简单的例子。梦者是个很喜欢作弄别人的女士。有一次一位比她年轻的朋友刚刚订婚，许多熟人问她："你认识他吗？你对他的印象如何？"她的答案都是一些应酬的赞语，而实际上她隐藏了自己真正的批评，虽然她很想照实说出来——即他只是一个普普通通的人（精打细算的人，很多的意思）。当天晚上她梦见别人问同样的问题，而她以此公式回答："如果再要订购的话，只要写上编号就行了。"经过分析无数的例子后，我们发现如果梦曾经被改装，那么其愿望是源于潜意识，而且在白天是无法被觉察到的。因此我们第一个印象是，所有的愿望都具有相同的价值与力量。

但事实是相反的。虽然我无法在此提出任何证明，不过我却要强调这假定，即梦愿望的选择是更加严格的。当然，我们毫无疑问的可以由孩童的梦证实白天不能满足的意愿能够促使梦的产生。但我们不应该忘记，这只是孩童的愿望，是孩童所特有的愿望冲动的力量。我很怀疑成人白天没有满足的愿望是否足以产生梦。我宁可这么想。当我们学会以理智来控制本能生活后，我们愈来愈不能形成或保有这种对孩童来说是很自然的强烈愿望。对于此点当然会有个人间的差异，有些人能把这种幼童式的精神程序保留得更久些——这就像那本来很鲜明的视觉想象力地逐渐衰微一样。不过一般说来，我认为一个白天被满足的愿望是无法使成人产生梦的。我随时准备这么说，源于意识层的愿望会助成梦的产生，不过却仅止于此而已。如果前意识的愿望无法得到别处来的援助，梦是无法产生的。

它的来源实际上是潜意识。我相信意识的愿望只有在得到潜意识中相似意愿的加强后才能成功地产生梦。由心理症病患的精神分析看来，我相信这些潜意识的愿望永远是活动的，只要有机会，它们就会和意识的愿望结成联盟，并且将自己那较强的力量转移到较弱的后者上[11]。因此表面看来意识的愿望独自产生了梦，不过由梦形成的某些不显眼的特征可以看出潜意识的痕迹。这些永远活动，永不灭亡的潜意识愿望使我想起那有关帝坦族人的神话故事：已经记不清楚到底经过多少年代，这些被胜利神祇以巨大山岳埋在地底的族人，仍然不时因为他们那强劲四肢的痉挛而造成大地的震颤。不过根据心理症的心理研究，我们知道这些遭受潜抑的梦都是源于幼童时期。因此我想把刚才下的结论（梦愿望的起源是没有关系的）取消，代之以另一个：梦中呈现的愿望一定是幼童时期的。在成人，它源起于潜意识，而孩童由于前意识和潜意识之间仍未有分界（仍未有审查制度的产生），或者只是在慢慢地分化，仍未清楚，所以它的愿望是清醒时刻的未满足且未加以潜抑的意愿，我知道这结论不能绝对正确，不过却能常常属实（即使在一些我们不怀疑的例子中），因此当作一般性的推论，倒也未尝不可。

所以，我认为清醒时刻的愿望冲动在梦形成的时候是被放置在次要的地位。除了是梦内容的赞助者之外（供给一些真实感觉的材料），我不知道它们还有什么作用。现在我将以同样的思路去考虑那些白天留下来的精神刺激（但并非愿望）。当我们睡觉的时候，我们也许能将清醒时刻思潮的潜能暂时停止。能够如此做的人都能睡得很好，拿破仑一世就是一个很好的例子。但我们并非常常能够成功，或者完全成功。一些仍未解决的问题，令人头痛的烦忧，太过强烈的印象——这一类的事情甚至使思想的活动持续至睡眠，并且把持了那我们称为前意识系统的精神活动。我们可以把这持续入梦的思想冲动分成下面几类：

①由于一些偶然的原因，无法在白天达到结论者。

②那些因为我们智慧的不足，而无法完全处理者。

③那些在白天被排挤与潜抑者。

④由于前意识在白天的作用使这处在潜意识中的愿望受到往往是强有力的激动者。

⑤那些无关紧要的白天印象。因为无关紧要所以未被处理者。

我们无须低估那些由白天残留下来而入梦的精神强度的重要性，特别是那类白天未解决的问题。我们确知此种激动在晚间仍然继续为表现而挣扎，而我们也可以同样的自信来假定，在睡眠状态下，前意识的激动不按正常途径进行到意识界。晚间，如果我们的思想能以正常途径通往意识层，那么我们一定没有睡着。我不知道睡眠状态能到底会给前意识带来什么变化[12]，但无疑的，此特殊系统在睡眠时的能量变化一定是造成睡眠的心理特征（而这系统亦控制了行动的能力），不过在睡眠时却瘫痪了。另一方面，除了潜意识续发性的变化外，我实在不能在梦的心理中找到任何睡眠所造成的变化。因此在睡眠中除了由潜意识而来的愿望激动外，没有任何的缘由可以造成前意识的激动；而前意识的激动必须得到潜意识的加强，同时必须和潜意识一起携手通过迂回的通路。但前一天在前意识的遗留物究竟对梦有何影响呢？无疑的，它们必定大量地寻求入梦的途径，即使在夜间也想利用梦内容来进入意识层。的确，它们有时控制住梦的整个内容，并且迫使它进行白天未完成的活动。这些白天的遗留物除了愿望外，自然还有别的性质。在这里我们要观察它们到底要满足何种条件才能进入梦中。这是很重要的，也许和“梦是愿望达成”的这个理论有着决定性的关系。

让我们以一个前面提过的梦为例吧。我梦见我的朋友奥图像生病似的，好像患了甲状腺功能亢进症状（请见第五章　丁节第四个梦）。在做梦的前一天，我对奥图的脸色感到忧虑，这忧虑就像和他有关的其他事情一样，令我感到非常关切。我想这关切一定和我一起入睡，我也许很焦虑地知道他到底什么地方不对劲。这个忧虑终于在做梦的那个晚上得以表露——其内容不但无意义而且也非愿望达成。于是我开始调查这忧虑不恰当的表现（梦）的来源。经过分析后，我发现自己将这朋友和L男爵仿同，而我则和R教授仿同。对于选择这特殊的替代，我只有一个理由解释。我一定整天都在潜意识内向R教授仿同，因为借着仿同作用，我孩童时期不朽的愿望——自大狂的愿望——才得以满足。而对我朋友的仇视（在白天当中，一定受到排挤）则浑水摸鱼，取得机会而窜入梦中，但我日间的忧虑亦借着一些替代品从梦内容中表露出来。这白天的思想（并非愿望，反而是忧虑）和在潜意识受到潜抑的幼童时期思想相关联的结果，使它得以（经过适当的化妆后）进入意识层。这忧虑愈是擅权，那么连接的力量就愈大；而这忧虑和愿望之间，并不需要有任何的关联。事实上，在我们这个例子中，的确是如此。

也许，再继续对这问题加以考虑是有必要的——即如果梦思的材料和愿望达成刚好相反时——如一些适当的忧虑，痛苦的反省，困扰的现实，梦会变为怎样？可能的结果可略分为二：

①梦的运作成功地相反观念取代了所有的痛苦概念，因此压制了归属它们的痛苦感情，结果造就了一个简单而令人满意的梦——一个看来是愿望达成的梦，对于此点，我不必多说了。

②这痛苦的经验也许能进入显梦，虽然经过修饰，不过却能或多或少地被认出来。就是这类的梦使我们怀疑梦是愿望达成这理论的真实度，因此需要再继续探讨。对这种带有令人困扰内容的梦，我们的反应也许是漠不关心，也许具有整个困扰情况所涵盖的痛苦感情，甚至发展成焦虑或惊醒。

不过，由分析结果看来，这些令人不快的梦，也和别的梦一样，同是愿望达成。一个属于潜意识的而R受压抑的意愿（它的满足对自我来说是痛苦的）在白天痛苦经验的不断激发下，把握时机，支援它们，因此使它们得以入梦。在第一种情形下，潜意识和意识的愿望相符合。在第二种情形下，意识与潜意识（潜抑与自我）之间的不调和则被泄露了。而这就像神仙故事中，神仙给那对夫妇的三个愿望的情况一样（请看第七章　注㉔）。这种潜抑愿望得以呈现后所带来的极大满足也许能够中和那白天遗留物所附带的不快（请参阅第六章　辛节）。在此种情况下，梦者的感觉是漠不关心，虽然它同时满足了愿望和恐惧。或者睡觉时的自我在梦的形成中占据了一个更大的地位，因此对那潜抑愿望的满足产生强烈的悔恨，甚至会以焦虑感来中止梦的进行。因此我们不难发现不愉快的梦和焦虑的梦同样是愿望达成，这和我们的理论是一致的，而且这和那些明明白白是愿望达成的梦没有两样。

不愉快的梦也许是种处罚的梦。我们必须承认，因为对这种梦的认识使我们梦的理论增加许多新知。在这些梦中得以满足的也同样是潜意识的意愿，换句话说，这个愿望要处罚梦者，因为他拥有一个被禁忌的冲动。到目前为止，这些梦还能满足下面这条件：即梦形成的动力，必须由属于潜意识的某个愿望所提供。但是经过仔细心理解析后，我们发现它们和其他的愿望的梦有所不同。在第二类的情况下，梦形成的愿望是属于潜意识并且受到压抑的，但在处罚的梦中，虽然同样属于潜意识，不过并非潜抑，而是属于“自我”的。因此，处罚的梦显示自我在梦的形成上也许占有更大的分量。如果我们以“自我”和“潜抑”来取代“意识”和“潜意识”的对比，那么梦形成的机能也许就会更清楚些。不过在这样说以前，我们必须知道心理处罚的梦不一定源自白天发生痛苦事件的情况下。相反的，当梦者感到自在时最容易发生——白天的遗留物是一些令人满意的思想。不过它们所表达的满足却是被禁忌的。这些思想不能在显梦中发现，除了其反面以外，而这就和前述第一类的梦相同。因此处罚的梦的特征是：其梦形成的愿望并不源于潜抑的材料（虽然是在潜意识），而是因它引起的处罚意愿——属于自我但同时也是潜意识的（前意识[13]）。

这里我想报告一个自己的梦，来说明前面所说的话，尤其是关于梦的运作如何处理前一天的余痛。

“开始时很不明显。我告诉太太，我有些消息要说给她听，那是一些非常特别的。她害怕起来，并且说她不想听。我向她保证这些消息一定会使她高兴，于是开始向她叙述我们那孩子所属的军团寄来一笔钱（5000Kronen）[14]……一些关于优异的表现……分布……这时我和她走进一间小房间（看来有点像仓库），去找些东西。突然我看见孩子出现。他没有穿制服，而穿着绷得紧紧的运动服（像只海豹?）还戴着顶小帽。他爬上碗柜旁边的篮子，似乎想把什么东西放在柜子上。我叫他，他没有回答。看来他的脸或前额都被绷带缚着，他用手在嘴巴里搅动半天，把一些东西推进去。他的头发亦闪着灰色光芒。我想：‘难道他已经损耗得那么厉害吗？他也有了假牙?’我还没有来得及再叫他一次，就醒过来，不感到焦虑但却心跳得厉害。这时手表指着：早晨两点三十分。”

要完全加以分析是不可能的，所以我只能强调几个重点。前一天的痛苦期待产生了这个梦——我们又一个星期没接到在前线打仗的孩子的讯息了！我们很容易由梦的内容中看出，他不是受伤便是被杀害。在梦开始的时候，我们很容易看出来，梦运作很辛勤似的一些相反的事物来取代那些令人困扰的思潮，如我要说一些令非常愉快的消息——关于寄来的钱……优异……分布（这笔钱源于我行医时的一件令人满意的事迹，因此想要把此梦脱离原来的主题），但是这努力失败了。我的太太怀疑一些可怕的事，拒绝听我说。这个梦的伪装太过浅薄，因此它想压抑的事到处都把它戳破。如果我的孩子战死了，那么他的战友会将他的东西寄回来，而我将把这些东西分给他的弟妹或者别人，通常优异奖是颁发给那些光荣战死的军人。因此梦虽然挣扎，但却也表露了他起先想否认的事实，而同时愿望达成的倾向也借着歪曲的形式来呈现。（梦中这种场地的改变，无疑的，可以视为塞伯拉所谓的门槛象征）（请看第六章　壬节）。确实，我无法说出什么东西造成此梦的动机力量（因此表露了我这困扰的思潮)。在梦中,我的孩子不是掉下来(falling。按:在战场掉下来,即死去之意),而是爬上去——事实上,他以前是很优异的爬山家。他没有穿制服,反而穿运动装;这表示我现在害怕他发生意外的地方却是他以前发生过的,因为他曾在一次滑雪运动中跌下来,把大腿给摔断了。另外,他穿着的样子使我立刻想起某个年轻人——我们那个可爱的外孙儿,而他那灰头发使我想起后者的父亲——他在战争中度过好难挨的日子。这又是什么意思呢?……我已经说得够多了。——场地是一个仓库,还有一个他想从那儿拿某些东西的碗柜(在梦中变成"他想放入某些东西")——这无疑暗示着我自己找来的一件意外。那时我才两三岁。我爬上仓库小房的凳子上,想拿碗柜或桌子上某些好吃的东西。小凳子被弄翻,它的边缘打中我下巴的后部;想来我那时很可能就把所有的牙齿都敲掉。此回忆伴随着这样的一个告诫:敲的好而这好像是指向此勇敢士兵的敌意冲动。借着更深层的分析,我发现那隐匿着的冲动竟在我孩子的可怕意外事件中得到满足——这是老头子对年轻人的嫉妒(而在真实生活中,他却认为自己完全地把它压制着)。毫无疑问的,悲痛的心情——像这种灾难确实发生后所带来的——为了取得一些慰藉必定会找寻此种潜抑的愿望达成。

我现在能很清楚地解说潜意识对梦所扮演的角色。我不得不承认有一大类的梦,其产生的原因大部分或完全源于白天生活的残遗物。让我们再回到奥图的梦。如果我对朋友健康的忧虑没有持续入眠,那么那个期待自己将升为教授的愿望也许就会使我安安静静地睡过整个晚上。但单单忧虑本身也不能造成梦。梦形成所需的动力必须由愿望来提供,而要怎样才能捉住一个愿望来作为梦的动力来源,这就是忧虑的事了。

也许可以用一个类比来说明这种情况。白天的思潮在梦中扮演着一种企业家的角色;但就如一般人所说的,企业家虽有头脑,如果没有资本他也是无能为力的。他需要一位资本家来支持各项费用,这个负责精神消费的资本家毫无疑问而且一定是源于潜意识的愿望——不管清醒时刻的思潮是何种性质。

有时候资本家本身就是企业家。在梦中,这是常见的。一个潜意识的愿望被白天活动煽动起来而形成梦。另外,我这个类比中各种可能的经济情况,在梦中都找到对应的地位。企业家本身也许亦下些小投资,几个企业家也许共同寻求一个资本家的援助,或者几个资本家联合支持某企业家的资金。同样的,我们见过具有许多愿望的梦。还有其他相类似的情况,可以一一道来,不过对此我们却没有更进一步的兴趣。我们以后将再详细论及梦的愿望。

上述类比的第三种比较元素，即企业家所能动用的那笔适当的资金（在类比中是资金，在梦中则是精神能量），在形成梦构造的细部仍然具有更大的影响力。在第六章的转移作用及表现方法中我曾指出，在梦中都能找到一个感觉强度特别鲜明的中心点。一般说来，这个中心点就是愿望达成的直接呈现，因为如果把梦运作的转移作用除去后，我们将发现梦思各元素的精神强度都被梦内容各元素的感觉强度所置换。而邻近愿望达成的元素和它的意义毫无关系，它们不过是和愿望相反，且令人困扰的思想的衍生物而已。它们是借着与中心元素的人造的联系而得到足够的强度，因此得以在梦中呈现。所以愿望达成得以表现的力量并非集中一点，而是像球形般的扩散在其四周。它所包围的一切元素——包括那些本身不具有意义的——因此都有足够的力量得以表现。在那些具有数个愿望的梦里，我们可以很轻易地将个别愿望达成的范围界定出来，而梦中的沟隙则是这些范围之间的边界地带。虽然前述的讨论减少了白天遗留物在梦中所占据的重要性，但还是值得给它们更多的注意。它们一定是梦形成的重要成分，因为我们由经验中发现这令人惊异的事实，即每个梦内容都和最近的白天印象——通常是最不明显的——有所联系。直到目前为止，我们还不能解释为何这是需要的。当我们把潜意识愿望所扮演的部分记在脑子里，同时到心理症病患那里去找寻资料，那么这需要性就很明显了。由心理症病患那里我们知道潜意识的概念本身是不能进入前意识，因此只能借着和已经是属于前意识的无邪概念发生关系，同时把自己的强度转移过去，掩盖着自己，从而对前意识加以影响，这就是转移作用[15]。它可以解释心理症病患精神生活的许多现象。这无端获取极大强度的前意识概念，虽然被转移，也许并没有受到改变，也许会因为受到那转移内容的压力而被修饰。我希望各位能原谅我由日常生活中取得类比。我认为这种受潜抑的观念和在奥地利的美国牙医师相似，他无法在这里开业，除非他请一位合法的医师代他签字，并且在法律上“庇护”他。就像成功的开业医师很少和这种牙医师结成联盟，那些在前意识中就已经吸引广大注意的前意识或意识的概念也不会被选上与潜抑的概念联合。因此潜意识比较喜欢和前意识那些不被注意、漠视或刚被打入冷宫（排挤）的概念攀上关系。在关联的条规中，有一条大家很熟悉的（由经验加以证实）：如果概念在某方向得到密切的联系时，它曾排挤其他的各种新联系。我以前曾据此建立歇斯底里麻痹的理论。

如果假定由心理分析过程中所发现的对潜抑概念的转移亦在梦中运作时，我们可以一下子就解决两个梦之谜：即每个梦的分析上我们都可以发现一些新近发生的印象组入梦的结构中，而且这新近的元素通常是琐碎的。这些新近发生而且没有举足轻重地位的元素，其所以会以替代古老梦思的姿态入梦的理由是它们最不怕阻抗的审查（我在第五章 甲节分析部分曾经提过此事）。虽然这些琐碎元素之所以较易入梦的事实可用不受审查制度阻抗来解释，不过近来发生的事物之所以经常呈现的事实亦指出转移作用存在的必要。这两件事都满足了潜抑的要求（一些仍然不发生关联的材料）——选用那些没有举足轻重地位的元素是因为它们没广泛的关联，而选用那些近来的元素则是因为它们还未有时间去形成关系。

因此我们知道这些被分类为无举足轻重地位的白天遗留物，不但在梦形成中（如果它有份的话）由潜意识中借来某些东西——即那些潜抑愿望所具有的本能性力量——而且以一些不可分的东西提供给潜意识——即转移现象所需要的附着点。如果想由此点更深入去探讨心灵的过程，那么我们就应该更深入了解前意识与潜意识之间的相互作用——这可由心理症的研究上达到，不过梦对此点却毫无帮助。对白天的遗留物，我还有一件事要说，它们毫无疑问是真正的睡眠的打扰者，而梦不但不是，反而保卫着睡眠。我以后将再度回到这论题中。

直到目前为止，我一直都在讨论梦的愿望：我们追溯到潜意识的来源，并且分析过它们和白天遗留物的关系——而这遗留物也许是种愿望，一种精神冲动或者干脆是最近产生的印象。在这种情形下，我们都可以解释各种各样的清醒时刻的思潮在梦的形成中所扮演角色的重要性，甚至以这思想串列为基础，我们亦可以解释这种极端的例子——即梦追求着白天的活动，并且为真实生活中未解决的问题达至称心如意的结论。我们所欠的只是一个这样的例子——分析其幼童时期或者是潜抑的愿望，借着这愿望的力量使前意识的活动达至如此的成功。但是这一切却不能使我们对此问题——即为何潜意识在睡眠当中除了是愿望达成的动力外没有提别的什么东西——有更进一步的了解。这问题的解答将使我们更了解愿望的精神性质。我想以前述精神装置的图解来解答。

我们毫不怀疑此精神装置在到达今日的完整性前必定经过长时期的演化过程，让我们先回述其早期的演化过程中的功能。由一些必须以别的角度予以证实的假说看来，这精神装置的力量起先是使自己尽量地避免遭受刺激[16]。因此其最早期的构造是根据反射装置的蓝图而制造的，接受的感觉刺激可以很快地经过运动途径而产生反应。不过它所面对的生命危机却干扰着这简单的机能。另一方面这精神装置所以会更进一步地发展也是基于此种原因。它首先面对的生命危机是主要的肉体需求。内在需求所产生的激动要由行动中找寻发泄，这可以形容为“内部变化”或者“感情的表露”。如一位饥饿的婴孩会无助地大喊大闹。但情势毫不改变，因为源于内部需求而产生的激动，并非只能产生暂时性冲击的力量而已，它是连续不断。只有经过某种处理后才能发生改变（如婴孩这例子，则是经由外来的协助）——即达到“满足的经验”后才能使内源之刺激终止。这“满足的经验”的主要成分是一种特别的感觉（在我们这例子当中，则是营养），而它在脑海中所留下的记忆影像自此以后和需求所产生激动的记忆痕迹相关联。这联系建立后，一旦此种需求再产生，就会立即引起一种精神冲动，重新加强此感觉的记忆影像，并再度唤起此感觉，换句话说，即重新建立第一次满足的情况。此种冲动我们称之为愿望。而感觉的重现即是愿望的满足。由需求产生的刺激直接造成感觉的充盈乃是满足愿望的最短途径，我们也许可以假定一个在原始精神装置所确实遵循的途径，即愿望终于幻觉。因此第一种精神活动的目标在于对感觉的仿同[17]，即是重复着和满足需求有关的感觉。

生命的痛苦经验一定使此种原始的思想活动变成一种续发而且更合宜的行动。这种经由装置内后退作用的捷径所建立的知觉仿同，对心灵其他部分的影响和外来的知觉刺激并不一样。因为满足并不能接在它后面。而且需求仍然存在。这种内源的精神充盈只有在不停地产生下才能和外在的刺激具有相同的价值——事实上这种情况可发生在产生幻觉的精神病患以及饥饿幻想的情况上——借着对其愿望对象的附着而消耗整个精神活动。为了要更有效地应用此种精神力量，它必须在后退现象仍未完成前将它断绝，使它不超过记忆影像之外，并且能够寻求其他的途径以达成我们所希望的经由外在世界而得到知觉仿同[18]。这种抑制后退现象，以及跟着把激动分开来的现象乃成为控制随意运动的第二类系统的工作——第一次将行动导向预期的目的上。但是，所有这些复杂的精神活动——由记忆影像到外在世界所建立的知觉仿同——不过只是形成愿望达成（这是经验认为需要的）团团转的途径而已[19]。毕竟思想也没有什么，它不过是幻觉式愿望的一种替代品而已，而很明显的，梦必须是愿望达成，因为只有愿望才能使我们的精神装置运作。由这观点看来，梦——经由后退现象的短路以满足愿望——不过是我们所保存的精神装置的原始运作方式，这种方式早就因为缺乏效果而被舍弃了。这个曾经一度操纵着清醒生活的方法——那时候心灵仍然年轻，而且能力不强——现在似乎被放逐到晚间去。这就像我们在托儿所中所见的那种被大人舍弃的原始工具——弓和箭。梦是那已经被废除的幼童精神生活的一部分。此种精神装置的运作方式在正常的情况下是被压抑的，但是在精神病患中却又重新建立，而且在与外在世界的关系上，泄露出它们的不满足我们需求的事实[20]。

很清楚的，潜意识的愿望冲动亦企图在白天发生作用，而那转移作用的事实（精神病症亦然）很明显地指出，它们很努力地想借着前意识通往意识层的路途上挤压出它们的路，并且获得控制行动的力量，因此潜意识与前意识之间的审查制度——这个是梦迫使我们去假定的——应当受到我们的承认与尊敬，因为它是我们心理卫生的守护者。那么我们是否应该这么想，此守护者在晚间的松弛是一种粗心大意的行为，因为这种潜意识中的潜抑冲动得以表露，并且使得幻觉式的后退现象再度发生。我想不是，因为这重要的守护者去休息的时候——而我们可以证实这睡眠并不很深——它也同时关闭了行动力量的大门。不管那正常状况下被抑制的潜意识冲动在台上如何高视阔步，我们仍无需担心，因为它们是无害的，因为它们不能使那可以改变外在世界的运动装置产生运动。睡眠保证了那必须加以防守的要塞的安全。但如果这种力量的病态减弱，或者潜意识激动力量的病态加强，同时前意识仍然充满着潜能，通往行动力量的病态加强，同时前意识仍然充满着潜能，通往行动力量之门仍然敞开时，情况就不那么单纯无碍了。在此种情况，守护者招架不住，潜意识的激动压倒前意识，因此控制了言语和行动，或者强有力地造成幻觉式的退化，从而借着知觉吸引所造成的精神能量分布而指导着那并不为它们设计的精神装置。我们把这种情况称为精神病。

我们现在最适于再继续搭建心理的骨架。虽然我们停顿在介绍潜意识与前意识那点上，但是我们有理由再继续谈论我们所谓的“愿望乃是造成梦的唯一精神动力”。我们已经接受了这观念，即梦永远是愿望达成。其理由是它们都是潜意识系统的产物，而它的活动除了愿望达成外，没有别的目标，而且除了愿望的冲动外，不拥有别的力量。现在如果我们再坚持一会儿——关于此种基于梦解析的事实而设立具深远意义的心理推测——那么就有责任证明此种推测将梦置入也能包括别种精神活动的联系上。如果潜意识这个系统存在的话（或者是与它类似而适合于我们讨论的东西），那么梦不可能只是它的唯一表现。每一个梦都可能是愿望达成，但除了梦以外必定还有别种形式的愿望达成。事实上关于所有心理症症状的理论亦说明了一点：它们亦可以当着是潜意识愿望的满足[21]。我们的解释不过是使梦成为那类对精神科医师具有重大意义的第一个成员而已，而且对梦的了解不过显示了精神病学所遭遇问题的纯粹心理学方面的解释[22]。

这一类愿望达成的其他分子，如歇斯底里症，具有一个基本的特征，而此特征不能在梦中发现。在本书常常提到的研究中我们发现，为了要形成歇斯底里的症状，脑海中的两道主流必须要会合。这些症状不单单是一个可实现潜意识愿望的表露，前意识中必定还有一个满足的这个症状的愿望。因此这些症状至少有两个决定性的因子，各自源起于两个和此冲突有关的系统。就和在梦中一样，它们对更进一步的过度决定并没有限制。据我的了解，这些不来自潜意识的决定性因子，都毫无例外地是对抗潜意识愿望的思想串列，譬如说一种自罚。于是我可以这么说：歇斯底里症只有在那由不同精神系统源起的两个相反愿望得以在单一的表露中相会合而得到满足的时候才能产生（请和我最近述及的有关歇斯底里症的起源的论文——歇斯底里幻想以及它和变性的关系——相比较）。在这里，例子对我们的帮助不会很大，因为除了非常详细地说明此种复杂情况外，没有任何东西可以达至此种结论，因此我将不去证实此论点，只引述一个例子——这是为了使此点更为明了，而非用来证实。我的一位女病人的歇斯底里性呕吐一方面是满足她那青春期开始即有一个潜意识幻想——即是她会继续不断的怀孕，生产无数孩子的愿望。后来还加上一个她和好多男人结合以达到上述结果的愿望。于是产生了一个强有力的卫护性冲动以对抗这不道德的愿望。而既然呕吐的结果会使她失去美好的身材，因此失去对任何人的吸引力，所以这症状亦能满足那处罚自己的思想串列。因为它能满足这两方面，所以就可能成为真实。这和古安息国皇后对待罗马三执政之一的克拉苏的方法一样。因为相信他的出征是由于爱好黄金的缘故，所以她下令将溶化的黄金倒入他尸体的口中，然后说："现在你已得到你想要得到的。"但到目前为止，我们所知道关于梦的事乃是它们表露了潜意识愿望的满足，而表面看来，操纵大局的前意识似乎在强迫愿望产生某种歪曲之后才允许这种满足。而我们常常不能在梦中找到一个和梦愿望相反的思想串列。只有偶尔在梦的解析中才可能看到一些反应物的迹象，譬如在我梦见叔叔（蓄着黄胡子）的梦中，我对朋友 R 的感情（请见第四章 前言部分）。但是这些遗漏的部分可以在前意识的其他部分找到。梦借着各种扭曲而表达出由潜意识而来的愿望，而那操纵大局的系统退入睡眠的愿望内，觉察那愿望而改变辖属于它极力范围内精神装置的能量，并且在整个睡眠过程中持续地把握着这愿望。

这个属于前意识对睡眠的决定性愿望通常能促进梦的产生。让我们回想本章开头那个父亲的梦，他借着隔壁房间传来的火光，推想到他孩子的身体可能被火烧着。这父亲在梦中达至此推论（而不是被火光弄醒的时候）。我们曾提出产生此种结果的其中一个精神力量是，那瞬间延长他在梦中见到孩子的生命的愿望。而其他源于潜抑部分的愿望也许就脱离了我们的注意力，因为我们无法分析这个梦。但我们可以假定另一个产生此梦的动力是这父亲需要睡眠；他的睡眠（和这孩子的生命一样）因为梦的缘故而增延一刻。他的动机是“让梦再进行吧，要不然我就得醒过来。”在别的梦中（就和此梦一样），想要睡眠的意愿实际上支持了潜意识的愿望。在第三章中我曾经描述了一些表面看来是“方便的梦”，但这些梦都可以应用上述的形容词（睡眠的意愿）。这种继续睡眠的愿望的操纵最容易在那种“惊醒的梦”所有之中发现——它们把外来刺激加以某种方式地修饰使这些刺激和睡眠的继续进行不发生冲突；它把刺激编入梦中，因此使它们失去了代表外在世界刺激的能力。同样的愿望一定亦发生于其他的梦中。虽然这种愿望本身就可能使当事人由睡眠中醒来。在某些例子中，当梦见不祥的事时，前意识会这么和意识说：“不要紧！再继续睡吧！毕竟这只是梦而已！”（请看第六章　壬节）以上这些不过是泛论主要的精神活动对梦所持的态度，虽然事实不一定确定是这样的。我必须做如此的结论：在整个睡眠状态中，我们知道自己在做梦，就和知道自己在睡觉一样的确定。我们必须不要太过注意下面这相反的论调，即我们的意识从未想到后者，并且后者也只是在特殊的情况下才进入意识中（当审查制度解除警卫的时候）。

另一方面，有些人在夜晚时能很清楚地知道自己的睡觉与做梦，因此似乎具备用意志指导梦的能力。譬如说这种梦者对梦感觉不满意时，他能够不醒过来而将梦中断，然后再以另一个新方向开始。这就像一位通俗的戏剧家在众人压力之下，会把他的戏剧套上一个较为愉快的结尾。或者在别种情况下，即当梦使他进入一种性兴奋的状态时，他可以自己这么想：“我不要再梦下去，以免遗精而消耗我的精力；我要忍住，而把它留给真实的情况。”瓦西所记录的 MarquisdHerveydeSaint—Denys 宣称自己具有随心所欲的，加速其做梦的过程，并且能如愿地把它们转到任意的方向。似乎在他那种情况下，那睡眠的愿望为另一个前意识的愿望所取代——观察自己的梦而且去享受它。这种愿望和那种在某些情况被满足后，不想起来的愿望（如第六章戊节提到的保姆或者是“被尿湿的保姆”的梦）同样的和睡眠不产生冲突。另外，大家都很清楚，如果某人开始对梦有兴趣的话，那么他醒后所能记得的梦也就更多了。

费连奇在讨论有关导引梦产生的其他观察中，曾经这么说：“梦从各种角度苦心地修饰着这刹那间占据着心灵的思想：如果某一梦的影像威胁着愿望达成，那么它就会删除此影像，同时又再继续寻找新的解答，直到后来，它终于产生一个能满足此两个心灵机构的愿望达成。”

四、由梦中惊醒—梦的功能—焦虑的梦

现在我们知道整个晚上，前意识都集中精力于睡眠的愿望，因此我们要再进一步了解梦的程序。但首先我要摘录一下我们所了解的部分。

做梦的情况是这样的。它或者是前一天清醒时刻的遗留物，而且没有失去其所含的能量；或者是整个清醒时刻的流动把潜意识中的一个愿望给激励起来；或者是此两种情况的偶合（我们已经讨论过各种可能的情况）。潜意识的愿望和白天的遗留物关联起来，并且产生转移作用——这也许在白天的过程中已经产生了，或者要在睡眠状态中才成立。产生一个转移到近期的材料的愿望，或者是一个近期的愿望在受到压抑后借着潜意识的协助而得以新生。然后这愿望由思想程序必经的正常途径，通过前意识（而它有一部分是属于前意识的）努力地冲向意识。但它还是碰上那仍然会发生作用的审查制度，并且受到它的影响。此时它已经被歪曲，这是借着转移到近期材料所造成的。直到这里，它正在向成为一些如强迫性思想、妄想或者类似东西（受到转移作用加强的思想）的路上进行，并且因为审查制度的缘故在表达上产生歪曲。但是它再一步地进行却受到前意识的睡眠状态的影响（可能这个系统借着减少激动来保卫自己，以免受到侵害）。于是梦的程序进入后退的途径。这途径正由于睡眠状态的特殊性质而得以畅通无阻，而各类的记忆吸引着并指导它上路。某些记忆只是以一些视觉的能量存在，并没有变成续发系统中的字眼。在它后退的途径上，梦程序取得了表现力（以后，我将提到压缩 Compression 的问题。见第七章　戊节）。这时候梦已经完成了它迂回旅途的第二部分。旅途的第一部分是进行的，由潜意识的景象或者幻想指向前意识。第二部分则由审查制度的前线再度回到知觉上来。但是当梦程序的内容变为知觉的以后，它就冲破了那个由审查制度与睡眠状态在前意识中所建立的障碍（请见第七章　甲节）。它很成功地将注意力转向自己，并且使意识对它注意。

因为意识——这个我们认为是用来了解精神性质的感觉器官——在清醒的时刻中可以由两方面接受刺激。首先它由整个装置的周边（知觉器官）取得激动的讯息。另外，它还能接受愉快与不愉快的激动——这种激动是精神装置内部和能量转移有关的唯一精神性质。Ψ 系统中的别种程序（这包括前意识），都不具任何精神性质，因此不能是意识的对象，除非它们能将愉快或不愉快带到知觉上去。我们可以如此确定：这种愉快和不愉快的产生，自动调整整个能量的添加过程。但是为了

使更精细的调节工作得以进行，于是各程序必须使自己比较不受不愉快的影响。因此，前意识系统必须具有一些能够吸引住意识的性质，而这些性质可能就是前意识程序与语言符号记忆系统（一个并非不具性质的系统）的联系而得来的（请见第七章　己节）。因此，本来只是感觉器官的意识就变成思想程序感觉器官的一部分了。于是，产生了两种感觉面，一种是对知觉而言，另一种则是前意识的思想程序。

我必须假定睡眠状态使指向前意识的意识感觉面较知觉系统更不易受到激动，这种夜间对思想程序的失去兴趣具有另外一种意义：思想需要停止，因为前意识需要睡眠。但是一旦梦成为知觉后，它就能借着新获得的性质而刺激着意识。这种感觉刺激促使前意识内一部分可资利用的能量去注意发生激动的原因，这是它的主要功能（请见第七章　戊节）。因此，我们得承认每个梦都有唤醒的作用——即是它使前意识中静止的一部分能量产生活动。在这能量的影响下，梦于是受到我们所谓的“再度修正”地修饰——关于其连贯与可解度。这等于说，此能量把梦和其他的知觉内容给予相同的待遇；只要梦材料允许，它亦得到同样的预期性概念。如果这梦程序的第三部分具有方向性，它亦是前进的。

为了避免误解起见，我想提一提关于梦程序时间上的关系——这也不会是太离题的。无疑的，由毛利具有暗示性的关于断头台的梦里，高博提出一个很吸引人的推论。他想要说明梦不过是占据着睡眠与清醒之间的过渡时期。醒来的过程需要花费一些时间，在这时间内，梦产生了。我们想，也许是这样的，最后梦的影像是如此强有力以至于把我们弄醒了。事实上，在这刹那间我们已经准备起来了，因此它才具有此种力量。梦是刚刚开始清醒的。

杜卡斯曾经指出，高博因为要广泛推论其定理，所以忽视了许多事实。梦发生在我们仍未清醒的时候——如在一些我们梦见自己做梦的例子。根据我们所有的知识看来，我们不能同意，它只是包括要醒过来的那段时间。相反的第一部分的梦运作可能在白天就开始了，这是在前意识的控制下进行的。其第二部分——审查制度所做的改变，潜意识情景的吸引，以及挣扎着而欲成为知觉的努力——无疑的整个晚上都在进行。由这观点看来，当我们感觉整晚都在做梦，但不晓得做些什么的时候，我们也许并没有错（请看第七章　甲节）。

但我觉得不必要认为梦在变为意识以前一直都维持着我所叙述的时间顺序：即首先出现的是转移的梦的愿望，然后接着审查制度的歪曲，再来就是改变为后退的方向等等。我必须以这种方法来描述；不过实际上却无疑是许多情况（途径）同时发生；激动的摇荡，时而这样，时而那样；直到最后它在某个最有希望的方向集合，而那特殊的某一组就继续留存下来。由我个人的某些经验看来，我认为梦的运作需要超过一天一晚的时间才能获得结果。如果这观点确实无讹，那么对于“梦形成”所显示的优异才能是不必感到惊讶的。我的意见是，甚至那将梦当作知觉事件来了解的要求亦在梦吸引意识的注意以前早就发生作用了，然而由这点开始，梦形成的步伐就开始加速。因为从这刻开始梦就和任何被感觉到的事件一样，接受同样的对待。这就像放烟火一样，准备的时间要好久，却在一刹那间就放完了。

到这个时候，梦的程序或者已经经由梦运作获得足够的强度以吸引着意识和唤醒了前意识（不管醒了多久，也不管睡得深或是浅），或者其强度仍不足以达到此点，因此必须继续留存在一种戒备的状态，直到刚刚要醒过的前一刻，注意力变得较活跃而与之会合为止，多数的梦者是具有较低值的精神强度，因为它们都在等待那醒过来的过程。这能解释以下的事实：当我们突然由深睡中醒过来时，我们通常能够发觉到一些我们梦见的东西。在这种情况下，（和我们自动醒过来的情形相同），我们第一眼注意到的是梦运作所创造的知觉内容，然后接着才察觉到外在世界所提供的知觉内容。

然而具有高度理论兴趣的梦都是那些能在睡眠的中途将我们弄醒的。将他种情况下梦所具有的意义放在脑海中，我们也许会这么问，梦（潜意识的愿望）为何具有力量来打扰睡眠（亦即干扰了前意识的愿望）？其解答无疑地存在于那些我们仍不知晓的能量关系上。如果具有此种知识的话，那么也许会发现，让梦自由地发挥及施于梦以或多或少的注意力是一种能量的节省——如果和有如白天般地紧握着潜意识的情况比较（请见第七章　丁节）。由经验看来，即使在晚上使睡眠中断数次，梦和睡眠也不是互相排斥的。我们不过起来一回，然后立刻又再睡着了。这就像在睡眠中把一只苍蝇赶走一样：本身就是一种醒过来的现象。如果我们再度入睡，这中断就被除去了。就像那熟悉的保姆或被尿湿的保姆之梦（请见第六章　戊节）中所显示的一样，那想睡觉的愿望的满足和维持某种程度的注意力是不会相违背的。

在这里我们必须注意一个基于对潜意识更多地了解而产生的反对意见。我们曾经断定潜意识是永远活动的。但是又说它们在白天没有足够的力量使自己被察觉。然而如果睡眠的状态仍然持续着，同时潜意识的愿望亦显示它够强的能力以创造出梦，同时以之唤醒了前意识，那么为何梦在被觉察到的时候这力量又消失了呢？而且梦会不会继续重现，就像讨厌的苍蝇被赶走后又再不断地飞回来呢？我们又有何权利断定梦驱除了“睡眠的打扰者”呢？

潜意识愿望永远活动是毫无疑问的事实，它们代表那些常被利用的路途，只要稍为有些激动就行（请参阅第七章　注⑪）。的确，这种不可毁灭的性质乃是潜意识程序的一个明显特征。在潜意识内没有任何东西具有终点，亦没有过时的，或是被遗忘了的东西。在研究心理症病患（尤其是歇斯底里症）的时候，这点更明显。那导致歇斯底里症产生的潜意识思想途径只要有足够的激动堆积起来，就可能再度重蹈一个三十年前所受到的侮辱，只要它能够进入潜意识的事情内，那么这三十年来的感受就和新近发生的没有两样。不管什么时候只要这记忆一被触及，它就复活起来，受到激动地充电，然后以发作而得到运动地释放。这正是心理治疗所要干涉的地方——它的工作是使潜意识程序能被处理，最后要把它忘掉。的确，那些逐渐被遗忘的记忆以及那些不再是新鲜的印象所具有的微弱感情，我们向来都把它视为当然，认为是时间对记忆所产生的原本反应，而实际上这是辛苦的努力所带来的续发变动。这工作是前意识做的。而精神治疗所能做的仍是将潜意识带到前意识的辖权下。

因此对任何一个特殊的潜意识激动程序都可能产生两种后果。它或者不被理会，在这种情况下它终于会在某个地方产生突破，并因此得到将其激动释放以产生行动的机会，或者它受到前意识的影响，所以其激动不但不会解除，反而受到前意识的束缚。这第二种情况正是那梦程序中所发生的（请看第七章　戊节）。由前意识而来的潜能在半路上和变为知觉的梦相会合（借着意识中被挑起的刺激而产生），将梦的潜意识激动约束住，梦就无法再进行干扰活动。如果梦者真的清醒一会儿的话，他就能够赶走那干扰他睡眠的苍蝇。而我们发现这是比较方便以及比较经济的方法——让潜意识的愿望自由发挥，借着打开后退现象之路以产生梦，然后利用前意识运作的一点力量而将此梦束缚，而不必在整个睡眠当中继续不断地把潜意识愿望紧紧地缚住（请参阅第七章　丁节）。梦虽然本来不是一个具有意义的程序，但是在精神力量的相互作用上亦取得一些特定的功能。我们现在将看看这功能是什么。梦使得潜意识那自由不拘的激动受到前意识的控制。在这过程中，它把潜意识的激动给释放了，因此是一种安全的活门，利用一点点清醒时刻的活动来保持着意识的睡眠。因此就像许多的精神构造（它是这些系统的一员）一样，它造成一种妥协，同时服侍两个系统，因而使它们互相谐和合适。如果我们翻过来看第一章 中罗勃特所提的有关梦的“排泄的理论”，我们甚至在一瞥之下就决定要接受他所谓的梦的功能，虽然他的前提及有关梦程序的观点和我们不同[23]（请参阅第五章　甲节）。

上面所谓“至少使两个系统的愿望互相谐和”暗示着梦的功能有时也会失手的。梦开始的时候是对潜意识愿望的满足，但如果这个愿望达成的企图太过激烈地扰乱前意识以至于不能继续睡下去，那么梦就破坏了这妥协的关系，并且不能再进行第二部分的工作。在这种情况下，梦完全被中断了，并且变为完全清醒的状态。即使在这状况下，梦虽然看来像是睡眠的打扰者而不是正常情况下睡眠的守护者，但这并非真的是梦的过错。这事实大可不必让我们产生此种偏见，而对梦的意义发生怀疑。这并非是唯一的例子，对个体来说，那些正常情况下有用的计策在情况发生些许的改变后，就变为无用而且碍手碍脚的事实是常见的，而这困扰至少具有一种使个体的调节机构注意并且重新调整以应付变化的新功能。当然我现在脑海里所想的是“焦虑的梦”。为了不让别人误解我一直在逃避这和愿望达成定律的主张有所不同的梦，我将在下面提示一些关于“焦虑的梦”的解释。

对我们来说，产生焦虑的精神程序亦能满足某个愿望，这并不是相互矛盾的。我们知道可以用这事实来解释，即愿望属于一个系统（潜意识），而它却受到前意识的拒绝与压抑[24]。即使是在完整无瑕的健康心理中，前意识对潜意识的镇压并不完全，而这压抑可用来度量我们精神的正常度。心理症的症状显示出病者这两个系统发生了冲突，这些症状是产生妥协并使二者之间的冲突得以终止的产物。它们一方面让潜意识的激动有发泄的场所，即给它一种发泄口，另一方面它亦能让前意识对潜意识有某种程度地控制。在这里考虑歇斯底里症或恐惧症的意义是有益的。让我们假设一位神经质的病人无法单独过马路——这个我们很正确地称为“症状”者，如果我们强迫他去做那他认为以为自己无法做的事情（借以消除他的症状），那么将导致焦虑的发作。而的确恐惧症的导火线往往是马路上发生的焦虑。因此，我们发现症状之所以产生乃是借以避免焦虑的发生；恐惧症就像是竖立着对抗焦虑的碉堡。

如果不去探究感情所扮演的部分，我们的讨论将无法继续进行下去，不过在目前的情况下，我们不能完全做到这点。让我们先这样假定，感情对潜意识的压抑是最重要的，因为如果让潜意识自生自灭，它会产生一个本具有快乐性质的感情，不过却在受到潜抑学潜意识后，变为痛苦的。而压抑的结果与目的便是阻止此种痛苦的产生。这压抑扩展到潜意识的概念内容，因为痛苦的产生可能由这内容开始。这里我们将以一个有关感情来源而且相当确定的假说来作为我们讨论的基础（请参阅第六章　辛节）。它被认为相当于运动或分泌功能，不过它的神经分布之钥却要在潜意识中去找寻。在前意识的控制下，它被束缚被抑制，以致不能产生感情的冲动。因此，如果来自前意识的能量停止发出，那么潜意识的冲动就有释放出一种不愉快与焦虑感情的危险。如果此梦的程序能继续不去，那么这危险性就会物质化，那些使它得以实现的情况是：潜抑必须早就发生，而压抑的愿望冲动亦要相当壮大。因此这些决定性因子就不在梦形成的心理架构之内。要不是因为我们的论题有一个地方（夜间潜意识的释放）和焦虑的产生有关，那么我将要删除有关“焦虑的梦”的讨论，并且因而省略了许多暧昧不清的部分。

我已经一再说过，形成“焦虑的梦”的理论亦是心理症病患心理的一部分（我可以这么说，梦中的焦虑是个焦虑的问题，而不是梦的问题。——译者按：本句在一九一一年增加，却在一九二五年删除）。在指出它和梦程序相连的部分后，我们就不再有什么可做的了。我现在还剩下一件事。既然我曾经断定心理症的焦虑源起于“性”，那么我就要解析一些“焦虑的梦”以显示梦思中所存在的性材料[25]。

在这里我有理由将心理症病患的许多例子置于一边而引用一些年轻人的梦。

几十年来我都没有做过真正焦虑的梦。但我仍然记得一个七岁或八岁时所做的梦，而我在三十多年后再予以解析。这梦还很鲜明，我在此梦中看见我深爱着的母亲。她的外表看来具有一种特别安静、睡眠的表情，由两个或三个生着鸟嘴巴的人抬入室内，把她放在床上。我醒了过来，又哭又叫，把双亲的睡眠中断了。那些穿得很奇怪并且奇异得高而且具有鸟嘴巴的人，我是由菲利逊圣经[26]的插图中找来的。我幻想他们一定是那些由古代埃及坟墓上的凸雕而来的鹰头神祇。另外经过分析后，引出一位坏脾气的男孩，他是一个看门者的孩子。当我们小的时候，大家常一起在屋前的草地上玩耍。这个男孩子的名字是菲利浦。我好像是由这男孩那里听到有关“性交”的粗鲁名词，而那些受教育的人则是用拉丁文“交媾”来形容此事，在这梦中我则选用鹰头[27]。我一定是由那年轻指导员（他对生命的事已经很熟悉了）的脸色来猜测此字所具性的意义。我妈妈梦中的那个样子，则是抄寻自祖父死前数天昏迷、喘着气的样子。对于此梦的“再度校正”的解析是我妈妈快要死了，坟墓的凸雕刚好和这配合。我醒来的时候充满焦虑，直到把双亲吵醒以后还不停止吵闹。我记得看到妈妈的脸孔后，心里就突然平静起来，似乎我需要她并没有死去的保证。而此梦的“续发的”解析在焦虑的影响下已完成了。我并没有因为梦见妈妈正在死去而感到焦虑，我之所以会产生焦虑是因为在前意识的校定中我已受到焦虑的影响。当我们把潜抑加以考虑的时候，这焦虑之情可以推溯到那含糊但却明显的由梦中视觉内容所表露的性的意味。

一位二十七岁的男人很严重的大病一年后，告诉我他在十一到十三岁之间常常反复地做下面这个梦，并且感到非常焦虑：一位男人拿着斧头在追赶他，他想要逃开，但他的脚似乎麻痹了，不能移动半步。这个是一个常见的焦虑之梦的好例子，而且从来不会被认为是和性有关。在分析的时候，梦者首先想到一叔父告诉他的故事（在那梦第一次发生之后），那是有关他叔父一天晚上在街头被一位鬼头鬼脑的男人攻击的事。梦者自己由这联想得到以下的结论：他在做梦之前听到一些和这相似的事。至于斧头，他记得在一次劈柴时手指砍伤了。然后他立刻提到和他弟弟的关系。他常常对弟弟不好，将他打倒。他特别记得一次他以长靴踢破弟弟的头，流了许多血，然后他母亲对他说："我害怕有一天你会把他杀掉。"当他仍然在思索有关暴力的时候，他突然想到他九岁时候的一件事。某天晚上他父母亲很晚才回来，双双上了床，而他恰好在装睡。不久他即听到喘气声以及其他奇怪的声音，他还能够猜度他双亲在床上的姿势。进一步的分析，显示他将自己和弟弟的关系和父母的此种关系相类比。他把父母亲之间发生的事包含在暴力和挣扎的概念下。他并且找到对此观点有利的证据：常在母亲的床上找到血迹。

我可以这么说，成人之间算是家常便饭的性交却会使看见的小孩认为奇怪并且导致焦虑的情绪。这焦虑之所以产生乃是因为这种性激动不能为小孩所了解，并且因为父母之牵涉在内而遭受排挤，所以转移为焦虑。另外我们知道在一个更早的生命过程中，孩子对异性父母的性冲动还未受到潜抑，因而会自由地予以表达（请见第五章　丁节）。

对于小孩那些晚上发作的恐怕和幻想，我毫无怀疑地给予同样的解释。这种例子亦是一种性冲动的问题，因为不被了解以有受到排挤而引起的。而如果把它记录下来也许会显示出发作的周期性，因为性原欲可以因为意外的刺激或者自动的周期性发展而得以加强。

我没有足够的观察材料来证实我这解释[28]。

另一方面，小儿科医师不管对孩童的身体或精神方面都缺少这种了解整个现象的见解。下面我要记录一个有趣的例子，如果不小心被医学神话所蒙蔽，那么就会很容易地将它看错。我要借用底巴克的有关论文"PavorNocturnus"。

一位十三岁的男孩，身体不好，感到焦虑与多梦，他的睡眠开始受到困扰，几乎每个星期都有一次从睡眠中惊醒，非常焦虑而且伴随着幻觉。他一直都能清楚地记得这些梦。他说那恶魔向他喊："啊，我们捉到你了！啊，我们捉到你了！"于是有一种沥青和硫黄的味道，他的皮屑即受到火焰的烧伤。他由梦中醒来时感到非常恐怕，但起先都叫不出来。当声音回复时，他记得自己很清楚地这么说："不，不，不是我。我什么都没有做过！"或者："请不要这样！我不会再做了！"或者有时说："阿伯特从来没有这样做过！"后来他拒绝脱衣，"因为火焰只有在他不穿衣服的时候才来烧他。”当他仍然做这种恶魔的梦时（对他的健康是种威胁），他被送来我们的国家。经过十八个月的治疗后，他复原了。有一次在他十五岁的时候，他这么承认：“我不敢承认，但我一直有针刺的感觉，而且那部分过度的激动使我感到焦虑，好几次我真想由宿舍的窗口出去！”

我们可以毫无困难地推论：

①这男孩年轻的时候曾经手淫过，他或许要否认它，或者为这坏习惯而要给自己严厉的处罚（他的招供是：“我不再这么做”、“阿伯特从来没有这样做过”）。

②在青春期来临后，这种手淫的诱惑又再度经由生殖器官的刺痒感觉而复活了。

③现在他产生了对压抑的挣扎，但他虽将他的原欲压抑下来不过却将之移形为焦虑，而这焦虑则将他以前扬言要处罚自己的方法集合起来。

现在让我们看看原作者的推论：

①由这观察可以很清楚地看出青春期可以使一位健康不佳的男孩变得非常软弱，并且可以产生某种程度的大脑贫血。

②这种大脑贫血会产生人格的变化，产生恶魔式的幻觉，以及非常剧烈的夜晚焦虑状态（也许还有白天的）。

③这个男孩的魔鬼妄想和自我谴责要追溯到宗教教育在他小时候所产生的影响。

④所有这些症状在相当长的一段乡村之旅后消失了，这是由于身体的运动以及青春期结束后身体精力的重获所致。

⑤也许这男孩大脑发展的先决影响是由于先天的遗传因素，或者是他父亲的梅毒感染。

以下是他的结论：“我们把这病例归属于因为营养不足而引起的无热性谵妄，因为这个症状是由于大脑缺氧的缘故。”

五、原本的与续发的步骤——潜抑

为了要更深入地了解梦的心理，我给自己找来一个极其麻烦的事情——对这件事来说，我的解说力量是很不够的。我一方面只能把这些复杂而又同时产生的元素，一个个地加以描述（不能同时进行），一方面在描述每一点的时候，又要避免预测它们所依据的理由。像这一类的困难，都是超出我的力量所能解决之外。在叙述梦的心理时，我已经忘了提出这些观点的历史性发展，对这些我必须予以补偿。虽然我对梦这问题的探讨方向，是根据以前对心理症病患的研究而定的，但我并不想把后者当作我目前这工作的引证基础，虽然我一直想这么做。不过我却想以反方向进行，即以梦来作为对心理症病患心理研究的探讨方向，我知道读者所将遭遇的许多困难，不过我却找不到什么方法可以避免这些困难。

由于我对这些问题的不满意，我很愿意在此稍为暂停一下，以便能考虑别的观点，它们似乎对我的努力给予较大的价值。就像在第一章 中所描述过的一样，我发现自己正在面对着一个各派作家各具有完全不同意见的论题。在对梦的这问题的处理上，我们都能将主要的矛盾给予合理的解答。我们只反对其中的两个观点——所谓梦是一种“无意义的过程”，以及它是属于肉体，除了这两点以外，我都能在自己的复杂论题中各自证实了这些相互矛盾的意见，并且指出它们都照亮了部分的真实。

关于梦是清醒时刻的兴趣与以证实。而这又和那些对我们具有重大意义与兴趣的事情发生关联。梦永远不会为小事忧心。不过我们又接受相反的意见，即梦收集白天各种无关痛痒的遗留物，而它们不能把握白天任何重大的兴趣，除非它们和清醒时刻的活动分开。我们发现对梦的内容来说，这也是正确的——它借着改装而将梦思的表达给予改变。由于联想的原因，我们知道梦的程序比较容易控制住近期或者毫无关系的概念性材料（而这还未被清醒时刻的思潮所封禁）；而它亦因为审查制度的原因，将精神强度由于一些重要但又遭受反对的对象转移到一些无举足轻重的事情上。

至于梦具有“过强的记忆”以及和幼童时期的材料有关的事实，早就成为我们梦的定理的基石——在我们梦的理论中，源于幼童时期的愿望是梦的形成所不可缺少的动力。

自然我们无须怀疑睡眠时外来刺激所具有的意义，这曾经实验加以证实；不过我们曾经指出这些材料和梦愿望的关系，相当于白天活动中持续入眠的思想遗留物一样。我们亦没有理由反对这个观点——梦对客观感觉刺激的解释和错觉一样——不过我们已找到产生此种解说的动机。这些理由都被其他的作者忽略了。对于这些感觉刺激的解说是这样的——不去打扰睡眠，并且用来满足愿望达成。至于感觉器官在睡眠时感受到的主观性刺激状态，曾由拉德先生予以确实。我们并没有把它们当作梦的一个特殊来源，但我们却可以利用那在梦背后活动的记忆的后退（退化）性复苏来解释这种激动。

至于那些内脏器官的感觉——曾经一度是解释梦的主要论点——也在我们的概

念中占据一席之地，虽然不很重要。这种感觉——如落下来、浮游或者被抑禁的感觉——是一种随时“待命出发”的材料，不管什么时候，只要合乎需要，梦的运作都会利用它来作为梦思的表达。

我们相信梦的程序是快速而且同时发生的。这个观点，如果以“意识对已造好的梦内容的察觉”来看是正确无讹的，不过在这以前的梦程序，可能是缓慢而且具有波动性。至于梦之谜——在一个很短的时间压了大量的材料的疑问——我们的解释是，它们把心灵内那些已经作好的构造拿来应用。

我们知道梦都是改装的，并且受记忆的截割的，不过这并不造成阻碍，因为它不过是开始梦形成的那刻就已存在的改装活动之公开，而且是最后的一部分。

关于那令人失望以及表面看来是无法达到妥协的争论——心灵在晚间是否亦睡觉，或者它仍然像白天一样地统帅着各种精神机构——我们发现二者都对，但并非全部都对。在梦思中，我们能证明那非常复杂的理智机能是存在的，它几乎和精神装置的所有其他来源一起运作。然而我们无法否认这些梦思皆源于白天，而且也要假定心灵会有睡眠的状态。所以即使是“部分睡眠”的理论亦有其价值，虽然我们发现睡眠状态的特征并非是心灵联结的解体，而是白天统辖的精神系统将其精力集中于睡眠的愿望上。由我们的观点看来，这从外在世界退缩的因素亦自有其意义在，它虽然不是唯一的决定性因子，不过亦是促使梦表现的后退现象得以进行的原因。所谓“放弃对思想流向的主动引导”的概念亦不可予以非难，但精神生活并不因此而变得漫无目标，因为我们知道，当自主（主动）的具有意义的思想被舍弃后，非自主的思想则取得统辖权。另外，我们不但发现梦中含有各种松弛的关联，而且还能指出其他我们想象不到的联结。而这松弛的关联不过是另外那些确定，而且具有意义的联结的替代物。确实，我们会把梦视为荒谬的，不过梦例却又给我们这样的教训——即不管梦表面是如何的荒谬，它还是非常合理的。

对那些梦的功能——各个作家认为梦所应该赋有的——来说，我们毫无异议。如梦是心灵的安全活门，以至罗勃特说的“所有有害的事物，经过梦的表现后，都变得无害了”——这观点不但和我们所谓的梦的双重愿望吻合，而且对这句话来说，我们要比罗勃特了解得更深。至于“心灵在梦中能够自由扮演”的观点，在我们的理论看来，则相当于前意识的活动让梦自由发展而不予以干扰。如“在梦中，心灵回复到胚胎时期的观点”这一类的文字，或者是艾里斯形容梦的话——“一个古老的世界，具有庞大的感情和不完全的思想”——使我们很高兴，因为这和我们的论点不谋而合（我们认为这些白天被压抑的原始活动和梦的建造是有关系的）。

我们也能衷心地接受沙里所写的："我们的梦带回我们早先的以及依次发展的人格。在睡眠当中，我们恢复了从前对事物的看法和感觉，还有那些曾经统辖我们的冲动和反应。"还有，我们亦和德拉格一样，认为那些受到"压抑的"成为梦的主要动力。

我们重视歇尔奈尔叙述那部分，关于"梦的想象"的重要性，以及他本人的解释，但我们不得不把问题转到另一个位置来看。事实上，重点不在梦创造了想象，而是在梦思的建造上，潜意识的想象活动占了重要的大部分。不过我们仍然亏欠歇氏许多，因为他指出了梦思的来源，但所有他描述为梦运作的几乎都是白天的潜意识活动，而它促使梦发生的能力是不下于促使心理症状的产生。这和我们所谓的梦运作是不相同的，而且梦运作包含的范围也较窄。

最后，我们没有理由舍弃梦和精神疾病之间的关系，反而应在一个新的立场上建立一个更巩固的联结。

我们所以能够在自己建架的结构内，容纳早期作者们所提出的各种不同的相互矛盾的发现，这要归功于我们梦理论的特色，它将这些理论结合成一个更高级的单元。对许多发现，我们给予新的意义，但只有少数几处遭受我们的否决。然而，我们的建架仍未完全。除了那些因为我们进入和梦心理的暗处所遭遇的复杂问题以外，我们似乎遇到了一个新的矛盾。一方面我们认为梦思源于完全正常的心灵活动，但另一方面我们又在梦思中发现许多不正常的梦程序，这些程序后来进入梦内容，而且在解析时又重复一遍，所有那些形容为"梦运用"的却和我们所知道的理智的思想程序不同。以前作者的严格判断，认为梦的精神功能是低能量，似乎是正确的。

也许需要更进一步地研究才能得到解答，并且使我们步入正途。现在让我们再把另一个梦形成的连接加以更仔细地观察。

我们已经发现，梦取代了许多源于日常生活的思潮，并且形成一个完整的逻辑次序。因此，我们不必怀疑这些思想是否源于正常的精神生活。我们认为价值很高的思想以及极其复杂的行为，都能在梦思中找到。但是我们无须假设这些思想行为在睡眠的时候完成，这种假设会大大地弄坏了我们迄今所引用的关于睡眠精神状态的概念。相反的，这些思想也许源于前些日子，它们也许从开始就逃过意识的注意，在睡眠开始进行时，也许就已经完成了。由此等前提，我们最多只能下这样的结论：最繁杂的思想成就也许不需要意识的协助亦能完成。由每一位接受精神分析治疗的歇斯底里症病患或强迫思想症病患中，我们都会找到这种事实。这些梦思本身当然不是无法进入意识层；如果我们白天不能意识到它们的存在，那一定有许多旁的理由。要被“意识”到和那特殊的精神功能——注意力——有关，这个功能似乎只有一定的能量，因此可以由某一有问题的思想串列转移到别的目标上。另外，还有一种方法可以使这些思想串列不能进入意识面：“意识的反映”显示在施展注意力的时候，我们是沿着一条特别的途径，如果沿着此途径进行的时候，我们遇到一个不能接受批评的概念，那么我们就瓦解了——即我们遗弃了注意力的潜能。似乎这样起头以及被遗弃的思想串列会继续地进行下去，而绝对不会再受到注意，除非它在某一点达到特别高的强度，才会迫使注意力再去注意它。因此如果某思想串列开始的时候就遭受排斥（也许是意识的）——在直接的理智用途下，判断它是错的，或毫无用处——那么可能造成这样的结果：此思想串列继续进行下去，毫不为意识所察觉，直到睡眠的开始。

总括一句，我们把这一类的思想串列称为“前意识”，我们认为它是完全理智的，并相信它或者被忽视，或者被排挤而受压抑。让我们再用简单的字眼来叙述我们对思想产生的看法。我们相信当发生一个有目的概念时，某些数量的激动——称为“潜能”的东西——就会依着此概念选择的连接途径，转移过去，那些被忽视的思想，则是没有得到此种“潜能”者。而受到压抑或排挤的思想串列，其潜能即被收回。在这两种情况下，它们都得靠自己的激动。有时这些思想串列——具有有目的潜能——可以吸引意识的注意力，然后经由意识的机构而得到过度的潜能。接下来，我们要阐明意识的功能与性质。

前意识中如此进行的思潮最终有两种结果，它或者自动地消失，或者持续下去。对于前者，我们这样认为：它将能量由各个相连的小径发散出去，这能量使整个思想网处在一个激动的状态。这种激动状态持续了一阵子，然后就消退了。这是因为寻求解放的激动转变为静寂的潜能。如果是这第一种结果的话，对梦形成来说，它已不具任何意识。但前意识中仍然潜伏着其他有目的的概念，它们源于潜意识，而且一直保持活动。它们也许会控制这些前意识中不被理会的思想激动，或者建立它与潜意识的关联，并将潜意识愿望的能量转移过去。因此，虽然加强力量仍然不能使它到达意识层，但是这种受到压抑以及忽视的思想串列仍能够自我维持，于是我们可以这么说，此前意识的思想已被带入潜意识中。

其他可能引起梦形成的局势如下：前意识的思想串列可能一开始就和潜意识的愿望相连，因此受到那主要的具有目的的潜能拒绝；或者一个潜意识的愿望，因为某些原因（如由肉体而来的）而变为活动性，并且找寻机会把能量转移到那个前意识所不支持（不供给能量）的精神遗留物。这三种情况都有同样的结果：前潜识中有一组思想串列，受到前意识潜能的遗弃，不过却由潜意识愿望中取得潜能。

由这点开始，此思想串列即进行一系列的变形，我们再也不能把它们认为是正常的精神程序，最后导致一个令我们惊讶的结果（一个精神病理学上的构造）。下面我将列举这些程序：

①每一个单独的思想强度都可以全部释放，由一个思想传给另一个，因此某些概念形成时，即被赋予极大的强度（请见第六章　丙节）。又因为这过程可以数度重复，所以整个思想串列的强度终于会集中在一个思想元素上。这是我们熟悉的梦运作的“压缩”。凝缩作用是我们对梦产生如此迷乱印象的主要原因，因为在我们已知的正常与能够到达意识层的精神生活中找不到相类似的东西。在正常的精神生活中，我们也能找到一些概念——属于整个思想串列的结果或症结——它们亦具有高度的精神意义，但是其价值却并不以任何对内在知觉来说是明显的感觉状态表达出来。另外，在凝缩作用的过程中，每个精神的相互联系都变为概念内容的强化。这情况就和我写书的时候，用方体或正体来表达出那些我认为是了解内文的重要部分。在演说的时候，我要更大声更慎重，以强调的语气把这个字念出。第一个类比使我立刻想起梦运作所提供的实例：“伊玛打针的梦”中那个字。艺术史家们使我们注意到这事实，即最早而且富有是历史性意义的雕刻都服膺于相同的原则：它们以形象的大小来代表雕像的地位。国王要比他的侍从或被击败的敌人大二或三倍，罗马时代的雕刻则利用更微妙的方法来表现这种效果。如皇帝被放置在中央，直立着，被特别小心地加以雕塑，而他的敌人则屈服于他足下。不过他不再是矮人群中的巨人。而今天在我们之间，下级对上级所行鞠躬礼即是这种古老表现原则的一种回响。

梦中凝缩的进行方向一方面受到梦思和理性的前意识关系的影响，一方面又受潜意识中视觉记忆的决断。凝缩作用的结果是产生那借以穿透而进入知觉系统所需的强度。

②借着强度的转移，中间思想——和妥协相似——经由凝缩作用的影响而形成（请参阅我提过的许多例子），这也是我们正常思想中所从未有过的。在正常思想中最主要的是选择以及保留那“适当的”概念元素。另一方面，在我们尝试以语言表达出前意识的思想时，集锦构造与妥协常会出现，它们被认为是“说溜了嘴”。

③那些互相转移强度的概念间具有最松弛的相互关系。它们之间的关联是我们正常思考所不屑一顾的——最多用于笑话上——特别是那些同音异义以及一语双关的情况，它们被认为是和其他的连接相等。

④互相矛盾的思想，但并不互相排斥，反而继续相依为生，常常会组合而成凝缩的产物，就好像矛盾并不存在一样，或者它们达致一种妥协——对此种妥协，我们的意识是同样无法忍受的，不过却常在行动中出现。

以上是一些梦思（其前身是架建于理智的基础）在梦运作过程中最显著的异常步骤。我们以后将看到这些程序的整个重点是放在使潜能变为可动的，同时能加以释放。至于这些潜能所附着的精神元素，其内容真正的意义却不被重视。我们亦可以这么假定：凝缩作用以及妥协之产生是为了促成退化作用，即使思想转变为影像的作用。至于某些梦的分析，还有梦的合成，如“Autodidastes”的梦，虽然不具有后退现象所产生的影像，却也仍然和别的梦一样，具有同样的转移与凝缩作用。

因此，我们可以达至这样的结论，梦形成和两种基本上就不同的精神程序有关。其中一个产生完全合理的梦思，和正常的思想具有同样的真理性，而另外一种则以最迷乱、最不合理的方式，来处理这些思潮。我们已经在第六章的讨论中，把第二种精神程序称为梦运作本身。对这精神程序的来源，我们有何可说的呢？

如果我们早先没有深入了解心理症的心理——尤其是那些歇斯底里症的——那么我们就不可能回答此问题。由这些研究，我们发现一个同样不合理的精神程序在歇斯底里症状的产生上占据着主要的地位。在歇斯底里症中，我们开始的时候也只是看到一些完全合理的思想，和意识的思想一样正确，而这第二种形式的存在，我们无法找到，只能在后来的追踪研究中发现出来。借着对病人症状的分析，我们将发现这些正常的思想受到不正常的处理：它们借着凝缩作用及产生妥协，借着表面的联系，在不顾矛盾的情况下，经由后退现象的小径转变成为外面所表现的症状。由于梦运作的特征和那些产生心理症症状的精神活动是完全一致的，所以我们把歇斯底里症的结论借用在梦上。

我们由歇斯底里的理论中，借用下述的主张：一个正常的思想串列只有在下述情况才会受到前述异常的精神处理，即当一个源于幼童时期而且遭受潜抑的潜意识愿望转移到思想上，这思想才会得到此种精神处理。我们曾经假设产生动力的梦的愿望皆源于潜意识（这和上面的观点是一致的），不过我们曾经说过这假设虽然无法驳斥，但也不是完全正确的。

但为了要解释潜抑——一个我们已经用过那么多次的字眼——我们必须要更进一步去探讨我们的心理建架。

我们已经提过关于原始精神装置的假设（见第七章　丙节），其活动是避免激动的堆积，以及使自己尽可能地维持在平静的状态。因为这个理由，所以它的建造蓝图是据反射装置。而行动的力量——本身就是一种引起身体内部变化的方法——则受到它的操纵。然后我们继续讨论“满足经验”所引起的精神后果。而在这点上，我们又加入第二个假说：激动累积（如何达到累积效果，我们暂时可以不管）的感受是痛苦的，同时它使装置发生作用，想着以重温满足的经验——即减少激动，并且产生愉快的感觉。精神装置内的这道主流——由不愉快流向愉快，我们称之为愿望。我们断定只有愿望才能使这装置产生行动，而愉快与痛苦的感觉则自动地调节激动的路程。第一个愿望的发生也许是“满足记忆”幻觉式的强化印象。不过这种幻觉，除非能够得到完全的消耗，否则无法使需求停止，因此也就无法借完成而得到愉快的感觉。

因此我们需要第二种活动，或称为第二个系统活动。它使记忆的潜能不至于超过知觉范围，束缚着精神力量，并且把由需求而来的激动加以改道，使它循看一条团团转的路，直到最后借着一种自主的行动操纵外在世界，使个体能够真正地感觉那引起满足的真正“对象”。我们在精神装置的图解中，就只提到这里。这两个系统就是我们在完全发展的装置内所谓潜意识和前意识的根源。

为了能够用行动将外在世界适当地予以改变，我们必须在记忆系统中堆积一大堆的经验，以及许许多多由不同的“有目的的概念”和这堆记忆材料所产生的永久性关联。于是我们就能将假设向前推进一步。这第二个系统的活动是在永远借着摸索的前进中，交互地送出或收回潜能。它一方面需要不受拘束地管理各种记忆材料，但由另一方面来看，如果它沿着各个思想小径送出大量的潜能，那么将使它们随意漂流而毫无效果地浪费掉，并且减少了那用以改变外在世界的力量。所以我如此假定（为了效率的缘故），这第二个系统将其大部分能量置于一种静止的状态，而只利用一小部分于转移现象上。我还不太了解这些程序的机转；不过任何一位想真正了解这概念的人必须在脑中有个实体的类比，即想象神经细胞激动时所伴随的行动。我要强调的概念是，第一个系统的活动是使激动的能量能够自由地流出，而第二个系统则借着由此而产生的潜能，将那激动流出口堵住，并把它转变为静止的潜能，同时提高其能量。因此我假定第二个系统控制激动所遵循的途径和第一个系统必大不相同。当第二个系统在其试验性思想活动中达至结论后，它即解除抑禁，并且把堆积起来的激动加以释放以产生行动。

如果我们把抑制第二系统内“潜能的解除”和“痛苦原则”[29]调节功能的关系加以比较，那么就可以得到一些有趣的结果。现在让我们先指出满足的死对头——即客观的恐怖经验。让我们假设，某知觉刺激于此原始装置，并且是痛苦的来源。

因此即产生不协调的运动行为，直到最后某一个动作使此装置和知觉分开，同时也远离了痛苦为止。如果知觉再度出现，这动作立刻又会再度出现（也许是种逃难的动作），直到知觉又再消失为止。在这种情况下，没有任何倾向会以幻觉或其他的方式去增添痛苦来源之知觉的潜能。相反的，如果有什么发生而使得此令人困扰的记忆图像重新显现，这原始装置会立刻把它再度删除，因为这激动的流入知觉会产生（或更精确地说开始产生）痛苦。这种记忆上的回避——不过是重复了此知觉逃避——亦被下列事实所协助，即回忆不像知觉，这没有足够的力量来唤起意识，因此不能吸取新鲜的潜能。这种借着精神程序不花力气，以及经常回避那曾经产生困扰的记忆提供我们一种原型，以及第一个精神潜抑的例子。这是一个常见的事实，即回避那些令人困扰的刺激——鸵鸟政策——仍能在具有政党精神生活的成人中见到。

因为痛苦原则的结果，第一个系统不能将任何不愉快的事带入其思想内容中。它除了愿望以外，什么都不能做。如果一直停留在这点上，那么第二个系统的思想活动必定遭受阻碍，因为它需要很自由地和各种经验的记忆交通。因此产生两种可能。第二系统也许完全不受痛苦原则的约束，因此能够继续进行而不会受到不愉快回忆的影响，或许它有办法使不愉快的记忆无法将不愉快的情绪释放。我们要删掉第一种可能，因为痛苦则很清楚地控制着第二系统的激动过程（和第一系统中的一样）。所以只剩下一个可能，即第二系统转移潜能的当时亦抑禁了记忆激动的产生，这当然包括不愉快感的产生（可以和运动神经传导相比）。因此从两个不同的起点，根据痛苦的原则以及前面所提的消耗最少潜能的原则，我们都能够得到同样的结论，即第二系统的潜能同时产生激动传导的抑禁。让我们牢牢记住（因为这是了解潜抑定律的钥匙）：第二系统要在能够抑制住某一概念所发生的不愉快感觉时才能将潜能传移给它。任何一个能够逃离抑制的都无法为第二系统以及第一系统所接近。因为痛苦原则的关系，它很快地就被删除掉。这种不愉快的抑制并不一定会彻底，不过它必须产生一个开始，因为这样才能让第二系统知道此记忆的性质，关于它是否适合思想程序所找寻的目的。

我要把第一系统内进行的精神程序（步骤）称为“原本步骤”，而那由第二系统的抑制所产生的程序称为“续发步骤”。我还能指出另外一个理由，为何续发步骤要改正原本步骤。原本步骤努力地想产生激动的传导，因为借着如此堆积起来的激动，它能建立“知觉仿同”（请看本章丙节）。然而，续发步骤舍弃了这个意图，而以另一个来取代其位置——即建立“思想仿同”。所有的思想都是由某个满足的记忆（被当作有目的概念）绕道而达至同一记忆的相同潜能——希望借着运动经验的媒介而再度获得。思考所关心的是概念之间的相互联系，以及妥协的产物，都是达到仿同目标的障碍。因为它们以某一概念取代另一概念之后，就把原来通向第一个概念的通道弄歪。所以像这类的步骤都是续发性思维所极力避免的。我们也容易看出来，“痛苦原则”虽然在另一方面提供思想步骤许多最重要的指标，但是在建立“思想仿同”时却是一大阻碍。因此，思想步骤的倾向一定是要由“痛苦原则”的规定中解脱出来，同时将感情的发展降低到最小，使它刚刚足以产生信号即可。借着意识的帮助得到过度的潜能后，思考才能达到这精练功能的目标（请参阅第七章　己节）。不过我们很了解，即使在正常精神生活中，这个目的亦很难达到，而我们的思考仍然因为痛苦原则的影响而时常发生错误。

然而这思想（续发思考活动的产物）成为原本精神步骤的对象并不是我们精神装置的功能性缺陷（这个方式可以用来解释梦以及歇斯底里症的产生）。这个缺陷源于我们发展历史中的两个会合的因素。其中一个完全属于精神装置，因此对这两个系统的关系有着决定性的影响，另外一个因素的作用则是波动性的（时大时小），将机质性的本能力量带入精神生活来。这两个因素都是起源于童年，而且是自幼年开始，我们的精神和身体器官所产生变异的沉淀物。

当我把精神装置内的一个精神程序称为“原本步骤”的时候，我不单单是对其重要性和效率考虑，我还想以其命名来显示发生时间的前后。据我们所知，没有一个精神装置只具有原本步骤，所以这样的一个装置只是理论上的虚构物。但下面这点倒是事实的：在精神装置中，原本程序是最先出现的，而续发步骤则在生命的过程当中慢慢成形、抑制并且掩盖过原本步骤，不过要完全地控制它可能要到壮年的时候。因为这续发步骤出现得慢，所以我们的核心（由潜意识的愿望冲动所组成）仍然是前意识所无法到达、了解，或者是抑制的，而后者则受到一经决定就无法予以变更的限制并成为传导潜意识愿望冲动的最适当途径。这些潜意识的愿望对前意识的精神趋向能够加以强迫的压力，这是后者所必须服从的，不过后者也许可以努力地将这些潜意识力量叉开，并将之引导到更高层的目标。续发步骤较晚出现的另一个结果是前意识的潜能无法进入广大的记忆材料内。

在这些源起于幼年时期不能被毁灭或抑禁的愿望冲动间，某些愿望的满足是和续发性思考的“有目的的概念”相冲突的，这些愿望的满足因此不再产生愉快的感情，反而是痛苦。这种转变的感情正是我们所谓的“潜抑”的基本。潜抑的问题是它为何发生此种转变，以及基于何种动机的力量。但对这问题，我们在这里只要轻轻碰一下就好了[30]。我们只要知道这种转变在发展的过程中产生——我们只要回忆孩童时期如何发生厌恶感，而这本来是不存在的——而且和续发系统的活动有关。那些被潜意识愿望借以释放情感的记忆，既然不会为前意识所接近，因此附于此等记忆的情感的释放亦不会受到它的抑制。所以即使把附在它们上面的愿望能量转移给前意识思想，前意识思想亦因为这种情感的起源而无法和它接近。反过来，“痛苦原则”却支配大局，使前意识远离这发生转移的思想。因此它们就被遗弃了，所以许多幼童时期的记忆一开始就被前意识疏远了，这是潜抑的必须情况。

最理想的情况是不愉快的感情在前意识内。因为思想转移失去潜能后就停止产生了，这结果表示痛苦原则的参与是有用的。但是当潜抑的潜意识愿望接受机质性的加强，然后再转移给被转移的思想后，情形就不一样了。在这种情况下，即使失去了前意识的所有潜能，这转移能量所造成的激动亦使这些思想企图冲出重围，于是产生防卫性的挣扎。因为前意识加强它对潜抑思想的抗拒（产生“反潜能”），而后这被转移的思想（潜意识思想工具）经由症状产生的妥协状态达到其突破的目的。但是当这潜抑思想受到潜意识思想的强力资援，同时又被前意识潜能遗弃后，它们就受原本精神步骤的控制，而目标则是运动行为的产生。或者，如果可能则会使知觉仿同造成幻觉式的后现。我们大概知道，前述这些不合理的步骤只能发生于潜抑的思想。现在我们又能看得更深一层，那些发生于精神装置中的不合理步骤是根本的。只要概念被前意识所舍弃，让它自生自灭，并且由潜意识不受压抑的能量所转移（而这潜意识努力地找出口），他们就会发生。其他一些观察亦能支持我们的观点——这些被称为不合理的，并非是指正常步骤的错误（所谓理智错误），而是那由抑制解放出来的精神装置的活动方式。因此我们发现统驭由前意识激动转变为行动之间的还是同样的步骤，而前意识思想和文字之间的联结也很容易出现同样的转移和混淆。这我们常归咎于不注意。最后，要抑制这些原始形式的功能，需要更多工作（能量）的证据存在于下列的事实中：如果我们让这些力量突破到意识层，则会产生一种滑稽（一些要借着笑声而释放的过多能量）的效果。

有关心理症的理论指出下面这个不变以及无疑的事实，即只有幼童时期而来的性愿望冲动，在孩童的发展过程中受到潜抑后，曾在后来的发展中重新复活过来（或许是源于起始是双性的性体质的关系，或者是性生活过程中不良影响），所以可供给产生各种心理症症状的动力。只有推论到这些性力量，我们才能把潜抑理论中仍然存在的隐缝塞住。对于这些性的以及幼童时期的因素是否同样的适用于梦理论的问题，我将不予回答。我没有完成后者的理论，因为在假定梦愿望永远是由潜意识中而来的时候，我已经超过我能解说的地步[31]。在此我也不想再深究形成梦和歇斯底里症之间的精神力量有什么不同。我们对任何一个仍然没有足够的了解。

另外还有一个地方我认为是重要的，而我要承认，我是因为这点才能导出有关两个精神系统的讨论——它们的运作方式以及潜抑的事实。现在的问题不是我是否能将这和大家有关的心理因素造成一个适当而且正确的概念，或者（相当不可能）我的看法是否歪扭以及不完全的。虽然在判断精神审查制度和梦内容的合理与异常的修正中，我们会造成许多变异，但以下这些一定还是事实。在梦的形成过程中，这类的步骤必定在运作，而它们的基本是和歇斯底里症的形成是同类的。然而梦并非是病态的，它并没有显示任何精神平衡的困扰，而且它也不会发生效率被破坏的结果。也许有人认为不能由我的梦或者是我病人的梦中得到全体有关正常人的梦之结论，但我相信这个反对是不值得一提的。因为我们可以由所见的现象推论它的动机力量，结果会发现心理症病人所应用的精神机转并非新创，而是早已存在于正常装置之中。这两个精神系统，控制二者之间通道的审查制度，其中一个活动对另一个的抑制与掩盖，以及二者和意识层的关系——或者其他对此观察到的事实的更正确解释。这些都形成我们精神工具的正常结构，而梦则指出一条让我们能了解这精神构造的路。即使很保守地局限于已知的确定知识的范围，对梦我们仍然可以这么说：它们证实了那些被压抑的东西仍然会继续存在于正常或异常人的心灵中，并且还具有精神功能。梦本身即是此受压抑材料的一种表现。理论上来说，每一梦例都应是如此的。由实际的经验看来至少可以在大部分的情况中找到，尤其是那些表现出最明显的梦生活之特征者。在清醒时刻中，由于矛盾态度的相互中和，所以心灵中被压抑材料无法被表达，并且无法被内部的知觉所感受，但是在晚间，却由于冲力对妥协结构震撼的结果，这被压抑的材料找到进入意识的方法与路途。

Flecteresinequeosuperos，Acherontamovebo[32]（如果我不能影响神祇，那么我亦要搅动冥界。）

梦的解析是了解潜意识活动的大道。借着梦的分析，我们能够了解这最神秘最奇异的构造。无疑地，这只是一个小步，但却是个开始，而且这个开始使我们能够更进一步分析（也许基于其他我们称为病态的构造）。而疾病——至少那些正确的被称为官能性的——并非表示这装置的解体，或者在内部产生新的分裂。它们需要有动力的解释，即在各个力量的相互作用下，有些成分被加强，有些变弱，因而许多活动在正常机能下不会被察觉。我希望在别处能够显示这两种机构合成的装置，这样要比只有其中一个来得更为优越[33]。

六、潜意识和意识——现实

如果更仔细地想一下，那么将会发现前章的心理讨论使我们假定有两种激动的程序或者解除的方式，而不是两个靠近装置运动端的系统。但这对我们并没有太大的影响，因为我们如果发现一些更恰当以及更靠近那我们所不知的真理的事实时，我们必须随时把以前的概念架构加以改变。所以让我们来改正一些错误的观念（如果我们把这两个系统很简明地当作精神装置的两个位置）——如“潜抑”与“突破”中所蕴含的这些错误观念的痕迹。所以当我们说某个潜意识思想寻找机会进入前意识，然后突破而入意识界的时候，我们脑海中所想的并不是在新的地方形成新的思想（像副本由原本复印出来，两本共同存在的情形），而那个突破入意识的概念也并不指位置的改变。同样的，我们也可以说前意识的思想被潜抑或由潜意识所驱逐而加以取代。这些意象（借用争夺一片工地的观念）很容易使我们认为某个地点的精神集合真的消逝，而以另一个新据点的集合来代替。现在让我们用一些和现实更接近的东西来替代此种类比：某些特殊的集合具有潜能，可以再增加，也可以减少，因此这结构就能够受到某特殊机构的控制或者脱离之。在这里我们用一种动力学的观念来取代前述的区域性理论，即我们认为可更动的不是精神构造本身，而是它的“神经分布”[34]。

然而我认为我们可以一起利用此二系统的两种类比影像——这是合宜而且正当的。如果把以下的观念放在脑海中，那就可以避免任何滥用此种表现方法的可能：概念、思想以及精神构造一般来说不应该认为是坐落于神经系统的任何机质元素上，而是（可以这么说）“在它们之间”，而各种阻抗以及便利的道路形成了相对应的关联。能够成为内在知觉的任何对象都是“虚像”——假的，和望远镜借着光线的折射所造成的影像一样。但我们把这系统——本身并非精神的，而且永远无法为我们的精神知觉所察觉——看成像望远镜投影的镜头那类东西，是合理的。而如果我们继续比较时，我们可以两种系统之间的审查制度比喻成光线由一介质进入另一新介质中所发生的折射作用。

到现在为止，我们只是靠自己的摸索来发展我们的心理学。接下来我们应该考虑那些盛行于现代心理学的定律，并且检查它们和我们假说间的关系。利普士在他那有影响力的文章中曾表示，就心理学来说，潜意识问题比较不是心理学上的问题。

只要心理学家漠视此问题，认为“精神”指的是“意识”，而潜意识的精神程序则是明显的“无意义”，那么医生对不正常精神状态的观察则不可能用心理学去评价。医师和哲学家只有互相承认所谓“潜意识的精神程序是一个确定的事实”后才有可能合在一块。如果有人对医生说，“意识是所谓精神不可缺少的特征”，那么他只好耸耸肩膀，不过如果他对这些哲学家的话仍然具有足够的信心时，他也许可以这么假定，我们和科学上所追究的并非是同样的问题。因为是对心理症病人精神生活有一点了解或者是对梦做一个分析一定能使任何人产生很深刻的印象，即那些最繁杂以及最合理的理想程序——并且无疑是对精神程序——能够在不引起意识的注意时而产生[35]。当然，这是真的：医生只有在那能够交通和被观察的意识界中形成某种影响之后，才能够学到潜意识的程序。但在这意识呈现的结果也许是个和潜意识不一样的精神特征，以至于内在知觉无法辨别乙乃甲的取代物。医生们必须自在地借着潜意识程序对意识的影响中，以“推论”的方式继续深处了解。借着此种方法，他发现意识效果只是潜意识的一个遥远（次要的）的精神产物，而后者不单单是以此种方式呈现在意识界，而且它的出现与运作常常为意识所不知。

我们必须放弃这种高估的想法，即意识乃是真正了解精神事件不可或缺的基本。就像利普士所曾说过的，潜意识是精神生活的一般性基础，潜意识是较大圆圈，它包括了“意识”这小圆圈；每一个意识都具有一个潜意识的原始阶段；而潜意识也许停留在那阶段上，不过却具有完全的精神功能。潜意识是真正的“精神实质”。对于它的内在性质，我们和对外在世界是真实一样的不了解。而它经由意识和我们交往，就和我们的感觉器官对外在世界的观察一样的不完备。

当我们舍弃了意识生活与梦生活之间的对立，以及将潜意识放在它应占据的地位时，许多早期作者有关梦的重要问题都失去了意义。因此许多使我们惊奇的在梦中成功呈现的活动不再被认为是梦的产物，而是属于潜意识的思想——它在白天的活动并不少于晚间的。如果像歇尔奈尔所说的那样，梦只是玩弄着一些身体的象征性表现，那么我们知道，这些表现是某些特定潜意识幻想的产物（这也许源于性的冲动）。它们不但表现于梦中，并且呈现在其他歇斯底里性恐怖和别的症状上。如果梦中继续进行着白天的活动，完成它，并且带来具有价值的新观念，那么我们所要做的便是将梦的伪装撕除。此伪装是梦运作和心灵深处不知名力量协助下的产物（如 Tartini 奏鸣曲之梦中的魔鬼[36]，其理智上的成就和白天产生同样结果的精神力量是完全相同的。即使在理智以及艺术的产物上，我们也许亦倾向于过分地强调意识的部分。由某些生产特别旺盛的作家报告看来，如歌德和荷尔姆赫兹，他们创造中的那新的以及重要的部分是整体地呈现在脑海中，而不是经过一番思考的。当然在别种情况下（需要每个理智成分的专注时），意识活动亦有部分的贡献。这没有什么值得奇怪的。但不管何处，只要意识参加一份，它就将其他的活动遮盖起来，这是它滥用了的特权呀！

把梦的历史性意义以一个独立的题目来讨论似乎是不值得的。譬如说，也许一个梦促使某个领袖去做一些大胆的尝试，它或许改造了历史。那么只有在认为梦是一种神秘力量，并且和常见的精神力量不同时，才会产生此问题。如果把梦视为在白天遭受阻抗的冲动的“一种表达方式”（在晚间被心灵深处的激动来源所加强），那么这问题也就消逝无踪了[37]。古人对梦的尊崇都是基于一种正确的心理认识，这是对人类心灵中不可控制以及无法摧毁的力量的崇拜——那个产生梦愿望的“魔鬼”以及在我们的潜意识中运作的力量。

在提到“我们的”潜意识时，我并非没有任何目的。因为我所描述的和其他哲学家所谓的潜意识不同，甚至和利普士的亦不一样。对他们来说，这个名词仅仅是意识的相反词；这个他们以同样的热诚、精力去赞成与反对的论题乃是——除了意识以外，必定还有潜意识的精神力量。利普士更进一步断言，所有属于精神的都是存在于潜意识中，而其中的一部分亦同时存在于意识中。但是我们集中这些有关梦和歇斯底里症的现象并非为了证实这理论，因为对正常清醒时刻生活的体验就足够证明它的正确性。由精神病理学构造以及此类的第一成员（梦）的分析所得的新发现乃是潜意识——属于精神的——是两个不同系统的功能组合。正常人如此，病态的人也一样。因此就有两种潜意识，今仍未为心理学家们所分辨。由心理学上的用法来说，它们都是潜意识的，但从我们的观点看来，其中一个被称为潜意识，是无法进入意识层的，而另一个我们称为前意识，因为其激动——在满足某些规定，或者经过审查制度的考核之后——能够到达意识界。关于此激动到达前必须经过连串固定机构（我们可以由审查制度的所产生的改变看出它们的存在）的事实，使我能够以一种空间的类比来描述它们。在前面，我们已经描述过这两个系统的相互关系，即前意识立于潜意识与意识之间，像一道筛子。前意识不但阻隔了潜意识和意识的交通，并且控制随意运动的力量，负责那能变动的潜能的分布——其中一部分所谓的“注意力”是我们所熟悉的。

另外，我们必须要分辨超意识和下意识之间的不同——这于强调精神和意识之间的相同。

那么意识所剩下来的角色又是什么呢？（它一度曾是那么全能，隐瞒着一切）。

只有那些用来察觉精神性质的感觉器官了。根据我们那图解的基本概念看来，我们只能把意识感觉看成一种特殊系统的功能，因此这缩写“意识（CS）”是合宜的。由其物理性质看来，我们认为这系统和知觉系统很相像，因为它能接受各种性质的刺激，但是却无法保留变更的痕迹——没有记忆。以其知觉系统的感觉器官指向外在世界的精神装置，对意识的感觉器官来说，本身就是一种外在世界，而意识存在的目的即靠着这个关系。这里我们又再接触到各种机构——似乎是统治着精神装置结构的——组成统治集团的原则，激动的材料由两个方向流向意识的感觉器官：

①由感觉系统——其激动取决于刺激的性质——而来。也许在变为意识感觉之前，先经过新的润饰。

②由精神装置的内部而来。当经过某些更改之后，它们进入意识，而其步骤的数量是以快乐和痛苦的质量被感觉出来的。

那些发现理智以及极其繁杂的思想结构不必经过意识亦可能产生的，哲学家们于是感到彷徨，不知道意识到底具有何种功能。在他们看来，它不过是整个精神步骤多余的镜影。但是我们却借意识系统和知觉系统的类比避开了这尴尬。我们知道感觉器官的知觉将注意力的潜能集中在那传导感觉刺激的输入途径中，知觉系统不同性质的刺激是精神装置运动量的调节物。我们亦可以认为意识系统的感觉器官亦具有同样的功能。借着对愉快与痛苦的察觉，它影响精神装置内潜能的路线，否则此路线将是一种借着潜意识的转移而运作。痛苦原则很可能是第一个自动调节潜能转移的因素。但是对这些性质的“意识”，很可能导致第二种而且更微妙的调节，甚至可以反对第一种。为了使装置的功能臻于完善，不惜冒看和原先计划相反，引导并且克服那些会产生痛苦的关联。由心理症的心理看来，我们发现这些由感觉器官因为不同性质刺激所引起的调节程序占了此种精神装置功能的重大部分。原始的“痛苦原则”的自动统辖以及效率上的限制，受到感觉调节的中断（它的本身亦是自动的）。我们发现潜抑（虽然开始有效，不过后来终于失去抑制力以及心灵的控制）比知觉更容易影响记忆，因为它不能由精神的感觉器官得到更多的潜能。我们知道，一个要被删除的思想不能变为意识，因为它受到潜抑；另一方面，此种思想有时候之所以受到潜抑是因为别的理由而将它退出意识层。下面是一些解开潜意识症结所能利用的治疗程序。

意识的感觉器官对于那数量可以变更的潜能调节造成过强潜能的价值，可以由下面的事实表露出来，即产生一些新的性质，因此带来一些新的调节。这些造成人类优于动物的原因。思想程序本身是不具有任何性质的，除了伴随着愉快或痛苦激动。我们知道必须加以某些限制，因为它们可以打扰思想。为了要使思想程序具有性质，在人类来说，它们必须和文字记忆相关联——其剩余的性质足以吸引意识的注意因而从意识赋予思想程序一种新的，可更迁的潜能（请参阅第七章）。

只有借着对歇斯底里症的思想程序加以分析，我们才能了解意识问题的多面性。由这里我们可以得到这样一个印象，即由前意识潜能移形到意识时亦有个类似于潜意识与前意识之间的审查制度[38]。同样的，这个审查制度亦透过某个数量的限制后才发生作用，因此具有低能量的思想构造就逃离它的控制，我们可以在心理症状中找到许多不同的例子。这些例子显示出某个思想为何不能进入意识，或者为何能在某种限制下挣扎进入意识。这些例子都指出审查制度和意识之间的密切以及彼此相反的关系。下面我将用两个例子来结束我对这问题的讨论。

几年前，我有个机会和一位病人交谈，她是个聪慧的女孩子，不过脸上却显露着一种单纯而冷漠的表情，她的衣着很奇怪。因为一般说来女人对衣着都很仔细，但她的一边袜子下垂着，罩衫上的两枚纽扣也没有扣上。她说脚痛，我没有要求说要看，可是她却露出她的小腿。她说她主要的困扰是（根据她的说法）：她身体内有一种感觉，她像有些东西在里面“刺”，“前前后后的动作”一直不停地“摇摆”着她，有时使她全身“硬邦邦的”。当时我一位医学同事也在场，他望着我，很显然的他了解她主诉的意义。但令我感觉惊异的是，病人的妈妈对这一切全然不在乎，虽然她一定常常处于她孩子所主诉的情况下。这女孩全然不知她自己的话里面所含的意义，要不然她不会说出来。在这个例子中，审查制度很成功地被钩住，因而让一个本来会被困在前意识内的幻想借着伪装的无邪的主诉出现了。

以下是另外一个例子。一个十四岁男孩患着挛缩性抽搐、歇斯底里性呕吐、头痛等，而来找我做精神分析。我这样开始对他的治疗：要他把眼睛闭上，然后如果见到什么影像或者有什么思想则立刻告诉我。他以对影像的描述来回答——他来见我以前最后的那个印象在记忆中浮现。那时他正和叔叔玩象棋，看着面前的棋盘，他想到几种情况，有利或者不利的，和一些不安全的下法。然后他看见棋盘上有一把匕首——一个属于他爸爸的东西，不过却在他的幻想下，置于棋盘上。接着是一把镰刀，然后是大镰刀，然后是一位老农夫在他家的远处用大镰刀修剪草地。过了好几天，我才发现这一系列图像的意义。这位小孩因为家庭的不愉快而感到困扰，他爸爸是个粗鲁容易发脾气的人，和病人妈妈的婚姻并不和谐，而且他所受的教育中具有太多的“威胁”。他爸爸和母亲离了婚——她是一位温柔、富有感情的女人，后来又再度结了婚。有一天他爸爸带回一位年轻女人，那是这病人的新母亲。几天后，这孩子的病就开始发生。他对父亲的恨被压抑后产生上述一系列图像，其暗喻是很明显的。

它们的材料源于神话的回忆。镰刀是宇宙之神宙斯阉割他父亲的东西；大镰刀和老农夫的景象代表那残暴的老人克洛诺司，他把自己的孩子吃下肚，对他的行为宙斯给予如此不孝的报复（请见第五章）。他父亲的再婚给孩子一个机会去报复他父亲很久以前所给予他的责备和威胁——因为他玩弄自己的性器（请注意：下棋、不安全的下法（被禁止的行为）、可伤害人的匕首）。在这例子内，长期被潜抑的记忆及由此记忆所导衍出来的东西一直存在于潜意识中，现在却用一种绕圈子的办法，以一种表面无意义的图像来溜入意识内。

如果有人问梦的研究到底有何生理上的价值呢？我的回答是：它对心理学知识有所贡献而且是投射到心理症问题的曙光。有谁能预言对精神装置的构造和功能彻底了解是具有何其重大的意义呢？因为即使在今天这种不全了解下，我们仍可用于能治疗的心理症，并且获得很好的治疗效果。但是把这个研究当作了解心灵以及每个人隐匿着的性格之工具——我听过这样的问题——究竟有何种实际上的意义呢？由梦所泄露出的潜意识冲动是否显示出生活中真正力量的重要性呢？压抑愿望中的道德意义是否不要予以重视，它们现在创造了梦，以后会不会创造别的东西？我不认为自己能够回答这些问题，因为我并没有深入地研究有关这方面的梦的问题。不过，我认为罗马皇帝将他的一名百姓处死——因为梦见谋杀皇帝——是错的。他应该先找出此梦的意义，而这意义极可能和它表面不同。也许具有另一种内容的梦，实际上含着此种弑君的意义。我们难道不应该认为以下的说法是对的吗？——柏拉图曾断言善良的人满足于“梦见”坏人实际干的事。所以我认为梦应该被赦免。至于这些潜意识的愿望是否应该变为真实呢？我就不敢说了。不过那些中间的以及移形的思想则必然不应是真实。如果潜意识以其最真实的形貌出现在眼前，我们仍然毫不犹豫地如此决断，精神的真实也是种特殊的存在，不应该和物质上的真实混为一谈。因此，人们拒绝接受其梦境的不道德似乎是不必要的。在了解我们精神装置的功能以及认识意识和潜意识之间的关系后，我们梦中生活的不道德部分和幻想的生活就会大部分消逝无踪。沙克斯曾说：“如果回到意识中去寻找那些梦告诉我们关于一个现实情况的东西时，我们应当不会感到惊奇。如果分析的放大镜使我们发现所谓的庞然怪物不过是微细的小虫而已。”

在判断人类性格的实际用途上，一个人的行为和实际表达出来的意见就足够作为参考了，尤其行为更应该是第一个被考虑而且是最重要的。因为许多进入意识层的冲动在未付诸行动前就被精神生活的真正力量中和掉了。事实上，这些冲动在进行时候常常不会遇到什么阻碍，因为潜意识确定它们在某个阶段中必定会被删除。不管怎样，由这些我们美德骄傲生长着的（经过极其仔细地耕耘的）土地上学习，是有益的。因为复杂的人类性格——被动力向各方向推动——很少像古老道德哲学上所提的简单二分法。

那么梦是否能预示将来呢？这问题当然并不成立，倒不如说梦提供我们过去的经验。因为由每个角度来看梦都是源于过去，而古老的信念认为可以预示未来，亦并非全然毫无真理。以愿望达成来表现的梦当然预示我们期望的将来，但是这个将来（梦者梦见是现在）却被他那不可摧毁的愿望模塑成和过去的完全一样。

●注释：

①请看抽著《日常生活的心理分析》，第十二章 ，关于写信给弗氏，我预言此书有二千四百六十七个错误。

②齐格飞的身体只有一个地方能受到伤害。而哈根借着一个诡计，促使克宁希在齐格飞外套上相当于此重要地点绣上一个小十字（只有克宁希知道秘密），后来哈根就根据这记号而把齐格飞刺死了。

③下面这个在我的“精神分析导论”的讲演中引用的梦说明了梦中的疑问与不确定的意义，以及其内容改变成为一个单元的现象。虽然如此，在经过一段时间地阻隔后还是能很成功地被分析。

一位怀疑心颇重的女士做了很长的梦。“梦境中，有些人和她提起我那本关于玩笑的书，并且评价很高。然后有一个好像关于通道的想法，也许这是基源另一本提及（channel）的书，或者是一些关于通道的事……她不知道……一切都不明显。”

无疑的，你会认为“通道”这个元素是不能接近，而且也是不可解释的，因为它是如此不明确，在察觉“遇到难题”这点上，你是对的；不过这困难并非由于不明显而来。困难，不明显反而源于另一原因。梦者无法把“通道”和别的事物相连，当然我也无法加以解释，过了不久——事实上是第二天——她告诉我她想到某些也许和她有关的东西，那是一个笑话，一个她听过的笑话。在英法的 Dover 与 Calais 之间的渡轮上，一位知名的作家与某英国人攀谈起来。后者引用了一句话“Dusub－limeauridiculeiln’yaqu’unpas”（升华与荒谬之间只是一步之差而已）。“是的，lepasdeCalais”作者回答道，意即他认为法国升华而英国则荒谬可笑。但是

PasdeCalais 是个通道（水道）——在英国的部分。你也许会问，我是否认为这和梦有关。当然；它并且提供了此梦费解部分的解答。难道你不觉得这个笑话在梦发生前早已存在，并且是藏在“通道”后面的潜意识想法吗？难道你认为这乃是后来加上去的发明？二者之间的关系泄露了病人表面仰慕所遮瞒的怀疑；而她的阻抗无疑造成迟延将此故事说出以及使这梦元素变为不明显的原因。仔细考虑这梦元素与其潜意识背景的关系，我们发现它是该背景的一部分，是它的暗示，不过却因为隔离而使它变得不被理解。

④请参阅《日常生活的心理分析》（林克明译）第一章“关于遗忘的心理机转”。

⑤“这事情顺利吗?”这是旧的医学用语，意即“排泄物是否正常。”

⑥孩童早年所做的梦，常常记忆鲜明地留在脑海里。这些梦对了解当事人的精神发展与其心理症的产生上具有极大的重要性。对于此种梦的解析因此能使医生免于错误与不确定，从而避免产生理论上的混淆。

⑦这原则当然也可以应用在那些梦内容公开展露着表浅联系的情况上，如毛利记载的两个梦：“他梦见自己是耶路撒冷或是麦加的朝香客。经过好多冒险后，他拜访化学家 pelletier，和他谈一阵后，这位化学家送给他一把锌制的铲子，然后这东西又变成一把宽剑。在另外一个梦里，他在高速公路上漫步，一面数着里碑上的公里数，然后他置身在杂货店，那里有一组很大的秤锤。一位男人正把公斤的秤锤子加在秤上，因为他要称毛利的体重。后来他向毛利叫道：‘你不在巴黎，而是在 Gio－lo。’然后接着几个情景后，他望见 lobelia，花，接着是 Lopez 将军——他刚在报上看到他死去的讯息。最后当他梦见 lotto 这游戏的时候，他就醒过来了。”在和心理症的病人工作如此长久之后，我发现此种表现法是他们都乐于利用的。

⑧《日常生活的心理分析》第七章 一一二页的末段，弗氏曾经讨论过他对都德笔下这角色所犯的错误。

⑨如果对这直线形的图表想加以更进一步的分化，那么就必须假定前意识的前面还有意识，换句话说，就是感觉等于意识。

⑩最早提到后退的是十三世纪一位学者 AbertusMagnus。他说：“想象借着储藏的感觉印象造成了梦，而梦产生的步骤和清醒时刻恰好相反。”Hobbes 亦曾说过：“总而言之，我们的梦乃和清醒时想象的相反。当我们清醒的时候，其动作由一端开始，而做梦时却在另一端。”

⑪它们和所有那些真正属于潜意识的精神活动（即只属于潜意识者）一样，都

具有此种不可毁灭的性质。这些通道只要一打开，就永远通畅无阻，不会因为荒废不用而封闭。只要受到潜意识刺激的重新戳击，它们就会继续将这激动的程序引发。如果允许我用个比喻的话，这就和奥德赛的残灭的地底世界的鬼怪一样——这些鬼怪只要再饮到人血就会重生。那些前意识系统中的程序，以此观点看则是可以破坏的。对于心理症病患的心理治疗原则是建基在这不同点上。

⑫我曾企图更进一步地了解睡眠时所盛行的事物，以及幻觉的情况。这些努力都记载在我的论文“对于梦理论的一些后设心理学上的补充”上（一九一七年）。

⑬这是后来“精神分析”所谓的超我。

⑭一种德国金币——Krone 相当于十马克。

⑮在后来的论述中，弗洛伊德把“转移作用”用来描述另外一种不同（虽然也并非没有关系）的心理程序。他首先在精神分析治疗中发现此种现象——即将原来施于某幼童时期的对象（现在仍然存在潜意识中）转移到现时的一个物像上。

⑯这是所谓的永恒的原则，弗氏在《在快乐原则之外》的前几页曾予以讨论。但在弗氏的早期心理著述中就已经是其基本的假定了。

⑰一些在感觉上和“满足的经验”完全相同者。

⑱换句话说，必定有一“现实试验”的方法来试验某一事物是否真实。

⑲LeLorrain 很正确地表达了梦的愿望达成。他说：“不会产生严重的疲劳，也不会再度经验到那漫长与顽固的挣扎。这挣扎把我们所找寻的愉快都消耗光了。”

⑳我已经在关于这两种主要精神活动——快乐原则与真实原则——的论文中深入地讨论过此种思想串列，这讨论以后将再讨论到。

㉑或者更正确的说，有一部分的症状和潜意识的愿望达成相对应，而另一部分则是那些与愿望相抗拒的精神结构。

㉒杰克逊说：“如果了解所有关于梦的事实，那么就能全部了解精神失常。”

㉓是梦的唯一功能呢？我不知道别的。梅德曾经审试要显示梦具有其他的续发性功能，他的出发点是基于正确的观察，即某些梦是为了解决冲突，在梦见后真的在真实情况下企图用以解决问题——即梦似乎是清醒时刻行动的试验所。于是他在梦和野兽以及孩子的游戏间画下一道平行线——它们可以被看成是天生本能的练习场所，同时又是后来严肃行动的准备。他并且提出这假说，即梦具有一种“游戏的功能”。在梅德以前，阿德勒亦坚持过梦具有一种“事先想好”的性质（在我一九〇五年发表的关于《一个歇斯底里病例的部分分析》中那个梦。我们只能把它当作表达意愿的梦，因为它每晚一直重复地出现，直到这意图被识破为止）。

借着些许的思考，我们就知道这所谓梦的“续发性”功能不应该属于任何梦的解析所要讨论的范围。事先想好形成意愿、造就一些问题的可能解答（而这在后来的清醒时刻里被察觉到），以及其他相似的东西，都是心灵中潜意识与前意识的产物；他们也许以“白天的遗留物”的身份持续进入睡眠中，并且和一个潜意识的愿望联结而形成梦。因此与所谓梦的“事先想好”的功能不过是前意识清醒时刻思想的部分，其产物可借着梦的分析以及其他现象而得以察觉。在梦和其显意很久以来就被混淆在一起的情况下，我们必须小心，免得把梦和隐藏的梦思混为一谈。

㉔第二个因素是更重要更深入的，但却同样为一般人所忽视。无疑的，愿望达成必定带来愉快，但是却产生这样的问题：“对谁呢?”当然是指对那位具有此愿望者。不过，据我们所知，梦者和其愿望之间的关系是很特殊的。他排挤并且审查它们。简单说来他毫不喜欢它们。因此其满足不会带来愉快，反而是相反的。由经验看来，这相反的情况以一种焦虑的状态呈现（这是需要更进一步去解释的）。因此梦者和他愿望之间的关系可以看成是将两个完全分开的人以一些重要的相同因素结合在一起。我要告诉你一个神仙故事（请参阅第七章 丙节），其情境是和前述的一样。一位善良的神仙答应完成一对贫穷夫妇的头三个愿望，他们很高兴，决定要好好地选择这三个愿望。但是隔邻农舍传来的烤腊肠的香味使这妇人动心而想要得到一些，于是在一道闪光下，她的第一个愿望达成而她先生却光火了。在愤怒下，他希望腊肠挂在太太的鼻尖上，这愿望也完成了。而腊肠怎样也无法由这新位置中取下来。这是第二个愿望的满足。但它只是男人的愿望，而其实现却使太太很不舒服。接下来的故事你已知道了。既然他们事实上是一体——先生与太太——那么第三个愿望应该是腊肠离开这位女士的鼻子，这神仙故事可以和许多东西发生关联，不过在这里我只想用来说明：如果两人意见不一致，则其中一人的愿望达成也许带给另一人许多的不快。

㉕下列的某些言论在弗氏后来发表对焦虑的观点下，是应该加以修正的。

㉖一本以希伯来文和德文写的旧约版本。在第四章 关于申命记中有许多木刻的埃及神祇的插图，其中有几个长着鸟喙。

㉗关于性，德文的俚语是“vogeln”，而这是由“vogel”（平常指鸟）变来的。

㉘在我写这本书后，许多这类的材料就陆续出现于精神分析的文献上。

㉙在后来的著述上，弗氏称之为快乐原则。

㉚译注：这题目弗氏后来在他一九二一年的论文《潜抑》中有很长的讨论。对此问题的后期看法则见于他一九三三年“NewIntroductorylecture”的第三十二课。

㉛在这里（别处也一样），我故意地不把我论题的缺陷补好，理由是：一方面要花费很大的努力，另一方面又使我引用那些和梦无关的材料。譬如我删掉了“压抑”和“潜抑”之间是否有不同的意义。但是大家应该很明白，后者较强调对潜意识的联系。我也没有说明为何梦思在放弃进行到意识界的道路，选择后退过程的时候，还要受到审查制度的歪曲。此外还有许多相似的省略。我所急于要做的乃是创造一个问题的概念——这在对梦运作更进一步地分析中会遇到的，同时暗示在进一步分析时所会遇到的题目。决定在什么地方将解释之线索切断并不是易事。有许多特别的原因（也许不是我的读者所能猜到的）可以说明为何我不把性内容在梦中所扮演的地位予以详尽的处理，以至为何我避免分析那些明显具有性内容的梦。由我的观点以及神经病理的定律看来，我都不会把性生活视为可耻，或者是认为医生或科学研究者不应该和它扯上关系。那位翻译 Oneirocriticaof ArtenidorusofDaldis 的作家，因为道德的理由，而不把有关性梦那部分印给读者看的举动，在我看来是荒谬可笑的。那使我踌躇不前的理由是它将使我涉及我仍然不清楚的性变态和双性的问题，所以我把这问题留待将来。（Strachtey 注。那位翻译 Oneirocritica 的译者克劳斯后来把这部分删去的章节登在他的期刊 Anb thropoplyteia 上。这本杂志，弗氏曾经引用，并且在别处曾大力赞扬之。）

㉜弗氏认为 Virgil 这话是想用来表示被压抑的本能冲动的力量。

㉝梦并非唯一可以形成精神病理基础的心理现象的研究。在一些没有完成的短文中，我曾经企图以许多日常生活的现象得到相同的结论。这些以及其他关于遗忘、说溜了嘴、粗劣的动作等的记载都编在《日常生活的心理分析》一书中。

㉞了解前意识的重要特征乃是和文字表现的遗留物发生关联后，这个观点需要进一步的阐明。神经分布，这是个非常含混的字眼，常常表示构造学上的意义，用来指神经在某个器官或区域的分布情况。弗氏则常用它来表示某一系统或神经的能量传导，或者指一个导出系统——即是一个释放的程序。

㉟我很高兴在此指出一位作者（DuPrel）对梦加以研究后，他所观察到的意识和潜意识的关系竟和我的结论一样。他这么写道：“关于心灵的问题，我们不得不先回答这基本的疑问（意识和心灵是否完全相同）。对这基本问题，梦的答案是否定的，亦即心灵这概念要比意识广大得多。就像天上的星星，在它的照明力以外，仍然产生重力的影响一样。”他又说：“这是个事实，意识和心灵所包括的并不一样广大。”

㊱是位作曲家和小提琴家（1692～1770 年）。据说他梦见“他将灵魂卖给魔鬼后，就抓起一个小提琴，以炉火纯青的技巧演奏了一首极其美妙的奏鸣曲。”醒来后，他立即写下所能记忆的部分，结果写成那有名的“Trillo DeDi－avolo。”

㊲请见第二章　注④中亚历山大大帝包围特洛城而久攻不下时所做的梦。

㊳有关前意识与潜意识之间的审查制度，在弗氏后期的著作中很少再见到。然而，在他那篇 *The Unconscious* 中他却详细地给予讨论。